导弹战斗部毁伤原理

韩晓明　吴　达　金学科　编著

西北工业大学出版社

西 安

【内容简介】 本书系统地介绍了导弹战斗部毁伤目标的基本概念、作用原理、应用与发展。本书主要内容包括战斗部的分类与组成、战斗部的装药、战斗部的引信、常规战斗部毁伤原理、核战斗部毁伤原理、特种战斗部与新概念武器、战斗部毁伤效能评估等。

本书可作为军队院校导弹类专业学生的教科书,也可作为从事导弹技术管理和保障人员、导弹科技和工程技术人员的参考书。

图书在版编目(CIP)数据

导弹战斗部毁伤原理/韩晓明,吴达,金学科编著
. —西安:西北工业大学出版社,2020.6(2023.7 重印)
ISBN 978 - 7 - 5612 - 7133 - 9

Ⅰ.①导… Ⅱ.①韩… ②吴… ③金… Ⅲ.①导弹战斗部-损伤(力学) Ⅳ.①TJ760.3

中国版本图书馆 CIP 数据核字(2020)第 099741 号

DAODAN ZHANDOUBU HUISHANG YUANLI
导 弹 战 斗 部 毁 伤 原 理

责任编辑:	李阿盟 刘 敏	策划编辑:	李阿盟
责任校对:	孙 倩	装帧设计:	李 飞
出版发行:	西北工业大学出版社		
通信地址:	西安市友谊西路 127 号	邮编:	710072
电 话:	(029)88491757,88493844		
网 址:	www.nwpup.com		
印 刷 者:	西安五星印刷有限公司		
开 本:	787 mm×1 092 mm 1/16		
印 张:	17.875		
字 数:	469 千字		
版 次:	2020 年 6 月第 1 版	2023 年 7 月第 2 次印刷	
定 价:	68.00 元		

前　言

导弹战斗部是导弹武器系统中直接用于摧毁、杀伤目标,完成作战使命的部件,是摧毁目标的最终毁伤单元。导弹攻击不同的目标,其携带的战斗部功能、结构和杀伤原理也不同,因此,研究导弹战斗部对目标毁伤原理及应用范围具有十分重要的意义。

本书集国内外最新的研究成果并结合笔者多年的教学、研究体会,系统地介绍导弹战斗部的装药、战斗部的引信、各种类型战斗部的结构与毁伤原理和导弹战斗部技术的应用发展情况。全书共分7章,第1章主要介绍导弹战斗部的作用与地位、分类与组成以及毁伤目标所涉及的主要问题;第2章介绍战斗部常规装药、核装药和其他装药的性能、爆炸特性及发展应用情况;第3章介绍战斗部上采用的引信作用、组成、工作原理及发展趋势;第4章介绍常规战斗部(爆破、聚能破甲、破片杀伤、动能杀伤、子母弹战斗部)毁伤原理;第5章介绍核战斗部(原子、氢和中子弹头)毁伤原理;第6章介绍特种战斗部(化学、生物……)与新概念武器;第7章介绍战斗部毁伤效能评估等内容。其中第1,2,4,5章由韩晓明同志编著,第3,6章由吴达同志编著,第7章由金学科同志编著,全书由韩晓明同志统稿。

在编著本书过程中参考了国内外的书籍和资料,在此对所引用的参考文献和资料的作者表示衷心的感谢!

由于水平有限,书中不足之处在所难免,敬请读者批评指正。

编著者

2020 年 1 月

目　　录

第1章 绪 论

战斗部是导弹的有效载荷,是直接用来摧毁目标的部件。本章主要介绍导弹战斗部的作用与地位、组成与分类、毁伤效应与效能等基本概念以及未来发展趋势。

1.1 战斗部的作用与地位

1.1.1 战斗部的作用

导弹是一种带有战斗部的可控飞行器,它由弹体、制导系统、战斗部系统、推进系统和电气系统组成。战斗部系统是导弹结构组成中直接用于摧毁、杀伤目标,完成战斗使命的主要部件,而其余部件的任务仅在于将战斗部准确地运送到预定目标或目标区。因此,战斗部是导弹武器系统摧毁目标的最终毁伤单元,是导弹的一个重要部件。

导弹属于精确制导武器,具有较高的命中精度,但是,在导弹飞向目标的过程中,会受到各种因素的干扰而使制导系统不可避免地存在误差,特别是在对付速度高、机动性能好、距离远的现代空中目标时,导弹直接命中的可能性是很小的。而携带战斗部的导弹在与目标遭遇的适当时刻起爆,并迅速释放其内部能量,依靠众多的高速杀伤元素杀伤目标,其杀伤距离和范围将会数倍于导弹的弹体直径。这时,只要目标位于战斗部的有效杀伤距离范围之内,就会被完全摧毁。因此,为了保证在未直接命中目标的情况下也能杀伤目标,导弹必须带有适当的战斗部。

1.1.2 战斗部与导弹总体的关系

战斗部是摧毁目标的最终单元,是导弹的主要部件,与导弹总体有着密切的关系。

1. 战斗部的质量与全弹质量的关系

从总体的观点来看,战斗部是导弹的有效载荷,它的质量对全弹的质量影响很大,在很大程度上决定了全弹的质量,直接影响着武器系统的机动性。战斗部质量应在导弹的总质量中占有合理的比例。导弹总体设计要求战斗部应在满足总体要求的杀伤概率条件下,使质量尽可能小,以便增大导弹的射程或改善其机动能力。同时,导弹总体设计时对战斗部质量的限制不应该影响战斗部的威力。

根据导弹的质量方程,全弹质量 G_0 与战斗部质量 G_A 之间有以下比例关系:

$$G_0 = \frac{G_A + G_{CS}}{1 - (K_{PP} + K_S)} \qquad (1-1-1)$$

式中,G_{CS} 为控制系统质量;K_{PP} 为推进系统相对质量系数;K_S 为弹体结构相对质量系数。

由式(1-1-1)知,在一定战术性能要求下,K_{PP} 和 K_S 是可以确定的,此时,战斗部质量 G_A 决定了导弹的总质量 G_0,而且战斗部质量越大,致使导弹质量越大。因此在保证摧毁目标的前提下,应使战斗部尽可能轻一些,这样有利于减轻导弹质量,提高导弹的战术性能。

一般对于现有的战术地对空、空对空导弹,$G_A/G_0 \approx 0.1 \sim 0.2$,统计平均值集中在 $0.14 \sim 0.15$ 之间。

2. 战斗部的质量与制导精度的关系

战斗部质量的大小,还取决于武器系统的制导精度。战斗部的威力性能参数依类型的不同而不同,大多数战斗部可用威力半径 R 来描述。而威力半径必须满足战术技术要求所提出的命中概率 P 的要求,并且与制导系统的准确度匹配好,才能有效地摧毁目标。

导弹系统各部件本身有一定的误差并受控制系统惯性的影响,因而使导弹的弹着点产生散布。一般来讲,随着导弹飞行高度和距离的增加,控制误差也不断增大。用于对付空中目标的导弹,常用均方偏差 σ 来表示制导系统的精度;而用于对付地面目标和海上目标的导弹,常用圆概率偏差 δ 来表示制导系统的精度。在目标确定以后,摧毁概率 P 是战斗部威力半径 R、标准偏差 σ 或圆概率偏差 δ 的函数。

以防空导弹为例,假设在制导系统无系统误差的情况下,依据概率论可知,位于战斗部威力半径 R 内的目标都能被可靠摧毁(保证命中概率 P 为 99.7%),则威力半径 R 与制导精度或弹着点散布标准偏差 σ 之间必须满足

$$R \geqslant 3\sigma \tag{1-1-2}$$

在上述条件下,单发导弹摧毁概率 P 的表达式为

$$P = 1 - \mathrm{e}^{-\frac{R^2}{2\sigma^2}} \tag{1-1-3}$$

由于战斗部威力半径 R 与战斗部质量 G_A 存在一定比例关系,因此,式(1-1-3)中 R 可以用 G_A 来替换。对于破片式杀伤战斗部,当用于对付歼击机和轰炸机时,其单发导弹摧毁概率为

$$P = 1 - \mathrm{e}^{-\frac{0.8G_A^{\frac{1}{2}}}{\sigma^{\frac{2}{3}}}} \tag{1-1-4}$$

由式(1-1-4)可知,因 σ 的幂指数为 2/3,它大于 G_A 的幂指数 1/2,说明 σ 的减小比 G_A 的增大更能有效地提高摧毁概率 P。当单发导弹摧毁概率不能满足要求而又需提高摧毁概率时,则首先要提高制导系统的精度,其次才是增加战斗部的质量。

如果上述条件仍无法满足,则可以考虑多发齐射。多发齐射相当于增加了战斗部的威力半径。

3. 战斗部在导弹上的位置

战斗部在导弹上的位置,既要考虑应保证能最大限度地发挥战斗部对目标的破坏作用,也要考虑导弹弹体的部位安排和气动布局。一般而言,战斗部在全弹结构布局中所处的位置有三种基本形式:多数位于弹体的头部,少数位于弹体的中部,个别位于弹体的尾部。具体采取什么样的布局,取决于战斗部对目标的破坏作用方式。

对付地面目标的弹道式导弹的常规战斗部、核战斗部多位于导弹的头部。这是因为弹道式导弹采用多级火箭发动机(个别近程弹道式导弹例外),其在飞行过程中在弹道上逐级分离,最后只剩战斗部飞向目标区,而且战斗部采用空中或地面爆炸的方式,所以位于头部最为有利。

对付装甲目标的导弹大都是有翼式导弹,多采用聚能战斗部、爆炸成型弹丸战斗部与半穿

甲战斗部。为了保证破甲时金属射流对目标的有效作用,或者使战斗部能有效地穿入目标内部爆炸,这类导弹的战斗部一般都位于导弹的头部。通常在聚能战斗部最前端还装有风帽,以保证导弹的飞行性能和战斗部作用的有利炸高。

对付空中目标的导弹多数也是有翼式导弹,其战斗部大多是以杀伤作用(如破片式、连续杆式、聚能粒子式等)为主,因此位于导弹的中部或中前部比较合理。这不仅有利于发挥战斗部的作用,也有利于导引头正常工作。

对付地面有生力量的破片杀伤战斗部,若采用触发式引信,为了减少杀伤破片被地面土壤的吸收,提高杀伤效应,以及增大地平面上的有效杀伤半径,可将战斗部置于全弹的尾部。如果战斗部的质量较大,在部位安排时还要考虑它对导弹的稳定性、操纵性和质心等的影响。

4. 战斗部结构与全弹结构的关系

战斗部的装药结构、主要部件和零件的形状尺寸,应以满足威力性能为主。但是,它们的承力结构、连接方式及与此相关的结构尺寸等,则与全弹的结构有关。若导弹的弹体采用框架-桁条-蒙皮结构,则战斗部可采用悬挂式。若导弹的弹体采用舱段式,则战斗部壳体必然成为弹体的一部分,其外形应根据全弹的气动外形需要而确定。

战斗部是全弹的一个部件,因此在确定其结构和形状时,在外形、质心位置、质量等方面应与导弹总体协调,并妥善解决有关弹道性能、装配工艺性及其他一些特殊要求。

1.2 战斗部的分类与组成

1.2.1 战斗部的作用目标

由于导弹所要对付的目标多种多样,所以不同的作战使命对战斗部的需求也不同。合理选择导弹战斗部类型的依据是目标的易损特性和其在战争中所起的作用。从不同的观点出发,对目标分类可以有不同的方法。按照目标所在位置,可以把目标分为空中目标、地(水)面目标和地(水)下目标;按照目标的范围,可以把目标分为点目标和面目标;按照目标运动情况,可以把目标分为固定目标和运动目标。不同目标具有不同的特征。

1. 空中目标特性

广义的空中目标包括各种类型的飞机、弹道导弹、巡航导弹和高空卫星等空中飞行器,而狭义的空中目标仅包括各种类型的飞机和导弹等。

空中目标的特点:①空间特征:空中目标是点目标,其入侵高度和作战高度从几米到几十千米,作战空域大。②运动特征:空中目标的运动速度高、机动性好。③易损性特征:空中目标一般没有特殊的装甲防护,某些军用飞机驾驶舱的装甲防护为 12 mm 左右,武装直升机在驾驶舱、发动机、油箱、仪器舱等要害部位有一定的装甲防护。④空中目标区域环境特征:采用低空或超低空飞行,即掠海、掠地飞行,利用雷达的盲区或海杂波、地杂波的影响,降低敌方对目标的发现概率。⑤空中目标对抗特征:为了提高空中武器系统的生存能力,多采取一些对抗措施。如电子对抗、红外对抗、隐身对抗、烟火欺骗和金属箔条欺骗等。

对付空中目标的战斗部一般利用破片杀伤效应,也有采用冲击波效应、连续杆杀伤效应和聚能破甲效应等。根据不同的作战需要,也可以为一种防空导弹装备两种或两种以上不同类型的战斗部。比较常见的有,既装备破片式战斗部,又装备连续杆式或子母式战斗部的导弹,如美国的麻雀-Ⅲ、波马克和奈基-Ⅲ等导弹。当前新发展的所谓"综合效应"或"多任务"防空导弹,可以既对付高速目标,又对付低速目标;既对付大目标,又对付小目标,它们已成为实现武器高效毁伤的一种有效途径。

2. 地面目标特性

地面目标主要包括地面机动目标和地面固定目标。按照防御能力可分为硬目标与软目标,按照集结程度可分为集结目标与分散目标。集结的硬目标包括混凝土掩体、机场跑道、水坝、桥梁、地下发射井、隧道和装甲车辆群等;集结的软目标包括机车群、地面飞机和管报中心和雷达天线等;分散的硬目标包括地下工厂、指挥所等;分散的软目标包括道路、油库、弹药库、电站及地面上有生力量等。

地面目标的特点:①位置特征:地面固定目标不像空中目标、海上目标或地面活动目标那样具有一定的运动速度和机动性,地面固定目标有确定的空间位置;②集群特征:地面固定目标一般为集结的地面目标;③防护特征:纵深的战略目标都有防空部队和地面部队防护;④易损性特征:为军事目的修建的建筑和设施,一般采用钢筋混凝土或钢板制成,并有覆盖层,抗弹能力强,都有较好的防护;⑤隐蔽性特征:地面固定目标一般采用消极防护,例如隐蔽、伪装等措施。

对付地面硬目标的战斗部必须直接命中而且要求有一定的侵彻能力,通常用聚能破甲战斗部、半穿甲战斗部。对付地面软目标的战斗部,一般采用多弹头分导式战斗部、集束式战斗部和杀伤爆破战斗部,它们具有较大的杀伤面。

3. 水面目标特性

水面目标指各种水面舰艇,包括航空母舰、巡洋舰、驱逐舰、护卫舰和快艇等。

水面目标的特点:①空间特征:海上目标属于点目标,舰艇再大,相对于海洋,相对于舰载武器的射程而言很小,加之海洋航行船只之间保持一定距离,故属于点目标;②防护特征:舰艇具有较强的防护能力,包括间接防护和直接防护两种能力(直接防护是指被来袭反舰武器命中后如何不受损失和少受损失,间接防护是指如何防止被来袭的反舰武器命中);③火力特征:海上目标具有较强的火力装备,在各种舰艇上装备有导弹、火炮、鱼雷、作战飞机等现代化的武器可进行全方位的进攻和自卫;④运动特征:海上目标具有很强的机动性能,如目前大量应用的轻装甲、高速度、导弹化的护卫舰、驱逐舰等;⑤易损性特征:海上目标具有较大的易损要害部位,如舰载燃油、弹药、电子设备和武器系统等。

例如,一般舰艇目标的特点是面积小,生命力强,装甲防护强和火力装备强。舰艇的外形尺寸随舰种、舰型的不同而异,一般大型舰长度为 270~360 m,宽度为 28~34 m,飞机飞行甲板可宽至 70 m。舰艇有很多不透水的船舱,而且具有向未毁船舱强迫给水的系统,可以保持舰艇平衡,防止舰舷倾覆,因此,当机房和舱室遭到大的毁伤时仍能保持不沉。舰艇上还装有防护装甲,如巡洋舰和航空母舰都有两层或三层防弹装甲(典型的第一层厚为 70~75 mm,第二层厚为 50~60 mm,两层间隔为 2~3 m),多层装甲总厚可达 150~300 mm。一般舰艇上均装备有导弹、火炮和鱼雷等武器,具有较强的进攻和防御的能力。

对付水上目标的导弹战斗部应具有强的侵彻能力和毁伤效能,目前最常用的是半穿甲战斗部、爆破战斗部和聚能破甲战斗部三种类型。

1.2.2 导弹和战斗部的分类

导弹由于所攻击的目标不同,所以所携带的战斗部也是有区别的。

1.导弹分类

导弹有多种分类方式,若按照导弹所攻击目标的特性和目标所处的位置为基本特征,可以将导弹作以下分类:

(1)地地导弹和空地导弹:通过陆基(或车辆)和机载发射,用于攻击地面目标,包括地面固定目标和诸如坦克类的地面活动目标(也称为反坦克导弹)。

(2)地空导弹和空空导弹:通过陆基(或车辆)和机载发射,用于反飞机和反导。

(3)地舰导弹、空舰导弹和舰舰导弹:用于攻击海上舰艇目标,统称为反舰导弹。

2.战斗部分类

战斗部的分类与导弹所对付的目标有一定的关系,其分类方式也多种多样。常用的分类方式根据它对目标的作用原理或内部装填物来确定,可分为常规战斗部、核战斗部、特种战斗部和新型战斗部(见图1-2-1)。有些新型战斗部由于技术问题,体积比较大,目前还无法运用到导弹上。

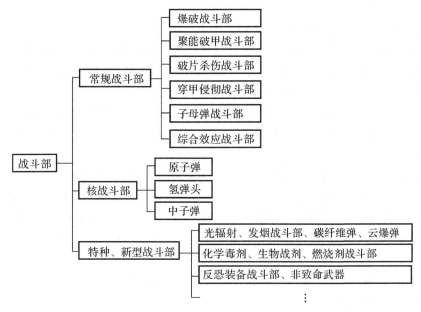

图 1-2-1 战斗部分类

(1)常规战斗部。用炸药作为能源的战斗部一般称为常规战斗部,装备常规战斗部的弹药称为常规武器。

1)爆破战斗部。爆破战斗部主要用于摧毁地面或水面、地下或水下的目标,如地下指挥所、机场、舰船、交通枢纽以及建筑物等。

爆破战斗部对目标的破坏主要依靠爆炸产物(高温高压气体)、冲击波和爆炸时产生的破片等的作用。在爆破战斗部中,炸药占战斗部质量的绝大部分,而壳体只是在满足强度要求的前提下,作为炸药的容器。但也可以把壳体加厚,使之兼有破片杀伤作用,以增大战斗部的破坏力。

2）聚能破甲战斗部。聚能破甲战斗部主要利用炸药爆炸时所产生的聚能流去穿透厚的装甲或混凝土，因而它主要用于反装甲目标和复合结构战斗部的前期开坑。

聚能破甲战斗部通过带金属药型罩的聚能装药爆轰形成金属射流，侵彻穿透装甲目标，造成破坏效应。这种射流的能量密度大，头部速度可达 $7\sim9\ \mathrm{km/s}$，对装甲的穿透力很强，破甲深度可达数倍甚至十倍以上药型罩口径。

聚能破甲原理在战斗部结构中应用很广，除了破甲毁伤作用以外，还用于半预制破片、导弹开舱解锁机构和反恐攻坚装置等。

3）破片杀伤战斗部。破片杀伤战斗部又称杀伤战斗部，它主要依靠战斗部爆炸后所产生的大量高速飞散的破片击穿、引燃和引爆杀伤目标，主要用于攻击空中、地面和水上作战装备及有生力量，如飞机、导弹、地面轻装甲装备、舰船和人员等。

破片杀伤战斗部的破片分布密度和速度是杀伤目标的重要因素，破片的分布密度与战斗部的结构和材料有关，为了形成一定的破片分布密度，可以通过各种结构设计来实现。破片也可以设计成不同的形状，常见的有球形、立方体或多面体等。新型发展的杀伤元素，如离散杆和自锻破片等，以及用特殊材料制成的破片，可以更好地实现引燃、引爆等杀伤功能。

4）穿甲侵彻战斗部。穿甲侵彻战斗部用于反地面硬目标（如坦克、装甲车、建筑物等）、反舰和作为钻地武器等。

穿甲侵彻战斗部是依靠自身的动能来穿透并击毁目标的。其毁伤原理是硬质合金弹头以足够大的动能进入目标，然后靠冲击波、破片和燃烧等作用毁伤目标。其作用特点是穿甲能力强，穿甲后效好。穿甲能力主要取决于战斗部命中目标瞬间的动能及其强度和命中角。所谓穿甲后效是指撞击、破片杀伤、爆破和燃烧等作用。

5）子母弹战斗部。以母弹（战斗部壳体）作为载体，内装有一定数量的子弹（若干个小战斗部）的战斗部称为子母弹战斗部，主要用于攻击集群目标，如集群坦克、装甲车辆、技术装备，杀伤有生力量或布雷等。

子母弹战斗部作用原理是其内部装有一定数量的子弹，当母弹飞抵目标区上空时先解爆母弹，将子弹全部或逐次抛撒出来，形成一定的空间分布，然后子弹飞向目标，分别毁伤目标。

（2）核战斗部。核战斗部依靠核燃料的核反应（核裂变与核聚变）所释放的巨大能量对目标造成毁伤破坏效应（冲击波、核辐射和光辐射、放射性沾染等），主要有原子弹头、氢弹头和中子弹头。

（3）特种和新型战斗部。特种和新型战斗部在装药、结构和毁伤机理上有别于常规战斗部和核战斗部，在特定的战场环境下，可以满足不同的作战需要。

特种战斗部主要包括化学毒剂战斗部、生物战剂战斗部、燃烧剂战斗部、发烟战斗部、光辐射战斗部和侦察用战斗部等。

化学毒剂战斗部能施放毒剂，如芥子气（糜烂性毒剂）、二甲氨基氰磷酸乙酯（神经麻痹性毒剂）、氢氰酸（全身中毒性毒剂）、苯氯乙酮（催泪剂）等，以毒剂的毒害作用杀伤有生力量。与常规武器比较，其特点体现在毒害作用大、中毒途径多、杀伤范围广、持续作用时间长、杀生不毁物、生产较易、成本较低、受地形、气象条件影响较大等。

生物战剂战斗部，也称细菌战斗部，它能施放生物战剂，如细菌、病毒等。与其他一些武器相比，有一些比较独特的杀伤特点：杀伤效能比大、面积效应大、致病性和传染性强、破坏性专一、制造容易、价低、不易发现和防护、心理影响严重等。

新型战斗部主要包括碳纤维战斗部、云爆战斗部、电磁脉冲战斗部、强光致盲战斗部和干扰与电子诱饵战斗部等。例如,云爆战斗部主要装填的是燃料空气炸药,爆炸时将消耗大量的氧气,产生有窒息作用的二氧化碳,同时产生冲击波和巨大的压力,其爆炸场面积和杀伤威力是等质量固体炸药的数倍。

综上所述,战斗部造成的破坏作用主要有以下几点:

(1)力学破坏作用:可分为冲击波效应和侵彻效应。前者是指战斗部装药在不同介质中或界面处爆炸后所形成的冲击波对目标所引起的破坏毁伤效应;后者指战斗部爆炸后所形成的杀伤元素(如破片、金属射流等),依靠动能穿透或侵入目标所引起的破坏毁伤效应。

(2)光、热辐射效应:利用战斗部作用所产生的强光、高温环境,或高速粒子流的撞击,使目标在高温条件下产生汽化或熔化,造成烧蚀、击穿破坏或其他力学效应。

(3)放射性效应:利用战斗部核装料爆炸后所产生的 γ 射线和中子流的贯穿辐射,以及 α 射线和 β 射线的沾染来毁伤目标。

(4)化学效应:战斗部内预先装有化学元素或装填物,在爆炸时由化学反应生成混合物、化合物或气体,如毒气、燃烧剂等,以此来毁伤目标。

1.2.3　战斗部系统的结构组成

战斗部系统的组成大体上是相同的。从广义定义来说,战斗部系统由战斗部、保险装置和引信组成;就狭义定义来说,战斗部系统由壳体、装填物和引爆装置组成。

1. 战斗部

战斗部由壳体、装填物和传爆序列(起爆和传爆系统)等组成。如图 1-2-2 所示是典型战斗部的结构示意图。

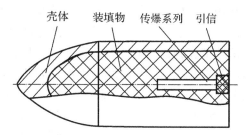

壳体　　装填物　传爆系列　引信

图 1-2-2　战斗部结构组成示意图

(1)壳体。壳体是装填装载物的容器,同时也是连接战斗部其他零部件的基体。战斗部壳体也可以是导弹外壳的一部分,成为导弹的承力构件之一。另外,在装药爆炸后,壳体破裂可形成能摧毁目标的高速破片或其他形式的杀伤元素。

对壳体的要求是满足各种过载(包括发射和飞行过程中、重返大气层和碰撞目标时)的强度、刚度要求;若战斗部位于导弹的头部,还应具有良好的气动外形。另外,要求壳体结构工艺性好,材料来源广。壳体形状因其性能和杀伤机制的不同而不同,一般有圆柱形、鼓形和截锥形等。所用材料根据杀伤元素的不同要求,可采用优质金属合金或新型复合材料等。对于再入大气层的战斗部,一般还要在壳体外面加装热防护层。

(2)装填物。装填物是破坏目标的能源和工质。装填物主要有炸药和核装料,它们的作用是将本身储藏的能量(化学能或核能)通过反应(化学反应或核反应)释放出来,形成破坏各种目标的因素。此外,还有特种装填物,如燃烧剂、发烟剂、化学毒剂或细菌以及微生物等。

常规战斗部的装填物是高能炸药。炸药爆炸时能产生很大破坏作用的原因,一是爆炸反应的速度(即爆速)非常快,通常达 6~9 km/s;二是爆炸时产生高压(即爆压),其值在 20~40 GPa;三是爆炸时产生大量气体(即爆轰产物),一般可达 1 000 L/kg。这样,在十几微秒到几十微秒的极短时间内,战斗部壳体内形成一个高温高压环境,使壳体膨胀、破碎,形成许多高速的杀伤元素。同时,高温高压的爆炸气体产物迅速膨胀,推动周围空气,形成在一定距离内有很大破坏力的空气冲击波。

对炸药装药的要求是对目标有最大的毁伤效应,机械感度要低,爆轰感度要高,具有一定的物理力学性能,储存性能良好。装药工艺性好,毒性低,成本低,原材料来源立足于国内。

(3)传爆系列。传爆系列是一种能量放大器,其作用是把引信所接收到的有关目标的初始信号(或能量)先转变成一种微量的爆轰波(或火焰),再将爆轰或火焰能量逐级放大,最终能可靠引爆战斗部装药。

战斗部的起爆和传爆系统通常包括电雷管、传爆药柱和扩爆药柱,一般都安装在安全执行机构内,成为引信的一个组件。其过程是,当引信向战斗部输出起爆电脉冲时,电雷管、传爆药柱和扩爆药柱相继爆炸,最后引发主装药的爆炸。

对传爆系列的要求是结构简单,便于储存,平时安全,作用时可靠。

2. 引信

引信是适时引爆战斗部的引爆装置。这里所指的适时引爆包含以下几种情况:一是战斗部碰击目标瞬时引爆。如打坦克等装甲目标的聚能破甲战斗部,因为一触即发能使战斗部在尚未发生跳飞和变形情况下就生成了金属射流把装甲穿透。二是战斗部碰击目标后经过延期引爆。如破坏地下建筑物和工事、飞机跑道等目标的爆破战斗部,如果让战斗部钻入地下一定深度后再引爆炸药,其破坏作用将能更好地发挥。三是战斗部在离目标适当高度或距离时刻引爆。如杀伤空中飞机目标的杀伤战斗部,因为飞机具有高速机动的特点,战斗部直接碰撞目标的可能性较小,所以要求战斗部在到达它的有效杀伤距离范围内引爆就行。第一种和第二种情况都是战斗部碰触目标后引信才能起引爆作用,因而称为触发式引信;第三种情况是战斗部无须碰触目标,引信就能起引爆作用,因而称为非触发式引信。除以上三种情况以外,还有在导弹未能杀伤和破坏目标而脱靶之后,经过一段时间,引信能自动引爆战斗部让导弹自毁。为了使引信有自毁作用,引信里装有定时机械的、电子的钟表机构或药盘装置。

除了触发式引信、非触发式引信外,现在还出现了一些先进的引信,例如灵巧引信、弹道修正引信、多方位定向引信等。

3. 保险装置

战斗部系统中有大量火工品。为了保证战斗部在运输、储存和使用等勤务处理中安全,以及在与目标相遇时要保证其可靠工作,必须设有安全保险机构。

保险装置在接到适当信号时首先必须保证传爆序列处于待发状态,然后必须对起爆信号(引信输出)做出响应,最后能适时有效地起爆战斗部。此外,如果导弹在与目标遭遇后没有发生爆炸,还应有自毁装置。

安全和解除保险装置主要是一个机械系统,由底座、活塞、壳体、惯性块和电爆装置等五个组件组成。保险和解除保险装置作用时,可借用发射时的后坐力、导弹稳定飞行无转动时的爬行力,弹簧储能、电池储能、气压等的作用实施动作。

1.3　毁伤目标所涉及的主要问题

1.3.1　战斗部毁伤效应与原理

1. 毁伤效应

毁伤效应是战斗部爆炸对目标(人员和物体)造成的杀伤破坏作用和效果,可用于对武器打击效果的预测与评估。

毁伤效应有两种基本类型:一种是毁伤元素直接摧毁目标,另一种是毁伤元素产生有助于使目标在特定时间内全部或部分失去功能的辅助作用。另外,毁伤效应按战斗部或弹丸的类型可分为侵彻、爆炸、穿甲、杀伤、干扰、电磁效应和生化效应等。按毁伤元素的类型可分为硬毁伤效应、软毁伤效应和特种毁伤效应。

硬毁伤效应是指毁伤元素依靠自身的动能、炸药装药的化学能或炸药装药的化学能转换成其他物质的动能,对目标的机械性毁伤。硬毁伤效应主要包括爆炸毁伤效应、破片杀伤效应和穿甲(侵彻)效应等。

软毁伤效应是指毁伤元素对敌方的各种武器装备、器材不具有直接的毁伤作用,仅对其功能起干扰、削弱、失效、陷于瘫痪等作用。软毁伤效应主要有干扰毁伤效应、诱骗效应和失能效应等。

特种毁伤效应是指具有特种功能的毁伤效应,如燃烧效应、攻心效应和生化效应等。

毁伤效应分析主要包括战斗部威力分析和目标易损性分析两个方面的内容。

战斗部威力分析(也称为战斗部毁伤效应分析)是从战斗部出发来研究它对目标的毁伤效应,指根据战斗部的结构原理,分析战斗部产生的毁伤元素及其与目标的相互作用过程,研究该过程中所涉及的物理、力学现象,获得毁伤元素对目标的毁伤机制,揭示其中的毁伤规律。这实质上是从战斗部威力的角度来研究如何毁伤目标。由于战斗部对目标的杀伤过程发生在其飞行弹道的终点处,所以与此相关的学科被称为终点效应学(或者终点弹道学)。战斗部威力分析主要研究战斗部爆炸后所产生的毁伤元素侵彻各种介质(土壤、岩石、装甲)的侵彻效应,以及爆炸效应和其他效应(如热效应和应力波效应等)。

目标易损性分析是指在特定的毁伤元素作用下,研究目标对毁伤的敏感性,这种敏感性反映了目标被毁伤的难易程度。目标易损性具有双重含义:从狭义上讲,目标易损性是指某种目标假定被一种或多种毁伤元素击中后对于破坏的敏感性,它重点关注毁伤元素对目标造成的物理毁伤,并建立毁伤标准;从广义上讲,目标易损性是指某种目标对于破坏的敏感性,它不但要建立毁伤标准,还要结合目标的实际结构和功能,完成目标毁伤等级划分、目标要害部件分析、部件毁伤评估、目标总体毁伤评估等多个环节的工作,重点关注毁伤元素对目标造成的功能毁伤。目标易损性分析不仅是毁伤效应分析的重要组成部分,同时也是目标防护设计的重要依据。

概括来说,毁伤效应分析主要研究如下三个方面的具体内容:

(1)目标毁伤机理,指战斗部对目标的作用原理。主要的毁伤机理有冲击、侵彻、爆炸、能束照射及软毁伤等,例如,破片对有生力量的丧失机理,冲击波超压对装备的破坏机理,穿甲弹对装甲等硬目标的侵彻机理等。

（2）目标的毁伤模式指目标受战斗部攻击之后产生的破坏形式。它取决于战斗部的作用单元和目标本身，常见的目标毁伤模式有机械损伤、可燃物燃爆、电气设备短路、有生力量死伤等。由于目标毁伤机理的多样化及结构的复杂化，所以目标毁伤模式也具有多样化的特性。研究目标的毁伤模式将为研究目标的易损性和生存能力等提供基础。

（3）目标的毁伤准则指判断目标被战斗部攻击受到一定程度的毁伤后，是否全部失去或部分失去原有功能的标准。建立这样一种标准，为衡量目标被毁伤的程度，判断导弹武器是否实现了对目标的毁伤提供依据。目标的毁伤准则不仅反映了目标特性和战斗部之间的关系，也可指导导弹武器的使用。

2. 毁伤原理

毁伤原理是指战斗部对目标的作用原理，或者说是不同结构的战斗部对目标的毁伤机理。

常规战斗部主要依靠炸药发生爆炸或与目标直接撞击，依托爆炸能产生毁伤元素或利用其自身的动能，对目标进行力学的、热学的效应破坏。其毁伤原理主要有冲击波作用原理、破片作用原理、聚能作用原理、动能作用原理和碎甲作用原理等。

核战斗部主要依靠核燃料产生剧烈的核反应（核裂变与核聚变），同时释放出高能粒子流和高能射线脉冲，产生比常规战斗部爆炸更强、更大的冲击波毁伤元素，而且还产生其他多种毁伤元素，对目标造成瞬时的毁伤或者可持续数天到数年的毁伤。核战斗部的毁伤效应要比常规战斗部更为复杂，毁伤的面积更大，毁伤的程度更高。其毁伤作用主要有冲击波、光辐射（热辐射）、贯穿辐射（早期核辐射）、放射性沾染和核电磁辐射等。

特种和新型战斗部的毁伤元素与原理依据战斗部类型的不同而不同。生化战斗部通过释放生物战剂或化学毒剂使作战人员致病或受到毒害，其作用目标主要是有生力量。新型战斗部（新概念武器）一般是利用特殊的物理、化学和功能材料效应，对目标造成硬杀伤作用和软杀伤作用。硬杀伤是指对敌方人员和武器装备的直接摧毁。软杀伤（又称非致命杀伤）是指造成目标功能失效或降低，使装备和人员等暂时丧失战斗力，而附带的永久性破坏较小甚至没有。

1.3.2　战斗部毁伤效能与评估

毁伤效能是战斗部毁伤目标并达到一定毁伤程度或效果的功能或能力，也可以表述为是战斗部对目标毁伤能力与毁伤效果的量度，是指在考虑一定导弹落点偏差的前提下战斗部对目标的毁伤能力。导弹战斗部对目标的毁伤程度与导弹毁伤威力与机理、击中目标的部位及目标抗毁伤的能力（目标的防护性能）等均有关，并取决于战斗部毁伤机理和威力、打击方式与精度以及目标易损特性等。

毁伤效能评估，是指定量地描述导弹对战场目标的毁伤效能。毁伤效能评估重点考虑导弹着靶后的毁伤效应问题。其主要研究内容包含目标易损性分析与计算、战斗部威力分析与计算、毁伤效应试验与计算、毁伤效能综合评估等四个方面。具体内容将在第7章介绍。

1.4　战斗部的发展趋势

导弹战斗部以摧毁目标为最终目的，现代战争对战斗部的杀伤威力或毁伤效率提出了更高的要求。战斗部改进和发展的中心内容是在一定条件下，采取各种有效的技术途径，尽可能提高杀伤威力。应用新原理、新理论、新结构和新材料等高新技术，提高战斗部的杀伤效能，以适应各种复杂的战场环境。

1.4.1 常规战斗部发展趋势

1. 发展高效毁伤战斗部

(1)防空反导战斗部。新一代防空导弹兼具防空和反导的作用,因此对战斗部提出了更高的要求,其最新进展主要体现在以下几个方面。

1)采用定向战斗部技术实现高效毁伤。传统的防空导弹战斗部其杀伤元素的静态分布基本上是围绕战斗部纵轴沿径向均匀分布的。在轴向,杀伤元素集中在"飞散角"这一或宽或窄的区域内。不管目标位于战斗部的哪个方位,在战斗部爆炸瞬间,目标在战斗部杀伤区内只占很小一部分,也就是说,战斗部杀伤元素的大部分并未得到利用。采用定向战斗部技术,将战斗部爆炸产生的破坏能量(爆炸能或杀伤元素动能)定向于目标方向,使破片的利用率和炸药能量的利用率大幅提高。这样,既可减少战斗部质量,又可保证摧毁目标所要求的杀伤概率,从而以最少的破片(能量)达到最大的毁伤效果。如美国"爱国者"PAC-3 导弹和俄罗斯S-300V导弹的战斗部就属于这一类型。

2)采用新结构战斗部以适应不同的毁伤要求。采用可控离散杆战斗部,提高其打击动能和毁伤效果,如俄罗斯R-73E、改进型R-77和美国的AIM-9L等都装备了这类战斗部。采用新型聚焦破片战斗部技术可用于反导。破片式杀伤战斗部朝着增大破片飞散角、增多破片数、提高破片初速和减少破片质量的方向改进。

3)采用新原理用于防空反导。将直接撞击杀伤增强器(Kinetic Kill Vehicle,KKV)技术用于撞击杀伤导弹,可对付战术弹道导弹类目标,已被美军应用于"标准-3"、THAAD及PAC-3导弹。基于新原理的还有粒子弹幕、激光武器等。

4)采用新材料技术提高综合毁伤效果。新型的杀伤元素材料(如稀土合金、锆合金和金属氟化物等)被用于战斗部,可极大地提高杀伤、爆破、聚能破甲等综合的破坏效应,提高破片引燃飞机油箱、引爆导弹战斗部装药等后效作用,可有效地对付超低空飞机(如轰炸机)和巡航导弹。

(2)反舰、反潜及反航母战斗部。反舰导弹自20世纪40年代末开始研制以来,已发展到第四代。从爆破战斗部发展到一弹多用、采用模块化技术的半穿甲爆破型战斗部,战斗部载荷增大,并增加了新的毁伤元素。随着现代舰艇防护能力的提高,新型爆破型、半穿甲型和聚能破甲型反舰导弹战斗部受到各国的关注。这些战斗部装药量较小,但具有高抗冲击过载的能力,或采用串联随进结构,穿入舰体内部爆炸,通过爆炸产生的高速破片和冲击波来毁伤目标,对目标具有穿甲、破片杀伤和爆破三重作用。

国外新一代高效毁伤反舰、反潜、反航母的战斗部主要采用半穿甲爆破型,如"鸬鹚"战斗部采用半穿甲战斗部,可在穿透12 mm厚的钢板后,自身不受影响,并从壳体产生射弹,射弹特有的形状和动能具有很高的穿透率,可穿透70~90 mm的钢板(约7层舱壁)。同时还采用动能侵彻技术、聚能爆破技术和复合毁伤技术等高效毁伤技术。

(3)反硬目标及深层工事战斗部。用于反硬目标及深层工事的武器主要是采用侵彻战斗部的钻地弹,用于对机场跑道、地面加固目标及地下设施进行攻击。

钻地弹可分为巡航导弹钻地弹、航空炸弹钻地弹和精确制导钻地弹。此外,还有航空布撒器携带的侵彻子弹药、炮射钻地弹药及肩射火箭型侵彻弹药等。钻地弹按侵彻战斗部类型不同,可分为动能侵彻型和复合侵彻型。动能侵彻型依靠弹体飞行动能侵彻到掩体内部后,引爆战斗部内的高爆装药以毁伤目标。复合侵彻型一般由一个或多个安装在弹体前部的聚能装药战斗部与安装在后部的随进战斗部组成,这种战斗部能穿透6.1 m厚的坚硬物质,其侵彻深度是常规炸弹侵彻深度的2倍。

采用火箭助推型侵彻战斗部的先进钻地弹,可通过结构优化和材料优化,装填低易损性PBX炸药,战斗部装药可达几百千克,着地速度在1 200 m/s以上,技战性能大为提高,可在先侵彻30 m厚的土层后,再侵彻钢筋混凝土,然后爆炸毁伤目标。

(4)反先进装甲战斗部。目前,国外发展的高效毁伤反装甲战斗部主要有大威力串联式破甲战斗部、攻顶战斗部和高速动能穿甲弹。串联战斗部、攻顶战斗部技术已较成熟,新型装药结构研究活跃,破甲穿深可达16倍口径。美国多功能聚能战斗部技术和大长径比爆炸成型弹丸(Explosively Formed Projectile,EFP,或称自锻破片)技术,以及直列式多级串联EFP技术,已作为重点研究内容,可有效避开主动装甲的袭击。其主要技术性能如下:

1)提高射流破甲效率和后效作用。提高射流的能量密度是提高射流破甲效率的重要手段,为此破甲战斗部采用高能炸药装填,并改进装药结构。如国外已采用奥克托金与梯恩梯混合炸药HMX/TNT(75/25),其爆速可达8 480 m/s,同时改进装药工艺,如采用真空铸装、加压铸装等,以及不断改进药型罩结构。在提高后效方面,在聚能战斗部风帽处,附加锥形的能引火燃烧的锆合金,当射流通过锆合金的圆柱形通孔破甲时,锆合金在射流的高温作用下变成能燃烧的准液态金属流,并随着射流进入装甲内部,引燃油料,烧伤车内人员,以及破坏仪表设备等,可使后效作用有明显的提高。

2)采用大锥角罩。采用大锥角罩形成爆炸成型弹丸,用来对付坦克顶装甲,这是目前世界上对付坦克群的主要有效方法之一。导弹发射后在目标区上空打开战斗部舱,使位于舱内的子弹(带有自动寻的装置)散开,自动追踪坦克,并在坦克顶部上空爆炸形成弹丸,侵彻顶装甲,破坏车内设备和杀伤车内人员。如美国的敏感器引爆武器可在目标上空1 000 m处布撒若干个子弹,子弹战斗部在目标上方152 m处爆炸,并形成爆炸成型弹丸,弹丸可在1 000倍药型罩直径的距离内达到1倍直径的穿深,实现对坦克顶装甲的有效攻击。目前对爆炸成型弹丸战斗部的研究集中在多点起爆、新型药型罩类型和材料以及炸药装药上,以进一步实现长杆射弹的效果,兼有聚能射流和爆炸成型弹丸的双重优势。

3)发展动能穿甲战斗部。动能弹也是对付新型装甲的有效弹种。目前,国外不断研制密度更高、强度更大的复合弹芯材料,如增强纤维铀钨和细石墨纤维复合弹芯。美国M829A3穿甲弹以贫铀合金为主,其穿甲威力达800 mm。此外,国外还在积极发展超高速动能导弹。

4)研制复合作用的战斗部。为了能有效摧毁复合装甲和坦克的屏蔽装甲,发展同时具有破甲与穿甲作用的复合战斗部是一个重要的技术途径。该领域的最新发展是多模式战斗部,利用先进的探测和起爆技术,根据目标的不同,战斗部形成不同的毁伤模式。如"洛卡斯"(LOCAAS)弹药和"拉姆"(LAM)弹药均采用了这种战斗部技术。

2.发展智能化复合战斗部

(1)采用系列化和模块化设计思想。战场环境日益复杂,同时高价值新型目标大量出现,使战斗部的模块化、系列化、通用化受到越来越高的重视。采用系列化和模块化的设计思想实现一种战斗部多平台携带和一弹携带多种战斗部,可根据战场的需要组合成不同武器,达到高效毁伤的目的。像美国BLU-109硬目标侵彻弹既可作为独立弹种使用,也可作为GBU-

10H/B、GBU－24AIB、GBU－271B、AGM－130C 等制导炸弹或导弹的战斗部。美国"联合防区外武器"(Joint Stand-Off Weapon，JSOW)配用的战斗部目前已有三种型号，即 A 型战斗部内装填 145 枚 BLU－97A/B 综合效应子弹药；B 型内装 6 枚 BLU－108 传感器引爆子弹药；C 型战斗部携带 BLU－111B 型 227 kg 单一战斗部，配用 FMU－152 联合可编程引信。"神剑"炮弹以及 CMLRS 火箭弹等弹药的战斗部均采用了单一和子母(携带双用途子弹药或灵巧子弹药)战斗部的模块化设计，可对付不同的战场目标。

(2)发展复合作用和多任务战斗部。由于新型目标不断出现，所以需要多种效应的战斗部才能产生较好的毁伤作用。促使一些战斗部向复合功能方向发展，以便最大限度地发挥战斗部对目标的毁伤能力。同时，用于对付多种目标的多任务战斗部也受到重视，以实现一种战斗部对付多种目标的能力。

为了提高对付深埋目标的能力，串联复合侵彻战斗部及其智能引信技术成为一个重要的发展方向。为提高对掩体和工事内人员、设备的杀伤与破坏，发展了具有随进杀伤、燃烧、爆破作用以及模块化爆炸侵彻的攻坚战斗部，既可对付重、轻型装甲目标，也可对付钢筋混凝土目标，同时具有巨大的后效作用。

多用途空心装药战斗部技术可用于毁伤装甲和掩体目标，进行城区作战。对付装甲目标时，采用可选择引信，具有高的侵彻装甲能力；对付掩体目标时，采用延期引信，以便高爆炸战斗部侵入目标后爆炸；在城区作战中，采用侵彻/爆炸战斗部，提高城区作战能力。这类战斗部质量轻、成本低，成为战斗部领域一个重要发展趋势。

(3)先进的引信技术使战斗部智能化。随着高新技术的开发与应用，高精度定时和智能目标识别电子引信技术以及信息采集和传输技术得到大量应用，弹药和导弹将广泛采用各种引信启动区的自适应控制技术，即智能化引信，以适应不同的交会条件，提高引战配合效率。由这种引信自动在最佳时刻和最佳方位引爆，战斗部可将炸药能量形成最佳毁伤元素，并有效地作用在目标上，达到毁伤效率最大化的目的。

3.发展低易损性战斗部

战斗部的安全性基本上取决于炸药的安全性。现在一些国家研究的低易损性炸药(又称不敏感炸药或钝感炸药)爆速高，易损性低，热安定性好，具有不易烤燃、不易殉爆的特点，是一类以改善安全性能、提高武器生存能力为主要目标的新一代混合炸药。发展低易损性战斗部，对于提高导弹在未来复杂的战场环境条件下的生存力，从而保护导弹发射平台和使导弹突防时不被引爆，以及对于避免战斗部在运输、储存和使用等过程中遇到意外情况时发生重大爆炸事故，都有重大意义。

1.4.2 核战斗部发展趋势

1.减小质量和体积，提高比威力

目前，由于核武器投射工具准确性的提高，核武器的发展，首先是核战斗部的质量、尺寸大幅度减小，但仍保持一定的威力，也就是比威力(威力与质量的比值)有了显著提高。例如，美国在长崎投下的原子弹，质量约 4.5 t，威力约 2×10^4 t；20 世纪 70 年代后期，装备部队的"三叉戟"Ⅰ潜地导弹，总质量约 1.32 t，共 8 个分导式子弹头，每个子弹头威力为 10×10^4 t，其比威力同美国在长崎投下的原子弹相比，提高为 135 倍左右。威力更大的热核武器，比威力提高的幅度还要更大些。但一般认为，这一方面的发展或许已接近客观实际所容许的极限。自 20

世纪 70 年代以来,核武器系统的发展更着重于提高武器的生存能力和命中精度,如美国的"和平卫士/MX"洲际导弹、"侏儒"小型洲际导弹、"三叉戟"Ⅱ潜地导弹,苏联的 SS‑24、SS‑25 洲际导弹,都在这些方面有较大的改进和提高。

2.提高核战斗部安全可靠性,以及适应各种使用与作战环境的能力

核战斗部及其引爆控制安全保险系统的可靠性,及适应各种使用与作战环境的能力,已有所改进和提高。美、俄两国还研制了适于战场使用的各种核武器,如可变当量的核战斗部,多种运载工具通用的核战斗部,甚至设想研制当量只有几吨的微型核武器。特别是在核战争环境中如何提高核武器的抗核加固能力,以防止敌方的破坏,更受到普遍重视。此外,由于核武器的大量生产和部署,其安全性也引起了有关各国的关注。

3.根据需要设计特殊性能的战斗部

核武器的另一发展动向,是通过设计调整其性能,按照不同的需要,增强或削弱其中的某些杀伤破坏因素。例如,"增强辐射武器"与"减少剩余放射性武器"都属于这一类。前一种将高能中子辐射所占份额尽可能增大,使之成为主要杀伤破坏因素,通常称之为中子弹;后一种将剩余放射性减到最小,突出冲击波、光辐射的作用,但这类武器仍属于热核武器范畴。

总之,未来核武器将会朝着减少数量,废旧留新;另辟蹊径,变废为宝;提高质量,推陈出新;从长计议,挑战军控;以退为进,攻防兼备的方向发展。

1.4.3　特种新型战斗部发展趋势

1.采用高能炸药和新原理、新技术,大幅度提高战斗部的杀伤面积

目前新型高效毁伤面杀伤武器主要采用子母战斗部、云爆战斗部、温压战斗部技术,使杀伤的效果和威力大大增强,毁伤目标面积达常规战斗部的 5 倍以上。

(1)采用新材料子弹。在集束式子母战斗部中,采用新材料制成子弹的预制破片,以提高破片的杀伤效应。如美国"长矛"导弹第二代战斗部采用了高密度的钨和贫铀(铀的密度为 $18.07\sim19.08$ g/cm³)制作破片。采用铀破片后,破片动能将大大提高,还可用于对付轻型装甲。

(2)智能化子弹。在子母战斗部中装填带末端制导的子弹,或将战斗部设计成多弹头分导的结构。如美国陆军研制的一种子母战斗部,内装 6~9 个子弹,每个子弹无动力装置,但可独立制导。在预先选定的弹道某点上,将子弹抛出,之后子弹用末端制导搜索地面目标。由于多弹头突防能力强、杀伤破坏区域大,可攻击多个目标,所以大大提高了杀伤威力。对于子母战斗部,子弹药的撒布技术极为重要。

(3)采用燃料空气炸药。典型的有云爆弹和温压弹。

云爆弹是对付大面积目标和掩体内目标的撒手锏武器。内装燃料空气炸药可实现面爆轰,对地面软目标的破坏效果很好。最新研制的云爆弹采用新型云爆剂,将二次引爆改为一次引爆,所产生的温度和压力更高,其炸点附近的冲击波以 2 200 m/s 的速度传播,爆炸中心的压力可达 3 MPa,同时产生 2 500℃以上的高温环境,高温、高压持续时间更长,爆炸时产生的闪光强度更大。

温压弹是燃料空气弹的先进形式,适于山地作战,对付洞内或掩体内的目标。像美国 BLU‑28B型炸弹,质量为 902 kg,装有激光制导系统,内部装药为 254 kg 的混合型温压药剂,可侵彻混凝土 3.4 m 深,爆炸后产生巨大的高压冲击波,可使杀伤区域内的人员窒息死亡。

2. 发展新概念特种毁伤战斗部

新概念战斗部是指工作原理与杀伤机制不同于传统战斗部,具有独特作战效能,正处于研制中或尚未大规模用于战场的一类新型战斗部。目前,碳纤维毁伤技术、强电磁脉冲技术、强闪光致盲技术、软杀伤技术等研究比较活跃,毁伤效果较好。如为毁伤电力设施使用的碳纤维弹,对付雷达等电子设备使用的电磁脉冲弹,用于使人员眩晕和致盲的强光致盲弹,使人丧失行为能力的次声波武器等,以及在特定条件下,软杀伤战斗部对敌方人员心理和精神上的威慑力,远远大于其他类型战斗部。

此外,新型毁伤战斗部还有多模综合效应、横向效应增强型和活性破片等多种形式。

多模综合效应战斗部是综合集成多种毁伤元素或机制(如破甲、破片、侵彻等),从而能执行多种任务的战斗部,起爆后生成两种或两种以上不同机理的毁伤元素,能够攻击不同类型的目标,具有起爆选择功能,可针对不同目标起爆形成相应的毁伤元素,优化毁伤效能。

横向效应增强型弹药是一种不含高能炸药,不配用引信的多功能新概念弹药,弹体由两种不同密度的材料巧妙组合而成。弹体外部是高密度材料,如钢或钨,弹芯则由低密度材料组成,如铝或塑料,弹丸完全惰性。当撞击目标时,弹丸内部产生高压,不断升高的压力使弹芯横向膨胀,造成弹体破裂,穿靶后弹体破碎成横向飞散的大量高速破片,可有效对付内部目标。破片杀伤性能优异,非常适用于城区作战和空空作战。

活性破片(Reactive Fragment)是一种反应复合材料破片,当这种破片高速碰撞和侵彻目标时,其活性材料因受到强冲击作用而快速发生化学反应,释放大量能量并产生强烈爆炸效应。活性破片战斗部具有动能侵彻效应和内爆毁伤效应,对大幅度提高弹药的杀伤威力有重要的军事应用前景。

3. 大力发展生物武器

尽管国际上有禁止生物武器公约,但生物武器由于其特殊的优势和用途仍被某些国家和组织秘密研制,其发展动向如下:

(1)对已有的生物战剂提高和改进、拓宽使用领域。尽管生物武器的威胁巨大,但由于其本身存在重大缺陷,比如易受外界环境的限制等,所以新的研制动向之一就是用物理化学方法改进现有的战剂以提高其威力。如改良战剂的物理特性;往战剂中加入某种制剂,以提高其对气溶胶化和分散应力的耐受力;掩蔽战剂的某些特性使之难以被侦检和报警;增强战剂颗粒的感染力等。达到施放手段灵活多样,难以防范的目的等。

(2)开发利用新发现的病原体或毒素。除对现存战剂进行改进外,有些国家还在进一步寻找毒性更大、致死性更强的新型战剂。正在研究的一些新的病毒和细菌有马尔堡病毒、埃博拉病毒、拉沙热病毒以及军团菌等。这些病原生物都被作为新的生物战剂来加紧研究,而且随着生物技术的发展,这些病原生物还可被作为气溶胶来使用。

(3)加快基因武器的研制。运用遗传工程技术,采用类似工程设计的方法,利用重组 DNA 技术来改变非致病微生物的遗传物质。根据作战需要,在一些致病细菌或病毒中插入能对抗普通疫苗或药物的基因,产生具有显著抗药性的致病细菌,或在一些本来不会致病的微生物体内插入致病基因,产生出新的致病生物制剂。有关专家认为,基因武器的秘密研制可能会产生一些人类在已有技术条件下难以对付的致病微生物,从而给人类带来灾难性的后果。

4. 开发新概念化学武器

新概念化学武器装有新概念化学战剂,包括新概念失能性战剂、新概念刺激性战剂、结构破坏性战剂、阻燃性战剂、迟滞性战剂和毒素战剂等。这些化学战剂不同于沙林、芥子气等传统毒剂,它们既不会造成人员伤亡,也不会对环境造成太大污染。

新概念失能性战剂是一类能够导致人产生思维障碍、躯体功能失调,或者使人昏昏欲睡、暂时丧失战斗力的化学战剂的统称。这种战剂虽不会致人死亡,但可以使人丧失战斗力,出现胡乱指挥和行动反常。目前,国外正在研制的新概念失能性战剂主要有精神失能剂和躯体失能剂两种类型。这两类新概念失能剂有着共同的特点:一是失能强度远远高于传统的化学战剂;二是与添加剂配合使用,可增强中毒作用的效果;三是合成方法更加简单;四是投放简便,机械、人工乃至其他传统的投放手段均可实施。另外,新概念失能性战剂还将是用于营救人质或控制骚乱的理想武器。

新概念刺激性战剂是一类以刺激人员的眼、鼻、喉和皮肤为特征的非致命但却可以使人失能的化学战剂。当人员受到这些战剂的作用时,短时间内就会出现流泪、呼吸不畅、打喷嚏、皮肤灼痛等中毒症状。

结构破坏性战剂是一类专门通过对物体内部结构进行破坏,进而使其失去性能的化学战剂。结构破坏性战剂主要有两种:一种是金属致脆剂,它可以使金属或合金的分子结构发生化学变化,从而达到损伤敌方武器的目的。这种致脆剂主要是液态镓(Ga),镓被武器装备中的金属部件吸收,与金属原子相结合,形成类似汞齐的合金,使金属的强度降低,变得脆弱。另一种是比氢氟酸强几百倍的超级腐蚀剂,用以破坏敌方的武器和道路及光学系统。

阻燃性战剂是专门用于攻击具有机动能力武器装备的发动机或燃料,使其熄火、无法机动的一种化学战剂。阻燃性战剂包括阻燃泡沫弹和乙炔弹。

迟滞性战剂是迟滞敌部队机动的化学战剂,包括两大类:一类是强力润滑型迟滞性战剂,类似聚四氟乙烯及其衍生物,通过飞机、导弹等载体投放到敌方飞机跑道使飞机不能起飞,投放到铁路使列车无法行驶,投放到人行道使人员无法行走。另一类是聚合物型黏结型迟滞性战剂,具有超黏性,可使敌方武器装备无法移动。

毒素战剂尚未成为一类有实际意义的军用毒物,目前还没有具体的毒素战剂使用或正式装备。但它是一种潜在的化学战剂,已有若干毒素化合物被用于未来恐怖威胁评估与防护研究。与化学毒剂相比,毒素战剂具有高毒性、难检测、难检查三大特点。

5.发展二元化学武器

二元化学武器的基本原理是将两种或两种以上的无毒或微毒的化学物质分别填装在用保护膜隔开的弹体内,发射后,隔膜受撞击破裂,两种物质混合发生化学反应,在爆炸前瞬间生成一种剧毒药剂。从军事观点看,二元化学武器与一元化学武器相比并无优越性。这是因为二元弹的复杂结构会占据弹体部分空间,使毒剂的装填相应减少。另外,炮弹到达目标时毒剂的生成率仅达 $70\% \sim 80\%$,故二元弹的有效质量低,由此产生的杀伤范围小。不过,二元化学武器的出现解决了大规模地生产、运输、储存和销毁化学武器等一系列技术问题、安全问题和经济问题。与非二元化学武器相比,它具有成本低、效率高、安全、可大规模生产等特点。因此,二元化学武器大有逐渐取代现有化学武器的趋势。

6.发展新概念武器

新概念武器包括新概念能量武器、新概念信息武器、新概念生化武器和新概念环境武器。未来将重点发展以下领域:

(1)激光武器将逐步成为反导体系中的新成员,并在反卫星作战中发挥重要而独特的作用。其重点是研究新型的精密瞄准跟踪系统、开展制造大型反射镜的新型材料和新型加工工艺的研究、开展强激光在大气中传输所出现的大气湍流和"热晕"的研究。

(2)高功率微波武器是电子设备的"克星",将为信息战提供有效攻击手段。重点研究高功率微波源,提高发射功率和能量转换效率;研制高可靠性与可控性以及高方向性的微波武器发射天线;缩小体积,减轻质量,向小型化方向发展;重视中功率微波武器的研究;重视解决微波武器的使用对友邻系统的影响的研究。

(3)动能拦截弹将成为弹道导弹防御的主角,并向小型化、智能化、通用化方向发展。随着新材料、微电子、光电子等高技术的飞速发展,动能拦截弹战斗部的特征尺寸和质量将呈数量级下降,呈现出微小型化趋势;智能化的特征将是拦截弹具有很强的识别能力和发射后不管的自主作战能力;通用化允许陆海空三军在各自的战区导弹防御计划中采用通用型动能拦截器,并可降低武器装备成本。

(4)非致命武器将在战场上得到广泛应用。非致命武器能在比较特殊的作战环境中发挥突出的作用,从而能够实现普通武器不能达到的作战效果。

(5)武器装备向无人化技术方向发展。无人驾驶飞行器在战场监视/侦察、目标定位和战场评估等方面作用日益显著。垂直起降无人机将成为海军的新装备,无人作战飞机将成为未来空中力量中的一员,无人潜航器呈上升发展势头,无人战车将使战场作战手段多样化。

(6)计算机病毒武器将得到战略性发展。随着计算机技术的飞速发展及其在军事领域的广泛应用,21世纪地面作战将是信息化战争。从某种意义上说是计算机战,其核心武器将是计算机,而计算机的克星是计算机病毒。用计算机病毒进行战争,比用核武器进行战争更为有效,也更现实,且不会承担世界政治舆论风险。未来的计算机病毒,特别是用于军事目的的病毒,其手段将更巧妙,方式更隐蔽,设计更复杂。可以预见,计算机病毒武器将成为军事新技术发展的新目标,在未来战争中将大显神威。

习 题

1.简述导弹战斗部的作用。

2.战斗部的质量与全弹质量的关系是怎样的?

3.战斗部的质量与制导精度的关系是怎样的?

4.战斗部结构与全弹结构的关系是怎样的?

5.战斗部的作用目标可分成几类? 各有什么特点?

6.战斗部是怎样分类的? 简述常规战斗部结构类型及作用特点。

7.战斗部对目标造成的破坏作用主要有哪些?

8.战斗部主要由哪几部分组成?

9.什么是毁伤效应? 简述毁伤效应的主要研究内容。

10.什么是毁伤原理? 简述常规战斗部和核战斗部的基本毁伤作用原理。

11.简述常规战斗部的发展趋势。

12.简述核战斗部的发展趋势。

13.简述特种新型核战斗部的发展趋势。

第2章 战斗部的装药

战斗部之所以能摧毁目标是因为其中有可爆炸的装药,这种装药是破坏目标的能源与工质,它的作用是将本身储藏的能量(化学能或核能)通过反应(化学反应或核反应)释放出来,形成破坏目标的因素。本章主要介绍常规战斗部炸药及其性质、核战斗部装药及其特性,以及其他特种、新型战斗部装药等内容,为后续章节的学习奠定基础。

2.1 常规战斗部装药

常规战斗部的主要装药是炸药,炸药是在一定外能作用下,能发生高速化学反应,并产生大量气体和热量,对周围介质做炸碎功和抛射功的物质。简言之,能产生爆炸的物质称为炸药。

2.1.1 炸药的分子结构与分类

1. 炸药的分子结构

炸药与一般物质相比,在分子组成和结构上有显著特点,见表 2-1-1。

表 2-1-1 常用猛炸药的分子结构和组成

炸 药	结构式	不稳定基	组成元素
梯恩梯 (TNT)	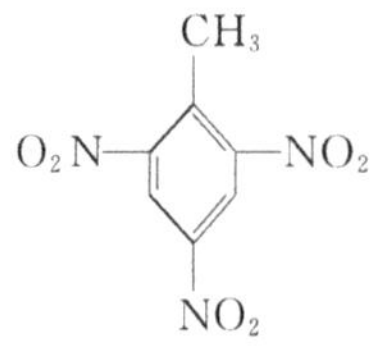	$-NO_2$	C,H,O,N
特屈儿 (Tetryl)	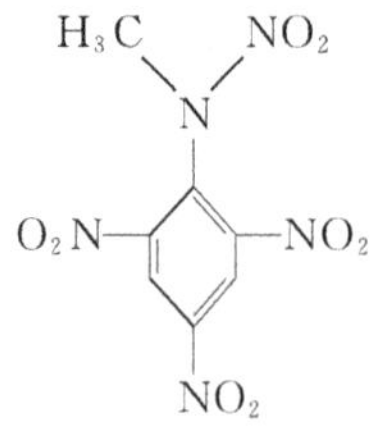	$-NO_2$ $N-NO_2$	C,H,O,N
黑索金 (RDX)	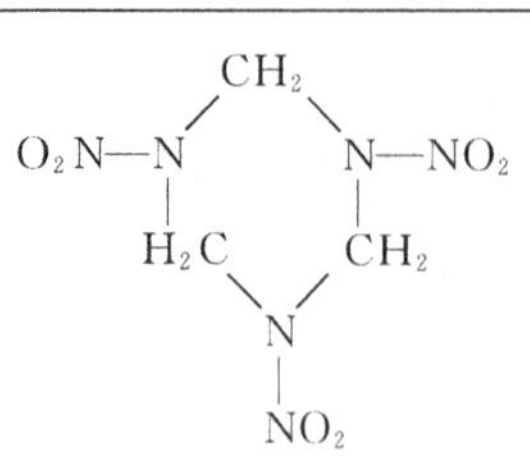	$N-NO_2$	C,H,O,N

续 表

炸　药	结构式	不稳定基	组成元素
泰安 (PETN)	$O_2NO-CH_2-\overset{\overset{\displaystyle ONO_2}{\displaystyle \mid}\overset{\displaystyle CH_2}{\displaystyle \mid}}{\underset{\underset{\displaystyle ONO_2}{\displaystyle \mid}}{\underset{\displaystyle CH_2}{\displaystyle C}}}-CH_2-ONO_2$	$-ONO_2$	C,H,O,N

由表 2-1-1 可看出,炸药的分子组成上有两个显著的特点:一是分子中都含有不稳定的基,如$-NO_2$,$-ONO_2$,因此整个分子结构不稳定;二是分子都是由碳、氢、氧、氮四种元素所组成的,而且氧一般不直接和碳、氢相结合,其中碳、氢为可燃元素,氧为助燃元素,氮为载氧体。

就炸药的分子结构而言,它具有以下四个特点:

(1)高体积能量密度。用炸药的密度(ρ)与其定容爆热(Q_v)的乘积来表示炸药的体积能量密度。炸药爆炸所达到的能量密度,比一般燃料所达到的能量密度高数百倍甚至数千倍。尽管以单位质量计,炸药爆炸所放出的能量比普通燃料燃烧时放出的能量低得多,例如,1 kg 汽油或无烟煤在空气中完全燃烧时的放热量,分别为 1 kg TNT 爆炸时放热量的 10 倍或 8 倍。但如以单位体积物质所放出的能量计,1 L TNT 的爆热相当于 1 L 汽油燃烧时放热量的 370 倍。

(2)自行活化。炸药在外部激化能作用下发生爆炸后,在无外界提供任何条件和没有外来物质参与下,反应能以极快的速度进行并直至完全反应。

(3)亚稳态。炸药在热力学上是相对稳定(亚稳态)的物质,并不是一触即爆的化学品,而只有在外部作用激发下,才能爆炸释放潜能。

(4)自供氧。既含有氧化剂也含有燃烧剂。

炸药、火药和燃料燃烧的特征见表 2-1-2。

表 2-1-2　炸药、火药和燃料燃烧的特征

特　征	燃料燃烧	火药燃烧	炸药爆炸
典型物质	煤-空气	火药	炸药
线性速度/(m·s^{-1})	10^{-6}	$10^{-3}\sim10^{2}$	$(2\sim9)\times10^{3}$
反应类型	氧化-还原	氧化-还原	氧化-还原
反应时间/s	10^{-1}	10^{-3}	10^{-6}
反应速度控制因素	热传递	热传递	冲击波传递
输出能量/(kJ·kg^{-1})	10^{4}	10^{3}	10^{3}
输出功率/(W·cm^{-3})	10	10^{3}	10^{9}
最常用引发反应模式	热	热质点和气体	高温、高压冲击波
反应建立的压力/MPa	$0.07\sim0.7$	$0.7\sim700$	$(10\sim40)\times10^{3}$

表中数据为数量级

2.炸药的分类

炸药的分类方法有两种,一种按化学组成分,可分为单组分炸药(即化合炸药)和混合炸药;另一种按用途分,可分为猛炸药、起爆药、火药和烟火剂。

(1)单组分炸药。它本身是一种化合物,组成炸药的各元素,以一定的化学结构存在于同一分子中。常用单组分炸药有以下几类:

1)硝基类炸药。这类炸药的分子中,都含有直接与碳原子相连接的硝基($-NO_2$)。如三硝基甲苯(TNT)、二硝基甲苯、三硝基苯酚和三硝基甲硝胺(特屈儿)等。

2)硝胺类炸药。这类炸药的分子中,都含有与氮原子相连接的硝基($>N-NO_2$),硝基是通过氮原子与碳原子连接的。如黑索金、奥克托金、硝基胍等。

3)硝酸酯类炸药。这类炸药的分子中,都含有硝酸酯基($-ONO_2$),硝基是通过氧原子与碳原子相连的。如硝化棉、硝化甘油、硝化二乙二醇、泰安等。

4)迭氮类炸药。这类炸药的分子中含有迭氮基($-N_3$)和金属元素。如氮化铅、氮化银等。

5)其他炸药。如雷酸盐类的雷汞、重氮化合物类的二硝基重氮酚、乙炔化合物类的乙炔银等。

(2)混合炸药。它本身是一种混合物,是由两种以上的化学性质不同的组分组成的系统。

混合炸药的种类繁多,而且其组成可以根据不同的使用要求,加以变化和调整。它们可以由炸药与炸药、炸药与非炸药等组成。

目前,我国使用的混合炸药很多,常用的有以下几种:

1)普通混合炸药。如钝化黑索金、梯黑 40/60(梯恩梯 40%、黑索金 60%)等。

2)含铝混合炸药。如钝黑铝炸药、梯黑铝炸药等。

3)有机高分子黏合炸药。如 8321、3021 炸药等。

4)特种混合炸药。如塑性炸药、弹性炸药、液体炸药。

5)硝铵炸药。如铵梯炸药、2#岩石炸药等。

(3)起爆药。这类炸药在很小的外能作用下能产生燃烧或爆炸,利用它产生的能量去引燃或引爆其他较难引燃或引爆的炸药。故起爆药用作火帽、雷管、点火具等火工品的装药。

常用的起爆药有氮化铅、雷汞、史蒂酚酸铅、特屈拉辛和二硝基重氮酚等。

(4)猛炸药。这类炸药在较大的外能作用下能产生猛烈的爆炸,因而有巨大的杀伤和破坏作用。故猛炸药主要作为各种弹的爆炸装药和工程爆破药,也作为传爆药和雷管中的加强药。

常用的猛炸药有梯恩梯、黑索金、特屈儿、泰安、奥克托金、硝化甘油等单体炸药,以及各种混合炸药,如以梯恩梯为主的梯黑炸药,以黑索金为主的钝黑铝、梯黑铝炸药,以硝酸铵为主的铵梯炸药等。

(5)烟火剂。这类炸药在燃烧时能产生白光、色光、火焰、烟雾等特殊的烟火效应,以达到战术上的某种特殊目的。

常用的烟火剂有发烟剂、燃烧剂、照明剂、信号剂、曳光剂等,分别用来装填各种相应的特种弹药。

一些烟火剂,在一定的条件下反应很快,且在反应时生成大量的气体,放出大量的热,因而也能爆炸。但在一般情况下,烟火剂只燃烧不爆炸,同时燃烧时能产生特种效应,因此在军事上用作燃烧弹、照明弹、信号弹、烟幕弹的弹体装药以及曳光管装药和其他烟火器材的装药。

烟火剂的物理性质:烟火剂多为机械混合物,由于原料不同,其颜色也不尽一样,含镁、铝的烟火剂为灰色或钢青色,含无机物多的多为白色或黄色。

烟火剂一般都含有可溶性的盐类,因此,当保管条件控制不好(如温度变化大、湿度高),或密封性受到破坏后,就易吸湿受潮,这样就使烟火剂质量变差,烟火效应降低。因此,保管烟火剂要特别注意控制温湿度,保持良好的密封性。

烟火剂的爆炸性能:烟火剂化学变化的主要形式是燃烧。它们容易用火焰引燃。除了摄影照明和某些特殊的燃烧混合物(其化学变化是由几米每秒到几千米每秒的速度)以外,一般压装的烟火剂燃速为 1~10 mm/s。烟火剂燃烧时放出大量的热量(4 184~12 552 kJ),同时可达 2 000~3 000℃的高温。只有一些烟火剂(发烟剂以及靠空气中氧燃烧的物质——磷、煤油等)在燃烧时的温度很低(700~1 000℃)。

据资料记载,烟火剂燃烧反应的燃速、比体积、燃烧热及燃烧温度见表 2-1-3。

表 2-1-3　烟火剂的燃烧性能

燃烧性能 烟火剂	燃速 mm/s	比体积 L/kg	定密燃烧热 kJ	燃烧温度 ℃
照明剂	2~10	100~300	5 020.8~8 368	2 500~3 000
摄影剂	闪光	50~100	6 694.4~12 552	2 500~3 500
火焰信号剂	1~3	300~450	2 510.4~5 020.8	2 200~2 000
发烟剂	0.5~2	300~500	1 255.2~2 510.4	400~800
曳光剂	2~10	100~300	5 020.8~8 368	2 500~3 000
燃烧剂	1~3	0~300	3 347.2~12 552	2 300~3 500

烟火剂的起爆感度都较小,需要威力和猛度大的炸药才能起爆。

(6)火药。这类炸药在火焰作用下,能迅速地有规律燃烧,产生高温高压的气体,因而能产生巨大的抛射能力。火药在一定条件下也可以起爆,其爆炸威力与猛炸药相当,但并不是所有炸药都可作为火药,作为火药的主要条件是在使用条件下只燃烧且不能转为爆轰,燃烧过程是有规律的。

常用的火药可分为胶质火药和机械混合火药两类。胶质火药又称无烟药或溶塑火药,其中包括单基药(又称硝化棉火药或挥发性溶剂火药)、双基药(又称硝化甘油火药或难挥发性溶剂火药)和三基药。机械混合火药(又称异质火药,复合火药)分为黑药(即低分子复合火药)和高分子复合火药。其中低分子复合火药(又称黑药或有烟药)用得最广,常用它用作点火药、导火索以及少数弹种的发射药。高分子复合火药主要用作大型火箭、导弹的推进剂,目前正处在大力发展之中。

通常把发射枪、炮弹的火药叫发射药,推送火箭导弹的火药叫推进剂。

火药有两个显著的特点:一是用量很大;二是火药相对其他炸药而言较易变质。

必须指出,起爆药、猛炸药的主要化学反应形式是爆炸,在实用中也主要是利用其爆炸性质,故通常所说的炸药,就是指起爆药和猛炸药。而火药及烟火剂的主要化学反应形式是燃烧,在实用中也主要是利用其燃烧性,所不同的是火药是利用其抛射功,烟火剂是利用其烟火效应。但是,一般来说四者不仅能燃烧,而且也能爆炸,究竟以哪种形式出现,主要取决于外界条件及外能作用的方式。从它们都具有爆炸性质这个意义上来说,它们在本质上都是一样的,因此广义上把四者统称为炸药。

2.1.2 炸药的爆炸

1.爆炸现象及爆炸的变化形式

(1)爆炸现象。广义地说,爆炸指一种极为迅速的物理或化学的能量释放过程。在此过程中,系统潜在能量转变为机械功及光和热的辐射等。爆炸做功的根本原因在于系统原有的高压气体或爆炸瞬间形成的高温高压气体或蒸汽的骤然膨胀。

爆炸的一个最重要的特征是爆炸点周围介质中发生急剧的压力突跃,这种压力突跃是爆炸破坏作用的直接原因。爆炸有两个显著的外部特征:一是机械作用引起周围介质的变形、破坏和移动;二是有强烈的音响效应。

爆炸可以由各种不同的物理现象或化学现象所引起。就引起爆炸过程的性质来看,爆炸现象大致可分为以下三类:

1)物理爆炸现象。此类爆炸是由于物理状态的突变而产生的。最常见的蒸汽锅炉或高压气瓶的爆炸属于此类,这是由于过热水迅速转变为过热蒸汽,造成高压冲破容器阻力引起的,或是由于充气压力过高,超过气瓶强度发生破裂而引起的。

地震也是一种强烈的物理爆炸现象。最大的地震能量达 $10^{23} \sim 10^{25}$ erg(1 erg$= 10^{-7}$ J),比 100×10^4 t TNT 炸药的爆炸还强烈。地震是由地壳弹性压缩能而引起的地壳运动。

再如高压火花放电、雷电或高压电流通过细金属丝所引起的爆炸现象也是一种物理爆炸现象。强放电时,能量在 $10^{-3} \sim 10^{-7}$ s 内,使放电区达到巨大的能量密度和数万摄氏度的高温,因而导致放电区的空气压力急剧升高,并在周围介质中形成很强的冲击波;金属丝爆炸时,温度高达 20 000℃,金属迅速气化而引起爆炸。

其他如物体的高速撞击(陨石落地、高速火箭撞击目标等),水的大量骤然汽化等所引起的爆炸都属于物理爆炸现象。

2)化学爆炸。此类爆炸是由于迅速的化学反应而引起的。如甲烷、乙炔、乙醚等以一定的比例与空气混合所产生的爆炸。

炸药的爆炸也是属于化学爆炸。其爆炸进行的速度高达数千米每秒到数万米每秒之间,所形成的温度为 2 000~5 000℃,压力高达数十万个大气压(1 atm=101 325 Pa),因而能迅速膨胀并对周围介质做功。

3)核爆炸。核爆炸的能源是原子核裂变(如^{235}U 的裂变)或核聚变(氘、氚、锂核的聚变)反应所释放出的核能。

核爆炸反应所释放的能量很大,相当于数万吨到数千万吨 TNT 炸药爆炸的能量。爆炸可形成数万到数千万摄氏度的高温,在爆炸中心区造成数百万大气压的高压,形成很强的冲击波,同时还有很强的光和热的辐射,以及各种粒子的贯穿辐射。因此,核爆炸比炸药爆炸具有大得多的破坏力。

(2)爆炸的变化形式。炸药化学反应的基本形式,一般可以概括为三种:热分解、燃烧以及爆炸(爆轰),其中燃烧和爆炸(爆轰)是爆炸变化的两种典型的形式。

1)热分解。炸药与其他物质一样,在常温下也进行着缓慢的分解反应,只是难以用人们的感官觉察,经储存若干年后化验才知道分解了。当外界温度升高时,反应速度加快,超过某一温度时,热分解就可能转化为燃烧或爆炸。

2)燃烧。炸药在火焰、电或热的作用下,所引起的较快的一种发热、发光的化学反应,称为炸药的燃烧(也称为爆燃)。其速度常在几毫米每秒到数百米每秒之间,低于炸药中的声速。燃速受外界条件的影响很大,随温度的升高,特别是随压力的升高而增大。燃烧的进行是以传热形式传递能量的。

燃烧过程在大气中进行得比较平稳,没有显著的音响效应,但在密闭或半密闭的容器中,例如在火炮的药室内或火箭发动机内,燃烧过程进行得很快,有明显的音响效应并能做推射功。炸药的燃烧在特定的条件也可能转化为爆炸。

3)爆炸(爆轰)。炸药以几百米每秒到几千米每秒的速度进行着的化学变化过程称为爆炸。爆炸速度超过炸药中的声速。

爆炸开始阶段往往有个增速过程(个别的因起爆能量过大,炸药爆炸开始阶段也有个减速过程),至一定爆炸变化速度后,才稳定不变直至炸药爆炸完毕。将爆炸传播速度不随时间改变的爆炸称为爆轰。我们利用猛炸药理想的情况都是希望其变化以爆轰形式出现,因为这时能量利用最充分。但从本质上讲二者并无区别,无论是爆炸或是爆轰,其都是以爆轰波形式进行传递能量的。因此,在一般情况下,这两个名词也经常混用。

2.爆炸的特征

炸药爆炸过程具有三个特征:过程的放热性、过程的瞬时性和过程的成气性。这三个特征称为炸药爆炸的三要素。

(1)反应过程的放热性。炸药爆炸时能放出大量的热,这是可燃剂与助燃剂反应的结果。例如:

$$C+O_2=CO_2+395.43 \ kJ$$

$$C+\frac{1}{2}O_2=CO+113.68 \ kJ$$

$$H_2+\frac{1}{2}O_2=H_2O+240.54 \ kJ$$

反应过程的放热性是爆炸反应必须具备的第一个必要条件,因为热是气体做功的能源。反应时放出的热,一方面加热气体形成高温,有利于气体膨胀而做功;另一方面可使化学反应得到能量而自行传播和不断地加速。不放热或放热很少的反应,不能提供做功的能量,因此不可能具有爆炸性质。

有的物质虽然化学反应很快,同时也生成大量的气体,但由于不放热或放热较少,故不能爆炸。例如:

$$(NH_4)_2C_2O_4=2NH_3+H_2O+CO+CO_2-263.59 \ kJ$$

$$CuC_2O_4=Cu+2CO_2+23.85 \ kJ$$

$$HgC_2O_4=Hg+2CO_2+72.55 \ kJ$$

上述反应,第一反应为吸热,第二反应放热较少,故均不能爆炸,只有第三反应放热较多才具有爆炸性。

必须指出,炸药在爆炸时放出的热量,按照单位质量计算并不比一般的燃料高,但是若按单位体积(容积)计算,炸药的含能量比一般燃料要大得多,因而炸药具有很高的能量密度。表2-1-4给出了几种炸药和燃料混合物的含能量。

表 2-1-4　炸药和燃料混合物的含能量(燃烧或爆炸放出的热量)

物质名称	单位质量含能量/(kJ·kg⁻¹)	单位体积含能量/(kJ·L⁻¹)
汽油和氧气混合物	9 623	17
氢气和氧气的混合物	13 433	7.2
无烟煤	9 205	18
黑火药	2 929	2 803
梯恩梯	4 180	6 485

(2)反应过程的瞬时性。爆炸反应与一般化学反应相比,一个最突出的不同点是爆炸过程的速度极高。爆炸反应的瞬时性,使反应生成的气体在反应生成热的作用下,才能形成高温高压的气体,高温高压气体迅速膨胀才能产生爆炸。同时,反应速度极快才能使爆炸物质的能量在极短的时间内集中地放出来,使爆炸产生强大的功率。

相反,如果反应速度很慢,即使反应中能生成大量的气体,放出大量的热,也会因时间长,使大量的热和气体从容地扩散到周围介质中去,不能形成高温高压的气体,因而不能形成爆炸。一般燃料燃烧时不仅产生大量气体,而且放出的热量也比炸药爆炸时放出的热量大得多。例如,1 kg 的汽油在发动机中燃烧或 1 kg 的煤块在空气中缓慢地燃烧所需要的时间为数分钟至数十分钟。而 1 kg 炸药爆炸反应仅十几到几十微秒($10^{-6} \sim 10^{-5}$ s),也就是说,炸药的爆炸过程要比燃料燃烧过程快数千万倍。可见,炸药爆炸反应快速性体现了高的功率,即高的能量释放速率。1 kg 普通炸药爆炸时释放的热量一般在$(4.18 \sim 6.27) \times 10^6$ J,仅相当于 1 kW 的电机 1 h 的能量,但炸药爆炸瞬间功率可达到$(5 \sim 6) \times 10^6$ kW。因而炸药是高功率的能源。爆炸反应速度极其迅速,因而可以近似地认为,爆炸产物来不及膨胀,所释放的能量全部集中在炸药爆炸前所占据的体积内,从而造成了一般化学反应所无法达到的高能量密度和高温高压状态,所以炸药爆炸具有巨大的功率和强大的破坏作用。正因为如此,一般的燃料燃烧反应不能形成爆炸。

(3)反应过程的成气性。炸药爆炸生成大量的气体,例如,1 L 的普通炸药爆炸瞬间可生成约 1 000 L 的气体产物。反应的快速性,使这样多的气体在爆炸结束瞬间仍占有原来炸药的体积,相当于 1 000 L 的气体被压缩到近 1 L 的体积里。这是炸药爆炸时之所以能够膨胀做功,并对周围介质造成严重破坏的根本原因之一。

炸药为什么会有大量的气体生成呢?从它的分子结构和组成可以看出,它们都是由 C,H,O,N 四种元素组成的,在爆炸变化分解过程中,可燃元素 C,H 与助燃元素 O 结合生成大量的气体。如生成 CO,CO_2,H_2O(三气)以及 N_2,H_2 等,都是气体产物。

综上所述,能量、能量集中、能量转换是形成高温高压气体的条件,也就是爆炸变化的根本原因。放热给爆炸变化提供了能源,而瞬时性则是使有限的能量集中在较小容积内,产生大功率的必要条件,反应生成的气体则是能量转换的理想工质,它们都与炸药的做功能力有密切的关系。这三个因素又是互相联系的,反应的放热性将炸药加热到高温,从而使化学反应速度大大地加快,即提高了反应的瞬时性。此外,由于放热可以将产物加热到很高的温度,这就使更多的产物处于气体状态。同样,由于反应的瞬时性和成气性,也反过来促使反应放热量的增加。

3.炸药的主要性能指标

表征炸药主要性能的指标有密度、安定性、相容性、感度、爆炸特性和爆炸作用。

(1)密度。密度指单位体积内所含炸药的质量。提高炸药密度是提高炸药能量水平的重要途径。

(2)安定性。安定性指在一定条件下,炸药保持其物理、化学性能不发生超过允许范围变化的能力。它可分为物理安定性和化学安定性,前者指延缓炸药发生吸湿、渗油、机械强度降低和药柱变形等的能力,后者指延缓炸药发生热分解、水解、老化、氧化和自动催化反应等的能力,两者是互有联系的。

(3)相容性。相容性指炸药与其他材料(包括炸药)混合或接触时,它们的物理、化学、爆炸性能不发生超过允许范围变化的能力。它可分为物理相容性和化学相容性,前者是指体系的物理性质的变化,后者是指体系的化学性能的变化,但两者紧密相关。

(4)感度。炸药的敏感度简称感度,是指炸药在外界能量作用下发生爆炸变化的难易程度。即在同一形式,同样大小的外能作用下,容易发生爆炸变化的炸药,说明它的感度大或敏感;反之,称之为炸药钝感或感度小。

炸药的感度是炸药的重要性之一,用来说明不同炸药对同一外能作用时的稳定性,因而是衡量炸药不稳定程度的标尺。例如:用枪弹射击梯恩梯很难爆炸,而射击黑索金就很容易爆炸,说明梯恩梯枪弹贯穿感度比黑索金感度小(或钝感)。一般来说,起爆药对冲击的感度要比猛炸药大得多。

炸药的感度主要是由炸药本身的结构决定的,炸药不同,分子结构的稳定性就不同,破坏这种稳定性所需的外能大小也不同,因而感度就有差别。

炸药的感度有热感度、机械感度、起爆感度、电感度、光感度等。

1)热感度。热感度指炸药在热作用下发生爆炸变化的难易程度。

热作用的最典型形式有两种:一种是炸药均匀加热,其感度用爆发点表示;另一种是炸药用火焰点火,火焰感度用点火的上、下限表示。

炸药爆发点是指一定数量的炸药在特定的试验条件下,发生爆炸变化时,加热介质的最低温度。这一温度并不是炸药爆炸时,炸药本身的温度,更不是炸药开始分解的温度,而是加热炸药的介质的温度。显然,爆发点愈低则表明炸药对热的感度愈高。

2)机械感度。机械感度指炸药在外界的机械作用下发生爆炸变化的能力。

按照机械作用的形式不同,炸药的机械感度有炸药的冲击感度、炸药的针刺感度、炸药的摩擦感度、炸药对惯性力的感度和炸药的枪弹贯穿感度等。

3)炸药的起爆感度。炸药的起爆感度指炸药在其他炸药爆炸作用下,发生爆炸变化的能力。一般以最小起爆药量表示,它是指在一定试验条件下,使猛炸药完全爆轰所需的最小起爆药量。

4)电感度。电感度指在电流作用下,炸药发生燃烧或爆炸的难易程度。

5)光感度。光感度指在光能作用下,炸药发生燃烧或爆炸的难易程度。

研究炸药的感度及其影响因素,对炸药的生产、使用和勤务处理都有着重要的指导作用,归纳起来主要有以下四个方面。

第一,根据炸药感度确定炸药的用途。比如:雷汞、氮化铅比较敏感,不能做爆炸装药,但适于做起爆药;黑索金机械感度较高,不能单独做弹丸装药,只有在降低了感度之后才能做弹丸装药;胶质火药点火时只能燃烧,难以爆炸,故用作发射药。

第二,根据炸药的感度,合理选择起爆初始冲量,以保证爆炸变化的准确可靠。选择初始冲量包括两个方面:一是选择初始冲量的形式,如引爆梯恩梯炸药块时,必须选用雷管起爆,引燃发射药需采用火焰点火,而引爆发射药必须使用雷管加传爆药的形式;二是选择初始冲能的大小,如引爆发射药时单独用雷管就不能起爆,必须加足够量的传爆药,而引爆注装梯恩梯时,用一个8号雷管就可起爆。

第三,合理调整炸药感度的大小,以满足使用的要求。当炸药感度大而不符合使用要求时,选配适当的钝感剂,使其感度变小;当炸药感度小,不易引爆或容易发生作用不确定的问题时,可选配适当的敏感剂,以提高其感度。这样可以扩大炸药的使用范围,以满足多种用途的需要。

第四,根据炸药的感度及其影响因素,制定生产、保管、使用和勤务处理中的安全规则,以确保安全。

(5)爆炸特性。爆炸特性是综合评价炸药能量水平的特性参数,包括爆热、爆温、爆速、爆压及爆容。

1)爆热。在一定条件下单位质量炸药爆炸时放出的热量,可分为定容爆热和定压爆热。

2)爆温。全部爆热用来定容加热爆轰产物所能达到的最高温度。爆温越高,气体产物的压力越高,做功能力越大。

3)爆速。爆轰波在炸药中稳定传播的速度,它不仅仅是衡量炸药爆炸性能的重要参数,而且还可以用来推算其他爆轰参数。

4)爆压。炸药爆轰时爆轰波阵面的压力。

5)爆容。爆容也称比体积,是单位质量炸药爆炸时生成的其他产物在标准状态下(0℃,101.325 kPa)下占有的体积。

(6)爆炸作用。爆炸作用指炸药爆炸时对周围物体的各种机械作用。常以做功能力及猛度表示。

做功能力指炸药爆炸时对周围介质所产生的各种爆炸作用的总和,也叫威力。它反映了炸药可能释放的能量,如果忽略标准温度时的气体内能,可以认为炸药的做功能力与炸药的爆热值相等。

猛度指炸药爆炸时爆轰产物粉碎或破坏与其接触(或接近)介质的能力,可用爆轰产物作用在与爆轰传播方向垂直的单位面积上的比冲量表示,爆速是决定炸药猛度的主要因素。

2.1.3 炸药的起爆

要使炸药发生爆炸,需要有足够的外能激发,把外能激发炸药发生爆炸反应的过程称为起爆。

1.起爆方式

起爆炸药的外能有以下几种:

(1)热能起爆。热能起爆包括加热和火焰两种形式。它们的作用是加热炸药,使其温度升高,反应速度加快;同时在反应过程中,由于炸药的氧化作用又放出热量,使炸药分解更快。如此继续进行下去,热量就越来越多,药温就愈来愈高,分解也愈来愈快,经过一定时间(极短),当药温达到一定值时,即引起爆炸。

（2）机械能起爆。机械能起爆包括冲击、摩擦等形式。当机械能作用于炸药时，立即转变为热能。由于作用时间极短，热能来不及因传导而分散，能量主要集中于一部分比较突出的质点上，特别是棱角处。于是这部分炸药温度迅速升高，当温度足够高时，即引起爆炸。

（3）电能起爆。电能起爆包括充电和放电两种方式。其主要是用电能引爆电雷管装填的敏感炸药。

（4）爆炸能起爆。爆炸能起爆主要是敏感炸药爆炸后产生爆炸波引起钝感炸药爆炸的一种作用。

2. 起爆药及性能

起爆药是一类较敏感的炸药，易受外界能量激发而发生燃烧或爆炸，并能迅速转变成爆轰的敏感炸药。它对外界一定的热、电、光、机械等激发能量有较大的敏感性，并能输出足够的能量，引爆猛炸药或引燃火药。它广泛用于装填各种火工品和起爆装置中做始发装药。常用的起爆药有雷汞、叠氮化铅、史蒂酚酸铅、二硝基重氮酚和特屈拉辛等。军用火工品起爆药除具有足够的起爆力、适当的感度外，还要具有高度的安全性、良好的安定性和流散性。

（1）起爆药的特性。起爆药和猛炸药相比，具有感度高、爆轰成长期短、生成热小、爆速及爆热小等特点。

1）感度高。起爆药可以用较小的、简单的起爆冲能（如火焰、撞击、摩擦、针刺、电能等）引起爆轰，这是区别起爆药和猛炸药的重要标志。各种起爆药对各种不同形式的初始冲能具有一定的选择性。例如，氮化铅比史蒂酚酸铅对机械作用敏感，而对热作用则较之钝感。正是由于这一特性，在生产和使用中，根据不同火工品的战术技术要求，选择不同的起爆药。

2）爆轰成长期短。所谓爆轰成长期（又称诱发期）是指炸药受起爆冲能引燃后达到爆轰所需要的时间。起爆药之所以能被较小的冲能引起爆轰，其主要原因是这类炸药爆炸变化加速度大。也就是起爆药由开始燃烧转变为稳定爆轰所需要的时间（或所需要的药柱长度）较猛炸药由开始燃烧转变为爆轰所需的时间（或所需的药柱长度）要短得多。因此起爆药的诱发期比猛炸药要短（见图2-1-1），诱发期短是起爆药非常可贵的特性，是起爆药的必要条件之一。

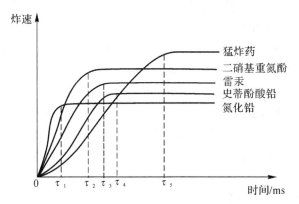

图 2-1-1　爆轰成长期示意图

τ_1—氮化铅达到稳定爆轰的时间；　τ_2—二硝基重氮酚达到稳定爆轰的时间；

τ_3—雷汞达到稳定爆轰的时间；　τ_4—史蒂酚酸铅达到稳定爆轰的时间；

τ_5—猛炸药达到稳定爆轰的时间

对起爆药来讲，它们的爆炸变化速度的增长情况也各不相同，诱发期长短也不等。起爆药的诱发期越短,在诱发期内消耗的起爆药量就越少,因此起爆能力就大。例如,氮化铅的诱发期比雷汞短,所以氮化铅的起爆能力比雷汞大。利用起爆能力大的起爆药,可制成体积较小的火工品,这一点具有十分重要的意义。

由于起爆药的诱发期很短,所以起爆药仅仅在特殊的条件下,例如在很大的密度时才可能稳定燃烧。因此,通常即使在数量不大时(十分之几克或更少,视起爆药的性质而定)起爆药还是会爆轰,而仅在极少量时才是燃烧。利用起爆药的这种性质,只要将大约十分之几克的起爆药装于雷管中,就能引起猛炸药爆轰,而只要将大约百分之几克的起爆药装于火帽中,就能引燃火药的各种药剂。

3)生成热小。猛炸药的生成热大多数为正值,即生成时有热量放出,而起爆药的生成热则大多数是负值,即生成时要吸收热量,为吸热化合物。某些起爆药的生成热见表 2-1-5。

表 2-1-5 一些起爆药的生成热

起爆药	分子式	生成热/(kJ·mol^{-1})
雷汞	$Hg(ONC)_2$	−262.76
叠氮酸	HN_3	−280.328
叠氮化铅	$Pb(N_3)_2$	−463.59
三氯化氮	NCl_3	−228.86
硫化氮	N_4S_4	−539.74
偶氮苯硝酸酯	$C_6H_5N{=}N{-}O{-}NO_2$	−199.16
二叠氮化三聚氰	$C_3N_3(N_3)_2$	−916.30
六次甲基三过氧化二胺	$NCCH_3{-}O{-}O{-}(CO_2)_3N$	365.75

从表 2-1-5 可以看出,起爆药的生成热也有为正值的。与此相应,猛炸药的生成热也有为负值的,如特屈儿(−19.66 kJ/mol)、奥克托金(−74.89 kJ/mol)。因此,绝不能以生成热来严格地划分猛炸药与起爆药的界限,但可以说大多数的起爆药生成热是负值,在寻求新的起爆药时,可以多从这类物质着眼。

负的生成热是造成感度大、爆轰成长期短的有利条件之一,因为在形成该物质时吸收能量愈大,内能就愈高,也就愈不稳定,所以感度大。在激发后放出的能量也愈大,导致燃速增长率必然大,即爆轰成长期短。

4)爆速及爆热小。起爆药与猛炸药相比,一般来讲,起爆药的爆速低、爆热小、比体积也小,因此起爆药的威力、猛度也小。加之起爆药的感度大,因此起爆药不适宜用作弹药的爆炸装药和爆破药柱。在选用起爆药时,要求它具有较大的起爆能力,足够的安定性和合适的感度。

(2)常用的起爆药。下面介绍几类常用的起爆药。

1)叠氮化铅。叠氮化铅简称氮化铅,分子式为 $Pb(N_3)_2$,外观为白色结晶。有两种晶型,一种为短柱状,属斜方晶系,称 α 氮化铅;另一种为针状,属单斜晶系,称 β 氮化铅。β 型极敏感。叠氮化铅不溶于冷水、乙醇、乙醚及氨水,稍溶于沸水,溶于浓度为 4 mol/L 的醋酸钠水溶液,易溶于乙胺。与铁作用,不与铝、镍、铅作用;爆发点在 327～360℃;密度为 3.8 g/cm³ 及 4.6 g/cm³ 时,爆速分别为 4 500 m/s 及 5 300 m/s。起爆 1 g 梯恩梯或黑索金所需药量分别为 0.25 g 及 0.05 g。耐压性强:500~4 000 kg/cm²(极限药量无变化);叠氮化铅有良好的热安定性,50℃下存放 3~5 年其性能几乎无变化。在 120℃恒温 48 h 分解变化甚微,温度超过 200℃经几小时虽有部分分解,但仍能保持一定的起爆能力。冲击及摩擦感度中等,摩擦感度与晶形有关,α 较 β 型钝感。敏感度:雷汞>氮化铅>史蒂酚酸铅>二硝基重氮酚。

叠氮化铅用于装填雷管和底火,不能单独用作针刺雷管和火焰雷管装药。它是目前性能最优异的一种单质起爆药。爆轰成长期短,能量大,起爆能力是雷汞的 5~10 倍。

1890 年,T. 库尔齐乌斯将醋酸铅溶液加入叠氮化钠或叠氮化铵溶液中,首次制得叠氮化铅。1907 年,法国人 F. 海罗尼米斯首次在炸药工业中获得叠氮化铅专利。第一次世界大战中叠氮化铅开始用于制造火工品。

2)史蒂酚酸铅。史蒂酚酸铅的化学名称为 2,4,6—三硝基间苯二酚铅,分子式为 $C_6H(NO_2)_3O_2Pb$。外观为黄色短柱状结晶,溶解度及吸湿性较小,几乎不溶于四氯化碳、苯和其他非极性溶剂,微溶于丙酮、乙酸及甲醇,易溶于 25%~30%的醋酸铵水溶液,常温下在水中溶解度为 0.04 g/100 g。与酸碱作用发生分解,与金属无作用;密度为 3.02 g/cm³。熔点 260~310℃(爆炸)。爆发点 282℃(5 s);爆燃点 275~280℃;密度为 2.6 g/cm³ 时爆速为 4.9 km/s;摩擦感度为 70%;火焰感度为 54 cm(全发火最大高度)。

史蒂酚酸铅一种起爆能力较低的单质起爆药。在火焰雷管中做火焰敏感剂,针刺雷管中做针刺药,火帽中做无腐蚀性击发药组分,但不适于单独作为雷管装药。史蒂酚酸铅的静电火花感度为 0.000 9 J,是起爆药中最敏感的。

1914 年冯·赫兹首次通过硝酸铅溶液与史蒂酚酸的钠盐溶液反应,制成了史蒂酚酸铅。

3)雷汞(俗称白药)。雷汞的化学名称为雷酸汞,分子式为 $Hg(ONC)_2$,是由汞与硝酸作用,生成硝酸汞,然后再与酒精作用而制成的。

• 雷汞的物理性能

外观:雷汞依其制取方法的不同,可得白色和灰色两种颜色的产品,即所谓白雷汞和灰雷汞。它们都是属于斜方晶系的细小针状结晶。

密度:雷汞的密度,由于纯度不同,一般为 4.3~4.4 g/cm³。雷汞的纯度愈小,密度愈大。

吸湿性:雷汞的吸湿性很小,但雷汞中的杂质明显地增加雷汞的吸湿性。

溶解度:雷汞微溶于水,随温度增加溶解度略有增大。例如,在 100 g 水中 12℃时,雷汞溶解量为 0.07 g,49℃时,雷汞溶解量为 0.77 g。雷汞易溶于乙醇,氨水,丙酮(用氨水饱和)、一、二、三羟基乙胺,吡啶和氰化钾溶液。

熔点:加热即分解。

挥发性:不挥发。

生成热:−273.63~262.76 kJ/mol。

• 雷汞的化学性能

雷汞与水的作用:雷汞长期置于水中或与水共沸时,可分解而失去爆炸性能,因此水中存放雷汞要规定期限。当雷汞含有 10%的水分时仅能燃烧而不爆炸,含水 30%的雷汞则难以点燃。因此,为了安全,雷汞于装填火工品前,均短期存放在水中。

雷汞与酸的作用:雷汞与碳酸不作用,与稀硝酸不作用,与浓硝酸在常温下分解。浓硫酸与雷汞作用,能立即发生爆炸,因此严禁把雷汞放入硫酸干燥器内保存。

雷汞与碱的作用:雷汞能被强碱分解,但与弱碱则作用缓慢。因此,可以用强碱来销毁少量雷汞。

雷汞与盐的作用:硫氰化钾及碘化钾溶液均能溶解雷汞。硫代硫酸钠溶液能溶解雷汞并进而促使雷汞分解。常用硫代硫酸钠溶液来销毁少量雷汞及分析雷汞纯度。

雷汞与金属作用:雷汞很容易与铝、镁等金属起作用,在有水存在时,与铝、镁的作用更剧烈,可以生成疏松状的铝、镁氧化物,并夹杂有金属汞,同时放出大量的热,使金属铝、镁表面很快被腐蚀穿孔。因此,不能采用铝、镁或铝镁合金制作的壳体装填雷汞和含有雷汞的混合炸药。雷汞与镍不起作用。雷汞与铜在干燥时无作用,因此可用铜做雷管壳,或铜镀镍来做雷管壳装填雷汞。在有水存在时,雷汞与铜作用,生成碱式雷酸铜及碱式碳酸铜的混合物,如果是在热水中,雷汞和铜作用可生成雷酸铜并析出汞。碱式雷酸铜的冲击感度及热感度均比雷汞低,但摩擦感度稍高于雷汞。

对光和热的作用:雷汞长期受日光照射可变为黄色,但性能无显著变化。受紫外光作用,经数小时后雷汞呈黑褐色,较易发火,但冲击感度降低。经长期曝光后,可分解成对冲击不敏感的物质。可见雷汞应尽量避免阳光照射。

雷汞在常温下很安定。加热至50℃时,2 h后开始分解。在75℃时经过35～50 h,失去其爆炸性,再经70～100 h后,则变成黄褐色不易点燃的粉末。加热至100℃时,48 h以内爆炸,可见雷汞的热安定性较差。

雷汞的爆炸性能:爆温为3 530～4 800℃;爆热为1.72×10^6 J/kg;爆速为5 400 m/s;爆压为851 MPa;对冲击、摩擦、火焰以及电火花等都比较敏感;雷汞的可压性不好,例如当压药压力超过49 MPa时,出现瞎火现象,故一般将压药压力限制在24.5～29.4 MPa。

雷汞的生理作用:雷汞味甜有毒,其毒性与汞相似。粉尘能使黏膜发生痛痒,长期连续作用能使皮肤痛痒,甚至引起湿疹病,能使人头发变白,牙根出血。

1799年霍华德制造出雷汞,1814年开始用雷汞制造火帽。1867年诺贝尔发明了雷汞雷管,用以起爆硝化甘油,开创了用起爆药引爆猛炸药的新领域。雷汞是最早发现和广泛使用的起爆药之一。在第一次世界大战以前,在火工品中雷汞是唯一的具有爆炸性的起爆药成分。后来随着武器弹药的发展,氮化铅、三硝基间苯二酚铅及特屈拉辛等大量生产了,雷汞才逐渐被氮化铅所取代。但是,由于雷汞具有良好的火焰感度和机械感度,因而一部分火工品中仍使用雷汞和含有雷汞的成分,如各种火帽的击发药大都含有雷汞。因此,雷汞仍是目前常用的一种起爆药。

4)混合起爆药。由两种或多种起爆药(如氮化铅与史蒂芬酸铅、氮化铅与四氮烯)混合组成,也可混入氧化剂、可燃剂、钝感剂和黏合剂。如雷汞、硫化锑、氯酸钾混合击发药、无腐蚀击发药和针刺药等。它们的混制方法可以是机械混合,也可用吸附、黏合等湿法混合。

5)复盐起爆药。由两种或两种以上单体起爆药,通过共沉淀或络合方法制成的起爆药。其特点是既有原单体起爆药的性能,又有综合的效果,例如氮化铅与斯蒂芬酸铅共沉淀起爆药,既有起爆威力大的特性,又有良好的火焰感度。复盐型起爆药为发展新起爆药提供了广阔的前景。

表2-1-6为几种单质起爆药性能。表2-1-7为几种常用起爆药的极限起爆药量。

表 2 - 1 - 6　几种单质起爆药性能

爆炸性能	雷汞	氮化铅	史蒂酚酸铅	二硝基重氮酚
爆发点/℃	160~165	330~340	282	170~175
爆炸气体量/(L·kg⁻¹)	300	308		553
爆热/(J·kg⁻¹)	1.72×10^6	1.59×10^6		4.00×10^6
爆温/℃	4 350	5 300		4 650
爆速/(m·s⁻¹)	5 400	5 300	4 900	5 400
水中爆炸性	含水30%时拒爆	水中能爆炸		水中能爆炸
热感度	高	低		中
起爆能力	低	高	较低	高
机械感度	高	中		低
使用率	低	中		高

表 2 - 1 - 7　几种常用起爆药的极限起爆药量(0.5 g 猛炸药)

起爆药	极限起爆药量/g			
	特屈儿	梯恩梯	泰安	黑索金
雷汞	0.29	0.36	0.17	0.19
叠氮化铅	0.025	0.09	0.01~0.02	0.05
二硝基重氮酚	0.075	0.163	0.08~0.1	0.16
史蒂酚酸铅	1 g 药量仍不能起爆猛炸药			

2.1.4　常用猛炸药

1.猛炸药的特点及使用情况

猛炸药爆炸变化的典型方式是爆轰,是爆炸性最猛烈、破坏威力最大的一类炸药。简言之,猛炸药就是能够起粉碎作用的炸药。

猛炸药与起爆药比较,有如下特点:感度比起爆药小;爆轰过程的激发期较起爆药长;爆轰时,爆速、爆热大,产生的气体多。

由于猛炸药具有较小的感度和较长的爆轰激发期,大部分猛炸药在通常条件下不能被简单的初始冲量所起爆,而是用起爆药来激起猛炸药的爆轰。特别是对于感度小的猛炸药还必须使用传爆药柱来起爆。传爆药柱是用起爆较敏感且威力较大的猛炸药制成的。

由于猛炸药爆轰时爆速、爆热大,产生的气体多,因而具有很大的破坏作用。

正因为猛炸药具有感度较小、破坏作用大等特点,所以猛炸药在军事上主要用作爆炸装药,用以装填枪炮弹、航弹、鱼雷、火箭弹、导弹和其他弹药的战斗部,以及爆破器材的装药。

猛炸药可分为单质炸药和混合炸药两大类,混合炸药使用更普遍一些。

2. 单质猛炸药

(1)梯恩梯(TNT)。梯恩梯的化学名称叫三硝基甲苯,梯恩梯的代字,我国为"梯",英国、美国为"TNT",苏联为"THT"或"T"。其分子式为 $C_6H_2(NO_2)_3CH_3$,一共有六种异构体:2,4,6—三硝基甲苯;2,3,5—三硝基甲苯;3,4,6—三硝基甲苯;2,3,4—三硝基甲苯;3,4,5—三硝基甲苯;2,3,6—三硝基甲苯。

梯恩梯的物理性能:外观为黄色的结晶,工厂生产的为鳞片状或粉状。熔点为 80.85℃(纯梯恩梯)。密度在 1.50~1.64 g/cm^3。梯恩梯较易溶于四氯化碳、酒精、乙醚中,易溶于三氯甲烷、苯、甲苯、丙酮等有机溶剂中,难溶于水,吸湿性也很小,在正常条件下保存,其含水量仅仅是 0.03%。可见梯恩梯用于水下爆破是很合适的。梯恩梯炸药或者含有梯恩梯成分的混合炸药的装药,在保管中会产生一种黏稠的油状物,这种油状物称为梯恩梯油。产生流油后,会使炸药的物理状态改变,故梯恩梯的物理安定性较差。

梯恩梯的化学性能:梯恩梯与重金属及其氧化物不起作用,因此可以直接装入弹体使用。

在常温和稍高的温度下,梯恩梯不与水及强酸作用。

梯恩梯与氢氧化钠、氢氧化钾、氢氧化铁、碳酸钠等碱性物质及其水溶液或酒精溶液发生激烈作用,生成相应的碱金属盐。这种盐极为敏感,其冲击感度几乎与雷汞和氮化铅类似,受冲击作用极易爆炸。热安定度也极小,例如熔化的梯恩梯与氢氧化钾混合在 160℃时,立即发生爆炸,梯恩梯与氢氧化钠的混合物,加热至 80℃就发火。因此要严禁梯恩梯与碱性物质接触。

梯恩梯在阳光照射下,会逐渐变为棕褐色,这是由于紫外线的作用生成了敏感的化合物,虽然该化合物像保护层一样,可保护不再向内部蔓延,但仍影响梯恩梯的质量,使梯恩梯凝固点下降,冲击感度升高。例如日光照射 450 h,凝固点下降为 76.7℃,冲击感度增至 32%。因此在运输、储存、使用过程中,要避免日光直接照射。

梯恩梯的热安定性很好,在 100℃以下,保持熔融态不会发生变化,在 130℃加热 100 h 也不发生分解。高于 150℃才开始分解,在 200℃分解 0.8%需加热 385 min。

梯恩梯的爆炸性能:梯恩梯在空气中点燃只能缓慢燃烧而不爆炸,在密封器内或数量特别多(超过 1 t)并且堆在一起时,则燃烧可能转为爆轰。必须指出,梯恩梯突然加热到 240℃以上时,也可能发生爆炸。因此熔化、倒空梯恩梯时,均采用间接加热法,严禁用火直接加热。

爆炸性能参数与装药密度有一定关系。一般爆热 4 540 kJ/kg,爆速为 6 930 m/s;比体积为 700 L/kg;爆压 18.9 GPa;威力:铅铸膨胀值为 305 mL;猛度:铅柱压缩值为 16~17 mm。机械感度比较钝感,标准落锤试验的爆炸百分数为 4%~8%(10 kg 落锤,25 cm 落高)。梯恩梯使用枪弹贯穿也不会燃烧或爆炸,摩擦感度为 4%~6%,因而运输使用安全。

生理作用:有毒,粉尘能刺激黏膜和引起咳嗽,味苦,吸多时会引起黄疸病。

梯恩梯于 1863 年由德国化学家 J. 威尔布兰德(Wilbrand)首先制得。1891 年在德国开始进行工业化生产,1902 年被用于装填弹药,第二次世界大战至现在广泛用于与军事。

(2)黑索金(RDX)。黑索金的化学名称为叫环三次甲基三硝铵,代号为 RDX,分子式为 $C_3H_6N_6O_6$。

黑索金外观为白色结晶,吸湿性很小,在 25℃和 100％相对湿度下的吸湿性为 0.02％,不溶于水,但溶于丙酮、二甲基甲酰胺、二甲基亚砜。与各种金属不起作用。熔点为 205℃,密度为 1.799～1.816 g/cm³,爆发点为 230℃,爆速为 8 700 m/s,爆压为 33.79 GPa,爆热为 5 730 kJ/kg,爆温为 3 380℃,冲击感度为 80％(10 kg 落锤,25 cm 落高),摩擦感度为 76％,空气中允许黑索金粉尘的最大浓度为 1.5 mg/cm³。因此黑索金须经钝化后才能进行装填,或与其他炸药混合后用铸装法进行装填。

黑索金是一种有毒物质,中毒途径主要通过消化道、皮肤和呼吸道,以消化道为主。

黑索金由 G.F.亨宁(Henning)于 1899 年首次作为医药合成,1921 年 G.C.赫兹(Herz)证实它是一种炸药。由于黑索金能量较高,热安定性好,原料来源丰富,综合性能优良,因而自第二次世界大战以来在军事上应用广泛。以黑索金为主再加入钝化剂、增塑剂等已发展为 A,B,C 三个系列的混合炸药。

(3)奥克托金(HMX)。奥克托金的化学名称为环四亚甲基硝酸铵,代号为 HMX,分子式为 $C_4H_8N_8O_8$。

奥克托金外观为无色晶体,有 α,β,γ,δ 四种晶体型,实用的是奥克托金 β 型晶体,不吸湿,不溶于水,但溶于丙酮、二甲基甲酰胺、二甲基亚砜。其化学安定性比黑索金好。熔点为 278.5～280℃,密度为 1.89～1.90 g/cm³,爆速为 9 110 m/s,爆压为 39.50 GPa,爆发点为 327℃,爆热为 5 660 kJ/kg,冲击感度为 100％(10 kg 落锤,25 cm 落高),摩擦感度为 100％。空气中允许奥克托金粉尘的最大浓度为 1.5 mg/cm³。

奥克托金有轻微毒性。

奥克托金于 1941 年被 G.F.赖特(Wright)和 W.E.贝克曼(Bachmann)在生产黑索金的杂质中发现,但直到第二次世界大战后才被作为单组分炸药进行研究,并得到迅速发展。奥克托金常与黑索金或梯恩梯进行混合来装填战斗部。

(4)泰安(PETN)。泰安的化学名称为季戊四醇硝酸脂,代号为 PETN,分子式为 $C_5H_8N_4O_{12}$。

泰安外观为白色晶体,不吸湿,中性,但溶于丙酮、乙酸乙酯。熔点为 142.9℃,密度为 1.76～1.77 g/cm³,爆速为 8 300 m/s,爆压为 31.00 GPa,爆发点为 225℃,爆热为 6 250 kJ/kg,冲击感度为 100％(10 kg 落锤,25 cm 落高),摩擦感度为 100％。空气中允许粉尘的最大浓度为 15 mg/cm³。

泰安稍微有毒性,能引起血压降低、呼吸短促。

泰安由 B.托伦斯(Tollens)首先在 1894 年制得的。在军事上泰安主要用来压制传爆药柱,制造导爆索和雷管中的次发装药。

(5)特屈儿(Tetryl)。特屈儿化学名为 2,4,6—三硝基笨甲硝铵,代号 Tetryl,分子式为 $C_7H_5N_5O_8$。

特屈儿外观为淡黄色晶体,极难溶于水,不吸湿,易溶于苯、二氯乙烷和丙酮,中性,与金属不起反应;不与稀酸起反应,但浓酸可使其分解;能与碱反应;用于传爆药柱、导爆索及雷管。密度为 1.57～1.80 g/cm³,密度为 1.63 g/cm³ 时爆速为 7 500 m/s,爆温为 3 680℃,爆热为 4 600 kJ/kg,熔点为 129.5℃并伴随分解,爆发点为 200℃左右。

特屈儿有毒,能刺激皮肤,并使皮肤着色。空气中粉末含量不能超过 15 mg/m²。

表 2-1-8 为儿种单质炸药的爆轰性能参数

表 2 - 1 - 8　几种单质炸药的爆轰性能参数

名　称	装药密度 g/cm³	爆热 MJ/kg	爆速 m/s	爆压 GPa	爆温 K	爆发点 ℃	熔点 ℃	比体积 L/kg
梯恩梯	1.634	3.0	6 928	19.1	3 200	290~295	81	740
黑索金	1.765	5.62	8 661	32.6	3 640	230	203	900
奥克托金	1.877	5.53	9 010	39.0		291	276	
泰安	1.770	6.31	8 600	33.5	4 280	275	140	800
特屈儿	1.714	3.82	7 642	26.8	3 800	195~200	128	740

3. 混合猛炸药

因为大多数单质炸药往往不能全面满足弹药装药的要求,现在各种类型的弹药、战斗部、水下武器、军工爆破器材等使用的装药,大部分是混合炸药,其原因可归结为以下几种:

为了调节某些猛炸药的爆炸性能;为了降低某些高能炸药的机械感度,以及提高压装成型的药柱强度;为了使高熔点的炸药能注装,在熔化炸药中加入猛性成分更高的固相炸药,或由两种以上炸药组成的低共熔点的炸药;为了使炸药具备特殊的物理机械性能;为了扩大炸药供应的来源,在战时节省一些高能炸药的用量。

通过在主体炸药中添加不同的附加剂(钝感剂、黏合剂、增塑剂、高热剂、安定剂)可以获得上述混合炸药所需的各种性能。

到目前为止,混合炸药的品种已达百种。其中主要有高爆压炸药和高威力炸药,此外还有具有特殊性质的炸药,如塑性炸药、黏性炸药、弹性炸药、挠性炸药、磁性炸药,以及代用炸药等。

(1)钝感黑索金。钝感黑索金的组分与配比为黑索金:钝感剂=95:5(钝感剂含苏丹红:硬脂酸:地蜡=2%:38%:60%),颜色为橙红色。压药密度为 1.64~1.67 g/cm³,对应的爆速为 8 271~8 498 m/s。冲击感度为 10%~32%,摩擦感度为 28%。缺点是高温储存性能不好,成型性能差,抗压强度低(6.1~7.1 MPa)。因此,只能以压装方式用于传爆药柱和聚能破甲战斗部的装药。

(2)以黑索金为主体的塑料黏合炸药(PBX)。这类炸药的组分为黑索金、钝感剂和黏合剂,有的加增塑剂。钝感剂可用硬脂酸、硬脂酸锌、蜂蜡、石蜡和地蜡等,黏合剂可选用聚酯酸乙烯酯、丁腈橡胶等,增塑剂可采用二硝基甲苯、梯恩梯等。这类炸药的可压性好,压制密度高,药柱强度大,爆轰性能较好。

(3)以奥克托金为主体的塑料黏合炸药(PBX)。这类炸药按组分配比的不同可分为许多种类。奥克托金具有优越的爆轰性能以及在高温下的热安定性,美国从 20 世纪 60 年代起,在许多混合炸药中以奥克托金代替黑索金。这种炸药常以压装或注装方式装填杀伤、聚能战斗部。

(4)梯恩梯与黑索金或奥克托金组成的浇注混合炸药。由 TNT/RDX 以各种比例组成的炸药,是当前弹药中应用最广泛的一类混合炸药。破片杀伤、爆破、聚能破甲等战斗部均可用此类炸药装填。梯恩梯与黑索金混合后具有更高的爆速、爆压和威力,其提高程度与黑索金含量有关,起爆感度也会提高。由于梯恩梯的存在大大改善了装药工艺性能,混合后热安定性好。两种炸药混合时常用的 TNT/RDX 质量分数有 40/60(又名 B 炸药)和 25/75,对应的冲击感度分别为 29% 和 33%。梯恩梯还可与奥克托金混合,如 TNT/HMX(25/75),其密度为 $1.80\sim1.82\ g/cm^3$,爆速达 8 480 m/s,冲击感度为 41%。

(5)含铝混合炸药。含铝混合炸药也是目前在杀伤、爆破战斗部中应用很广的一种高威力炸药。炸药的高威力主要取决于炸药的爆热和爆容。实践证明,炸药中加入廉价的金属铝粉可以提高爆热和爆容。人们称这类炸药为金属化炸药。美国的"响尾蛇""麻雀 I""大力鼠"等导弹战斗部均装填了含铝炸药。

(6)特种混合炸药。这里特种混合炸药是指塑性炸药、挠性炸药和弹性炸药等。这些炸药均以黑索金为主体再加增塑剂组成。一般在民用工业上用得较多,军工方面碎甲战斗部采用了塑性炸药,有些战斗部的辅药需要采用挠性炸药,在钻地武器中常采用变形性能较好的低感高能炸药。另外,在某些特殊装置和爆炸控制件上,如火箭发动机点火用的导爆索,以及使火箭舱段分离的切割索都可采用挠性炸药。

2.1.5　炸药的发展趋势

1. 继续发展 TNT、RDX、HMX 为主体的高能混合炸药

梯恩梯、黑索金、奥克托金仍然是战术武器应用的三大单质炸药,是未来武器装备的基础。目前,世界各国虽然都在致力于高能量密度材料的合成工作,但这部分工作是相当复杂和艰辛的,从当前现实考虑,要合成出性能优于 HMX 的化合物并达到市场化,近期内很难取得突破性进展。因此在今后相当长时期内,TNT,RDX,HMX 仍然是装备部队的能量最高的炸药,还有相当一部分地面压制武器弹药还要用 RDX 与 TNT 的混合炸药去换装单一 TNT 装药。为了提高弹药的破坏效应,很多使用 RDX,HMX 的混合炸药中还要增加 RDX 和 HMX 的含量。但由于 RDX 及 HMX 的生产成本均比 TNT 高很多,尤其是 HMX 价格昂贵,打起仗来这两种炸药很难像 TNT 一样大量使用,因此各国都在研究新的合成技术,提高 HMX 获得率,降低成本,以便扩大 HMX 的应用范围。当前各国在应用以 RDX,HMX 为主体的混合炸药的同时,也在不断地改造原有 TNT 及 RDX 的混合炸药,如美国在 40TNT/60RDX 的基础上发展了钝感 B 炸药,降低了原 B 炸药的机械感度,用于装填炮弹和航弹。在高聚物黏合炸药的发展中,涌现出了很多性能良好的黏合剂与增塑剂,经过不断筛选逐步趋向于三类聚合物:纤维素衍生物和氟碳聚合物的塑性黏合,聚氨酯类的弹性黏合剂及塑料与弹性体结合起来的嵌段共聚物。由于聚氨酯键具有较好的抗老化性能,所以端羟基预聚体获得了广泛的应用。使用惰性黏合剂与含能增塑剂组合、含能黏合剂与含能增塑剂组合的黏合体系,可使高聚物黏合炸药既具有适宜的能量特性,又具有优良的力学性能。以 RDX,HMX 为主体炸药,以上述类型的黏合剂与增塑剂发展起来的浇注型高聚物黏合炸药,已经用来装填空对地导弹、空对空导弹战斗部。当前发展起来的以 HMX 为主体炸药的 RX208 系列挤注型高聚物黏合炸药,具有一般军用混合炸药所不及的特点,既有高能量和平滑爆轰波,又兼有低感度和容易制造的优点,已用于反坦克导弹战斗部装药和自锻破片战斗部装药。

2. 积极发展燃料空气炸药

燃料空气炸药是一类新的爆炸能源。它是以挥发性的液体化合物或液体与固体粉状混合可燃物作为燃料,以当地空气中的氧作为氧化剂组成的不均匀爆炸混合物。使用时,将装有燃

料的弹体发射到目标,在一次引信点火和中心抛散炸药爆炸作用下,把燃料抛散到周围空气中,迅速与空气混合形成爆炸性云雾,然后由二次引信引爆这种云雾,发生云雾爆轰,对大面积军事目标产生破坏效应。

由于燃料空气炸药作用面积大,对目标的作用冲量大,对有生力量和软目标具有很大的毁伤效应,所以引起了世界各国的普遍重视,未来将会积极发展这类炸药。自第一代燃料环氧乙烷后,各国也都在研制和发展性能更全面的燃料和更简捷的起爆方式。美国研究了各具特色的燃料空气炸药,海军对 CBU255B 炸弹进行了改进,可供高速喷气式飞机使用;空军研制的BLU276E 燃料空气炸药子母炸弹,带有 4 s 延滞期起爆器,成功地实现了装填含有丙烷、丙炔、丙二烯和丁烷等混合物的云雾爆轰;陆军研制的燃料空气炸药多管火箭弹,采用新的爆轰方法和延时装置,用于扫雷,使扫雷效果提高了 4.5 倍。

21 世纪,各国发展燃料空气炸药的重点是高能化,用烃类燃料代替环氧乙烷,扩大冲击波作用范围。据报道,空气冲击波超压达到 42.5 kPa 时,可摧毁舰艇停机坪上的飞机,也可使舰艇受到中等程度的毁伤。若用装有 500 kg 甲烷燃料的导弹战斗部,则爆轰后在云雾界面之外100~130 m 的距离上,冲击波超压可以达到 42.5 kPa,如果采用同等质量的乙烯和丙烯代替甲烷,则同一压力的作用距离可增大一倍多;如果采用乙烯加铝粉作为燃料,则爆轰后在相同距离上的超压会更高。因此,21 世纪积极开发新燃料是提高燃料空气炸药毁伤效果的重点。对燃料空气炸药的研究已扩展到很多方面,如进一步改善低温条件下的可爆性,增强燃料空气炸药对恶劣环境的适应能力,尽可能达到全天候和水中的使用要求,进一步开展燃料空气炸药对起爆技术的研究,达到破坏目标的最佳效果和提高综合性能研究等。燃料空气炸药不仅在航弹、大口径火箭弹、地地导弹、防空导弹、反舰导弹和水中兵器中能获得应用和发展,而且还可以用于烟幕弹药、核爆炸模拟和地探研究,具有广阔的发展前景。

3. 发展高能量低敏感炸药。

鉴于当前战场内外发生的炸药装药意外爆炸事故的教训,21 世纪世界各国还将加强致力于研究一种性能满足武器弹药作用要求,适当的爆轰感度,但在冲(撞)击作用下不容易引起意外爆炸事故,在高温及火焰中不易烤燃,不殉爆,一旦发生意外点火,只燃烧而不爆轰的安全性炸药。通常称这类炸药为低易损性炸药(不敏感炸药)。低易损性炸药的出现是炸药发展史上的一次重大改革,为提高武器弹药系统在战场上的生存能力和生产、运输及勤务处理的安全开辟了新纪元。美国已定型的这类炸药已有部分装备了地对空、空对空及空对地导弹战斗部、炮弹和航弹,有的准备替代原有部分高聚物黏合炸药。美国、法国及德国也在采用 RDX,HMX,NQ,TATB,DATB,DINGU 及活性黏合剂加强研制低易损性炸药。目前在研制的配方有DINGU+TNT,DINGU + HMX+黏合剂,DINGU + TNT + RDX+黏合剂,HMX+TATB+黏合剂等,有的配方已用于装填炮弹、航弹和导弹战斗部。

4. 发展高能量密度材料。

高能量密度材料是指用作炸药的高能组合物,它们不仅能量密度高,而且具有可接受的其他性能。一般由氧化剂、可燃剂、黏结剂及其他添加剂构成的复合系统,而不是某一种化合物,但通常都含有高能组分,即高能量密度化合物。高能量密度化合物是指密度大于 1.9 g/cm^3,爆速大于 9 km/s,爆压大于 40 GPa 的含能化合物。高能量密度材料的应用应具有四个特点:提高武器的射程和杀伤能力;减少危险性,提高安全性;减少目标特性和提高弹药的可使用性和可靠性。

2.2　核战斗部装药

2.2.1　原子与原子核结构

1. 原子的组成

物质是由原子和分子组成的。分子是能够保持物质化学性质的最小单元。分子由原子组成,原子是物质进行化学反应的最小单元,化学反应就是在原子水平上的分解和组合。原子可以构成分子,也可以直接构成物质。

原子由原子核和围绕原子核运动的电子构成,电子是带单位负电荷 e 的微粒。原子核带正电荷,其数值是 e 的整数倍。在原子当中,围绕原子核运动的电子数目正好等于原子核内所拥有的正电荷总数,因此从整体上来看原子是电中性的。

原子核外的电子不能任意地绕核运动,它们只能占据一些容许的轨道(或能级),这些轨道不是连续的,而是间断的。在一个给定的能级上,能够占据的电子数是一定的,在这个能级填满以后,其余电子就要占据能量较高的外层轨道。

原子在一定条件下从一个能量状态过渡到另一个能量状态的过程叫作跃迁过程。伴随原子的跃迁过程是辐射的发射或吸收。当原子从较高能态向较低能态跃迁时将发射辐射;而当原子从较低能态向较高能态跃迁时则需要吸收辐射。

电子带负电荷,其电荷的值为 $e = 1.60\,217\,646 \times 10^{-19}$ C(库[仑]),eV(电子伏特)是核物理学上常用的能量单位,1 eV 表示 1 个带单位电荷的粒子在电势差为 1 V 的电场中加速时所得到的能量,它与常用的能量单位 J(焦[耳])的关系为

$$1\ eV = 1.602\,19 \times 10^{-19}\ C \times 1\ V = 1.602\,19 \times 10^{-19}\ J \tag{2-2-1}$$

2. 原子核的组成

原子核由质子和中子组成,它处在原子的中心部位。质子和中子统称为核子。质子带正电荷 $+e$,有 Z 个质子的原子核所带的电荷为 $+Ze$。中子为电中性粒子,不带电。就原子而言,原子核中的质子数 Z 与它外围的电子数 e 相等,正负相抵,因而原子对外不呈现电性。

任何原子核都可以用两个数来表征:核子数(又称质量数)A 与质子数(又称电荷数)Z,而相应的中子数 $n = A - Z$。

质子数 Z 相同的一类原子叫元素,它们在元素周期表中占据同一个位置,相同元素的化学性质基本相同。Z 也叫作原子序数。

如果元素符号用 X 表示,那么任何原子核都可以用符号 $_Z^A X_n$ 来表示,例如 $_2^4 He_2$、$_8^{16} O_8$ 等。其中左上角的标记代表质量数,左下角的标记代表质子数,右下角的标记代表中子数。

由于元素符号已经隐含了质子数 Z,而中子数 n 可以从核子数(质量数)A 与质子数 Z 之差求出,因此,原子核符号写成 $^A X$ 就足够了,比如:

$^4 He$。一见到 $^4 He$,我们就知道它是 2 号元素,也即有两个质子,因为它的质量数是 4,所以中子数 $N = A - Z = 4 - 2 = 2$;

$^{235} U$。金属铀是 92 号元素,具有 92 个质子,因此中子数 $N = A - Z = 235 - 92 = 143$;

$^1 H$,由于氢是 1 号元素,具有一个质子,而其质量数为 1,则说明 $^1 H$ 中只有一个质子而没有中子。

3.原子的大小

不同原子的大小相差并不太大。大多数原子的半径都在$(1\sim2)\times10^{-10}$ m 之间。原子的尺寸之小令人难以想象，为了有助于理解，不妨打个比方：如果把玻璃球($r=10^{-2}$ m)放大到地球($r\approx10^{6}$ m)那么大(相差 8 个量级)，这时玻璃球中的原子差不多就有原来的玻璃球那么大。

4.原子的质量

原子的质量有两种表示方法，一种叫绝对质量，另外一种叫相对质量。由于原子太轻了，其绝对质量是一个很小很小的值，比如，一个氢原子的质量是 1.673 421 395 8$\times10^{-27}$ kg，使用起来非常不方便。因此，为了方便起见，引入了相对质量的概念。相对质量是原子与原子之间互相比较的一种质量表示方法。1960 年的国际物理学会议和 1961 年的国际化学会议通过决议，用碳原子$^{12}_{6}C$质量的 1/12 作为原子质量单位(称之为碳单位)，以符号 u(unit 的缩写)来标记。所谓相对质量就是相对于原子质量单位 u 的定义，按照这样的定义，1 u 等于核电荷数为 6、质量数为 12 的中性碳原子$^{12}_{6}C$质量的 1/12。

如果知道碳原子的绝对质量，任何原子的绝对质量都可以从它们的相对质量推出。因为已知$^{12}_{6}C$原子的摩尔质量为 12 g，而 1 mol(摩尔)的任何物质包含有相同的原子个数 Na(阿伏伽德罗常数)

$$Na=6.022\ 045\times10^{23}\ mol \qquad (2-2-2)$$

所以

$$1\ u=1\ g/Na=1.660\ 565\ 5\times10^{-27}\ kg=1.660\ 565\ 5\times10^{-24}\ g \qquad (2-2-3)$$

用原子质量单位 u 来标记原子的质量有一个突出的优点，那就是任何原子的质量都接近于一正整数值，这个整数值叫作原子的质量数 A。由于中子 n 的质量 m_n 与质子 p 的质量 m_p 差不多相等，且都接近于 1 u：

$$m_n=1.008\ 665u=1.67495\times10^{-24}\ g$$

$$m_p=1.007\ 276u=1.67265\times10^{-24}\ g$$

所以在核物理中，原子核中的核子数也就是原子的质量数。电子的质量 m_e 很小为

$$m_e=0.005\ 485\ 8u=9.109\ 534\times10^{-28}\ g$$

因此，可以算出质子的质量与电子的质量之比为

$$\frac{m_p}{m_e}=1\ 836$$

氢原子的质量与电子的质量之比为

$$\frac{m_H}{m_e}=1\ 837$$

可见在由 1 个质子和 1 个电子组成的最简单的氢原子中，原子核的质量占原子总质量的 $\frac{1\ 836}{1\ 837}=99.95\%$，电子质量只占原子总质量的 0.05%。对于其他原子，原子核中都含有质量比质子还大的中子，所以电子质量在原子核中所占的比例更显得微不足道，因此，我们可以说，原子核集中了原子 99.95% 以上的质量。以 ^{238}U 为例来说，原子质量 238.050 786u，它的 92 个电子的质量为 0.050 469u，仅占 ^{238}U 原子质量的 $2.12\times10^{-4}\%$。

5.核素与同位素

具有特定质子数 Z 和中子数 n 的原子核称为核素。

具有相同的原子序数 Z，但质量数 A 不同（因而中子数不同）的一类核素叫同位素，这些核素在元素周期表中占据相同的位置。一种元素可以有若干同位素，例如元素碘的 2 个同位素是 $_{53}^{131}\text{I}$ 和 $_{53}^{135}\text{I}$。

根据质量数、原子序数及所处的能级，可以将核素分为同质异能素和同质异位素。同质异能素是指那些具有相同质量数（A）和原子序数（Z），但处不同能态的核素。同质异位素是指具有相同质量数（A）而原子序数（Z）不同的核素。

根据核素的稳定性，又可将其分为稳定核素和不稳定核素两大类。稳定核素指核结构（如质子和中子数）不会自发地发射改变的核素。至今发现的天然稳定核素大有 280 种，如 ^2H，^{16}O 等。不稳定核素（又称放射性核素），指核的结构可自发地发射改变的核素。天然存在的放射性核素约有 30 余种，如 ^{238}U，^{235}U 等，而人工制造的放射性核素已达 1 600 多种，如 ^{60}Co，^{137}Cs 等。

2.2.2　原子核的基本性质

1. 原子核的半径

由于原子核的形状在一般情况下接近于球形，所以它的大小可以用原子核半径来表示。原子核半径显然与组成原子核的核子数量有关。

一般来说，核半径可以近似表示为

$$R = r_0 A^{\frac{1}{3}} \qquad (2-2-4)$$

式中，A 为质量数；r_0 为常数，$r_0 \approx (1.1-1.5) \times 10^{-15}$ m $\approx (1.1-1.5)$ fm。这里 fm 是核物理中常用的长度单位，称作飞米，1 fm $\approx 10^{-15}$ m。

例如，当取 $r_0 = 1.2$ fm 时，可得 $R(_6^{12}\text{C}) = 2.7$ fm，$R(_{92}^{238}\text{U}) = 7.4$ fm。

考虑到原子的半径 $r \approx (1 \sim 2) \times 10^{-10}$ m，而原子核半径只有几个 fm，要差 5 个量级，可见原子核的半径还不到原子半径的万分之一。

2. 原子核的密度

知道了原子核半径 R 就很容易计算出原子核的体积：

$$V = \frac{4}{3} \pi R^3$$

而原子核质量为

$$M \approx Au$$

取 1 u $= 1.66 \times 10^{-24}$ g，则可算出原子核的密度近似为

$$\rho = \frac{M}{V} = \frac{3Au}{4\pi R^3} \qquad (2-2-5)$$

以 ^{238}U 为例：

$$\rho = \frac{M}{V} = \frac{3Au}{4\pi R^3} = \frac{3 \times 238 \times 1.66 \times 10^{-24}}{4\pi \times (7.4 \times 10^{-13})^3} = 2.3 \times 10^8 \ \frac{t}{cm^3}$$

即每立方厘米的 ^{238}U 原子核的质量竟高达 2.3 亿吨重，可见原子核的内部结构是多么致密。

用相同的计算方法不难得出，^{12}C 原子核的密度大约为 2.4×10^8 t/cm³，因此可以认为：不同原子核的密度基本上是相同的。

3. 原子核的结合能

（1）核力。核物质的密度巨大，那么，原子核是靠什么力量把核子紧紧地结合在一起的呢？

因为质子带正电荷,它们之间有巨大的库仑斥力,这种作用力将使原子核飞散,因此从库仑斥力的角度是无法得到解释的。稳定原子核存在的事实说明,除了电磁相互作用以外,还应该存在另外一种相互作用力,这种相互作用并不直接与电荷有关,它比电磁相互作用要强得多,是强相互作用,这就是核力。也就是说,正是核力把众多的核子维持在一起构成了原子核。如果把核力的作用强度定为1的话,那么电磁力的作用强度仅仅约为 10^{-2} 的量级,而万有引力则为 10^{-38} 的量级。

核力是短程力,即当核子间相距约 10^{-15} m (1 fm)或更近时,核力才起作用。在较大距离处,核力可以忽略。核力是一种很强的引力,但它有一个排斥核心,即当核子太靠近时(小于0.8 fm 时)就互相排斥。当核子距离大于 10 fm 时,核力完全消失。

(2)质量亏损。原子核由质子和中子组成,但原子核的质量并不(准确)等于组成原子核的核子质量之和。以最简单的氘核为例,它由 1 个中子和 1 个质子组成:

中子质量 $m_n = 1.008\ 665u$

质子质量 $m_p = 1.007\ 276u$

两者之和 $m_n + m_p = 2.015\ 941u$

而氘核质量 $m_D = 2.013\ 552u$

两者之差 $\Delta m = (m_n + m_p) - m_D = 0.002\ 389u$

事实上,世界上所有原子核的质量都不等于组成它的核子质量之和,而是有一个差值。也就是说,所有核素的原子核比组成它的核子质量总和要小,这个质量之差称为原子核的质量亏损。质量亏损准确表示了由分立的核子组成原子核时所"丢失"的质量。

根据初等物理和化学中的"物质不灭定律",物质的质量是守恒的,质量是不会消失的,但是这里又出现了所谓的"质量亏损",那么这部分亏损的质量到哪里去了呢?

(3)质能关系式。能量和质量都是物质的属性,按照著名的爱因斯坦质能关系式

$$E = mc^2 \qquad\qquad (2-2-6)$$

具有一定质量 m 的物体一定对应于一定的能量 E。式中,E 为物体的总静止能量;c 为光在真空中的传播速度;m 为物体的质量。根据质能关系式,1 g 静止物质所对应的质量能

$$E = 0.001\ 0\ kg \times (2.997\ 9 \times 10^8\ m \cdot s^{-1})^2 = 8.987\ 4 \times 10^{13}\ J \approx 9 \times 10^{13}\ J$$

1 u 的物质相对应的质量能(1 eV $= 1.602\ 19 \times 10^{-19}$ J)

$$E = \frac{1.660\ 6 \times 10^{-27}\ kg \times (2.997\ 9 \times 10^8\ m \cdot s^{-1})^2}{1.602\ 2 \times 10^{-19} J} = 931.5\ MeV$$

所以,有单位之间的换算关系为

$$1\ u = 931.5\ MeV$$

(4)原子核的结合能。实验发现,原子核的质量总是小于组成它的核子质量和,这表明核子结合成原子核时有能量释放出来,这个能量称为原子核的结合能。

分立的核子结合成原子核时质量减少了 Δm,按照质能关系,则相当于能量减少了

$$\Delta E = \Delta m c^2$$

分立的核子结合成原子核时,发生了质量亏损,而这部分亏损的质量瞬间转换成能量的形式释放出来。这也正是核武器之所以具有巨大威力的能量来源。换一种说法,核武器之所以具有巨大的威力,就是因为在核爆炸时发生了核反应,在核反应过程中发生了质量亏损,而这部分亏损的质量又在瞬间转换成能量的形式释放了出来。

原子核的结合能通常用 $E_B=931.5\times\Delta m(\mathrm{MeV})$ 表示。因此,氘核的结合能为
$$E_B=931.5\times\Delta m=931.5\times0.002\,389\approx2.225\ \mathrm{MeV}$$

$^4\mathrm{He}$ 核的结合能为
$$E_B=931.5\times\Delta m=931.5\times0.030\,377\approx28.296\,2\ \mathrm{MeV}$$

当一个质子与一个中子组成一个氘核或者由两个质子与两个中子组成一个 $^4\mathrm{He}$ 核时放出了这么大的能量,因此,要把它们分开成分立的质子和中子时,必须至少给予同样大小的能量。例如要用能量等于或大于 2.225 MeV 的 γ 光子同氘反应,即用 γ 光子照射氘核,才能使得氘核分离成分立的核子。

结合能 E_B 表示的是由分立的核子结合成原子核时所放出的总能量,其中每个核子所放出的能量就是平均结合能,又称为比结合能。比结合能用 ε 表示,即
$$\varepsilon=\frac{E_B}{A} \tag{2-2-7}$$

比结合能 ε 的大小可标志原子核结合得紧密程度,ε 越大原子核结合得越紧密,ε 越小原子核结合得较松。

(5)原子核的放射性。原子核自发地发射各种射线的现象,称为放射性。能自发地发射各种射线的核素称为放射性核素,也叫不稳定的核素。原子核由于自发地放出某种粒子而转变为新核的变化过程(同时放出各种射线)叫作原子核衰变。这种现象叫放射性衰变。放射性衰变的类型主要包括 α 衰变、β 衰变与 γ 衰变三种。

1)α 衰变是指原子核放出 α 粒子即氦核($^4\mathrm{He}$)的衰变。

2)β 衰变又分为三种:①β^- 衰变,放出电子,同时放出反中微子;②β^+ 衰变,放出正电子,同时放出中微子;③轨道电子俘获,原子核俘获一个核外电子。天然放射性核素的 β 衰变主要是 β^- 衰变。另外,要注意的是在原子核发生 β 衰变时所放出的正、负电子不是核内所固有,而是伴随着质子与中子的相互转变而产生的。

3)γ 衰变(γ 跃迁),原子核从激发态通过发射 γ 光子跃迁到较低能态的过程称为 γ 衰变。在 γ 跃迁中原子核的质量数和电荷数不变,只是能量状态发生一定的变化。

2.2.3　原子核反应

由于原子核与原子核,或原子核与粒子(如中子 n、γ 光子等)相互作用而导致原子核发生变化的现象叫作原子核反应。

1.核反应方程式

原子核反应一般可表示为
$$A+\alpha\longrightarrow B+b \tag{2-2-8}$$

对于用加速器加速原子核(或粒子),使其接近另一个原子核从而发生核反应的情况,A 表示靶核,α 表示入射粒子,B 为生成核,b 为出射粒子。

核反应一般要伴随能量的吸收和释放,可在式(2-2-8)右边加上 Q 表示
$$A+\alpha\longrightarrow B+b+Q \tag{2-2-9}$$
式中,Q 为反应能,$Q>0$ 表示放能反应,$Q<0$ 表示吸能反应。

2.核反应分类

核反应可按入射粒子种类、入射粒子能量及核反应靶核质量数进行分类。

按入射粒子种类,核反应分为三类:①中子核反应:中子是中性粒子,与核之间不存在所谓"库仑势垒",能量很低的慢中子就能引起核反应。②带电粒子核反应:又可分为质子、氘核、α粒子引起的核反应和重离子(指比α粒子更重的离子)引起的核反应。③光核反应:即γ光子引起的核反应。

按入射粒子能量,核反应分为三类:①低能核反应:指入射粒子的动能 $E < 50$ MeV 的核反应。②中量核反应:指入射粒子的动能 50 MeV $< E < 1\,000$ MeV 的核反应。③重核反应:指入射粒子的动能 $E > 1\,000$ MeV 的核反应。

按靶核质量数 A 的不同可分为三类:①轻核反应:指靶核质量数 $A < 25$ 的核反应。②中量核反应:指靶核质量数 $25 < A < 80$ 的核反应。③重核反应:指靶核质量数 $A > 80$ 的核反应。

核战斗部中最重要的是核裂变和核聚变反应。

3. 核裂变反应

核裂变是重原子核分裂成两个(在少数情况下,可分裂成 3 个或更多)质量相近的碎片的现象,在裂变过程中要放出巨大的核裂变能量。

例如,^{235}U 在中子的冲击下的裂变方程式为

$$n + {}^{235}U \longrightarrow 碎片 + (1\sim3)n + 200\ MeV$$

已知,1 kg ^{235}U 所对应的摩尔数为 $1\,000/235$,阿伏伽德罗常数为 6.022×10^{23},1 MeV $= 1.602 \times 10^{-13}$ J,1×10^{4} t 梯恩梯当量 $= 4.18 \times 10^{13}$ J,则 1 kg ^{235}U 完全裂变所释放的能量为 E (换算为梯恩梯当量)

$$E = \frac{1\,000}{235} \times 6.022 \times 10^{23} \times 200 \times 1.602 \times 10^{-13} \times \frac{1}{4.18 \times 10^{13}} \approx 2 \times 10^{4}\ t$$

即,每 1 kg ^{235}U 核材料完全裂变时大约可以释放出与 2×10^{4} t 梯恩梯相当的能量。

4. 核聚变反应

核聚变是指由两个较轻的原子核结合成一个较重原子核的反应过程,放出的能量称为聚变能。一般来说,轻原子核聚变比重核裂变放出的能量更大。

例如,氘(^{2}H)与氚(^{3}H)的聚变反应式为

$$^{2}H + {}^{3}H \longrightarrow n + {}^{4}He + 17.6\ MeV$$

已知,2 g 的 ^{2}H 和 3 g 的 ^{3}H 分别是 1 mol,阿伏伽德罗常数为 6.022×10^{23},1 MeV $= 1.602 \times 10^{-13}$ J,1×10^{4} t 梯恩梯当量 $= 4.18 \times 10^{13}$ J,则 2 g 的 ^{2}H 和 3g 的 ^{3}H 发生聚变反应时所释放出的能量(换算为梯恩梯当量)

$$E = 1 \times 6.022 \times 10^{23} \times 17.6 \times 1.602 \times 10^{-13} \times \frac{1}{4.18 \times 10^{13}} \approx 0.040\,6 \times 10^{4}\ t \approx 406\ t$$

由此可见,5 g 氢核材料放能可达 406 t 梯恩梯当量,则相当于每千克放能 8×10^{4} t,轻核聚变放能是重核裂变放能的 4 倍以上。

2.2.4 铀、钚、氚的基本特性

铀、钚、氚是核武器使用的重要核材料。掌握这些重要核材料的基本物理性质、化学性质和放射毒理特性,对于采取科学、有效的措施开展核武器研究与辐射防护、核安全等工作具有重要意义。下面对铀、钚、氚核素的基本物理性质、化学性质和放射毒理特性进行简要介绍。

1. 铀的基本物理、化学性质

铀,元素符号为 U,原子序数为 92,属锕系元素,是 1789 年由德国化学家克拉普洛特(M.

H. Klaproth)从沥青铀矿中发现的。

铀为银白色金属,密度为 $19.05~g/cm^3$(25℃),熔点为 1 132.3℃,沸点为 3 818℃,摩尔热量为 27.60 kJ/(mol·℃)。金属铀具有三种同素异形体,分别称为 α-U、β-U 和 γ-U。

目前,已知铀有 15 种同位素和一种同质异能素,质量数从 226~240。自然界中有铀的三种同位素 ^{234}U(丰度为 0.0055%),^{235}U(丰度为 0.714%),^{238}U(丰度为 99.27%)。在铀的同位素中具有重要意义的是 ^{233}U,^{235}U,^{238}U 等核素,如 ^{233}U 是很有前途的人工核燃料,^{235}U 是重要的核武器和反应堆核裂变材料,^{238}U 是反应堆中制备 ^{239}Pu 的重要原料。

铀的化学性质极其活泼,它能与除惰性气体以外的所有元素反应。金属铀块在空气中能缓慢地氧化,生成黑色的金属氧化膜,从而使其表面变暗。高温高湿环境中铀氧化更加严重,如在 60℃时氧化速度是 20℃时氧化速度的 60 倍,干燥环境中氧化速度大大减慢。铀加热可以燃烧,开始燃烧的温度与铀的颗粒有关,高度粉碎的铀在空气中甚至在水中都能自燃,铀粉末和其他金属粉末相结合也能引起自燃,甚至可能在空气中爆炸,但氧化铀不会燃烧。铀块与沸腾的水作用生成 UO_2 和 H_2,H_2 又可与铀作用形成 UH_3,UH_3 的生成使铀块容易破碎,因此加快了对铀的侵蚀。铀与水蒸气作用是很猛烈的,在 150~50℃时反应生成 UO_2 和 UH_3 的混合物。在反应堆中为了避免铀与水反应,燃料元件通常采用铝、锆或不锈钢包壳。

铀能溶于浓的硫酸、盐酸和磷酸中形成四阶铀盐。块状金属铀在稀酸中反应缓慢,但粉末的铀反应剧烈形成三阶或四阶铀盐。

铀能快速溶于强氧化的酸中(如 HNO_3),生成铀酰阳离子(UO_2^{2+}),可用溶剂萃取分离。铀一般不与碱作用,但是碱中含有 H_2O_2 时,可生成过铀酸钠(Na_2UO_8)、铀酸根(UO_5^{2-})或重铀酸根(UO_7^{2-})而溶解。另外,当硫酸中含有 H_2O_2 时,铀也可溶于稀的 H_2SO_4 中。

铀可以通过呼吸、吸食、皮肤和伤口进入人体,主要蓄积于肾脏、骨头、肝脏和脾脏中,对人体造成伤害。

2.钚的基本物理、化学性质

钚,元素符号为 Pu,原子序数为 94。钚是 1940 年由西博格(Seaborg)等人用 16MeV 的氘核轰击铀发现的。钚是重要的核燃料,它主要是由天然铀为燃料的热中子反应堆中生产的。已知钚有 15 种同位素和一种同质异能素,质量数为 232~246。其中 ^{239}Pu 是重要的核燃料,^{240}Pu 是生产超钚元素的主要原料,^{238}Pu 主要用于制备核电池。

钚为一种银白色的具有光泽的金属,类似于铁和镍,熔点为 641℃,沸点为 3 232℃。钚在 1 120~1 520℃ 温度范围内的蒸发热为 353.4 kJ/mol。密度随相变而异(α 相钚在 115℃时为 $19.74~kg/m^2$),α 相钚在 40℃时的导热率为 4.69 W/(m·K),α 相钚在 25℃的电阻率 145 $\mu\Omega$·cm。

钚的密度随相变而异。在不同的温度范围内,它有 6 种不同的晶体结构 α、β、γ、δ′和 ε,这是钚的一种独特现象。五种同质异形体中 α、β、γ、δ′ 的钚属于立方变体,热膨胀各向异性,相变时密度变化较大($16.51~\sim 19.86~g/cm^3$)。

钚能与许多金属(如 U,Cd,Ce,AI 等)形成合金,其中 δ-Pu 形成的合金在室温下是稳定的,如 Pu-U 和 Pu-AI 合金是很重要的核燃料。

钚的化学性质活跃,通常在空气中会很快变暗,形成青铜似干涉色。如果暴露时间足够长,就会产生有粉末的表面,最终形成一种橄榄绿色的粉末 PuO_2。由于钚材料具有极毒性,要求尽可能减少它的氧化。钚在空气中的氧化速度和相对湿度有关,温度低时氧化速度很慢。大块钚金属在干燥空气中是相对不活泼的,但水蒸气能加速其腐蚀。因此,储存和操作钚的最实用的气氛是流通的干燥空气。钚在空气中氧的燃点与其比表面积的大小有关,5 mm³ 立方体的钚在干燥空气中和潮湿空气中的燃点分别是 524℃ 和 522℃,而 0.11 mm 钚箔片在干燥空气中和潮湿空气中的燃点分别是 283℃ 和 282℃。

钚与氢、卤素和氨反应,但与氮气作用很慢。钚与氢的反应在升高温度时元素直接化合而成,其成分有 PuH_2 和 PuH_3,在 $25\sim50℃$ 下就可明显反应,在 200℃ 时,反应速度很快。钚在空气中加热可燃烧,细粉末的钚可自燃,故钚应储存在惰性气体中,氧气含量小于 5%。钚燃烧时不能用水或含碳氢的化合物如苏打,CCl_4,$NaHCO_3$ 等灭火,否则可能会释放出大量氢气而爆炸。另外,水是极好的慢化剂,会增加临界事故的危险。适合于做钚灭火剂的有 NaCl - KCl - $BaCl_2$(质量分数为 35%-40%-25%)混合干粉,能扑灭块状的火焰;LiF - NaF - KF(29%-12%-59%)的混合干粉,能有效地熄灭块状或粉末的火焰。

金属钚能够溶于中高浓度的盐酸和氢溴酸中,但在氢氟酸中仅能缓慢地腐蚀。同铀一样,钚可溶于浓的过氯酸或磷酸,而不溶于任何浓度的硝酸。钚几乎不与碱的水溶液(NaOH)发生化学反应。

钚进入人体后会对人体产生危害,但这种元素在自然界很少,一般人是不会有机会接触到钚元素的。

3.氚的基本物理、化学性质

氚是氢的三种同位素中具有放射性的同位素。1933 年提出可能存在质量数为 3 的氢的同位素,1934 年实验证实了氚的存在。氕、氘、氚的原子质量分别是 1.007 825u,2.014 102u,3.016 049u。氕、氘、氚的天然丰度(%)分别是 99.985 2,0.014 8,$10^{-14}\sim10^{-15}$。常温下氚是无色无臭的气体。

氚与氢的电子结构相同,因此它具有氢同位素的所有化学性质,例如,能与多种金属和非金属元素以及一些化合物发生反应。它所具有的 β 辐射性质,使其化学性质略不同于氢。气态氚能与油、润滑剂和橡胶等许多物质发生剧烈反应,能与各种不同类型的有机化合物分子中的氢发生同位素反应,与聚合物中的氢发生交换反应后,氚的辐射使聚合物硬度增加,同时发生辐射分解。此外,氚不同于氢,它除了通过氧化反应生成氚水,还可以通过同位素交换方式生成氚水,而且同位素交换率通常比氧化速率快。氚在常温下就能与铀激烈反应生成氚化铀,氚化铀在空气中易燃烧,在制造核武器部件时,为避免这一反应,常添加部分钛。

氚的半衰期只有 12.35 年,自然界中的氚是宇宙射线的产物,含量极少,聚变用的氚需要人工制造。

2.3 其他战斗部装药

2.3.1 化学毒剂

化学毒剂战斗部是指战斗部内主要装填毒剂。化学毒剂则是指用于战争目的,以毒害作用杀伤人畜、毁坏植物的有毒物质。化学毒剂主要包括神经性毒剂、糜烂性毒剂、全身中毒性毒剂、窒息性毒剂、失能性毒剂和刺激剂等六大类十几个种类。

1.神经性毒剂

神经性毒剂是以神经系统作用为主要毒害特征的毒剂,通俗地讲,是破坏神经系统正常功能为主要毒害特征的毒剂。它通常为无色液体,可装填在多种弹药中使用,使空气、地面、物体表面和水源染毒,杀伤有生力量,封锁重要军事地域和交通枢纽。它属于速杀性致死剂,毒性大,可经呼吸道、皮肤等多种途径使人、畜中毒,抑制胆碱酯酶,破坏神经冲动传导。主要症状有缩瞳、流涎、恶心、呕吐、肌颤、痉挛,呼吸困难以至麻痹,严重者迅速死亡。

神经性毒剂最初是第二次世界大战中德国农药专家在研究有机磷农药中发展起来的,现在装备的神经性毒剂中都含有磷元素,因此,它又被称为"含磷毒剂"或"有机磷毒剂"。神经性毒剂包括氟磷酸酯(G 类)、硫代磷酸酯(V 类)两大类。G 类毒剂有塔崩、沙林、梭曼,V 类毒剂已公开结构并正式列为装备的有维埃克斯。

2.糜烂性毒剂

糜烂性毒剂以破坏细胞中重要的酶及核酸,导致新陈代谢中断,造成组织坏死破坏机体细胞,使皮肤或黏膜糜烂为明显毒害特征。糜烂性毒剂主要通过皮肤接触和呼吸道吸入引起中毒,有全身中毒作用,严重时可致死。接触皮肤和黏膜时,引起红肿、起泡、溃烂,对眼睛可造成严重伤害甚至失明;吸入蒸气或气溶胶,能损伤呼吸道、肺组织及神经系统。一般做为持久性毒剂使用,也可做暂时性毒剂使用。做持久性毒剂使用时,一般都有潜伏期。做暂时性毒剂使用时,潜伏期较短,甚至可立即产生伤害。

糜烂性毒剂主要有芥子气、路易氏气等。

3.全身中毒性毒剂

全身中毒性毒剂是抑制组织细胞内的呼吸酶系,致使全身不能利用氧气而引起组织细胞内窒息的毒剂,又名"血液中毒性毒剂""含氰毒剂"。它可装填在炮弹、航空炸弹和火箭弹中使用,造成空气染毒,通过呼吸道侵入机体,抑制细胞色素氧化酶,中断细胞的氧化反应,造成全身性组织缺氧,特别是呼吸中枢易因缺氧而受到损伤。中毒者在几分钟内出现昏迷、痉挛和呼吸麻痹等症状,严重时会立即死亡。

全身中毒性毒剂主要有氢氰酸和氯化氰。这两种同时也是民用化工原料,氢氰酸是生产丙烯腈的原料,氯化氰是生产除草剂三聚氯氰的原料。

4.窒息性毒剂

窒息性毒剂是以刺激呼吸道、肺部,损害肺组织,引起肺水肿,导致呼吸功能破坏的毒剂,又名"伤肺性毒剂"。窒息性毒剂有光气、双光气、氯气和氯化苦等。其中,光气是这类毒剂的典型代表,氯化苦是训练用毒剂,双光气已被淘汰。

窒息性毒剂分典型中毒和闪电型中毒两种。典型中毒又大致可分为四期:一是刺激期。这时,中毒者口内有烂苹果或烂干草味,并出现鼻孔瘙痒、流泪、咳嗽、胸闷、咽干、咽喉及胸骨后刺痛、全身无力、头痛等症状。维持时间 15～40 min,离开毒区症状会很快消失。二是潜伏期。中毒者自觉良好,无明显不适感觉,但肺水肿尚在形成发展中,如不注意,可因劳累受凉使其发展加速,时间一般为 2～8 h 或更长。三是肺水肿期。中毒者因缺氧,皮肤黏膜呈青紫色,继而变得苍白。四是恢复期。中毒较轻或经过及时治疗的中毒者,肺水肿是可以消除的,一般经3～4 天症状基本消失,以后逐步恢复健康。闪电型中毒是由于大量、突然地吸入高浓度的光气而引起的中毒,无肺水肿发生,但中毒迅猛,中毒者即使吸入一两口毒剂,也会很快丧失意识、昏迷倒下、短暂痉挛或无痉挛,若抢救不及时,则随后转入麻痹,会因呼吸、心跳停止而死亡。

5.失能性毒剂

失能性毒剂是造成人员暂时失去正常的精神、躯体功能,从而丧失战斗能力的毒剂,简称失能剂,也有人称其为"人道武器"。其致死量远远大于失能剂量,通常不引起死亡或永久性伤害。其主要作用是改变或破坏中枢神经系统功能,作用时间较长。失能剂一般分为精神失能剂和躯体失能剂。前者主要是引起精神活动紊乱,如毕兹、麦角酰二乙胺等化合物;后者主要是引起运动功能障碍、血压或体温失调、视觉或听觉障碍、持续呕吐或腹泻等,如四氢大麻醇、去水吗啡等类化合物。

6.刺激性毒剂

在旧的化学武器家族中,有一类毒性不高,不能造成死亡或长期性伤害,仅有短时间刺激作用的毒物,它们就是刺激性毒剂。具体地讲,凡是能刺激眼睛或鼻咽黏膜,引起眼睛剧痛并大量流泪或引起不断咳嗽、喷嚏而使人员暂时地失去正常活动能力的毒物,就叫刺激剂。根据中毒症状不同,刺激剂又可分为催泪剂与喷嚏剂。它们除刺激眼睛和咽部之外,常伴随着对皮肤的刺激,引起皮肤的剧烈疼痛。在人员脱离与毒物的接触后,刺激症状会慢慢自行消失,没有后遗症状。由于刺激剂是非致死性的、暂时性的毒物,相比其他化学毒剂的凶猛、残酷而言,"温和""人道"得多,因此有人将其称为毒物中的"人道武器"。

刺激剂的种类很多,在第一次世界大战中曾使用了20多种。目前,在各个国家装备的刺激剂中,较常见的是苯氯乙酮、亚当氏气、西埃斯和西阿尔等四种。另外还有新发展的辣椒素等。

2.3.2 生物战剂

生物战剂是生物武器战斗部所采用的主要装填物,是以杀伤有生力量和毁坏植物为目的。它利用致病的微生物、毒素和其他生物活性物质,使大量人、畜发病或死亡,或大规模毁伤农作物,俗称"无形的杀手"和"人工瘟疫"。

现已知自然界中的微生物有8大类,包括病毒、衣原体、立克次体、支原体、细菌、放线体、螺旋体和真菌等。其中可作为生物战剂的有6种,即细菌、病毒、毒素、立克次体、真菌和衣原体等。

1.细菌类生物战剂

细菌是地球上起源最早的细胞生命形态,居于微生物中的一大类,主要包括真细菌和放线菌两类,现已被人们认识的有2 000种以上。它们是在显微镜下才能看到的单细胞生物,一般在$(0.2\sim1.25\ \mu m)\times(0.3\sim14\ \mu m)$之间,质量为$10^{-9}\sim10^{-10}$ mg,基本形态有三类,即球形、杆形和螺旋形。根据细菌对营养物质的要求,它们又可分为自养菌和异养菌两大类,前者可利用无机物或通过光合作用获取能源,后者则须利用有机物。其中利用无生命的有机物生活者为腐生菌,从动物体内获取营养者为寄生菌。作为生物战剂的细菌属于异养菌。

如今,作为生物战剂的细菌主要有鼠疫杆菌、炭疽杆菌、马鼻疽杆菌、类鼻疽杆菌、布氏杆菌、霍乱弧菌和野兔热杆菌,最多见的是鼠疫杆菌、霍乱弧菌和炭疽杆菌。

2.病毒类生物战剂

病毒是世界上已知的最小微生物,主要由核酸和蛋白质组成,没有细胞结构但有遗传、复制等生命特征。它的基本结构主要包括两部分,即病毒的核心与病毒的壳体。病毒的核心由核酸组成,是病毒遗传信息的储存所,也是病毒的复制中心;病毒的壳体由蛋白质组成的颗粒相聚而成,起保护核酸的作用。20世纪70年代又发现仅由核酸组成的更简单的微生物,称为类病毒,以区别于具有核酸及蛋白质的真病毒。

病毒广泛存在于自然界中,可感染一切动物、植物及微生物,也包括病毒。被感染生物可能发病,甚至死亡。有些病毒核酸还能整合入宿主细胞基因,引起细胞转化,可能导致其生长及功能异常。

可用作生物武器的病毒有感染人的天花病毒及引起脑炎与出血热的病毒,感染动物的非洲猪瘟病毒、鸡瘟病毒及牛瘟病毒,感染植物的烟草花叶病毒及甜菜卷顶病毒等。

3. 毒素类生物战剂

毒素是动物、植物和微生物产生的有毒化学物质,这种生物毒素可用生物技术制造,故毒素战剂又称为生物-化学战剂。微量毒素侵入机体后即可引起生理机能破坏,致使人、畜中毒或死亡。毒害作用取决于毒素的类型、剂量和侵入途径等。毒素有蛋白质毒素和非蛋白质毒素。由细菌产生的蛋白质毒素毒性强,能大规模生产,被作为潜在的战剂进行了广泛的研究。一些国家的有关资料表明,可能作为毒素战剂的有 A 型肉毒毒素和 B 型葡萄球菌肠毒素,前者列为致死性战剂,后者列为失能性战剂。此外还有正在研究发展的蓖麻毒素。

4. 立克次体类生物战剂

立克次体是原核细胞型微生物。它的大小和生理特点介于细菌与病毒之间,在普通显微镜下,一般呈球杆状或短杆状,直径为 $0.3 \sim 0.5 \ \mu m$,比一般细菌小。它和病毒一样只能在活细胞中生长,主要在某些脊椎动物或节肢昆虫细胞浆内繁殖,有时亦可在核内发育。培养方法是动物接种、鸡胚培养和组织细胞培养。立克次体一般不耐热,但耐寒,易被化学药品杀死。

在自然界,对人类有致病性的立克次体有 10 余种,可能作为生物战剂的有 Q 热立克次体、立氏立克次体及普氏立克次体。

5. 真菌类生物战剂

真菌是有完整细胞核并有核膜而无叶绿素的一类菌藻植物。它们少数为单细胞结构,大多数是多细胞结构,有菌丝,能形成孢子,通过无性孢子或有性孢子繁殖,在进化上比细菌高一个层次。真菌的生活条件简单,具有一定温度、湿度的条件下就可以繁殖。在世界上分布极广,从赤道到极地,从沙漠到海洋,从地层深处到高空都有真菌存在。真菌具有分解许多种有机物的能力,是地球上有机物循环不可缺少的“链条”。真菌与人类关系十分密切,许多醇类、有机酸、抗菌素、维生素和酶制剂都是真菌的代谢物。人们的日常生活离不开真菌,如酱、醋、酒、馒头和面包都依靠真菌发酵。真菌对人类也有不利的一面,一些真菌能使农作物致病,农作物的传染病 $80\% \sim 90\%$ 由真菌引起,故致病真菌是破坏农作物的主要生物战剂。1951—1969 年,美国军队至少进行过 31 次用真菌战剂毁伤水稻和小麦的试验。结果证明,每公顷只需喷 3 g 稻瘟真菌,即可使 $50\% \sim 90\%$ 的农作物感染。

此外,许多真菌都能产生毒素,使人、畜中毒或致死。真菌毒素属于低分子非蛋白质化合物,耐热,中毒后难以诊断和治疗。已知的真菌毒素在 300 种以上。侵阿苏军播撒的“黄雨”含有的 T−2 毒素、雪腐镰刀霉烯醇两种真菌毒素,当属其列。真菌毒素有可能被用作生物战剂。

6. 衣原体类生物战剂

衣原体是一类比病毒稍大的微生物,能通过细菌滤器。在普通显微镜下呈球形、堆状或链状,有细胞壁,含有脱氧核糖核酸和核糖核酸以及某些酶。衣原体以两等分分裂法繁殖,寄生于人和牛、羊、猪、猫等多种家禽以及鸟类的细胞内,并在宿主细胞内形成包涵体。过去曾把它列入病毒之中,但后来的研究表明,它为一类独立的微生物。能引起人体疾病的衣原体有沙眼——包涵体结膜炎衣原体、性病淋巴肉芽胞衣原体和鹦鹉热衣原体。后者可作为战剂。

2.3.3　燃烧剂

燃烧剂又称纵火剂,是燃烧弹的主要装药。燃烧弹的燃烧效应是利用纵火剂火种自燃或引燃作用,使目标毁伤以及由燃烧引起的后效,如油箱、弹药爆炸等。燃烧弹以及穿爆燃弹药或具有随进燃烧效果的破甲弹,其纵火作用都是通过弹体内的纵火体(火种)抛落在目标上引起燃烧来实现的。因此要求纵火体有足够高的温度,一般不应低于 $800\sim1\,000℃$,且燃烧时间长,火焰大,容易点燃,不易熄火,火种有一定的黏附力,有一定的灼热熔渣。

目前采用的燃烧剂基本有以下三种:

(1)金属燃烧剂,能做纵火剂的有镁、铝、钛、镐和铀和稀土合金等易燃金属。其多用于贯穿装甲后,在其内部起纵火作用。

(2)油基纵火剂,是以石油产品和易燃溶剂为主体组成的燃烧剂,通常有液状油和稠化油两种。常用的凝固汽油,其主要成分是汽油、苯和聚苯乙烯。这类纵火剂温度最低,只有 $790℃$,但它的火焰大(焰长达 1 m 以上),燃烧时间长,因此纵火效果好。

(3)烟火纵火剂,主要是用铝热剂,其特点是温度高($2\,400℃$ 以上),有灼热、熔渣,但火焰区小(不足 0.3 m)。

以上一些纵火剂也可以混合使用。

2.3.4 其他装药

1.云爆弹的装药

云爆弹(FAE)又称燃料空气弹、油气炸弹等,其装填物为燃料空气炸药或云爆剂。

燃料空气炸药或云爆剂主要由环氧烷烃类有机物(如环氧乙烷、环氧丙烷)构成。环氧烷烃类有机物化学性质非常活跃,在较低温度下呈液态,但温度稍高就极易挥发成气态。这些气体一旦与空气混合,即形成气溶胶混合物,极具爆炸性。且爆燃时将消耗大量氧气,产生有窒息作用的二氧化碳,同时产生强大的冲击波和巨大压力。云爆弹形成的高温、高压持续时间更长,爆炸时产生的闪光强度更大。试验表明,对超压来说,1 kg 的环氧乙烷相当于 3 kg 的TNT爆炸威力。其爆炸威力与固体炸药相比,虽然其峰值超压不如固体炸药爆炸所形成的峰值超压高,但对应某一超压值,其作用区半径远比固体炸药大。与装填普通炸药的武器弹药相比,云爆弹具有爆炸场半径大、冲量高、杀伤威力大等特点,是一种有效的面毁伤武器。对于大面积软目标特别有效。云爆弹比等质量的固体炸药的破坏力强数倍,一般为 $3\sim5$ 倍,高威力的云爆弹可达 $5\sim8$ 倍。

2.碳纤维弹的装药

碳纤维弹装填经过特殊处理的碳丝,当前大多采用导电性能良好的石墨纤维。该石墨纤维是用含碳量高的人造纤维或合成纤维在特定的工艺条件下碳化得到的,具有低密度、高弹性模量、高强度、低热膨胀、高导电性和能反射雷达波、耐高温等突出特点。从导电机理来说,由于石墨晶体同层中的高域电子可以在整个原子平面层中活动,故石墨具有良好的层向导电导热性质。合成纤维中石墨微晶元的相邻原子内外层轨道有不同程度的重叠,而最外层电子轨道重叠的程度最大,这样晶体中电子不再局限于某个特定的原子,而是可以由一个原子转移到相邻的原子上去,电子可以在整个晶体中运动,即电子的公有化。电子的公有化程度越高,晶体的导电性能越好。

碳纤维弹爆炸后,释放出石墨纤维线团;石墨纤维在空中展开,互相交织,形成网状。石墨纤维有强导电性,当其搭在供电线路上时即产生短路,造成供电设施受损,难以修复。

习　　题

1. 就炸药的分子结构而言,炸药具有哪些特点?

2. 炸药按化学组成可分成几类?

3. 炸药按用途可分成几类?

4. 炸药爆炸的外部特征有哪些?

5. 爆炸现象可分为几类,各有何特点?

6. 炸药爆炸的变化形式是怎样的?

7. 什么是炸药爆炸的三要素?

8. 表征炸药主要性能的指标有哪些?

9. 炸药的起爆方式有几种?

10. 起爆药具有什么特性? 常用的起爆药有哪些?

11. 猛炸药具有什么特性? 常用的猛炸药有哪些?

12. 原子的核式结构组成是怎样的?

13. 原子核是由哪两种粒子组成的,核素用 $_{Z}^{A}X_{n}$ 来表示,符号中的 A, Z, n 各代表什么量?

14. 简述描述原子质量的两种表示方法。

15. 什么是原子核的核素,核素是如何分类的?

16. 原子核的半径 R 与原子核的质量数 A 有什么关系?

17. 原子核的密度是如何计算的?

18. 什么是核力,有什么特点?

19. 什么是原子核的质量亏损?

20. 什么是原子核的结合能,它是如何定义的?

21. 什么是原子核的比结合能,其物理意义是什么?

22. 什么是原子核的放射性,放射性衰变的主要类型有哪些?

23. 什么是原子核反应,核反应分为几类?

24. 什么是核裂变与核聚变反应,各有什么特点?

25. 核武器使用的核材料主要有哪些?

26. 计算 $_{92}^{235}U$ 的原子核半径和密度。

27. 已知, ^{235}U 在中子的冲击下的裂变方程式为

$$n + {}^{235}U \longrightarrow 碎片 + (1\sim3)n + 200\ MeV$$

试计算 $3\ kg$ ^{235}U 完全裂变所释放的能量 E(换算为梯恩梯当量)。(阿伏伽德罗常数为 6.022×10^{23}, $1\ MeV = 1.602 \times 10^{-13}\ J$, $1 \times 10^{4}\ t$ 梯恩梯当量 $= 4.18 \times 10^{13}\ J$)

28. 什么是战斗部的燃烧效应,常用的燃烧剂有几种?

29. 云爆弹的装药有什么特点?

30. 碳纤维弹的装药有什么特点?

31. 什么是化学毒剂战斗部,可分成几类?

32. 什么是生物战剂战斗部,可分成几类?

第3章 战斗部的引信

引信是导弹战斗部系统中一个非常重要的装置。它可以控制战斗部在预定时间和地点起爆，以达到对目标最大限度的破坏。本章主要介绍导弹战斗部引信的功用、组成、工作原理和发展情况。

3.1 引信的作用及分类

3.1.1 引信的作用

导弹引信是一种利用目标信息和环境信息，在预定条件下引爆或引燃战斗部装药的装置或系统。从定义中可以看出，引信包含二大功能，即起爆控制——在相对目标最有利位置或时机引爆或引燃战斗部装药，提高对目标的命中概率和毁伤概率；安全控制——保证勤务处理与发射时战斗部的安全，在导弹与目标相遇时保证其可靠地工作。

现代引信的三大特征：引信纯粹用于军事目的；引信是一个信息与控制系统；引信要在预定条件下实现其功能，这些预定条件的本质就是"最优"。

3.1.2 引信的分类

引信有各种分类方法。按作用方式可分为触发引信、非触发引信等；按作用原理可分为机械引信、电引信等；按配用弹种可分为导弹引信、炮弹引信、航弹引信等；按弹药用途可分为穿甲弹引信、破甲弹引信等；按装配部位可分为弹头引信、弹底引信等；还可按配用弹丸的口径、引信的输出特性等方面来分，等等。

1. 按与目标的关系分类

引信对目标的觉察分为直接觉察和间接觉察，直接觉察又分为接触觉察与感应觉察。如图 3-1-1 所示为常用引信的分类。

（1）直接觉察类引信。在直接觉察类引信中，可以按作用方式分为触发引信和非触发引信；触发引信又可按作用原理和作用时间来分；非触发引信可分为近炸引信和周炸引信。

触发引信是使用最早的一种引信，它是利用弹丸（炸弹或导弹）和目标发生碰撞接触瞬间，由于弹丸运动状态发生急剧变化或来自目标给予引信的直接反作用力等环境信息而作用，完成引爆主装药。它又可分为瞬发引信、惯性引信、延期引信和多种装定引信。

瞬发触发引信，简称瞬发引信。直接感受目标反作用力而瞬时发火的触发引信。其发火机构位于弹头或弹头激发弹底起爆引信的前端，发火时间与具体结构有关。采用针刺雷管发火机构的发火时间一般在 $100~\mu s$ 右右；采用针刺火帽发火机构的发火时间不超过 $1~000~\mu s$；采用压电元件发火机构的发火时间与发火电压建立时间及电雷管作用时间有关，为 $40\sim100~\mu s$；用储能元件的电力发火机构的发火时间与闭合开关的时间及电雷管作用时间有关，为 $25\sim$

50 μs。瞬发引信广泛配用于要求高瞬发度的战斗部,如破甲战斗部、杀伤战斗部和烟幕战斗部等。

图 3 - 1 - 1　引信的分类

　　惯性触发引信是指利用碰击目标时的前冲力发火的触发引信。通常由惯性发火机构、安全系统和爆炸序列组成。惯性作用时间一般在 1～5 ms 之间。常配用于爆破弹、半穿甲弹、穿甲弹、碎甲弹、手榴弹和破甲弹或子母弹的子弹。

　　延期触发引信,简称延期引信。装有延期元件或延期装置,碰到目标后能延迟一段时间起作用的触发引信。延期元件或延期装置可采用火药、化学或电子定时器。按延期方式可分为固定延期引信、可调延期引信和自调延期引信。固定延期引信只有一种延期时间;可调延期引信的延期时间可在某一范围内调整,发射前根据需要装定;自调延期引信的延期时间,随目标阻力的大小及阻力作用时间的长短而自动调整。按延期时间的长短又可分为短延期引信(延期时间一般为 1～5 ms)和长延期引信(延期时间一般为 10～300 ms)。有些触发引信的发火机构利用侵彻目标过程接近终结时前冲加速度的明显衰减而发火,虽然它的作用与时间并无直接关联,但习惯上仍称这种引信为自调延期引信。

　　多种装定引信,它兼有瞬发、惯性和延期三种或其中两种作用,这种引信需在射击装填前根据需要进行装定。

机械触发引信是指靠机械能解除保险和作用的触发引信。一般由机械式触发机构、机械式安全系统和爆炸序列等组成。在引信与目标碰撞后，引信的机械触发机构输出一个激发能量引爆第一级火工品从而引爆爆炸序列，继而使战斗部起爆。机械触发引信常用于各类炮弹、火箭弹、航空炸弹及导弹上。

机电触发引信是指具有机械和电子组合特征的触发引信。一般由触发机构、安全系统、能源装置和爆炸序列组成。当引信与目标碰撞后，引信的触发机构或能量转换元件(如压电晶体)输出一个激发能量引爆传爆序列、第一级火工品，从而引爆爆炸序列，继而使战斗部起爆。机电触发引信的电源可以采用物理电源、化学电源等，其发火机构可以是机械发火机构或电发火机构。主要应用于破甲战斗部、攻坚战斗部。

复合引信是指具有一种以上探测原理(体制)的引信。本来包括多选择引信和多模引信，但现在一般特指这两种引信之外的几种探测原理(体制)复合而成的引信，例如红外/毫米波复合引信、激光/磁复合引信、声/磁复合引信、主动/被动毫米波复合引信等。复合引信的优点是探测识别目标能力和抗干扰能力更强，缺点是成本较高，目前多用于导弹和灵巧弹药。

周炸引信，又称环境引信。感觉目标周围环境特征(不是目标自身特征)而作用的引信。有时被归并为近炸引信的一个特殊类别。由于目标区环境信息很难人为制造，因此周炸引信不易被干扰。典型的周炸引信是压力引信，气压定高引信可用于攻击地面大范围目标的核战斗部，水压定深引信可用于攻击潜艇的深水炸弹。

近炸引信是通过对目标距离、方位、速度等信息的感觉和探测来识别目标，并能在弹道上适时地、自动地选择炸点，对目标进行有效杀伤的引信。这种引信的最大特点是带有感应式目标敏感装置的发火控制系统，具有能根据不同的弹目交会条件随机应变地选择时间空间的能力，从而得到对目标尽可能大的毁伤概率。由于这种引信不需直接接触目标，而可在目标的周围附近爆炸，故称作近炸引信。近炸引信按其对目标的作用方式，可分为主动式引信、半主动式引信、被动引信和主动/被动复合引信。按其激励信号物理场的不同，可分为无线电引信、光引信、静电引信、磁引信、电容感应引信、声引信等。对于地面有生力量，杀伤爆破战斗部配用近炸引信可得到远大于触发引信的杀伤效果；对于空中目标，各类杀伤战斗部配用近炸引信可以在战斗部未直接命中目标时仍能对目标造成毁伤，是对弹道散布的一个补偿。近炸引信还可实现定高起爆，以满足子母式战斗部等多种类型战斗部的需求，还可与触发引信等复合。近炸引信的发展趋势是提高引信作用的可靠性、抗干扰性；提高对目标的探测、识别能力；提高炸点及战斗部起爆点精确控制和自适应控制能力，充分利用制导系统获得的弹目交会信息，提高引信与战斗部的配合效率。

雷达引信，又称无线电近炸引信，简称无线电引信，是指利用无线电波感觉目标的近炸引信。一般由无线电近感发火控制系统(含无线电探测器、信号处理器、执行装置)、安全系统、爆炸序列和电源等组成。有主动式、被动式和半主动式之分，以主动式为主。工作波长 1~10 m (30~300 MHz)时称米波无线电引信；工作波长 10 mm~1 m(300 MHz~30 GHz)时称微波引信；工作波长 1~10 mm(30~300 GHz)时称毫米波引信。工作体制有多普勒式、调频式、脉冲式、比相式和编码式等。无线电近炸引信的应用始于第二次世界大战，是目前国内外应用最为广泛的一种近炸引信。弹目交会时，无线电探测装置接收到目标辐射或反射的无线电波，经变换将含有目标特征信息的信号输给信号处理器进行目标识别，在需要的弹目相对位置输出启动信号给执行装置,引爆爆炸序列,从而引爆导弹战斗部。它不仅可以探测到目标的存在,还可以获得引信和战斗部配合所需的目标方位、距离或高度、速度等信息,故称为雷达引信。近年来,随着微电子技术的发展,无线电引信正朝新频段、集成化、多选择、自适应和抗干扰能力强的方向发展。

光引信,是指敏感目标光特性而作用的引信。按光源的位置可分为被动式、主动式和半主动式光引信。被动式光引信多为红外引信。按红外引信探测器的响应光谱分为近红外、中红外和长波红外引信,偶尔可见被动紫外引信。主动式和半主动式光引信多为激光引信。由于阳光背景的可见光谱成分很强,故可见光引信很少应用。与无线电引信相比,光引信具有方向性较好的探测场,对电磁干扰不敏感等优点,但易受恶劣气象条件的影响和诱饵弹的干扰。

磁引信,是指装有磁传感器利用目标磁场特性而工作的近炸引信。导弹、鱼雷、水雷、地雷等常用磁引信打击舰船、坦克、装甲车辆等含有铁磁材料的目标。磁引信分为 3 种类型:静磁引信,探测目标的静磁场强度,以信号幅度判别使引信起爆,或检测目标附近空间两点间磁场强度差值的梯度使引信起爆;磁感应引信,磁传感器与目标接近时,由于相对运动,目标磁场在磁传感器线圈中产生磁电效应,利用这种电磁感应原理使引信起爆;主动磁引信有两种类型,一种是在鱼雷上使用的主动电磁引信,由辐射线圈向水中发射低频交变电磁场,利用舰船等铁磁目标具有非曲直反射相位 $90°$ 的特性使引信工作;另一种是在磁传感器线圈处布设永磁体建立恒磁场,在与目标相对运动时,由于铁磁目标的出现,线圈将感到恒磁场的畸变和在铁磁目标上产生的涡流磁场而使引信起爆。

电容引信,是指利用弹目接近过程中引信电极间电容的变化探测目标的一种近炸引信。其组成与无线电引信基本相同,差别仅在于其探测器。电容近炸引信分为鉴频式和直接耦合式两种类型。

声引信,是指利用声呐原理工作的近炸引信。按频率可分为次声引信、声频引信(频率在 $20\sim20\ 000$ Hz)、超声引信。按工作方式可以分为被动声引信和主动声引信。声场较其他物理场在海水中传播衰减较小,鱼雷、水雷、深水炸弹等水中兵器较多使用声引信以打击舰船等水中目标;地雷用声引信可以攻击直升机、车辆等活动目标。利用目标声场特性工作的为被动声引信,被动声探测功耗小,隐蔽性强,能对目标定向。利用目标回声特性工作的为主动声引信,主动声探测容易实现对目标准确定位,而且在发射声波时加入编码等更多的信息量以便于对目标的判别。目前水雷声引信已能对舰船目标进行分类和对目标运动参数估值。

(2)间接觉察类引信。在间接觉察类引信中,可分为指令引信和时间引信两大类。

指令引信,又称遥控引信。受战斗部以外的指令控制而作用的引信。指令可以来自发射平台的自动控制装置。起爆控制有外界干预是其与时间引信的共同点,两者的区别在于指令引信是实时控制,时间引信是事先设定。尽管指令传输媒介、传输距离、抗干扰能力等都在发展,但是随着引信探测、识别能力的提高,指令引信正逐步蜕化为多模引信的一种作用方式,主要用于地雷、水雷的指令激活、指令休眠以及导弹的指令自毁。

时间引信,又称定时引信。按使用前设定的时间而作用的引信。根据定时原理分为电子时间引信、机械时间引信(又称钟表引信)、火药时间引信(又称药盘引信)、化学定时引信等,主要由定时器、装定装置、安全系统、能源装置和爆炸序列组成。时间引信在引信发展史中占有重要地位,最早出现的引信即时间引信,至今仍与触发引信、近炸引信并列为引信的 3 个最主要类型。多数时间引信以发射(投放、布设)为计时起点,但也有的以碰撞地面为计时起点,例如某些定时炸弹引信。尽管可以通过设定时间取得引信在预定高度或目标附近作用的效果，但是时间引信的起爆取决于外界干预，与目标之间没有必然联系。时间引信的时间按一定步长基准连续地调整，为引信设定作用时间或作用方式称为"装定"。一般在即将使用前依据使用要求装定。定时炸弹引信的装定范围为几分钟至几天，典型炮弹引信可在 $0.5 \sim 200\ \mathrm{s}$ 之间装定，装定步长 $0.1\ \mathrm{s}$。定时精度由低到高依次是化学、火药、机械和电子。钟表引信误差约为装定时间的百分之几，炮口感应装定电子时间引信误差在 $1\ \mathrm{ms}$ 以下。时间引信可以用于子母弹、干扰弹、照明弹、宣传弹、发烟弹、箭霰弹等特种弹的开舱抛撒，可以用于高炮弹丸对飞机实施拦截射击，还可以用于定时炸弹对目标区实施封锁。电子时间引信的定时精度远高于其他类型，并且有利于采用遥控装定、炮口装定等快速装定方法，随着成本的下降和抗电磁脉冲能力的加强，将会得到更加广泛的应用。

2. 按装配部位分类

按装配部位来分，可分为弹头引信、弹身引信、底部引信和尾部引信 4 类。

弹头引信，是指装在弹丸或火箭弹战斗部前端的引信。类似地，装在航空炸弹或导弹前端的引信，则称为头部引信。弹头引信可以有多种作用原理和作用方式，如触发、近炸或时间。使用最为广泛的是直接感受目标的反作用力而瞬时作用或延期作用的弹头触发引信，这种引信要同目标直接撞击，必须有足够的强度才能保证正常作用。弹头引信的外形对全弹气动外形有直接影响，因此必须与弹体外形匹配良好。

弹身引信，又称中间引信。是指装在弹身或弹体中间部位的引信。一般是从侧面装入弹体，多用于口径较大的航空炸弹、水雷和导弹。为了保证起爆完全和作用可靠，大型航空炸弹和导弹战斗部可同时配用几个或几种弹身引信。弹身引信多采用机械引信和电引信。

底部引信，是指装在战斗部底部的引信。炮弹的底部引信又称弹底引信。穿甲爆破、穿甲纵火、碎甲等战斗部配用的都是底部引信。为使战斗部在侵彻目标之后爆炸，底部引信通常带有延期装置。引信装在战斗部底部，不直接与目标相碰，可防止引信在战斗部侵彻目标介质时遭到破坏。

尾部引信，又称弹尾引信，是指装在航空炸弹或导弹战斗部尾部的引信。穿甲爆破型的航空炸弹和导弹通常配用尾部引信。为了保证起爆完全性和提高战斗部作用可靠性，重型航空炸弹通常同时装有头部引信和尾部引信。

3. 新型引信

灵巧引信，通常是指控制硬目标侵彻弹药炸点的触发引信，有时也指末端敏感弹药的近炸引信。对单层或多层连续介质硬目标，配用触发延期引信，利用侵彻炸点自适应起爆控制技术，可在不同着速、不同着角、不同目标介质强度和目标厚度的情况下自适应控制炸点的位置，使战斗部穿透防护工事等有限厚钢筋混凝土介质或穿透机场跑道混凝土层后爆炸，以获得对目标的最佳毁伤效果。对指挥控制中心、通信中心和舰船舱室等有间隔的多层硬目标，配用可编程触发引信，利用可编程起爆控制技术识别战斗部穿透目标的层数，并在穿透预先装定的层数后爆炸，以获得对多层目标特定部位的最佳毁伤效果。末端敏感弹药灵巧引信利用毫米波或厘米波无线电探测原理、红外探测原理或它们的复合，在目标上方对坦克、装甲车等地面点目标进行螺旋扫描式探测和实时识别，当判定为真实目标时，引信起爆爆炸成形弹丸战斗部的装药，形成初速为 $1\ 400 \sim 3\ 000\ \mathrm{m/s}$ 的爆炸成形弹丸射向目标，自顶部毁伤目标。

弹道修正引信，是指测量载体空间坐标或姿态，对其飞行弹道进行修正，同时具有传统引信功能的引信。由空间位置或姿态测量部件、中央处理单元、控制部件、执行部件，以及传统引信的目标探测部件、安全系统、爆炸序列及电源组成。它的外形符合引信结构要素标准。载体姿态的测量与弹道的修正主要利用微型惯性测量组合和捷联惯性导航原理；载体空间位置的测量与弹道的修正主要利用微型卫星信号接收机和卫星导航原理。分一维和二维弹道修正引信。一维弹道修正引信仅对射程误差进行修正。发射前将目标距离等信息装于引信中，并瞄向比目标更远的一个点。发射后由引信中的定位部件对弹丸初始段弹道进行测量并预报实际弹道，将预定弹道与实际弹道进行比较，得出射程修正量，通过控制阻尼机构的张开时刻或张开量度修正弹丸的飞行弹道，使落点尽量接近目标。二维弹道修正引信同时对射程误差和方向误差进行修正，常用捷联惯性导航原理测量弹丸飞行初始段的姿态，也可与卫星导航原理相结合，通过微型火药推冲器、鸭式舵等修正机构对弹道进行修正。弹道修正引信配用于榴弹炮（或加农炮、加榴炮）、迫击炮、火箭炮等地面火炮弹药，特别是增程弹药上，用以提高对远距离面目标射击的毁伤概率。

多方位定向引信，在对付空中目标时，新型定向战斗部的起爆系统需要导引头或引信精确测出目标的脱靶方位信息，从而确定定向战斗部破片的定向飞散方向。这种引信与定向战斗部相匹配，构成了命中概率和毁伤效率都很高的定向起爆系统。定向引信的关键是引信具有目标方位识别功能，能够自适应选择起爆方位，精确确定炸点位置。目前主要通过激光引信、红外引信、无线电引信、制导与引信一体化技术等方式实现八方位、六方位或四方位定向引信的功能。

3.2　引信组成

引信主要由发火控制系统、爆炸序列、安全系统、和能源系统等组成。

3.2.1　发火控制系统

引信发火控制系统，其作用是感觉目标信息与目标区环境信息，经鉴别处理后，使爆炸序列第一级元件起爆，包括目标敏感装置、信号处理装置和执行装置（发火装置）3个基本部分。

目标敏感装置是能觉察、接受目标或目标周围环境的信息，并将信息以力或电的信号予以输出的装置，根据引信对目标的觉察方式的不同可分为直接觉察和间接觉察。直接觉察又分接触觉察与感应觉察。接触觉察是靠引信（或战斗部）与目标直接接触来觉察目标的存在，有的还能分辨目标的真伪。感应觉察是利用力、电、磁、光、声、热等觉察目标自身辐射或反射的物理场特性或目标存在区的物理场特性。对目标的直接觉察是由发火控制系统中的信息感受装置和信息处理装置完成的。间接觉察有预先装定与指令控制。预先装定在发射前进行，以选择引信的不同作用方式或不同的作用时间，例如时间引信多数是预先装定的。指令控制由发射基地（可能在地面上，也可能在军舰或飞机上）向引信发出指令进行遥控装定、遥控起爆或遥控闭锁（就是使引信瞎火）。

信号处理装置是接收和处理来自目标敏感装置的信号，分辨和识别信号的真伪与实现最佳炸点控制的装置。

执行装置是使引信的爆炸序列第一级起爆元件发火的装置，也称发火装置，是各种形式的发火启动装置。常用的执行装置有击发机构、点火电路、电开关等。

3.2.2 爆炸序列

引信爆炸序列,是爆炸元件按感度由高到低排列而成的序列。其作用是把由信息感受装置或起爆指令接收装置输出的信息变为火工元件的发火,将较小的激发冲量,有控制地放大到能使装药完全爆炸或燃烧。爆炸序列可分为传爆序列和传火序列。最后一个爆炸元件输出爆轰冲量的称为传爆序列,相应的引信称为起爆引信;最后一个爆炸元件输出火焰冲量的称为传火序列,相应的引信称为点火引信,主要用在像宣传、燃烧、照明等特种弹种上。引信爆炸序列随战斗部的类型,作用方式和装药量的不同而不同。传爆序列和传火序列的结构和作用如图3-2-1所示。

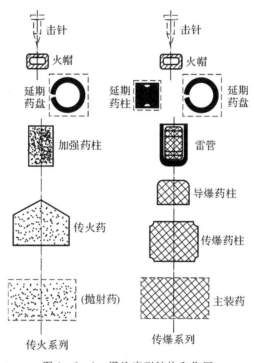

图 3-2-1 爆炸序列结构和作用

从引信碰击目标到传爆序列最后一级火工品完全作用所经历的时间,称为触发引信的瞬发度或称引信的作用迅速性。这一时间越短,引信的瞬发度越高,瞬发度是衡量触发引信作用适时性的重要指标,直接影响战斗部对目标的作用效果。

传爆序列中比较敏感的火工元件是火帽和雷管。为了保证引信勤务处理和发射时的安全,在战斗部飞离发射器或炮口规定的距离之内,这些较敏感的火工元件应与传爆序列中下一级传爆元件相隔离。隔离的方法是堵塞传火通道(对火帽而言),或者是用隔板衰减雷管爆炸产生的冲击波,同时也堵塞伴随雷管爆炸产生的气体(对雷管而言)。平时可以把雷管与下一级传爆元件错开〔见图3-2-2(a),图3-2-2(b)〕,或在雷管下面设置可移动的隔离体〔见图3-2-2(c)〕。将火帽与下一级传爆元件隔离开的引信,称隔离火帽型引信,又称半保险型引信。将雷管与下一级传爆元件隔离开的引信,称隔离雷管型引信,又称全保险型引信。没有上述隔离措施的引信,习惯上称为非保险型引信。非保险型引信没有隔爆机构,但仍有保险机构。

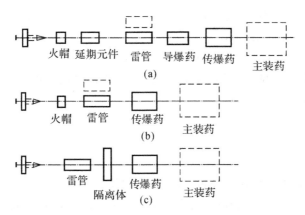

图 3-2-2　触发引信的传爆序列
(a)带延期的隔离火帽型引信；　(b)隔离火帽型引信；　(c)隔离雷管型引信

传爆序列的起爆由位于发火装置中的第一个火工元件开始。第一个火工元件往往是传爆序列中对外界能量最敏感的元件。元件发火所需的能量由敏感装置直接供给,也可以经执行装置或时间控制、程序控制或指令接收装置的控制,而由引信内部或外部的能源装置供给。第一个火工元件的发火方式主要有下列三种:

1.机械发火

用针刺、撞击、碰击等机械方法使火帽或雷管发火,称为机械发火。

(1)针刺发火。用尖部锐利的击针戳入火帽或针刺雷管使其发火。发火所需的能量与火帽或雷管所装的起爆药(性质和密度)、加强帽(厚度)、击针尖形状(角度和尖锐程度)、击针的戳击速度等因素有关。

(2)撞击发火。与针刺发火的主要不同在于击针不是尖头而是半球形的钝头,故又称撞针。火帽底部有击砧,撞针不刺入火帽,而是使帽壳变形,帽壳与击砧间的起爆药因受冲击挤压而发火。撞击发火可不破坏火帽的帽壳。

(3)碰击发火。碰击发火不需要击针,靠目标与碰炸火帽或碰炸雷管的直接碰击或通过传力元件传递碰击使火帽或雷管受冲击挤压而发火。这种发火方式常在小口径高射炮和航空机关炮榴弹引信中采用。

(4)绝热压缩发火。绝热压缩发火也不需要击针。在火帽的上部有一个密闭的空气室,引信碰到目标时,空气室的容积迅速变小,其内的空气被迅速压缩而发热,由于压缩时间极短,热量来不及散逸,接近绝热压缩状态,火帽接受此热量而发火。在苏联过去的迫击炮弹引信以及第二次世界大战日本、美国、英国的 20 mm 航空机关炮榴弹引信中,都曾采用过这种发火方式。

2.电发火

利用电能使电点火头或电雷管发火,称电发火。电发火用于各种电触发引信、压电引信、电容器时间引信、电子时间引信和全部的近炸引信。所需的电能可由引信自带电源和换能器供给。对于导弹引信,也可利用弹上电源。引信自带电源有蓄电池,原电池,机电换能器(压电陶瓷、冲击发电机、气动发电机等)或热电换能器(热电池)等等。

3. 化学发火

利用两种或两种以上的化学物质接触时发生的强烈氧化还原反应所产生的热量使火工元件发火,称化学发火。例如,浓硫酸与氯酸钾和硫氰酸制成的酸点火药接触就会发生这种反应。化学发火多用于航空炸弹引信和地雷引信中,也可利用浓硫酸的流动性制成特殊的化学发火机构,用于引信中的反排除机构、反滚动机构(这两种机构常用于定时炸弹引信中)及地雷、水雷等静止弹药的诡计装置中。

3.2.3 安全系统

1. 功用

引信安全系统也称为安全执行装置、安全和解除保险装置、安全保险装置或安全装置。它是防止引信在勤务处理、发射(或投掷、布设)以及在到达解除保险时间之前的各种环境条件下,解除保险或爆炸的各种装置的组合,其作用是保证引信进入目标区以前的安全。它是引信与战斗部之间的通路。其主要功用如下:

(1)保证导弹在日常维护、勤务处理、弹道初始段(发射后到规定的解除保险时间)以前不发生意外而起爆战斗部。

(2)导弹在飞行过程中,利用一定的环境状态变化信息(例如加速度、发动机燃烧压力、定时装置等),启动解除保险程序,在规定的时间内逐级解除保险,使引信与战斗部之间构成通路,战斗部处于待爆状态。

(3)在导弹接近目标过程中且满足起爆条件时,引信输出引爆信号,把电能转换为爆轰能,经过逐级放大,输出足够的爆轰能,可靠引爆战斗部主装药。

(4)在导弹穿越目标后未爆炸,或制导控制系统发生故障致使导弹不能正常飞向目标时,安全执行装置接到自毁指令后能可靠引爆战斗部完成导弹自毁。

2. 组成

不同导弹的安全执行装置是不一样的,一般来说,主要由保险机构、隔爆机构、电雷管与传爆序列等组成。

(1)保险机构。安全执行装置采用逐级解除保险的形式。防空导弹一般采用三级解除保险体制,其中至少有一级采用机械式或者机电式,其他各级可采用信号、指令等电气解除保险。在实际工作中,采用最多的是惯性保险机构和延期保险机构。

惯性保险机构是依靠导弹运动的惯性力的变化实现解除保险,一般由惯性块和抗力零件组成。抗力零件通常用弹簧,平时对惯性块起支撑作用。在导弹发动机点火加速或者发动机关闭后导弹减速等过程中,当加速度的变化量达到 $10g$ 左右或者以上,并且达到一定的持续时间时,使得惯性块移动,接通相应的电路,完成相应级别的解除保险过程。

延期保险机构有三种类型:延时钟表机构、电子计时器和燃气活塞机构等。

延时钟表机构是类似于机械钟表的机构。其工作原理是在导弹状态转换后,延时钟表机构通过传动齿轮开始转动计时,在相应齿轮转动一定角度后,使得其中的解除保险电路接通或者使得传爆序列位置对准,解除保险。

电子计时器是利用数字电路或者模拟电路实现计时的时间装置。它的精度比延时钟表机构高,作用时间也可以灵活设定,不存在活动部件。为了增加可靠性,一般采用多路信号(如导弹电源转换到弹上供电、导弹离开发射架、导弹开始受控等)来控制电子计时器启动计时和工作。

燃气活塞机构是根据气体动力学原理设计的一种延期保险机构。它利用气体做功,推动活塞运动,从而解除保险。

上述的惯性保险机构、延时钟表机构、电子计时器和燃气活塞机构用在安全执行装置前级保险的解除过程中。通常情况下,惯性保险机构用在第一级,而延时钟表机构、电子计时器和燃气活塞机构其中的某一种机构用在第二级保险的解除中。

在防空导弹上,最后一级保险的解除常用电气形式,即通过指令来完成。它主要有三种方式:①对于无线电指令制导的导弹,直接发射指令解除保险。②对于寻的制导的导弹,通过导引头判定导弹与目标已经接近遭遇,导引头给出解除保险的指令或者信号。③通过各种起爆的逻辑条件是否满足要求,综合判断解除保险。

(2)隔爆机构。隔爆机构也称为隔离机构,它是在传爆序列中第一个爆炸元件与下一个爆炸元件之间起到隔离的作用。在引战系统工作中,安全执行装置在勤务处理和发射时,隔离机构将传爆系列的传爆通道隔断,使电雷管即使在意外情况下爆炸,也不会将导爆管引爆。

在没解除保险前,雷管、导爆管、传爆管三者错开一定位置,即使第一级雷管起爆,也不能使下一级传爆药起爆,达到隔离作用。在导弹发射后,通过惯性保险机构解除保险,驱动带有雷管的滑块或者旋转转子移动位置,使雷管、导爆管、传爆管位置三者对准,打通了传爆通路。典型的隔爆机构如图 3 - 2 - 3 所示。

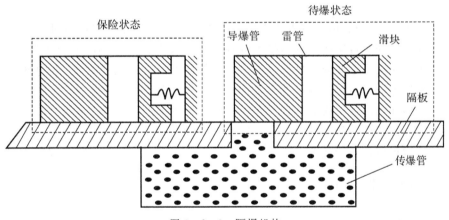

图 3 - 2 - 3　隔爆机构

(3)电雷管与传爆序列。电雷管与传爆序列完成电能量到爆轰能的能量转换与放大,以及最终引爆战斗部的全过程。典型的引爆能量及传爆序列如图 3 - 2 - 4 所示。

传爆序列是爆炸元件按感度由高到低排列而成的序列。其作用是把由信息感受装置或起爆指令接收装置输出的信息变为火工元件的发火,将较小的激发冲量,有控制地放大到能使战斗部主装药完全爆炸。

电雷管是引战系统中的初始起爆装置,它一般由电引火部分和普通雷管组成。在一般引战系统中应用的电雷管有桥丝式、火花式和中间式三种形式。桥丝式电雷管的发火是利用金属丝(桥丝)通电后把电能转换为热能,使起爆药发生爆炸变化的原理制作而成,其工作过程可分为桥丝预热、药剂加热和起爆、爆炸在雷管中的传播这三个过程。火花式电雷管结构和桥丝式不同,两极间没有金属丝相连,在两极间加上高电压,利用火花放电的作用,引起电雷管爆炸。

图 3-2-4 引爆能量及传爆序列

3.工作原理

安全执行装置的工作过程大体可以分为解除保险、能量转换和传爆。安全执行装置从安全保险状态向待发状态的过渡过程称为解除保险过程;从接收引信传来的起爆电能量转换为爆轰能的过程称为能量转换过程;爆轰能通过传爆序列的逐级放大,可靠引爆战斗部主装药的过程称为传爆过程。

例如,苏联的 SA-2 导弹,导弹发射后,导弹的纵向过载达到 $12 \sim 25g$ 时使无线电引信的惯性启动器工作,解除导弹的一级保险;导弹飞行 $8 \sim 11$ s 后,液体火箭发动机工作产生的压力使氧化剂压力信号器触点闭合,解除导弹的二级保险;当导弹距离目标 525 m 的时候,地面制导站发出 K3 指令,导弹解除三级保险,引信处于待发状态。当导弹距离目标 60 m 时,引信发出起爆指令,起爆战斗部。若导弹与目标未遭遇,在导弹飞行 60 s±3 s 后,引信发出自毁信号,战斗部爆炸,导弹在空中自毁,以确保安全和防止泄密。

3.2.4 能源系统

引信能源装置,是为引信正常工作提供所需的环境能量转换或储能、换能装置。引信的环境能源在弹药发射和飞行中所受的后坐力、离心力、切线力、空气阻力、水的压力、高速飞行产生的热量等可以转变为电能或机械能。引信的内储能源有加载的弹簧、充电的电容器、电池、火药驱动器和压缩的气体等。内储能源是在外部启动的条件下才能输出,其能量形式有机械能、电能、化学能和热能等。换能装置是在弹药发射时或碰击目标时能将接收的后坐力或碰击力转换为电能提供给引信的器件,如压电晶体、磁发电机等。有的引信还可以从弹药的控制系统或制导系统取得所需要的能源。

3.2.5 引信的作用过程

引信的作用过程为引信从弹药发射(或投掷、布设)开始到引爆或引燃战斗部装药的过程,它包括解除保险过程、目标信息作用过程和引爆(引燃)过程。

解除保险过程:引信平时处于保险状态,发射时,引信的安全系统根据预定出现的环境信息,分别使发火控制系统和爆炸序列从安全状态转换成待发状态。

信息作用过程:分为信息获取、信号处理和发火输出 3 个步骤。信息获取包括感觉目标信息、信息转换和传输。引信感觉到目标信息后,转换为适于引信内部的力信号或电信号,输送到信号处理装置,进行识别和处理,当信号表明弹药相对于目标已处于预定的最佳起爆位置时,信号处理装置即发出发火控制信号,再传递到执行装置,产生发火输出。

引爆(引燃)过程:指执行装置接收到发火信号的能量使爆炸序列第一级起爆元件发火,通过爆炸序列起爆或引燃战斗部装药的过程。

3.3 导弹上的常用引信

由于导弹的类型不同,所配置的引信类型也不同。本节重点介绍防空导弹战斗部上常配置的引信及其工作原理。

3.3.1 无线电引信

无线电引信是利用天线电波获取目标信息而作用的近炸引信,其中多数原理如同雷达,俗称雷达引信。

1.分类

无线电引信的分类方法很多,按照物理场场源相对于引信和目标的位置可分为主动式、被动式和半主动式三种;按照工作波段可分为米波式、微波式和毫米波式等;按照工作体制可以分为脉冲无线电引信、调频无线电引信、比相引信等。大多数无线电引信都利用了多普勒频率信息,例如连续波多普勒无线电引信、调频多普勒无线电引信、脉冲多普勒无线电引信、伪随机码调相脉冲多普勒复合引信等。

连续波多普勒无线电引信:是利用弹目交会过程中发射连续正弦波,通过检波,获得多普勒信息,进而测出弹目相对运动速度的一种体制的引信。主动式连续波多普勒体制按照接收机的形式分为自差式、外差式和超外差式。自差式是指接收和发射系统共用作为探测装置,收发天线通用。外差式是指发射和接收系统独立,收发天线分离,导弹引信常用外差式。超外差式在引信中不常用,主要是线路结构复杂,发射机对接收泄漏引起的中频放大器饱和问题难于克服,而且由于防空导弹引信作用于近程(作用距离仅几米至几十米),因此没必要采用灵敏度较高但结构复杂的超外差接收机。外差式连续波多普勒引信线路结构简单,又有较高的接收机灵敏度(与自差式相比),因此防空导弹很早就采用这种引信体制。

脉冲多普勒无线电引信:是利用弹目相对运动产生的多普勒效应工作的脉冲调制引信,也是防空导弹上近几十年来最常用的一种引信体制。随着高速大规模集成电路和微波技术的发展,采用纳秒窄脉冲调幅的脉冲多普勒引信,既有脉冲引信的高距离分辨力特性,又有连续波引信具有的速度鉴别能力,可同时测速、测距,便于引战配合。

调频多普勒无线电引信:是一种发射信号频率按调制信号规律变化的等幅连续波无线电引信。它克服了连续波多普勒无线电引信无法测距的缺点。按照调制波形不同有正弦调频多普勒边带引信、三角波或锯齿波线性调频测距引信、多调制频率的正弦调频边带引信、特殊波调频引信等几种。正弦调频多普勒边带引信是采用发射机被正弦波调频,在接收机中目标回波信号与部分发射信号混频,其输出包含多普勒频率信号,及调制频率各次谐波加减多普勒频率的边带信号,选取其中一个边带进行窄带放大,在第二混频器中与调制频率的倍频信号进行混频,就可获得目标的多普勒信号,这种体制可消除发射机泄漏的影响,需要的调制指数较小,有一定程度的距离截止性能,有较好的耐振性能和低噪声性能,线路结构简单。因此,以这种体制为基础的引信在防空导弹中得到了广泛的应用。

比相引信:是利用相位干涉仪测角原理设计的一种引信体制,它能同时获得目标的角度、速度等信息控制引信作用,有主动式、半主动式和被动式三种,可以采用连续波体制或脉冲体制。比相是指通过沿弹轴配置并相隔一定距离的两组接收天线所接收信号进行相位比较,从而得到目标角度的信息,一般有两个相同的接收机通道。

伪随机码引信:是指用伪随机码对发射机载波进行适当调制的引信,又称为伪随机编码无线电引信。调制方式可采用调幅、调频、调相或几种调制的复合,在防空导弹引信中,通常采用调相可获得较好的性能,简称伪码调相引信。载波可以是连续波,也可以是脉冲,因而伪随机码引信分为连续波伪随机码调相(或调频)引信和脉冲式伪随机码调相(或调频)引信两种基本类型。

2.组成与工作原理

这里以米波多普勒无线电引信为例介绍其组成与工作原理。这种引信的工作是应用多普勒效应连续照射运动目标的雷达原理为基础。引信由发射机、发射天线、接收天线、接收机、混频器、低频放大器、执行机构,保险系统和电源等组成,其方框图如图 3-3-1 所示。

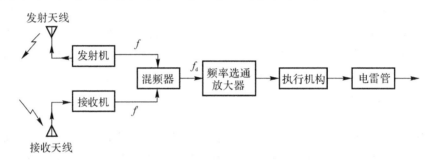

图 3-3-1　无线电引信组成及工作过程示意图

如果导弹与目标相对静止,则引信发射机发射的电磁波在目标表面感应出同频率的交流电。这个电流在其周围空间也会产生电磁波,这个电磁波反射回来,正是引信接收机所要接收的。而实际情况是导弹与目标之间有相对运动,此时,引信发射机发射的电磁波的频率就与接收机接收到的反射电磁波的频率不同,这种由于导弹与目标相对运动而使频率发生变化的现象就是多普勒效应。频率的差值称为多普勒频率,其表达式为

$$f_d = f' - f \approx \frac{2v_r}{c}f \qquad (3-3-1)$$

式中,f_d 为多普勒频率;f 为引信中发射机发出的电磁波频率;f' 为引信中接收机接收目标反射回来的电磁波频率;c 为光速;v_r 为导弹与目标的相对接近速度。

由式(3-3-1)可以看出,只要测得多普勒频率 f_d,导弹与目标的相对速度即可知道,因为发射机的发射频率 f 是已知的。至于多普勒频率 f_d 的测量也是比较容易的,只要把接收信号 f' 与发射信号 f 进行混频,所得的差值就是多普勒频率 f_d。

无线电引信的发射机产生频率为 f 的连续振荡,通过天线发射出去。由于目标与导弹间存在着相对运动,则天线接收到目标的反射信号 f' 的频率。将接收到的 f' 信号与发射信号一起加到混频器,由混频器得到两者的差额,即多普勒频率 f_d。由混频器输出的多普勒信号到频率选通放大器中进行放大。随着导弹与目标逐渐接近,则多普勒信号的幅值逐渐增大。当此信号持续一定时间后,则执行机构动作,使电雷管工作,从而引爆战斗部。在此要特别提出一点,信号的振幅是随着接近目标而逐渐增加,而执行机构则是反映某一信号振幅大小而工作的机构,根据线路的设计,就可以获得雷达引信使导弹在最有利的时机爆炸,使目标遭受到最大程度的破坏。

3. 特点

防空导弹上采用的无线电引信具有以下特点：

一是作用距离近。对于主被动无线电引信而言，和一般雷达相比较，引信属于近距离工作。无线电引信一般工作在弹道的末段，引信开始工作时大约距离目标在几公里到数百米的距离。特别是无线电引信即将输出起爆信号时，往往弹目相距只有数十米到几米，由于目标的几何尺寸可以和弹目之间的距离相比拟，在讨论目标的散射性时，不能把目标看成是一个点目标，而应看成是一个体目标。这时，引信天线可能只照射到目标局部，形成体目标效应，电磁散射情况复杂，引信接收到的多普勒信号由单一频率变为一个频带。

二是工作的瞬时性。为防止引信因弹内或弹外的干扰，过早发出意外的引爆指令，引信处于完全工作状态的时间非常短（一般在 1 s 以内），在弹目相距很近时，引信才开机；而引信与目标之间的相对速度又很大（一般为每秒几百米至几千米）。因此，引信获得目标回波信号的持续时间非常短（几毫秒到几十毫秒），引信电路必须在这极短的时间内检测、处理目标回波信号，快速产生引信启动指令，这就给引信电路的设计，特别是信号处理电路的设计带来特殊的要求。例如，为获得目标回波信号的多普勒信息，有时必须在 1～2 ms 完成频率测量，为获得接收信号的频谱，必须用快速傅里叶变换等。

三是引爆指令的高准确性。由于引信与目标之间的相对速度很高，一般均在 1 km/s 以上，在拦截弹道导弹的弹头时，相对速度高达 5 km/s 以上，因此引信发出的引爆指令误差为 1～2 ms 时，就相当于提早或延迟引爆几米到十几米，战斗部的杀伤元素（如破片或链条）就可能击不中目标，致使导弹攻击目标失败。所以要求引信输出起爆指令的时机要很准确。

四是引信工作的高可靠性。由于引信是引爆战斗部的一次性使用产品，因此它的可靠性要求特别高，在勤务操作中，要保证绝对安全；在战斗使用中要保证及时解除保险；在引信处于待爆状态期间，不允许出现一次虚警，否则就会过早引爆战斗部，而使射击效率为零。在目标通过引信启动区时，应适时引爆战斗部，不允许出现一次漏警，否则引信就来不及检测和处理目标回波信号，导致漏爆，即效率为零。

3.3.2　红外光引信

红外光引信是指依据目标本身的红外辐射特性而工作的光近炸引信，通常特指被动红外引信。下面以国外某地空导弹红外引信为例，介绍其组成和工作过程。

1. 组成

红外光引信主要由光学接收组件和电子组件组成，如图 3-3-2 所示。

(1)光学接收组件，包括光学系统（光学窗口、光学组镜、红外滤光片）和红外探测器等。是定向接收外部红外辐射的部件。主要任务有三个：一是将目标红外辐射信号从背景干扰信号（主要是太阳干扰）中提取出来，即进行工作波段的选择；二是形成定向接收红外线的视场角和视线方向角，并把视场内的目标辐射信号聚焦在光敏元件上，从而决定了红外近炸引信的作用区方向；三是完成将光信号转换为电信号的任务。

光学系统可以采用折射系统、反射系统或折反射系统，红外引信中的光学系统多为折反射系统。它由红外玻璃窗口、抛物面反射镜和滤光片组成，以满足系统对红外工作波段、定向接收和能量会聚的要求。玻璃窗口主要用来配合进行波长选择。抛物面反射镜的作用是把来自目标的红外辐射能聚焦在光敏元件上，使光信号变成电信号，并与红外探测器配合形成尖锐的光学视场。滤光片只允许规定波长的红外辐线透过,以满足引信工作波段的要求。

红外探测器担负着将光信号转换为电信号的任务,它是红外引信系统的一个关键器件。红外探测器由光导型锑化铟元件和制冷器组成。光导型锑化铟元件主要用来完成光电转换的任务。制冷器的主要功用是为红外探测器中光导型锑化铟元件提供一个−20∼−40℃的低温工作环境,以满足其灵敏度要求。红外探测器的输入信号是经光学系统而来的目标、背景等的红外辐射信号,它的输出是一种送往电子线路组合的电信号。因此,红外探测器的功用是把光学系统选择接收并聚焦的红外光信号变成相应的电信号并送到电子线路组合,实现光电转换,对于引信灵敏度起着决定性的作用。

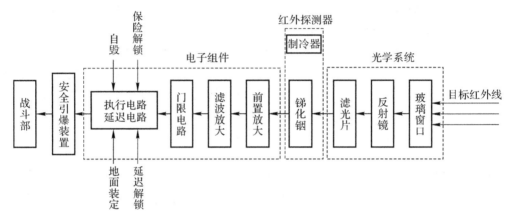

图 3 - 3 - 2　红外光引信组成及工作过程示意图

近红外引信使用 PbS 探测器,引信工作波段在 2.5∼3.0 μm,为消除太阳光对引信的干扰,近红外引信必须采用双通道体制。中红外引信使用 InSb 探测器,引信工作波段在 4.2∼5.5 μm,而太阳光能量主要集中在 4.2 μm 以下,故中红外引信可采用单通道体制。

(2)电子组件,它主要由前置放大器、滤波放大网络、门限触发电路、解锁延迟电路、执行电路组成。它的功用是将红外探测器输出的电信号进行变换处理,即将红外探测器中红外敏感元件输出的电信号进行放大、滤波后,驱动门限电路产生一触发信号,在电路"解锁"的情况下,再经延迟电路进行一定的延迟时间后接通执行电路,通过安全引爆装置的电雷管引爆战斗部。

前置放大与滤波电路用来将红外探测器中光敏元件输出的电信号进行放大,滤除背景干扰和其他低频干扰,而对规定范围的目标信号进行放大。

门限触发电路的功用是对经过滤波放大后的信号进行判别,当其幅度达到一定值,就触发下级的单稳触发电路,为延迟时间的选择提供一个必须的条件。

解锁延迟电路位于门限触发电路和执行电路之间,其功用主要在于延迟时间的选择,根据地面装定结果和空中弹目实际交会条件改变延迟时间,使电路对输入信号进行适当的延迟,以便执行电路输出的执行信号通过安全引爆装置中的电雷管引爆战斗部,从而获得对目标的最大杀伤效果。

执行电路的功用为在弹目交会的适当时机输出引爆信号,使战斗部适时起爆,杀伤目标;在引信因某种原因而未启动,导弹飞离目标一定距离后,向战斗部输出自毁信号,使导弹自毁,以防导弹落入我方阵地造成人员伤亡和财产损失,或落入敌方阵地造成泄密。

2.工作过程

这种引信的红外线感受器包括八个接收器(主要是光敏电阻元件),感受由目标辐射来的红外线能量。在结构上有八个接收器对应于引信舱的八个长方形窗口,它们交错地沿周围排列,其中四个长缝接收器(第一路光学接收器)能接收目标辐射的与弹轴成 β_1 方向(如 45°方向)上的红外线能量,并发出第一信号;另外四个短缝接收器(第二路光学接收器)能接收目标辐射的与弹轴成 β_2 方向(如 75°方向)上的红外线能量,并发出第二信号。如图 3-3-3 表示,是接收器接收红外线能量的示意情况。每一接收器的观察能力大于 90°(垂直于弹轴的截面内的扇形角),从而保证了导弹在接近飞机时,不论飞机在导弹的哪个方向上出现,都可以使接收机先后接收到两个信号,即 β_1 与 β_2 方向上的红外线能量。

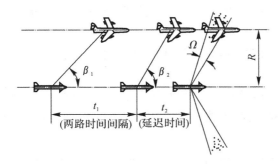

图 3-3-3　红外引信引爆过程示意图

电子线路能保证第一个信号到第二个信号之间有一个时间间隔 t_1(如 40~55 ms),以免引信过早起爆战斗部。电子线路还保证第二信号之后再延期一个时间 t_2(如 10 ms),此时导弹更飞近目标,使得战斗部处于能有效杀伤飞机要害部位才被引爆。这种情况说明,要引信工作必须满足这样的条件:从接收红外线能量后发出第一信号到第二信号要符合其规定的时间间隔。如果只有第一个信号,或者两个信号虽然都有,但是不符合规定的时间间隔,引信是不工作的,在设计引信时,只有处于战斗部的杀伤半径内的飞机所辐射的红外线能量才能满足上面的条件。

引信的工作过程可大致概括如下:

在导弹发射准备阶段,红外探测器中的制冷器工作,产生 233 K 的低温工作环境,并根据弹目有关参数装定红外引信的延时组别,并对引信中的引爆电容充电。

弹目交会时,当目标和背景的红外辐射进入引信视场,经玻璃窗口滤除、又经反射镜会聚,通过滤光片,再次滤除非规定的辐射,这时会聚到红外探测器锑化铟元件上的是规定波段的红外信号。由探测器把光信号转换成电信号,送到电子线路组合,经前置放大、滤波、主放,把信号放大到足够大并滤除干扰。当弹目相距一定距离,引信收到的目标辐射信号达到一定量级,被放大的信号大于门限值时,在电路"解锁"的前提下,触发电路产生方波脉冲,经倒相放大使延迟电路工作,经过确定的延迟时间后,输出触发脉冲信号,接通起爆电容器的放电回路。引爆电容放电使安全引爆装置中的电雷管起爆,进而引爆战斗部,达到摧毁目标的目的。

如果由于某种原因引信未启动,战斗部没有爆炸,在导弹飞离目标一定距离时,引信接收遥控应答机送来的自毁信号,引爆战斗部使导弹自毁。

3.特点

红外引信的优点是不易受外界电磁场和静电场的影响,方向性强,视场可以做得很宽,采用光谱、频率、极性和时序选择可以提高引信抗干扰能力。其缺点是易受恶劣气象条件的影响,对目标红外辐射的依赖性较大。例如,防空导弹近红外引信只能在飞机目标后半球一定范围内探测发动机喷口的红外辐射,使用条件和应用范围受到限制。中红外引信能在后半球较大范围内探测发动机喷口的红外辐射以及高速飞行的飞机蒙皮气动加热所产生的红外辐射。近年出现的红外成像引信的目标探测识别能力得到显著提高,发展前景很好。

3.3.3　激光引信

激光引信是一种利用激光束来探测并获取目标信息而作用的近炸光引信。按其工作原理可分为主动式和半主动式两类。主动式激光引信与半主动式的区别在于导弹是否携带激光源。主动式激光引信本身携带激光源,半主动式激光引信的激光源可以装在载机上,也可以固定在地面上。

下面以主动式激光引信为例,介绍其组成、工作过程和特点。

1. 组成与工作过程

主动式激光引信一般由激光激励源、发射光学系统、接收光学系统、光电转换器与前置放大器、脉冲放大器、抗干扰电路、电池的组成。如图 3-3-4 所示为激光引信组成及工作过程框图。

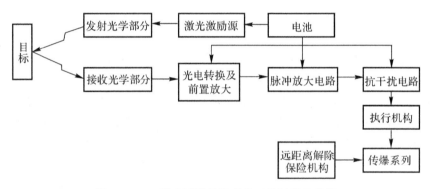

图 3-3-4　激光引信的组成及工作过程示意图

激光激励源,提供大电流重复脉冲,注入到激光二极管去形成发射激光束。

发射光学系统用简单的凸透镜,使激光束以一定的发射方向和发射角度发射出去。

接收光学系统用一凹面反射镜和一平面反射镜,使由目标反射回来的激光束聚于光敏元件上。

光电转换器用硅光电二极管之类的光敏元件,使接收到的光信号转变为电信号,然后将它放大.前置放大器保证系统有足够的信噪比,增强探测能力。

脉冲放大器除了将信号放大外,还可以改善波形,并进一步提高信噪比。整形电路使信号充分改善,以利于电路可靠工作.

抗干扰电路能使系统具有一定的抗干扰性,提高引信作用的可靠性。

电池是发射和接收光学系统电路工作的能源。

工作过程:主动式激光引信,它本身发射激光束,其波长范围一般在红外辐射区域,但也有在可见光区域的,通常以重复脉冲形式发送。脉冲激光引信的测距原理与脉冲无线电引信是相同的,只要测出激光束从发射瞬间到遇目标后反射光波返回到引信处的时间 τ_0 ,便可得出目标的距离 R ,即

$$R = \frac{c\tau_0}{2} \qquad\qquad (3-3-2)$$

激光激励源经光学系统发射相应的激光脉冲,即引信的发射光束。当引信的工作区域内存在目标时,激光束遇到目标后发生漫反射,有一部分反射的激光为引信接收器所接收,经光电变换形成相应的电脉冲信号。经放大、双阈值比较后,送至逻辑电路。如逻辑电路判断确认是真实目标存在,则信号输入到时间延迟电路。延迟时间按引战配合的要求而定,信号经延迟后启动执行电路,使引信在距目标一定距离上引爆战斗部。

2. 特点

激光引信具有全向探测目标的能力,良好的距离截止特性,对于周视探测的激光引信(主要配用于空对空导弹和地对空导弹)和前视探测的激光引信(主要配用于反坦克导弹)都可采用光学交义的原理实现距离截止。配用于空对空导弹、地对空导弹的多象限激光引信,与定向战斗部相匹配,对提高导弹对目标的毁伤效能具有重要作用。激光引信配用于反坦克导弹,可进一步提高定距精度,并避免与目标碰撞引起弹体变形。激光引信对电磁干扰不敏感,因此也广泛配用于反辐射导弹。总的来讲,激光引信的抗干扰性远比无线电引信强,作用距离散布小,定距精度高。但是,由于光电转换效率低,这给引信电源选择带来一定的困难,整个激光引信的结构尺寸较大,在中、小弹径战斗部上使用受到一定的限制。

3.4　引信技术的发展趋势

3.4.1　发展阶段及其概况

自第二次世界大战结束导弹问世以来,导弹引信的研究与发展大体经历了三个阶段。

1. 第一阶段

从第二次世界大战结束到朝鲜战争结束期间(20 世纪 50 年代中期)。这期间导弹引信研究主要是解决弹目交会时,如何探测到目标,使导弹在不触到目标(对空)或在达到预定的高度(对地)情况下引爆战斗部的问题,以期扩大目标杀伤面积。引信探测体制多为连续波多普勒、简单的连续波调频和脉冲雷达体制。由于这期间的无线电雷达的干扰手段还处在刚刚萌芽的阶段,故引信的设计主要是考虑解决引信抗导弹的自身干扰(如热噪声和振动噪声)问题,几乎没有任何抗人为干扰的措施。引信的参数设计虽亦考虑到与战斗部的配合问题,但延迟时间多为固定的,并往往同抗振动噪声干扰的惯性积累时间结合在一起。引信的功能仅局限于简单的战斗部起爆控制;引信的设计很少或基本上没有考虑距离截止特性问题。导弹引信大体上以美国的 VT 导弹引信、波玛克导弹调频引信、Delta 调频引信(对地目标)以及苏联的 SAM-1、SAM-2 导弹的"黄蜂"(ШМЕЛЬ)引信为代表。

2. 第二个阶段

该阶段大体在 20 世纪 50 年代末期到 70 年代末期。此间可以说是导弹引信技术研究的蓬勃发展时期,激光、红外、脉冲、特殊波调频、随机噪声调频和各种复杂波形调制的引信(含主动、半主动式、被动式引信等)应运而生。引信的功能已由简单的起爆控制向炸点精确控制方

向发展,干扰手段的产生使引信的研究、设计侧重于下述几点:①通过雷达波形设计,提高引信固有的潜在抗干扰能力,例如通过提高引信的距离截止特性提高引信抗转发干扰能力;通过采用双通道提高引信对杂波阻塞干扰的识别能力;通过采用增幅抗干扰提高引信对扫频和连续波瞄准干扰的能力;等等。②通过采用激光、红外技术提高引信抗电子干扰能力。③通过调整引信启动延时、天线波束倾角、战斗部破片飞散角及其倾角,提高引信与战斗部的配合效率。

这期间比较典型的导弹引信有:①雷达引信,英国的"天空闪光"非全相参的 PD 引信,延时调整范围为 0～100 ms;美国的"霍克"半主动引信和"不死鸟"窄脉冲引信;法国的"海响尾蛇"引信;意大利的 Aspide 导弹的 PD＋旁瓣抑制引信;法国和西德联合研制的罗兰特导弹的特殊波调频引信。②激光引信,美国的 AIM-9L 导弹 Dsu-15B 激光引信;瑞典的 RBS-70 导弹的激光引信。③红外引信,法国的响尾蛇 R-440 导弹引信;英国的 Pk-4 空-空导弹的中红外引信;美国的 AIM-9P 空-空导弹的中红外引信。

这个阶段的主要特点:①引信的抗干扰研究提到议事日程上来,并通过雷达波形设计提高引信固有的潜在抗干扰能力;引信不同工作体制的研究受到重视;②引信的功能已由简单的起爆控制上升到精确起爆控制,并开始考虑用制导信息和引信获得的信息实现起爆延时,并开始用天线波束倾角及战斗部飞散角的调整,实现精确起爆控制和提高引战配合效率。③引信试验设备和仿真手段进一步完善。

3. 第三个阶段

20 世纪 80 年代以来,导弹引信的发展进入第三阶段。由于受军事发展需求牵引和科学技术发展推动的强烈影响,导弹引信技术处于迅速、稳健、全面发展的新时期,新技术、新概念层出不穷。在能源科学、电子技术、航天技术、材料科学、激光技术和电子计算机等技术方面的迅速发展下,导弹引信技术的研究发展受到下述几个方面的强烈影响:

(1)自 20 世纪 60 年代末期以来,由于巡航导弹的出现和飞机低空突防能力的增强以及日益严重的电子干扰环境,使引信朝着进一步提高引信的低空作战性能和抗干扰能力的方向发展。引信的低空作战性能已由 20 世纪 70 年代的 200～300 m,降低到 20 世纪 80 年代的 50～30 m。据报道,20 世纪 90 年代改进的海响尾蛇导弹引信可以攻击 5～10 m 掠海飞行的目标。为获得良好的低空作战性能,除采用锐截止的纳秒脉冲距离门外,还把距离跟踪技术用于对地、海杂波自动跟踪,通过引信和高度表的一体化设计和对海杂波的自动跟踪,实现对引信距离截止门的自适应调整,使引信信号通道自动地免受地海杂波的干扰。在抗干扰方面,为抗界外干扰和增大引信的不模糊工作距离,引信的调制波形已由单一简单调制波形向多种复合调制发展。在多传感器的引信中,已经出现主/被动复合、微波与红外复合、毫米波与激光复合等引信,信息融合技术在引信中开始得到应用。

(2)战术弹道导弹和反弹道导弹的发展及其在战争中日益显示的重要作用,以及弹目交会速度的增大和对引信同战斗部配合效率的提高及微计算机的迅速发展,使引信向最佳起爆的方向发展。引信的功能已由精确起爆控制向最佳起爆控制、最佳起爆方式控制和最佳起爆方向控制扩展。

1)对于地-地战术弹道导弹引信。由于以最小能量弹道飞行的远程弹道导弹再入时的弹道倾角很小,弹道导弹发展初期,要求引信具有高精度的定高起爆控制能力和高瞬发度及耐大冲击的触发引信。然而,随着反弹道导弹(ATBM)技术的发展和对 TBM 的拦截成功,出于攻防的需要,除了上述要求之外,要求导弹引信向提高突防能力和提高作战效能的方向发展。

具体要求:①具有高的抗干扰能力(尤其不能被干扰"早炸");②是引信的工作具有隐藏性(或采用无线"静默");③释放诱饵频率信号(或假频率信号);④采用子母弹头引信和末敏弹引信,并使引信工作在不同体制和不同工作频率上。

为提高突防能力,引信技术研究发展的重点是在干扰情况下,提高引信作用的可靠性,防止引信因干扰而"早炸"。为提高引爆精度,这期间已出现利用感受弹头速度和姿态角信息实现起爆点自适应调整和 GPS 技术用于精确爆高的报道。为提高抗干扰能力,而采用几种引信复合的形式。例如:①两种不同工作体制的串联复合,如脉冲调制的引信同连续波调频引信的复合,以减小引信的"早炸"概率;②两种不同雷达引信的串联复合再同抗电子干扰的近炸引信(如惯性过载引信)或触发引信进行并联复合;③采用抗干扰的弹道长度引信或过载开关引信同触发引信复合。

2)反弹道导弹引信技术的研究与发展。由于 TBM 弹头的再入速度大,RCS 小,再入弹头飞行角变化大,弹道难以预测以及摧毁弹头必须要引爆弹头,因此,对 ATBM 武器系统的制导精度和引战配合要求提出了很苛刻的要求。可以这样说,反战术弹道导弹比反飞机目标难得多,在某些方面甚至比反洲际弹道导弹(ICBM)还要难些。因此,反弹道导弹的发展把引信技术的研究推向一个崭新的阶段。

弹目交会速度的增大以及反弹道导弹对引战配合的刻求,导致了 GIF(Guidance Integrated Fusing)新概念引信的产生及引信的发展。GIF 概念最早出现在美国 1996 年和 1997 年的 Defense Technology Area Plan。该概念不同于国内通常所说的"充分利用制导信息和引信自身获得的信息相结合的制导与引信一体化设计的概念"。GIF 技术概念导致了以往引信通用的目标侧向探测和起爆延时算法,向通过主动制导系统对目标进行前向检测获得的作用距离等信息,进行处理而预测目标起爆瞄准点的预测算法的转化,从而可以方便地与瞄准战斗部相配合,使战斗部自适应目标起爆,达到提高对目标毁伤效果的目的。因此,美国国防部认为 GIF 系统同现存的引信系统及制导与控制的引信相比,可使战斗部对目标的毁伤效率增加 20~30%。

定向战斗部的发展和引战配合最佳方向的控制,要求引信向二次起爆技术发展。

在近距格斗和中远程先进的空空导弹中,激光引信受到重视并得到发展,例如,在 20 世纪 80—90 年代,英国研制的先进近距 AIM-132、以色列的怪蛇-4、俄罗斯的 AA-11、AA-12、美国的先进中距空-空导弹 AIM-120A 以及 AIM-9M、AIM-9N、AIM-9P3、AIM-4H、"西北风"等空-空导弹均采用激光引信。

空-地导弹和反辐射导弹推动了区分地面背景和识别目标的反辐射和空-地导弹引信的迅速发展,同时也出现了如钻地弹所用的耐大冲击过载的智能引信。例如,美国研制的 BLOCK-IV战斗部,能穿透 3~4.5 m 厚的钢筋混凝土。引信在经受严酷的冲击环境后,仍能识别目标空穴,并在目标内部可靠起爆。目前 Motorola 公司研制的联合编程引信 JPF 的后继型 HTSF 是一种硬目标智能引信,可精确敏感三个方向的 5~10 000g 的加速度,信号处理器可计算瞬时钻地深度,引信可敏感并计算地下空穴,通过预编程实施在任何与空穴相关的位置起爆。

在反舰导弹和便携式导弹引信中,为提高对目标的命中概率,出现了先触发后近炸最佳作用方式控制的引信。

3.4.2 未来发展趋势

随着高新技术的不断发展,导弹所面临的目标更加复杂,未来导弹引信技术将朝以下方向发展:

1. 信息化

引信信息化意味着须大幅度提高自身信息技术的含量,实现引信与武器体系其他子系统,特别是与信息平台、发射平台、运载平台和指控平台之间信息链路的联结。引信的信息化水平提高,不仅意味着引信需要获取更多的环境信息和目标信息以满足作战需求,更重要的是对引信功能的扩展提出了更多、更高的要求。

2. 微小型化

引信微小型化可以在小口径弹药或小直径的导弹上使用,或者在所占体积不变的情况下可以使用更多的元件、器件、部件,使引信功能更加完善,可以节省出空间用于战斗部装药以提高杀伤威力。

3. 提高抗干扰能力

提高引信抗干扰能力是利用各种物理场、各种探测原理和先进的信号处理手段,提高引信对各类目标的准确识别能力,提高引信自身战场生存能力,确保引信工作的可靠性。对近炸引信而言,提高抗干扰能力是其发展的永恒主题。提高近炸引信抗干扰能力主要从两个方面着手。一是提高信号处理水平,其基础是目标特性的准确性。因此,要加强目标特性的研究。二是在可能的情况下,利用物理场特性和新的工作原理提高抗干扰能力。

4. 提高炸点控制精度

提高引信的炸点控制精度,就是要进一步挖掘并更加充分利用各种目标信息和环境信息,使引信对目标准确识别,实现引信起爆模式和炸点的最优控制。对近炸引信来说,即具有识别是否是所攻击的目标(是敌还是我,目标还是干扰,是否易损部位),应启用何种作用方式(近炸,触发,延期),在何种最有利位置起爆。

5. 发展多功能引信

即一种引信具有多种功能,可具有触发、近炸、时间等功能。触发又可具有瞬发、长延期、短延期等;近炸可以具有炸高分档功能等。如果一种引信具有多种功能,就意味着一种引信可以配多个弹种,这将会给生产、勤务、保障、使用等诸多环节带来一系列好处。

6. 功能扩展

现代引信除了具备起爆控制的基本功能外,还可以为续航发动机点火、为弹道修正机构动作提供控制信号,可以实现战场效果评估,还可与各类平台交流信息(信息平台、指控平台、武器其他子系统、引信之间)。引信信息化水平的提高是引信功能扩展的重要内容。

7. 高能量小体积电源

现在引信用电源(原电池加管理电路)主要是化学电源和物理电源。化学电源原电池主要有热电池和铅酸电池,物理电源原电池主要是发电机发电。这两种电源虽然可以满足现在引信的需要,但如果不能在小体积高能量方面获得突破,引信的微小型化会受到严重影响。

习　　题

1. 导弹引信的作用与功能是什么？

2. 引信是如何分类的？

3. 引信的基本组成是怎样的？简述各部分的主要作用。

4. 传爆序列和传火序列的区别是什么？

5. 引信安全系统主要功用是什么？简述其基本组成。

6. 无线电引信是如何分类的？简述米波多普勒无线电引信组成与工作原理。

7. 简述红外引信组成、工作过程和特点。

8. 什么是激光引信，简述其组成、工作过程和特点。

9. 导弹引信技术的发展经历了几个阶段，各有何特点？

10. 简述未来引信技术的发展趋势。

第4章　常规战斗部毁伤原理

常规战斗部内部装填高能炸药,以炸药的化学能或者战斗部自身的动能作为毁伤目标的能量。常规战斗部历史悠久、应用最广泛。本章将重点介绍常规战斗部中的爆破战斗部、聚能破甲战斗部、破片杀伤战斗部、动能战斗部和子母弹战斗部毁伤原理、结构组成和分类等内容。

4.1　冲击波作用原理与爆破战斗部

冲击波是炸药爆炸引发的重要现象之一,爆破战斗部在各种介质(如空气、水、岩土和金属等)中爆炸时,介质将受到爆炸气体产物(或称爆轰产物)的强烈冲击产生冲击波,对目标产生破坏和摧毁作用。

4.1.1　冲击波作用原理

1.冲击波及其特性

(1)波的概念。波的本质是扰动的传播。在一定条件下,介质(如气、液、固体)都是以一定的热力学状态(如一定压力、温度、密度等)存在的。如果外部的作用使介质的某一局部发生了变化,如压力、温度、密度等的改变,则称为扰动,而波就是扰动的传播。空气、水、岩石、土壤、金属和炸药等一切可以传播扰动的物质,统称为介质。介质的某个部位受到扰动后,便立即通过波由近及远地逐层传播下去,即介质状态变化的传播称为波。在传播过程中,总存在着已扰动区域和未扰动区域的分界面,此分界面称为波阵面。波阵面在一定方向上移动的速度就是波传播的速度,简称波速。扰动引起的质点运动速度称为质点速度。波速是扰动的传播速度,并不是质点的运动速度,波的传播是状态量的传播而不是质点的传播。

扰动前后状态参数变化量与原来的状态参数值相比很微小的扰动称为弱扰动,声波就是一种弱扰动。弱扰动的特点是状态变化是微小的、逐渐的和连续的。扰动前后状态参数变化很剧烈或介质状态呈突跃变化的扰动称为强扰动,冲击波就是一种强扰动。冲击波是一种强烈的压缩波,波阵面前后介质的状态参数发生突跃变化,实质上是一种状态突跃变化的传播。

压缩波是指介质受扰动后,压力、密度、温度等参数都增加的波。稀疏波是指介质受扰动后,压力、密度、温度等参数都降低的波。它们都是纵波,即介质质点振动方向与波传播方向平行的波。

下面以无限长管中活塞推动气体的运动来说明压缩波和稀疏波性质,由此引出冲击波的概念。已知在初始时刻 t_0,活塞位于 R_0 处,介质初始状态为(ρ_0,P_0)。

1)若轻推活塞向右运动,如图 4-1-1 所示。t_1 时刻,活塞运动到位置 R_1,扰动传播到 A_1 处。$R_0 \sim R_1$ 气体受到压缩而挤压到 $R_1 \sim A_1$。在 $R_1 \sim A_1$ 介质状态参量为($\rho_0 + \Delta\rho$,$P_0 + \Delta P$),而 A_1A_1 面右边的气体仍保持原有的状态。显然,介质质点的运动方向与波阵面运动方向一致。轻推活塞以后,若活塞保持匀速,压缩区 $R_1 \sim A_1$ 的气体不再受到扰动,压力、密度、质点速度等将维持不变,但 A_1A_1 面将继续向介质中推进,于是压缩过程将逐层进行下去。

2) 若将活塞向左轻拉,如图 4-1-2 所示。t_1 时刻,活塞位于位置 R_1',气体为了占据活塞向左移动留出的空间,必然向左膨胀,从而气体质点产生向左运动的速度。而膨胀扰动的传播速度是向右的,这种膨胀扰动在 t_1 时刻影响到 $A_1'A_1'$,受到扰动影响的 $R_1' \sim A_1'$ 区的状态参量均下降。因此介质质点的运动方向与扰动传播方向相反。

从上述的分析可看出:压缩波波阵面所到之处,介质状态密度和压力提高,且波的传播方向与介质质点的运动方向一致;稀疏波波阵面所到之处,介质状态密度和压力下降,且波的传播方向与介质质点的运动方向相反。

声波可以描述为弱扰动在介质中的传播,其传播速度为声速。理论分析表明,压缩波或稀疏波相对于波前介质以声速传播。在波前气体静止的前提下,它以当地声速 c_0 传播;否则,其传播速度为在当地声速的基础上,再叠加一个当地速度 u_0,即 $u_w = u_0 + c_0$。

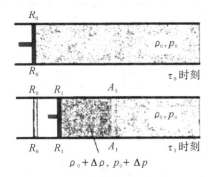 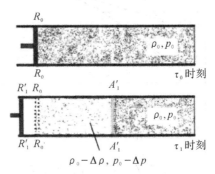

图 4-1-1　活塞向右运动形成压缩波　　　　图 4-1-2　活塞向左运动形成稀疏波

(2)冲击波形成过程。冲击波产生方法有很多种。如炸药爆炸时,高温高压的爆轰产物迅速膨胀在周围介质中形成冲击波;飞机、火箭以及各种弹丸超声速飞行时,在其头部形成冲击波;穿甲战斗部、破甲战斗部聚能射流撞击装甲,陨石高速冲击地面等都会在介质中形成冲击波。下面利用一个例子具体说明冲击波的形成过程。

在一个装满气体的直管中向右推进活塞,紧靠着活塞的气体层首先受压,然后这层受压的气体又压缩下一层相邻的气体,使下一层气体压力升高,这样层层传播下去形成压缩波。当这种状态变化剧烈化时,压缩波便转变为冲击波。冲击波是一种强压缩波,其波前后介质的状态参量发生急剧变化,状态参量急剧变化的分界面称为冲击波阵面。冲击波形成的过程如图 4-1-3 所示。

下面具体分析冲击波的形成过程。当活塞不动时,管中气体是静止的,设其状态量为 (p_0, ρ_0, T_0),当推动活塞以速度 u 向右移动时,邻近活塞处的气体状态参量达到 (p_1, ρ_1, T_1),将活塞由静止到速度达到 u 的整个加速过程分成若干个阶段,每一个阶段,活塞增加一个微小的速度量 Δu 并产生一道弱压缩波,波后气体状态参量增加一个微量 $(\Delta p, \Delta \rho, \Delta T)$。

为简便起见,仅取活塞运动后的四个时刻进行分析,如图 4-1-3(a)所示。图 4-1-3(b)~(e)表示图 4-1-3(a)中对应的四个时刻管道内的波传播情况。当 $t = t_1$ 时,如图 4-1-3(b)所示,所产生的第一道、第二道压缩波分别以当地声速向右传播。当 $t = t_2$ 时,如图 4-1-3(c)所示,第二道压缩波已赶上第一道压缩波并发生了叠加而形成一道新的以当地声速继续向右传播的压缩波。由于经过第一道波压缩后,第二道波的当地声速增加,即波速增加了,因此叠加形成的压缩波速度比原始状态下的波速要高。即叠加形成的压缩波相对于波前介质以超声速传播。由于活塞的压缩,此时产生了第三道和第四道压缩波。当 $t = t_3$ 时[见图 4 - 1 - 3 (d)],产生了第五道压缩波,这时第三道压缩波赶上了前行的、叠加而形成的压缩波并再次叠加。当 $t = t_4$ 时[见图 4 - 1 - 3 (e)],第四、第五道压缩波先后赶上了前行的波,使所有的压缩波都叠加起来,形成了强压缩波或冲击波,波速高于波前介质的声速。上述过程总的结果是,状态参量连续变化的压缩波区将由状态参量急剧变化的突跃面所代替,直至形成压力梯度为无穷大的冲击波。

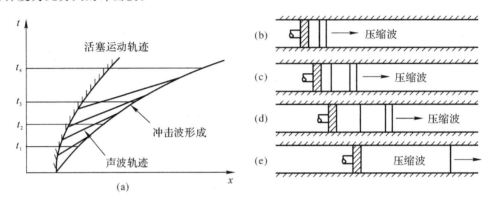

图 4 - 1 - 3   冲击波的形成过程示意图

(a)波系图; (b)～(e)分别对应 t_1, t_2, t_3, t_4 四个典型时刻波传播过程

(3)冲击波基本关系式。冲击波阵面前后介质的各个物理参量都是突跃变化的,并且由于波速很快,可以认为波的传播是绝热过程。这样,利用质量守恒、动量守恒和能量守恒三个守恒定律,便可以把波阵面前介质的初态参量与波阵面后的终态参量联系起来,冲击波基本关系式就是联系波阵面两边介质状态参数和运动参数之间关系的表达式。有了冲击波基本关系式就可以从已知的未扰动状态计算扰动过的介质状态参数,研究冲击波的性质。

当空气冲击波波阵面上状态参量压力 p、密度 ρ、温度 T 和质点速度 u 都发生了突跃时,联系冲击波波阵面两侧各参量关系的方程为

$$\rho_1 = \rho_0 \frac{(\gamma + 1)p_1 + (\gamma - 1)p_0}{(\gamma + 1)p_0 + (\gamma - 1)p_1} \tag{4 - 1 - 1}$$

$$D = \sqrt{\frac{(\gamma + 1)}{2\rho_0}(p_1 - p_0) + \frac{\gamma p_0}{\rho_0}} + u_0 \tag{4 - 1 - 2}$$

$$u_1 = \frac{p_1 - p_0}{\rho_0 D} \tag{4 - 1 - 3}$$

$$T_1 = \frac{\rho_0 T_0}{p_0} \frac{p_1}{\rho_1} \tag{4 - 1 - 4}$$

式中,下标"0"表示初始状态;下标"1"表示冲击波波阵面上的参量;D 为冲击波波阵面传播的速度(m/s);γ 为质量热容比,$\gamma = c_p/c_v$(对于双原子气 $\gamma = 1.4$,单原子气体 $\gamma = 5/3$,三原子气体 $\gamma = 1.25$)。

由以上各式可以得到平面正冲击波的基本性质如下:

性质 1   相对波前未扰动介质,冲击波的传播速度是超声速的,即满足 $D - u_0 > c_0$ 或 $Ma > 1$;而相对于波后已扰动介质,冲击波的传播速度是亚声速的,$D - u_0 < c_0$。

性质 2　冲击波的传播速度不仅与介质初始状态(u_0，c_0)有关，而且还与冲击波强度[$\varepsilon = (p_1 - p_0)/p_0$]有关。

性质 3　冲击波传播过程中，一部分能量转换成热能，使介质温度显著升高。

性质 4　冲击波阵面通过前后介质的参量是突跃变化的，也就是说波阵面两侧介质参数值相差不是一个微量，而是一个有限量。

例如，200 kg 的 TNT 装药在普通土壤地面爆炸，离炸点 50 m 处的空气冲击波 p_1 可达 $1.190\,9 \times 10^5$ Pa($p_0 = 1.013 \times 10^5$ Pa)，ρ_1 可达 1.4×10^{-3} g·cm^{-3}($\rho_0 = 1.25 \times 10^{-3}$ g·cm^{-3})，D 为 364.5 m/s。

2.空中爆炸效应

(1)基本现象。战斗部在空气中爆炸后，产生的高温高压爆轰产物压缩周围空气，形成空气冲击波，主要靠爆炸后形成的冲击波和爆轰产物的直接作用毁伤目标。空中爆炸是爆破战斗部的主要作用形式，即使是内爆炸型侵爆战斗部在目标内部爆炸，当作用于建筑物和舰船内部时，仍以空中爆炸为第一模式。

战斗部装药在空气中爆炸时，其周围介质将直接受到高温、高压和高速爆炸产物的作用。由于空气介质的初始压力和密度都很低，一方面有稀疏波从分界面向爆炸产物内传播，稀疏波到达之处，压力迅速下降；另一方面，界面处的爆炸产物以极高的速度向四周飞散，强烈压缩邻层空气介质，使其压力、密度和温度突跃升高，形成初始冲击波。因此，爆炸产物在空气中初始膨胀阶段同时有两种情况出现：向爆炸产物内传入稀疏波和在空气介质中形成初始冲击波。图 4-1-4 是战斗部爆炸后空气冲击波的形成和压力分布示意图。

爆破战斗部对目标的破坏作用是通过冲击波阵面的超压峰值和比冲量来实现的，其破坏程度与冲击波强弱(超压峰值和比冲量大小)以及目标的抗破坏能力有关。

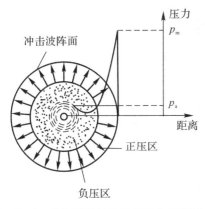

图 4-1-4　战斗部爆炸后空气冲击波的形成和
　　　　　　压力分布示意图

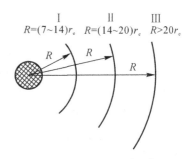

图 4-1-5　爆炸作用场

战斗部在空气中爆炸，其爆炸作用范围可分为三个区，如图 4-1-5 所示。Ⅰ区指 $R = (7 \sim 14)r_e$ 范围，即离爆炸中心距离 R 等于 $(7 \sim 14)$ 倍装药半径 r_e 范围，在此范围内的目标主要受爆炸气体的作用；Ⅱ区指 $R = (14 \sim 20)r_e$ 范围，在此范围内的目标主要受爆炸气体和冲击波的联合作用；Ⅲ区指 $R > 20r_e$ 范围，在此范围内的目标主要受冲击波的作用。

炸药在空气中爆炸所形成的空气冲击波，它对目标引起破坏作用主要是冲击波的超压 Δp、正压作用时间 t_+、比冲量 I 三个主要参数，下面给出这三个参数的典型计算公式。

（2）冲击波超压。球形或接近球形的 TNT 裸装药在无限空中爆炸时,根据爆炸理论和试验结果,拟合得到如下峰值超压 Δp_{m} 计算公式,即著名的萨道夫斯基公式:

$$\Delta p_{\mathrm{m}} = 0.84\frac{\sqrt[3]{W_{\mathrm{TNT}}}}{R} + 2.7\left(\frac{\sqrt[3]{W_{\mathrm{TNT}}}}{R}\right)^2 + 7.0\left(\frac{\sqrt[3]{W_{\mathrm{TNT}}}}{R}\right)^3 \qquad (4-1-5)$$

式中,Δp_{m} 的单位是 10^5 Pa;W_{TNT} 为 TNT 当量装药质量(kg);R 为测点到爆心的距离(m)。

一般认为,当爆炸高度系数 $\bar{H}$ 符合下列条件时,称为无限空中爆炸,即

$$\bar{H} = \frac{H}{\sqrt[3]{W_{\mathrm{TNT}}}} \geqslant 0.35 \qquad (4-1-6)$$

式中,H 为装药爆炸时离地面的高度(m)。

令

$$\bar{R} = \frac{R}{\sqrt[3]{W_{\mathrm{TNT}}}} \qquad (4-1-7)$$

则式(4-1-5)可写成组合参数 $\bar{R}$ 的表达式(适用于 $1 \leqslant \bar{R} \leqslant 15$)

$$\Delta p_{\mathrm{m}} = \frac{0.84}{\bar{R}} + \frac{2.7}{\bar{R}^2} + \frac{7.0}{\bar{R}^3} \qquad (4-1-8)$$

例 4-1-1 5 kg TNT50/RDX50 的球形装药在空中爆炸,求距离炸点 3.6 m 处空气冲击波峰值超压。已知 TNT50/DX50 炸药的爆热为 4 814.8 kJ/kg,TNT 炸药的爆热为 4 186 kJ/kg。

解 由式(4-1-37)得

$$W_{\mathrm{TNT}} = W\frac{Q}{Q_{\mathrm{TNT}}} = 5 \times \frac{4\ 814.8}{4\ 186} = 5.76 \text{ kg}$$

由式(4-1-7)得

$$\bar{R} = \frac{R}{\sqrt[3]{W_{\mathrm{TNT}}}} = \frac{3.6}{\sqrt[3]{5.76}} \approx 2$$

由式(4-1-8)计算得到

$$\Delta p_{\mathrm{m}} = \frac{0.84}{\bar{R}} + \frac{2.7}{\bar{R}^2} + \frac{7.0}{\bar{R}^3} = 1.97 \times 10^5 (\text{Pa})$$

当炸药在地面上爆炸时,由于地面的阻挡影响,空气冲击波只向一半无限空间传播,地面对冲击波的反射作用将使能量向一个方向增强。图 4-1-6 给出了炸药在有限高度空中爆炸时,冲击波传播的示意图。炸药在有限高度空中爆炸后,冲击波到达地面时发生波反射,形成马赫反射区和正规反射区,反射波后压力得到增强,形成不对称作用。地面接触爆炸对应了 $H=0$ 的情况。

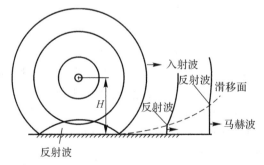

图 4-1-6 有限空中爆炸时冲击波传播示意图

当装药在混凝土、岩石类的刚性地面爆炸时,发生全反射,相当于两倍的装药在无限空间爆炸的效应,于是可将 $2W_{TNT}$ 代替超压计算公式(4-1-5)中根号内的 W_{TNT},直接得出:

$$\Delta p_m = 1.06\left(\frac{\sqrt[3]{W_{TNT}}}{R}\right) + 4.3\left(\frac{\sqrt[3]{W_{TNT}}}{R}\right)^2 + 14\left(\frac{\sqrt[3]{W_{TNT}}}{R}\right)^3 \qquad (4-1-9)$$

当装药在普通土壤地面爆炸时,地面土壤受到高温高压爆炸产物的作用发生变形、破坏,甚至将土壤抛掷到空中形成一个炸坑,将消耗掉一部分能量。因此,在这种情况下,地面能量反射系数小于 2,等效药量一般取为 $(1.7 \sim 1.8)W_{TNT}$。当取 $1.8W_{TNT}$ 时.冲击波峰值超压公式(4-1-5)变为

$$\Delta p_m = 1.02\left(\frac{\sqrt[3]{W_{TNT}}}{R}\right) + 3.99\left(\frac{\sqrt[3]{W_{TNT}}}{R}\right)^2 + 12.6\left(\frac{\sqrt[3]{W_{TNT}}}{R}\right)^3 \qquad (4-1-10)$$

因为空气冲击波以空气为介质,而空气密度随着大气高度的增加逐渐降低,所以在药量相同时,冲击波的威力也随高度的增加而下降。考虑超压随爆炸高度的增加而降低,对式(4-1-8)进行高度影响的修正如下:

$$\Delta p_m = \frac{0.84}{\bar{R}}\left(\frac{p_H}{p_0}\right)^{\frac{1}{3}} + \frac{2.7}{\bar{R}^2}\left(\frac{p_H}{p_0}\right)^{\frac{2}{3}} + \frac{7.0}{\bar{R}^3}\left(\frac{p_H}{p_0}\right) \qquad (4-1-11)$$

式中,p_H 为某爆炸高度的空气压力;p_0 为标准大气压。因此,打击空中目标时,随着弹目遭遇高度的增加,爆破战斗部所需炸药量要相应增加。

(3)冲击波正压持续时间。球形 TNT 裸装药在无限空中爆炸时,冲击波正压持续时间 t_+ 的一个计算公式为

$$t_+ = 1.3 \times 10^{-3} \sqrt[6]{W_{TNT}} \sqrt{R} \text{ (s)} \qquad (4-1-12)$$

(4)比冲量:冲击波比冲量 I 为超压在正压区作用时间内的积分。即

$$I = \int_0^{t_+} \Delta p \, dt \qquad (4-1-13)$$

球形 TNT 裸装药在无限空中爆炸产生的比冲量 I 的一个计算公式为

$$I = 9.807A\frac{W_{TNT}^{\frac{2}{3}}}{R} \text{ (Pa·s)} \qquad (4-1-14)$$

式中,A 为与炸药性能有关的系数,对于 TNT,A 为 $30 \sim 40$。

试验表明,如果冲击波正压区作用时间 t_+ 大于目标本身的振动周期 T_0,则目标破坏主要由冲击波超压引起;反之,如果冲击波正压区作用时间小于目标本身的振动周期($t_+ \leqslant 0.25T_0$),造成目标破坏的因素主要取决于冲击波正压区的比冲量。冲击波超压与比冲量对目标的毁伤效果见表 4-1-1 和表 4-1-2。

表 4-1-1　几种目标的固有振动周期和破坏参数

目标物	砖墙		钢筋混凝土墙	木梁屋顶	轻质隔墙	镶嵌玻璃
	双砖墙	一砖半墙				
T/s	0.01	0.015	0.015	0.3	0.07	$0.02 \sim 0.04$
$\Delta P/kPa$	44	24	290	$10 \sim 16$	5	$5 \sim 10$
$i/(Pa·s)$	2.2×10^3	1.9×10^3	—	$(0.5 \sim 0.6) \times 10^3$	0.3×10^3	$(0.1 \sim 0.3) \times 10^3$

表 4-1-2 Δp 与 I 对目标的毁伤效果

目标名称	目标毁伤程度	峰值超压/MPa	比冲量/(kN·s·m^{-2})
人员	基本无伤害	<0.02	
	中等程度伤害	0.03~0.05	
	致死	>0.1	
工事	1.5 层砖的砖墙破坏	0.015	1.9
	2 层砖的砖墙破坏	0.025	2
	钢筋混凝土墙(0.2 m)破坏	0.3	
	坚固建筑物破坏		2~3
飞机	严重破坏	0.05~0.1	
	完全破坏	>0.1	
舰艇	中等程度破坏	0.03~0.04	
	严重破坏	0.07~0.078	
装甲车辆	严重破坏	0.4~0.5	
	完全破坏	1~1.5	
地雷	引爆	>0.05	

另外,冲击波的毁伤效应还取决于目标的易损性。不同类型的目标对冲击波作用的承受能力是不同的,如轰炸机的承受能力不如歼击机;同一目标不同部位对冲击波作用的承受能力也有较大差异,如飞机动力装置的承受能力比机身和机翼要强得多。因此,对目标的毁伤效应是战斗部作用参数和目标易损性的综合分析结果。

3.水中爆炸效应

(1)基本现象。战斗部在水中爆炸时,爆炸产物在水中也形成冲击波。爆炸释放出的能量 E_t 包含三部分:一部分随水中冲击波传播,称为冲击波能 E_s;一部分存在于爆炸产生的气泡中,称为气泡能 E_b;另一部分能量以热的形式散逸到水中,称为热损失能 E_r。总能量为这三部分之和,即

$$E_t = E_s + E_b + E_r \qquad (4-1-15)$$

由于热损失能 E_r 无法测量,在总能量中所占的比例也不大,因此,可以近似地认为

$$E_t \approx E_s + E_b \qquad (4-1-16)$$

与空气相比,水的基本特点是密度大、可压缩性差。可压缩性差使得水的声速较大,在 18℃ 时海水中声速为 1 494 m/s,也使得水中冲击波的传播和反射可以用声学近似。同时,水的密度比空气大很多,因此水的波阻抗很大,使得爆炸产物在水中膨胀要比在空气中慢得多。并且,在相同冲击波速度下,水中爆炸耦合产生的冲击波压力比空气中要高得多,压力衰减也慢得多,传播距离更远。

水中爆炸的另一个特点是爆炸产物在水中还以气泡形式高速膨胀排挤周围的水向四周运动。当气泡膨胀到内压低于外压且惯性作用消失时,周围的水则反压气泡使之缩小;等气泡缩

小到内压等于外压,而且压差克服了惯性作用后,气泡又重新开始膨胀;气泡这种由小变大,由大变小的膨胀脉动要往复好几次,在较深的水中甚至要达 10 次以上。同时,在脉动过程中,气泡还受到浮力作用而逐渐上升。气泡脉动对目标的作用近似"静压"作用,只有当战斗部与目标处于有利位置时,气泡才能起到较大作用。由此可见,爆破战斗部在水中爆炸时对于船只、舰艇的破坏作用有三种形式,一是冲击波的作用,二是水流的作用,三是气泡中爆炸产物的作用。但是,当远离目标爆炸时,后两者的作用效果很小,冲击波的作用是主要的。

图 4-1-7 是水中爆炸形成的冲击波结构图,图中 p_m 为冲击波波阵面峰值压力,波后压力呈指数衰减,T 为第一次气泡波的脉动周期。θ 通常表示从峰值压力 p_m 衰减到 $p_m/e(e = 2.718)$ 所用的时间。

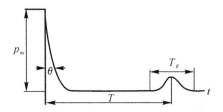

图 4-1-7　水中爆炸形成的冲击波结构图

(2) 冲击波压力、比冲量和冲击波能。水中冲击波的波后压力随时间变化的衰减规律可表示为

$$p(t) = p_m \mathrm{e}^{\frac{-t}{\theta}} \qquad (4-1-17\mathrm{a})$$

式中,p_m 冲击波峰值压力;θ 为时间常数。p_m 随距爆心距离的增加而下降。θ 与炸药的种类、质量有关,与距爆炸中心的距离有关。

球形装药在无限、均匀、静止的水中爆炸,距爆心距离为 R 处的峰值压力 p_m,可由爆炸相似律得到经验公式

$$p_m = K_1 \left(\frac{W_{\mathrm{TNT}}^{1/3}}{R} \right)^{A_1} \qquad (4-1-17\mathrm{b})$$

式中,A_1 和 K_1 为试验标定参数,$K_1 = 52.12$,$A_1 = 1.18$,W_{TNT} 为炸药的等效 TNT 装药质量(kg),R 为离开爆点的距离(m),p_m 的量纲为 MPa。

对于球形药包:

$$\theta = 10^{-4} W_{\mathrm{TNT}}^{\frac{1}{3}} \left(\frac{R}{W_{\mathrm{TNT}}^{\frac{1}{3}}} \right)^{0.24} \qquad (4-1-18)$$

对于柱形药包

$$\theta = 10^{-4} W_{\mathrm{TNT}}^{\frac{1}{3}} \left(\frac{R}{W_{\mathrm{TNT}}^{\frac{1}{3}}} \right)^{0.41} \qquad (4-1-19)$$

式中,W_{TNT} 为炸药装药的质量(kg);R 为距爆炸中心的距离(m)。

冲击波比冲量 I 是压力 p 对时间 t 的积分,其形式为

$$I = \int_0^t p(t) \mathrm{d}t = \int_0^t p_m \mathrm{e}^{-\frac{t}{\theta}} \mathrm{d}t = p_m \theta (1 - \mathrm{e}^{-\frac{t}{\theta}}) \qquad (4-1-20)$$

根据研究成果,水下爆炸冲击波能 E_s 的计算公式为

$$E_s = K_1 \frac{4\pi R^2}{W_{\mathrm{TNT}} \rho_w c_w} \int_0^{6.7\theta} (p_m \mathrm{e}^{-\frac{t}{\theta}})^2 \mathrm{d}t \qquad (4-1-21)$$

式中，ρ_w，c_w分别为水的密度(kg/m^3)和声速(m/s)；K_1为修正系数，由TNT标定试验确定。

(3) 气泡脉动。装药在无限水介质中爆炸时，爆炸产物所形成的气泡将在水中发生多次膨胀和压缩的脉动，气泡脉动引起的二次压力波的峰值一般不超过冲击波峰值的20%，但其作用时间远大于冲击波作用时间，故两者比冲量比较接近。

TNT装药水中爆炸形成的二次压力峰值p_{mb}为

$$p_{mb} = p_h + \frac{72.4W_{TNT}^{\frac{1}{3}}}{R} \qquad (4-1-22)$$

式中，p_h为与装药同深度处水的静压力。

二次压力波的比冲量为

$$I_b = 6.04 \times 10^3 \frac{(\eta Q)^{\frac{2}{3}}}{Z^{\frac{1}{6}}} \frac{W_{TNT}^{\frac{1}{3}}}{R} \qquad (4-1-23)$$

式中，Q为炸药的爆热；η为$n-1$次脉动后留在产物中的能量分数；Z为第n次脉动开始时，气泡中心所在位置的静压力。

气泡能量可用炸药在水下爆炸时生成的气体产物克服静水压第一次膨胀达到最大值时所做的功来度量，即

$$E_b = \frac{4}{3} \frac{\pi r_m^3 p_h}{W_{TNT}} \qquad (4-1-24)$$

式中，r_m为第一次气泡膨胀到最大值时的半径(m)。E_b的具体计算可参考有关资料。

(4) 水中爆炸的破坏作用。装药在水中爆炸时产生的冲击波、气泡和压力波三者都能使目标受到一定程度的破坏。水中接触爆炸时，目标同时受到爆炸产物和冲击波的联合作用，将遭到严重破坏。

弹丸或战斗部在水中爆炸时对于有防雷装置舰艇的破坏半径R_f(m)为

$$R_f = k_t \sqrt[3]{W_{TNT}} \qquad (4-1-25)$$

式中，W_{TNT}为装药量(kg)；k_t为系数，对于战列舰$k_t = 0.4 \sim 0.5$，对于航空母舰与巡洋舰$k_t = 0.55 \sim 0.6$。

对于无防雷装置的舰艇的破坏半径R_f为

$$R_f = \frac{300}{p} \sqrt{W_{TNT}} \qquad (4-1-26)$$

式中，p为破坏舰艇所需的压力(Pa)，对于轻巡洋舰、驱逐舰或运输舰，$p = 1\,200$ Pa，对于潜水艇，$p = 470$ Pa。

水中非接触爆炸的破坏作用有两种情况：近距离爆炸(距离小于气泡最大半径)，此时冲击波、气泡和二次压力波对目标都有作用，可使舰体产生局部破坏；远距离爆炸，只有冲击波起作用，可使船体发生变形。

水中爆炸的破坏作用与装药质量及目标离爆炸中心的距离有关。各种爆破弹的冲击波压力与距离的关系如图4-1-8所示。图中Ⅰ区所受压力在45.6 MPa以上，这时潜艇将沉没，无装甲的舰艇将受到严重破坏。Ⅱ区的压力为30～44 MPa，此压力下潜艇将受到严重破坏。Ⅲ区潜艇将受到中等程度的破坏。Ⅳ区则受到轻微损伤。

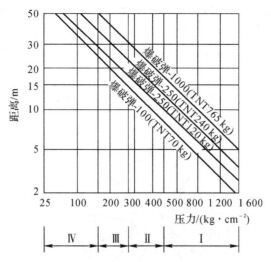

图 4 - 1 - 8　各种爆破弹的冲击波压力与距离的关系

水中爆炸时,水中冲击波对在水中的人体的冲击伤要比在大气中严重得多。水中冲击波能使人体的脏器(胃、肠、肝、脾、肾、心肌、肺等)受到破坏。试验表明,水中爆炸时,不同药量和不同距离时,对人体的冲击伤列于表 4 - 1 - 3 中。

表 4 - 1 - 3　水中爆炸时不同药量和不同距离时对人体的冲击损伤

装药质量/kg	1	3	5	50	250	500
对人体致死的极限距离/m	8	10	25	75	100	250
引起轻度脑震荡,同时使胃肠壁损伤的距离/m	8~20	10~25	25~100	75~150	100~200	250~350
引起微弱脑震荡,而脑腔、内脏不受损伤的距离/m	20~100	50~300	100~350	—	—	—

4.岩土中爆炸效应

爆破战斗部在岩土中爆炸时,为了确保能破坏地下工事,首先应使战斗部侵彻一定深度,然后引爆战斗部。战斗部的准确、及时引爆要靠引信机构的延期作用来控制。战斗部在地下爆炸时,将发生两种作用:一是侵彻作用,要求战斗部装药经得住冲击载荷,获得一定的侵彻深度;二是战斗部装药的爆破作用。战斗部侵入岩土中的深度不同,其现象与作用效果是不一样的。

(1)深爆炸(远地表)的破坏作用。如图 4 - 1 - 9 所示为装药在远地表(无限均匀岩土)中爆炸时的情况。战斗部装药爆炸后,爆轰产物的压力可达到几千个兆帕,一般最坚固的岩石抗压强度仅为数十兆帕,因此直接与战斗部炸药接触的岩土受到强烈的压缩,结构被完全破坏,颗粒被压碎,整个岩土受爆炸产物挤压将发生径向运动,形成一个空腔,称为爆腔。爆腔的体积一般为装药体积的几十倍或几百倍。爆腔的形状取决于装药的形状,爆腔的尺寸与岩土的性质和炸药的能量有关。与爆腔相邻接的是强烈压碎区,在此区域内原岩土结构全部被破坏和压碎。随着与爆炸中心距离的增大,爆轰产物的能量将传给更多的介质,爆炸波在介质内形成的压缩波应力幅度迅速衰减。当压缩波应力值小于岩土的动态抗压强度时,岩土不再被压坏和压碎,基本上保持原有的结构。图4-1-9中给出了几种特征破坏区域及其边界的图示。理论分析和经验表明,各特征区域边界的半径 r_i 与装药量 W_{TNT} 的三次方根成正比,即

$$r_i = K_i \sqrt[3]{W_{TNT}} \qquad (4-1-27)$$

式中,K_i 为对应各特征边界的比例系数,比如压碎系数、破裂系数等,它们与介质的物理力学性能相关,见表4-1-4。

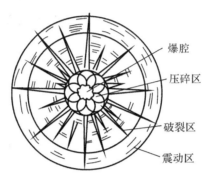

图4-1-9 战斗部装药在无限岩土中的爆炸

表4-1-4 TNT 爆炸时 K_i 值

岩土名称	$K_i/(m \cdot kg^{-\frac{1}{3}})$
塑性黏土、冰碛黏土、含水砂、含水黏土	0.6~0.7
朱罗纪黑色黏土	0.45~0.52
冰碛黏土	0.37~0.5
黄褐色闪光黏土	0.37~0.4
暗红色闪光黏土	0.34~0.39
低强度开裂灰土、黄土	0.35~0.4
低强度开裂黄土	0.29~0.34
暗蓝色脆性黏土	0.29~0.33
置砂质黏土、砂质黏土	0.26~0.36
软白垩、外层白云石	0.20~0.25
中等强度泥灰土、泥灰土大理石、有裂缝的白云石	0.13~0.21
压实细颗粒黏石膏、黏土质页岩、强开裂花岗石、中等强度磷石硅、中等开裂白云石	0.09~0.15
中等开裂花岗岩、压实铁石英岩、压实灰白石英岩、磷灰质霞石、压实白云石、有石棉块的斑纹岩、块石砂、大理石	0.078~0.13
角岩、大理石、花岗岩、层状石英岩、硬白云石、粗或细颗粒花岗岩、硬磷灰岩、硬大理石、粗颗粒大理石	0.058~0.11

(2)浅爆炸(近地表)的破坏作用。装药在有限岩土中爆炸时,由于边界的存在,当压力波

到达自由面时将反射为拉伸波;在拉伸波、压力波和爆炸气体压力的共同作用下,药包上方的岩土向上鼓起,地表产生拉伸波和剪切波。这些波使地表介质产生振动和飞溅,形成爆破漏斗。

图 4-1-10 给出了装药在有限岩土介质中爆炸形成爆破漏斗的各个阶段示意图。

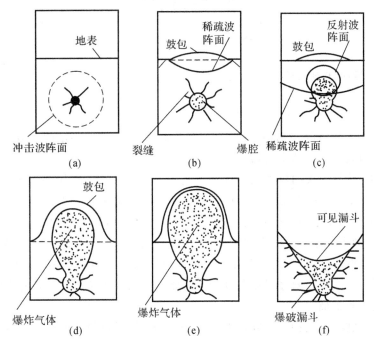

图 4-1-10　有限岩土介质形成爆破漏斗的阶段

爆破漏斗的形成可分为以下几个阶段:鼓包运动阶段、鼓包破裂飞散阶段和抛掷堆积阶段。

爆腔开始膨胀的同时,腔壁上产生一个球面冲击波向外传播[见图 4-1-10(a)];球面冲击波到达自由面后反射稀疏波,并由自由表面向内传播[见图 4-1-10(b)];稀疏波在爆腔的表面反射为一压缩波,叠加到前述冲击波和稀疏波上,球形腔体产生变形,向上扩张,腔体内的爆炸产物仍起作用[见图 4-1-10(c)];从腔体表面反射回来的波在自由表面反射为进一步的稀疏波传向腔体,再反射为压力波向自由面传播,使腔体继续变形[见图 4-1-10(d)]。被气体排挤出来的上抛物体继续向上,向两边运动,腔体继续向上扩张直到最大值[见图 4-1-10(e)];达到最大高度后,抛出来的土块回落,形成可见漏斗的表层[见图 4-1-10(f)]。

根据装药埋设深度的不同可呈现程度不同的爆破现象。如图 4-1-11 中漏斗坑半径为 R_0,装药中心到自由面的垂直距离 h 为最小抵抗线(即爆点深度),将漏斗坑口部半径与最小抵抗线之比定义为抛掷指数 n,$n = R_0/h$。按抛掷指数可划分以下几种情况:

1)$n > 1$ 为加强抛掷爆破,这时漏斗坑顶角大于 $90°$;

2)$n = 1$ 为标准抛掷爆破,这时漏斗坑顶角等于 $90°$;

3)$0.75 < n < 1$ 为减弱抛掷爆破,这时漏斗坑顶角小于 $90°$;

4)$n < 0.75$ 为松动爆破,这时没有岩上抛掷现象。如果战斗部在这种情况下发生爆炸,则称为隐炸。

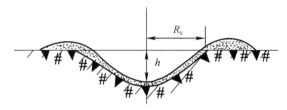

图 4 - 1 - 11　抛射漏斗坑

装药量与爆破坑深的关系式可写成

$$W_{TNT} = kh^3 \left(\frac{1+n^2}{2}\right)^{\frac{9}{4}} \qquad (4-1-28)$$

式中，W_{TNT} 为 TNT 装药量；k 为由装药性质、装药形状、介质性质决定的系数，一般取为 $0.7 \sim 1.0$。对长径比稍大的战斗部来说，普通土壤可取 $k = 0.7$。

有些情况下，获得最大的爆破漏斗坑是衡量爆破战斗部爆破威力的一个标准。例如，对飞机跑道的毁伤，要求侵爆战斗部爆炸形成的破坏面积尽可能大。一般战斗部在岩土中的爆破威力与爆炸时装药的姿态和深度有关。战斗部以水平姿态爆炸时威力最大，而头部向下垂直放置爆炸时威力最小。爆点深度为零时，即战斗部直接在地面上爆炸，爆破效果最差。随着侵彻深度的增加，爆点深度增加，抛掷漏斗坑的体积也增大。达到最佳深度以后，漏斗坑的体积逐渐减小，最后形成隐炸。通过爆点深度和装药姿态角以及毁伤面积的研究表明，当爆点位于最佳炸深时，毁伤面积最大。

理论分析与试验总结表明，形成最大弹坑（即最大漏斗体积）的最佳侵彻深度为

$$h_m = 0.757 \sqrt[3]{\frac{W_{TNT}}{k}} \qquad (4-1-29)$$

此式的计算结果与实际情况符合较好。

导弹战斗部一般都是在侵彻运动过程中产生爆破作用的，爆炸时的侵彻深度即爆点深度对爆破威力影响很大。为了发挥爆破战斗部的威力，必须控制战斗部的侵彻深度和引信作用时间。

(3) 冲击波压力和比冲量参数。目前还没有精确的理论方法计算岩土中爆炸冲击波的参数，因此，一般通过试验研究来确定岩土中爆炸波的压力、比冲量和超压持续时间。

爆炸冲击波峰值压力的计算公式为

$$p_m = A_1 \left(\frac{1}{R}\right)^{a_1} \qquad (4-1-30)$$

式中，$\overline{R}$ 按照式（4 - 1 - 7）定义；A_1 和 α_1 为经验常数。

爆炸冲击波的比冲量 I 的计算公式为

$$I = A_2 \sqrt[3]{W} \left(\frac{1}{R}\right)^{a_2} \qquad (4-1-31)$$

式中，A_2 和 α_2 为经验常数。

超压持续时间 t_+ 的计算公式为

$$t_+ = \frac{2I}{p_m} \qquad (4-1-32)$$

4.1.2　爆破战斗部

爆破战斗部是最常用的常规战斗部类型之一,其打击的目标类型很广,包括空中、地面、地下、水上和水下的各种目标。爆破战斗部在各种介质(如空气、水、岩土和金属等)中爆炸时,介质将受到爆炸气体产物(或称爆轰产物)的强烈冲击。依靠爆炸气体具有的高压、高温和高密度的特性,对目标产生破坏和摧毁作用。

1. 基本类型

按照对目标作用状态的不同,爆破战斗部可分成内爆炸型和外爆炸型两种。

(1)内爆炸型爆破战斗部。内爆炸型是指战斗部需侵入目标内部后才爆炸的爆破战斗部,比如打击建筑物的侵彻爆破弹、破坏地下指挥所的钻地弹和打击舰船目标的半侵彻弹等的战斗部,他们都必须侵入目标内部以取得最大的破坏效果。内爆炸型战斗部对目标产生的破坏是由内向外的,可能同时涉及多种介质中的爆炸毁伤效应。这种战斗部要求头部壳体尖硬,并有足够的强度,同样也要求大量装填炸药。显然,装备内爆炸型战斗部的导弹必须直接命中目标。

内爆炸型战斗部在导弹上的安装位置可以装在弹体中部,也可以放置在弹体头部。

当装在弹体头部时,战斗部应有较厚的外壳(尤其是头部),以保证在进入目标内部的过程中结构不被损坏;弹体应具有良好的气动外形,以减小导弹飞行和穿入目标时的阻力。内爆炸型战斗部常采用触发延时引信,以保证其进入目标一定深度后再爆炸,从而提高对目标的破坏力。这种战斗部的典型结构如图 4 - 1 - 12 所示。

当装在弹体中部时,战斗部外形可以设计成圆柱形,以充分利用导弹的空间。其直径比舱体内径略小即可(允许电缆等通过);结构强度不仅应满足导弹飞行时的各种过载条件,而且应能承受导弹命中目标时的冲击载荷。这种战斗部必须采用触发延时引信,若采用瞬发引信,因战斗部与导弹尖端有一距离,将可能使装药不能完全进入目标内部,而大大影响其爆炸毁伤效应。图 4 - 1 - 13 给出了此类战斗部的典型结构。

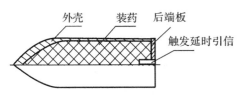

图 4 - 1 - 12　内爆式战斗部典型结构(装于头部)

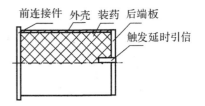

图 4 - 1 - 13　内爆式战斗部典型结构(装于中部)

为了提高内爆炸型战斗部对目标的破坏作用,应尽量使战斗部的位置靠前。起爆点一般设置在战斗部的后部,这样,可以利用爆破作用的方向性,增强战斗部前端方向(即指向目标内部)的爆破作用。

(2)外爆炸型爆破战斗部。外爆炸型是指战斗部在目标附近爆炸的爆破式战斗部,它对目标产生的破坏是由外向内的挤压。与内爆炸型相比,它对导弹的制导精度要求可以降低,但其脱靶距离应不大于战斗部冲击波的破坏半径。

外爆炸型战斗部的外形和结构与内爆炸型战斗部基本相似,其差别有两点:一是战斗部的结构强度仅需要满足导弹飞行过程中的受载条件,其壳体主要功能是作为装药的容器,因此可以设计的较薄,以便于大量装填炸药;二是必须采用非触发引信,如近炸引信。

(3)内爆炸型和外爆炸型战斗部比较。内爆炸型战斗部由于是进入目标内部爆炸,因而炸药能量的利用率高,它不仅依靠冲击波而且还依靠迅速膨胀的爆炸气体产物来破坏目标。外爆炸型战斗部的情况则不同,当导弹脱靶距离超过约 10 倍装药半径时,爆轰产物已不起作用,仅靠冲击波破坏目标。而且由于目标只可能出现在爆炸点的某一侧(指单个目标),呈球形传播的冲击波作用场只有部分能量能对目标起破坏作用,因而炸药能量的利用率较低。在其他条件相同的前提下,要对目标造成相同程度的破坏,一般外爆型战斗部装药量是内爆型战斗部装药量的 3~4 倍。

内爆炸型战斗部由于壳体较厚,战斗部爆炸后碎裂的壳体还具有一定的破片杀伤作用。而外爆炸型战斗部爆炸时,其破裂的薄外壳虽然也能形成若干破片,但由于爆炸点离目标有一定距离,这些破片对目标的杀伤作用相对冲击波杀伤作用来说居于次要地位,一般不予考虑。与内爆炸型结构相比,外爆炸型壳体质量小,因而可以增加装药量。一般,外爆炸型的壳体质量约为战斗部总质量的 15%~20%,而内爆炸型则为 25%~30%。但即使如此,内爆炸型战斗部的总体毁伤效果仍远优于外爆炸型战斗部。

导弹战斗部大多是在运动过程中爆炸的,试验结果表明,与静态装药爆炸相比,运动中战斗部装药的破坏能力在装药的运动方向上呈现增强,在相反方向则降低。对内爆炸型战斗部而言,运动方向上的这种增益尤为明显。

2.战斗部有关参数

描述爆破战斗部参数一般有两类,一类是装药结构参数,另一类是威力参数。装药结构参数主要包括装填比、裸装药等效当量、TNT 装药当量和装药形状的影响;威力参数主要包括冲击波波阵面超压和比冲量。

(1)装填比 β。图 4-1-14 给出了一种典型的爆破战斗部结构图,战斗部主要由前后端盖、主装药、壳体和起爆序列组成。装填比指炸药装药质量 C 与壳体质量 M 的比值,即

$$\beta = \frac{C}{M} \tag{4-1-33}$$

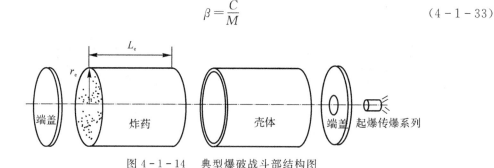

图 4-1-14 典型爆破战斗部结构图

(2)裸装药等效当量。由于战斗部都带有壳体,壳体的破裂、飞散要消耗能量,为分析问题的需要,要把带壳装药换算成裸装药。把与包含金属壳体在内的实际战斗部产生相同爆破效应的裸装药的质量定义为裸装药等效当量。裸装药等效当量方程为

$$WE = CE - \frac{1}{2}Mv^2 \tag{4-1-34}$$

式中,W 为裸装药等效当量质量;C 为实际装药质量;E 为炸药单位质量的能量;v 为壳体运动速度;M 为壳体质量。

对于圆柱形壳体装药,裸炸药等效当量质量可表示为

$$W = \left(0.6 + \frac{0.4}{1 + 2M/C}\right)C \tag{4-1-35}$$

对于球形壳体装药,裸炸药等效当量质量可表示为

$$W = \left(0.6 + \frac{0.4}{1 + 5M/(3C)}\right)C \tag{4-1-36}$$

(3)TNT 装药当量。爆破战斗部一般装填的是高能炸药,应换算成 TNT 装药当量。其换算方法是

$$W_{TNT} = W\frac{Q}{Q_{TNT}} \tag{4-1-37}$$

式中,W_{TNT} 为某炸药的 TNT 当量(kg);W 为某炸药的装药量(kg);Q_{TNT} 为 TNT 炸药爆热(J/kg);Q 为某炸药的爆热(J/kg)。

例 4-1-2　已知 TNT 炸药的爆热 4 186 kJ/kg,RDX 炸药的爆热 5 442.8 kJ/kg,试求 5 kg RDX 相当于多少 TNT 炸药?

解　由式(4-1-37)可知,

$$W_{TNT} = W\frac{Q}{Q_{TNT}} = 5 \times \frac{5\ 442.8}{4\ 186} = 6.5(kg)$$

(4)装药形状的影响。导弹战斗部一般为圆柱形而非球形,圆柱形战斗部在近距离爆炸的毁伤效果与球形战斗部不同,但在远距离处的爆炸效果与球形战斗部相似。战斗部爆炸产生的有效能量与战斗部的初始几何形状相关,用 E_N 表示战斗部装药的有效内能,则

平板装药有效能量:

$$E_1 = \rho_e h Q = \frac{CQ}{a} \tag{4-1-38}$$

圆柱装药有效能量:

$$E_2 = \pi \rho_e r_e^2 Q = \frac{CQ}{L_e} \tag{4-1-39}$$

球形装药有效能量:

$$E_3 = \frac{4}{3}\pi \rho_e r_e^3 Q = CQ \tag{4-1-40}$$

式中,ρ_e,Q 别为炸药密度和爆热;h,L_e,a,r_e 分别为炸药装药厚度、长度、面积和装药半径。

(5)冲击波波阵面超压。超压是指冲击波波阵面上超过当地周围未被扰动的介质大气压力的数值。即

$$\Delta p = p - p_a \quad 或 \quad \Delta p_m = p_m - p_a \tag{4-1-41}$$

式中,p_a 为未扰动气体压力;p_m 为最大压力;Δp 称为冲击波超压,Δp_m 为冲击波压力峰值对应的超压。

爆破战斗部爆炸之后,冲击波通过某点时压力随时间的变化情况如图 4-1-15 所示。

(6)比冲量。比冲量是指冲击波超压在正压区作用时间内的积分。即

$$I = \int_0^{t_+} \Delta p \mathrm{d}t \tag{4-1-42}$$

爆破战斗部的威力主要体现在冲击波超压和比冲量的大小,而这些参数又与战斗部主装药的性质和药量有关。为提高战斗部破坏效力,在设计爆破战斗部时,希望使用威力大、猛度

高的炸药,并尽量提高炸药的装填比。

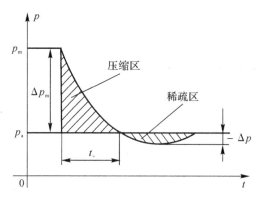

图 4-1-15 冲击波经过某点时压力与时间的关系曲线

3. 新型大威力爆破战斗部

(1)云爆弹(Fuel Air Explosives,FAE)。云爆弹又称燃料空气弹、油气弹,是以燃料空气炸药(主要是环氧烷烃类有机物,如环氧乙烷、环氧丙烷等)作为装填物,在空气中爆炸产生的爆炸冲击效应获得大面积杀伤和破坏效果的武器。云爆弹独特的杀伤、爆破效能使之适用于多种作战行动,如杀伤阵地作战人员;破坏机场、码头、车站、油库、弹药库等大型目标;攻击舰艇、雷达站、导弹发射系统等技术装备;在爆炸性障碍物中开辟通路(如排雷)等。

1)装药。燃料空气炸药主要是环氧烷烃类有机物,如环氧乙烷、环氧丙烷或其他高可燃混合物质等。环氧烷烃类有机物化学性质非常活跃,在较低温度下呈液态,但温度稍高就极易挥发成气态。这些气体一旦与空气混合,即形成气溶胶混合物,极具爆炸性,且爆燃时将消耗大量氧气,产生有窒息作用的二氧化碳,同时产生强大的冲击波和巨大压力。

2)特点。燃料空气炸药与普通炸药(如 TNT)相比,在装药质量相同时,产生的爆炸冲击波超压随距爆心的距离变化的规律如图 4-1-16 所示。从图中可以看出,TNT 在爆点附近可产生的超压值很大,但超压随距爆点距离的增加急剧下降。燃料空气炸药产生的超压不高,但超压随传播距离的衰减速率明显缓于 TNT,即在某处超压相同的情况下,燃料空气炸药超压的作用时间要比普通炸药长。当距爆心的距离超过某一范围(图中 C 点)后,燃料空气炸药的超压将大于 TNT,因此燃料空气炸药的有效作用范围远比固体炸药大(达到图中 L 处)。因此,云爆弹比一般传统爆破弹具有更大的杀伤效果,其威力相当于等质量 TNT 爆炸威力的5～10 倍。

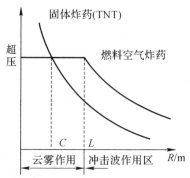

图 4-1-16 超压离爆点距离的变化图

3)云爆弹的结构与作用原理。云爆弹主要由壳体、燃料空气炸药和引爆序列及控制组件等组成,典型的结构如图 4-1-17 所示。

云爆弹壳体通常为薄壁圆柱结构,长径比为 1.2∶1~2.5∶1,长径比主要影响燃料分散半径及燃料厚度;燃料空气炸药主要是环氧烷烃类有机物;引爆序列主要由点火器和中心装药组成;控制组件的核心是引信,一般采用定高引信(近炸为主、触发为辅,并具有自毁功能)。

云爆弹总体设计的关键是燃料空气炸药的抛撒和引爆技术。抛撒过程通过燃料匹配选择、中心药量设计、舱体长径比优化、壳体预制刻槽等技术,实现形成稳定的云团形状和云雾参数。引爆技术包括引爆能量、引爆时间允差、引爆位置范围以及云雾引信飞行轨迹等。通过云雾引信尺寸、位置及中心药量匹配设计,保证云雾引信抛掷速度要求;通过增加引爆药量及设置多个云雾引信的方式,提高引爆可靠性。引爆技术有一次引爆和二次引爆两种方式,具体采用哪种方式与云爆剂的性能有关。二次引爆能实现更大的毁伤效果,但是起爆的可靠性易受影响。一次引爆型是最新的、重点发展的技术,需要发展新的云爆剂,如特种氟化物加碳氢燃料等。

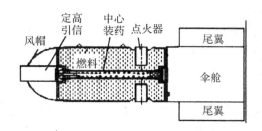

图 4-1-17　云爆弹结构图

采取两次引爆模式的云爆弹,其作用原理是,当云爆弹被投放到目标上空一定高度时进行第一次引爆,将弹体内的燃料抛撒到空中;在抛撒过程中,燃料迅速弥散成雾状小液滴并与周围空气充分混合,形成由挥发性气体、液体或悬浮固体颗粒物组成的气溶胶云团;当云团在距地面一定高度时第二次引爆,形成云雾爆轰。由于燃料散布到空中形成云雾状态,云雾爆轰后形成蘑菇状烟云,并产生高温、高压和大面积缺氧,形成大范围的冲击波传播,对目标造成毁伤。

4)杀伤作用。从物理现象看,燃料空气炸药的爆炸杀伤作用形式有爆轰与冲击波、热作用与窒息等。

爆轰波与冲击波的作用:燃料抛撒与空气混合形成云雾产生爆轰,爆轰波在云雾之中传播,爆轰波阵面的超压峰值一般可达 2 MPa 左右。在整个云雾之中,由于各种因素的影响,各点峰值略有不同,但可以近似看成相等。在云雾与空气界面上,爆轰产物形成的高温、高压,使空气质点堆积,形成压力突然升高的空气冲击波。如果云雾沿着地面扩散,爆轰波阵面垂直地面,冲击波的动压可以看成水平方向上的动压。因此,放在地面的物体容易被冲击波动压所抛掷。当多发弹同时爆轰时,爆轰波或冲击波相遇时,有的就叠加成合成波,其波阵面的超压峰值可达 5~6 MPa。

云爆弹对目标的破坏,是将目标笼罩在云雾之中或者使它处在多发弹的合成波作用区域内,充分利用爆轰波与冲击波的作用以达破坏的目的。当前的水平还不能有效地破坏比较坚固的目标,如对坦克等,而对装甲战车有一定的破坏效果,对汽车破坏效果尤其显著。云爆弹爆炸时汽车即可着火,车的发动机、车架受到严重破坏,其他部分也可被炸毁。很明显,车上的人员将遭到致命的杀伤。对轻型野战工事、木质结构的掩体、城市建筑物也有一定的破坏效果。城市建筑物的振动周期通常为 $0.01 \sim 0.1\,s$(平均为 $0.05\,s$),云爆弹爆炸产生的冲击波正压作用时间和它接近。

云爆弹对有生力量的杀伤。云雾区内有较大的超压作用,因而使开阔地上的生物立即死亡,看不出有被动压抛掷发生位移的迹象。堑壕内的生物也基本上现场死亡,雾区内的堑壕对爆轰波基本上没有防护作用,只有坚固而密封性良好的掩盖工事才能起到防护作用。

云雾区外的生物因受冲击波超压和动压的作用而致伤或死亡。开阔地上的生物随着距离的远近,受到不同程度的冲击伤和间接伤害。较强的超压压坏工事,动压抛起砂石、瓦片等物,都有可能造成对人员的间接杀伤。多发弹同时或连续爆炸时,处于开阔地上的云雾区相交处的生物一般会立即死亡。经解剖,其结果是肺破裂,极重度损伤,心肌出血严重,极重的肝线表撕裂。这在常规武器试验中,受冲击波的损伤很难达到这样的程度。

热作用:云雾爆轰后,爆轰波阵面温度较高,膨胀后,温度才有所下降。其作用时间虽然不是太长,但云雾边缘之外仍受到热辐射的作用。云雾爆燃后,爆燃云雾区的温度稍有偏低,其作用时间却比爆轰后要长,因此,受到热辐射的作用时间却明显地增加。

热作用的特点是,有明显的方向性,一般仅见于朝向爆心的暴露部分,衣帽掩盖的部分也有一定的防护作用,因此不易发生烧伤;另外,烧伤多为冲击伤合并存在,创面上也有泥沙污染。

爆燃的热作用比爆轰的热作用大,爆燃时可使在开阔地面上的草烧焦。在有树木的地方,朝向爆破点方向一侧的树木表皮被烧焦,而背向炸点的另一侧树皮有些被剥落吹走,而木质部分大都完好。

窒息作用:环氧乙烷或其他燃料与空气混合成云雾,爆轰时空气中大量的氧参与反应。爆轰参数计算表明,如果环氧乙烷在空气中的浓度为 6%(体积百分数),云雾爆轰后,则大约 4/5 的氧被消耗掉(空气中氧含量约为 20.95%);如果环氧乙烷在空气中的浓度为 7.41% 以上时,则局部氧气将全部参与反应。从这一点看来,云爆弹多发使用时,确实可以造成严重的局部缺氧情况。此外,化学反应后生成的一氧化碳和二氧化碳也有严重的窒息作用。还有一种爆燃的情况,云雾边缘接近正常的空气成分,向爆心附近的一氧化碳几乎是爆轰时相同距离上的两倍。

窒息作用在小型单发云爆弹的杀伤中,不占什么重要的地位,但是它造成的缺氧量、一氧化碳等有害气体的含量却不应忽视对它的研究。研究数据表明,在一定时间内,空气中含氧量在 10% 时人员出现晕眩、气短、呼吸急促、脉搏加快等征候,含氧量在 7% 时人体木僵,含氧量在 5% 时是维持生命的最低限度,当含氧量在降到 2%~3% 时,人员即刻死亡。还有人认为,当空气中含一氧化碳浓度在 0.5% 以上时,人员数分钟就会死亡。

如果大量多发连续地使用云爆弹,造成缺氧程度和一氧化碳等有害气体在大面积上能持续较长的时间,那么因窒息作用而遭到杀伤的人员就会增加。

5)典型云爆弹。目前,国外许多国家都装备了云爆弹,并在一些局部战争中得到使用,如美国 BLU-82/B,CBU-55/B,CBU-72/B,BLU-95B,MADFAE, SLUFAE,CATFAE,炸弹之母等,俄罗斯的"什米尔"单兵云爆弹、ODAB-500PM 航弹、炸弹之父等。

a)BLU-82/B。BLU-82/B 通用炸弹是 BLU-82 改进型,实际质量达 6 750 kg,全弹长

5.37 m(含探杆长 1.24 m),直径为 1.56 m,战斗部装有 5 715 kg 稠状混合物。该炸弹外形短粗,弹体像大铁桶,内装有 GSX(硝酸铵、铝粉和聚苯乙烯)炸药,弹头为圆锥形,前端装有一根探杆,探杆的前端装有 M904 引信,用于保证炸弹在距地面一定高度上起爆。弹壁为 6.35mm 钢板。炸弹没有尾翼装置,但装有降落伞系统,以保证炸弹下降时的飞行稳定性。

BLU-82/B 弹的作战过程为,在飞机投放后,在距地面 30 m 处第一次爆炸,形成一片雾状云团落向地面,在靠近地表的几米处再次引爆,发生爆炸,所产生的峰值超压在距爆炸中心 100 m 处达 1.32 MPa,冲击波以每秒数千米的速度传播。爆炸还能产生 1 000~2 000℃的高温,持续时间要比常规炸药高 5~8 倍,可杀伤半径 600 m 内的人员,同时还可形成直径为 150~200 m 的真空杀伤区。在这个区域内,由于缺乏氧气,即使潜伏在洞穴内的人也会窒息而死。该炸弹爆炸所产生的巨大声响和闪光还能极大地震撼敌军士气,因此,其心理战效果也十分明显。

b)"炸弹之母"。美国的"炸弹之母"又称为高威力空中引爆炸弹(Massive Ordnance Air Blast Bombs,MOAB),它是一种由低点火能量的高能燃料装填的特种常规精确制导炸弹,采用 GPS/INS 复合制导,可全天候投放使用,圆概率误差小于 13 m。该炸弹采用的气动布局和桨叶状栅格尾翼增强了炸弹的滑翔能力,可使炸弹滑翔飞行 69 km,同时使炸弹在飞行过程中的可操纵性得到加强。

MOAB 最初采用硝酸铵、铝粉和聚苯乙烯的稠状混合炸药,采用的起爆方式为二次起爆。作用原理是,当炸药被投放到目标上空且距离地面 1.8 m 的地方进行高位引爆,容器破裂、释放燃料,与空气混合形成一定浓度的气溶胶云雾,再经第二次引爆,可产生 2 500℃左右的高温火球,并随之产生区域爆轰波和高强度、长历时空气冲击波,同时爆轰过程会迅速耗费周围空间的氧气,产生大量的二氧化碳和一氧化碳,爆炸现场的氧气含量仅为正常含量的 1/3,而一氧化碳浓度却大大超过允许值,造成局部严重缺氧、空气剧毒,对人员和设施等实施毁伤。

MOAB 的另一个型号为 GBU-43/B,弹长 9.14 m,其装填 H-6 炸药(组分为铝粉、黑索金和梯恩梯),装药量为 8 200 kg,起爆方式采用一次爆炸,结构更简单,受气候条件影响小。爆炸当量相当于 11 t TNT 炸药,爆炸半径为 150 m,爆炸中心的温度为 2 500℃,可由 MC-130 运输机和 B-2 隐形轰炸机投放。

c)炸弹之父。俄罗斯的"炸弹之父"装填了一种液态燃料空气炸药,采用了先进的配方和纳米技术(可能加有纳米铝粉和黑索金),全弹质量为 7.8 t,相当于 44 t TNT 炸药爆炸后的威力,杀伤半径可达 330m 以上,是美国"炸弹之母"的 4 倍。

"炸弹之父"采用二次引爆技术,由触感式引信控制第一次引爆的炸高,第一次引爆用于炸开装有燃料的弹体,燃料抛撒后立即挥发,在空中形成炸药云雾;第二次引爆利用延时起爆方式,引爆空气和可燃液体炸药的混合物,形成爆轰火球,利用高温、高强冲击波来毁伤目标。

(2)温压弹。温压弹是利用高温和高压造成杀伤效果的弹药,也被称为热压武器。温压弹装填的是温压炸药。爆炸后产生爆炸冲击波和持续的高温火球,其热效应和纵火效应远高于一般常规武器,并能造成窒息效应。温压弹主要用于杀伤隐蔽于地下或洞穴内的有生力量和生化武器。

1)装药及其爆炸特点。温压炸药一般由高能炸药和铝、镁、钛、锆、硼、硅等多种物质粉末混合而成,这些粉末在爆轰作用下被加热引燃,可再次释放出大量能量。温压弹是在云爆弹的基础上研制出来的,与云爆弹具有一些相同点和不同点。相同之处是温压炸药采用了与燃料空气炸药类似的作用原理,都是通过药剂与空气混合生成能够爆炸的云雾;爆炸时都形成强冲击波,对人员、工事、装备可造成严重毁伤;都能因为燃烧而消耗空气中的氧气,造成爆点区暂时缺氧。不同之处是温压弹爆炸物中含有氧化剂,在药剂呈颗粒状在空气中散开后,形成的爆炸可同时产生冲击波的传播和持续高温区;特别是在有限空间中,杀伤力比云爆弹更强,对藏匿于地下的设备和系统能够造成严重损毁;适合于武器的小型化。

2)温压弹结构及作用原理。温压弹主要由弹体、温压炸药、引信、稳定装置等组成。

温压炸药是温压弹有效毁伤目标的重要组成部分,与云爆弹相比,温压弹使用的温压炸药一般呈颗粒状,属于含有氧化剂的富燃料合成物。战斗部炸开后温压炸药以粒子云形式扩散。这种微小的爆炸力极强的炸药颗粒充满空间,其爆炸效果比常规爆炸物和云爆弹更强,释放能量的时间更长,形成的压力波持续时间也更长。

引信是温压弹适时起爆和有效发挥作用的重要部件,当温压弹用于对付地下掩体目标时,则要求引信在弹药贯穿混凝土防护掩体之后引爆,以发挥最佳效果。对主要用于侵彻掩体的温压弹来说,要求有较好的弹体外形结构,弹的长细比较大,阻力小,且弹体材料要保证在侵彻目标过程中不发生破坏。

温压弹在地面爆炸后形成三个毁伤区,一区为中心区,区内人员和大部分设备受爆炸超压和高热作用而毁伤;在中心区的外围一定范围内为二区,具有较强爆炸效能,会造成人员烧伤和内脏损伤;在二区外面相当距离内为三区,仍有爆炸冲击效果,兼有破片杀伤区域,会造成人员某些部位的严重损伤和烧伤。温压弹爆炸后产生的高温、高压场向四周扩散,通过目标上尚未关好的各种通道(如射击孔、炮塔座圈缝隙、通气部位等)进入目标结构内部,高温可使人员表皮烧伤,高压可造成人员内脏破裂。因此,温压弹更多用来杀伤有限空间内的有生力量。在有限空间中爆炸时,毁伤效果比开阔区域爆炸要好许多。

温压弹对洞穴内目标的毁伤效果也是很有效的。温压弹打击洞穴的投放和爆炸方式有多种。例如,可以垂直投放,在洞穴或地下工事的入口处爆炸或穿透防护工事表层,在洞穴内爆炸。也可以采用延时引信(一次或两次触发)的跳弹爆炸,先将其投放在目标附近,然后跳向目标爆炸或穿透防护工事口部,进入洞穴深处爆炸。温压弹还有一个特殊之处在于,它可在隧道或山洞里造成强烈爆炸,杀死内部的有生力量,却不会使山洞坍塌,因为温压炸药的爆轰峰值压力并不高。

3)典型温压弹。典型的温压弹为美国的 BLU－118/B,弹质量为 902 kg,弹长为 2.5 m,弹径为 370 mm,壳体厚度为 26.97 mm,炸药类型为 PBXIH－135 混合炸药,炸药质量为227 kg,装填系数为 0.25,侵彻威力为 3.4 m 厚的混凝土层。

BLU－118/B 温压弹安装有激光制导系统。内部装填的 PBXIH－135 高能钝感炸药由奥克托金、聚氨酯橡胶和一定比例的铝粉组成,与标准高能炸药相比,该温压炸药可在较长时间内释放能量。其引信采用 FMU－143J/B,具有 120 ms 的延时,可使战斗部穿透地下 3.4 m 厚深层坚固工事后起爆。该弹的作用原理是利用高温和压力达到毁伤效果,炸弹在爆炸的瞬间产生大量云雾状的炸药粉末,待其顺着洞穴和隧道弥漫开以后,延时爆炸装置再将其引爆,其作用效果比普通炸弹更强劲、更持久。同时能迅速将洞穴内的空气耗尽,导致有效区域内的人员窒息死亡,并且最终不毁坏洞穴和地道。

4.爆破战斗部发展趋势

由于爆破战斗部具有作战使用灵活、对付目标广泛等优点,因此在现代化战争中具有举足轻重的作用。未来爆破战斗部的发展趋势主要表现在以下几方面。

（1）改善战斗部装药的性能。爆破战斗部主要靠炸药爆炸后所产生的冲击波超压和比冲量来杀伤目标,而这些参数与战斗部主装药的性能和装药量大小有关。为了提高爆破战斗部破坏威力,一方面可以选用威力大、猛度高的高能量炸药,另一方面可在装药工艺上进行改进,尽量提高炸药的装填比,提高有限体积的装药量。因此,改进装药工艺和研制新炸药配方是未来提高战斗部杀伤力的主要技术途径。

（2）采用精确制导。一般来讲,爆破战斗部离目标越近,对目标的破坏作用越强,因此,应尽可能地把战斗部投放到目标上。对于导弹战斗部而言,就是要精确制导,减少制导误差,这样才能达到对目标高效毁伤的目的。

（3）发展巨型炸弹。巨型炸弹是质量超过 500 kg 的大型航空炸弹的俗称。它是一种常规航空武器,它的使用方式一般是用飞机从空中投放。它的作用机理是,飞机在高空将炸弹投放后,炸弹在空中一定的高度被引爆,高爆炸药被释放到空气中;而后再次引发有氧爆炸和有氧燃烧,从而产生高压冲击波、高热能和无氧区,以摧毁武器装备、建筑物,并导致生物窒息死亡。这种巨型真空炸弹主要用于打击战场上的面状目标和集群目标,比如敌机场、兵营、军事基地和森林地带内的有生力量等。巨型炸弹的研制背景和动因,可能与核武器使用的局限性有关。由于核弹药的研制和使用受到多种限制,为了既能实现对敌人实施大规模杀伤和破坏的目的,又不至于遭到国际社会的谴责和国际法的制裁,"巨型炸弹"是一种"合适"的手段。它属于常规弹药,爆炸威力巨大,爆炸景况形似核爆炸时的"蘑菇云",但没有核辐射、核电磁脉冲和放射性沾染等。巨型炸弹的典型代表是美国的"炸弹之母"和俄罗斯的"炸弹之父"。它们均是利用强大的冲击波和高温、高压对目标实施毁伤,可以产生与核弹相比拟的毁伤效果,是未来爆破战斗部的一个发展方向。

4.2　聚能作用原理与聚能破甲战斗部

聚能破甲战斗部主要是利用炸药爆炸时所产生的聚能流去穿透厚的装甲或混凝土。因而它所对付的主要是具有强的防护装甲的目标,例如地面上的防御工事、坦克、装甲车、机场,以及水面上的舰艇等。本节将主要介绍聚能流的作用原理和聚能破甲战斗部的结构与类型。

4.2.1　聚能作用原理

1.聚能现象与聚能效应

早在 19 世纪末,人们对空心装药的聚能效应就有了初步的了解。1888 年美国科学家Monroe 在实验室中发现了聚能现象,当炸药装药内存在一定形状的空穴时,爆炸后靶板上的孔洞深度有所增加。如图 4－2－1 所示,在同一靶板上安置了 4 个不同结构形式但外形尺寸相同的药柱(炸药:50％黑索金、50％梯恩梯、注装,药量为 50 g。目标:钢板。),当使用相同的电雷管对它们分别进行引爆时,将会观察到对靶板破坏效果的极大差异。

第一种情况[见图 4－2－1(a)]:装药是实心圆柱,在靶板上炸出了一个浅浅的坑;

第二种情况[见图 4－2－1(b)]:装药底部有一圆锥形的孔穴,在靶板上炸出了一个较深的坑;

第三种情况[见图 4－2－1(c)]:装药底部一圆锥孔穴内安一个圆锥形的金属罩,在靶板上炸出了一个深坑；

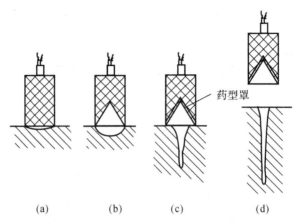

图 4-2-1　几种不同装药破甲情况示意图

第四种情况[见图 4-2-1(d)]：装药与第三种相同，但装药底面与目标间有一定的距离，这个距离称作炸高，在靶板上炸出了一个入口大出口小的喇叭形更深的坑。

四种情况破甲深度见表 4-2-1。

表 4-2-1　不同装药结构破甲深度比较

序号	装药	破甲深度/mm
(a)	实心装药	8.3
(b)	有锥孔，无药型罩	13.7
(c)	有锥孔，有罩、无炸高	33.1
(d)	有锥孔，有罩、有炸高	79.2

由此看出，在装药底部制成空穴（即圆锥孔），或者再加药型罩并取适当的炸高，就可明显地增大破甲作用。这种利用装药一端的空穴以提高局部破坏作用的效应，称为聚能效应，此种现象称为聚能现象。

Neumann 于 20 世纪初从理论上分析了炸药爆炸的这种空穴效应。利用爆轰波理论可知，炸药爆炸时产生的高温、高压爆轰产物，将沿炸药表面的法线方向向外飞散。

通过角平分线可以确定作用在不同方向上的有效装药，如图 4-2-2 所示。圆柱形药柱爆轰后，爆轰产物沿近似垂直原药柱表面的方向向四周飞散，作用于钢板部分的有效装药仅仅是整个装药的很小一部分[见图 4-2-2(a)]，又由于药柱对靶板的作用面积较大（装药的底面积），能量密度小，其结果只能在靶板上炸出很浅的坑。然而，当炸药带有锥形孔时，虽然凹槽使整个装药量减少，但按角平分线重新分配后，有效装药量并不减少[见图 4-2-2(b)]，而且锥孔部分的爆轰产物飞散时，先向轴线集中，汇聚成一股速度和压力都很高的气流，称为聚能气流（或称爆集喷流），此时，爆轰产物的能量集中在较小的面积上，能量密度提高，故能炸出较深的坑。在气流的汇集过程中，总会出现直径最小、能量密度最高的气体流断面，该断面称为"焦点"平面。焦点至凹槽地端面的距离称为"焦距"[见图 4-2-2(b)中 F]。气流在焦点前后的能量密度都将低于焦点处的能量密度，因而适当提高装药至靶板的距离可以获得更好的侵彻效果。

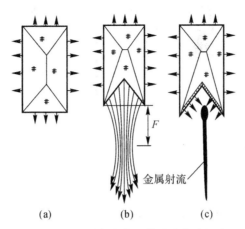

图 4-2-2　爆轰产物飞散及聚能流汇聚

当锥形槽内有金属药型罩(如铜质)时[见图 4-2-2(c)],当爆轰产物在推动罩壁向轴线运动过程中,就将能量传递给了铜罩。由于铜的可压缩性很小,因此内能增加很少,能量的极大部分表现为动能形式,这样就可避免高压膨胀引起的能量分散而使能量更为集中。由于金属射流各部分的速度是不同的,头部速度高,尾部速度低,存在速度梯度,射流头部速度可达 7 000～9 000 m/s,能量密度可达典型炸药爆轰能量密度的 15 倍;尾部速度在 1 000 m/s 以下,因此射流在向前运动过程中将被拉长。但由于铜具有优良的延伸性,射流可比原长延伸好几倍而不断裂。并且,金属射流在延伸过程中不像聚能气流那样膨胀分散,仍保持着原来的能量密度,使聚能作用大为增强,大大提高了对靶板的侵彻能力。

药柱锥孔内加了药型罩后,再把靶板放在离药柱一定距离处,金属射流能打出五倍口径深的孔来。

由此可见,药型罩的作用是将炸药的爆轰能量转换成罩的动能,从而提高了聚能作用。但是,它的破坏作用只在锥孔方向上较强,而在其他方向上则和普通炸药的破坏作用一样。所以,聚能装药一般只适用于产生局部破坏作用的领域。

2.聚能流形成过程

(1)射流形成过程的初步分析。脉冲 X 射线照相是研究射流形成过程的重要工具。图 4-2-3是聚能金属射流形成过程的一组 X 射线照片。

如图 4-2-3(a)所示是装药起爆后 11.75 μs 时药型罩变形情况。这时装药爆轰已结束,药型罩在爆轰产物的强烈冲击下强迫变形。

如图 4-2-3(b)所示是装药起爆后 13.89 μs 时药型罩变形情况。这时正在变形的药型罩底部出现一段长 12 mm 左右、直径 2 mm 左右的金属流。

如图 4-2-3(c)所示是装药起爆后 27.25 μs 时药型罩变形情况。这时药型罩已完全失去原来的形状,在头部形成了很长的金属流,在尾部形成了结构密实的一大团金属块。头部的金属流叫射流,尾部的金属块叫杵体。这时药型罩主要变成杵体和射流,另外还有一些金属碎片,它是由药型罩底部边缘形成的,在照片上看到的就是垂直于射流的线条。

如图 4-2-3(d)所示是装药起爆后 35.08 μs 时射流的情况。这时,射流长达 172 mm 左右,而且射流与杵体快要脱离。

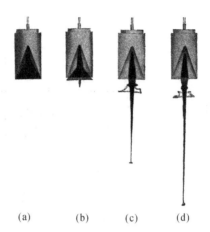

(a)　　　(b)　　　(c)　　　(d)

图 4 - 2 - 3　锥形罩射流形成过程的照片

　　从照片中看出,带药型罩的空心装药,它的特点是在爆轰后形成射流,这时射流具有较大的密度和速度。因为药型罩一般是用铜制成的,所以射流的密度最小也应等于铜的密度($8.93\ \mathrm{g/cm^3}$),又以高速向轴线方向聚集,所以射流密度就远远大于装药爆轰产物的密度及爆集喷流的密度。射流的速度极高,可以大于炸药的爆速。由此我们可以得出这样的结论:射流是高密度高速度高温度的金属流,它具有很大的动量和动能,因而具有强大的破甲作用。

　　根据上面的试验结果进行射流形成过程的分析。图 4 - 2 - 4(a)所示为聚能装药的原来形状,图中把药型罩分成四个部分,称为罩微元,以不同的剖面线区别开。如图 4 - 2 - 4(b)所示,表示爆轰波阵面到达罩微元 2 的末端时,各罩微元在爆轰产物的作用下,先后依次向对称轴运动。其中微元 2 正在向轴线闭合运动,微元 3 有一部分正在轴线处碰撞,微元 4 已经在轴线处完成碰撞。微元 4 碰撞后,分成射流和杆体两部分(此时尚未分开),由于两部分速度相差很大(相差 10 倍),很快就分离开来。微元 3 正好接踵而至,填补微元 4 让出来的位置,而且在那里发生碰撞。这样就出现了罩微元不断闭合、不断碰撞、不断形成射流和杆体的连续过程。如图 4 - 2 - 4(c)所示表示药型罩的变形过程已经完成,这时药型罩变成射流和杆体两大部分。各微元排列的次序,就杆而言,和罩微元爆炸前是一致的,就射流来说,则是倒过来的。

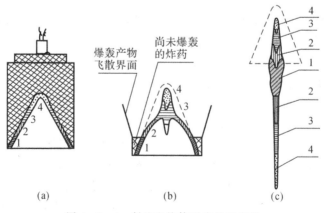

(a)　　　　　　　(b)　　　　　　　(c)

图 4 - 2 - 4　射流和杆体形成的示意图

　　射流和杵体存在速度差别的原因是,微元向轴线闭合运动时,由于同样的金属质量收缩到直径较小的区域,罩壁必然要增厚。这样,罩内表面的速度必然要大于外表面的速度,在轴线处碰撞时,罩内壁部分得到极高的速度成为射流,外壁部分则速度大为降低成为杵体。试验表明,药型罩的14％～22％成为射流,射流从杵体的中心拉出去,致使杵出现中空。药型罩除了形成射流和杵体以外,还有相当一部分形成碎片,这主要是由锥底部分形成的,因为这部分罩微元受到的炸药能量作用减少。如果罩碰撞时的对称性不好,也会产生偏离轴线的碎片。另外,碰撞时产生的压力和温度都很高,有时可能产生局部熔化甚至汽化现象。

　　药型罩的不同形状将形成不同的射流特征,除了圆锥形药型罩外,传统的药型罩还有半球形罩、楔形罩等,它们都有着各自的应用需求。

　　当药型罩锥角增大到100°以上时,爆炸后药型罩大部分发生翻转,罩壁在爆轰产物的作用下仍然汇合到轴线处。但不同于小锥角药型罩情况,不再发生罩壁内外层的能量重新分配,也不区分射流和杵体两部分,药型罩被压合成为一个直径较小的"高速弹丸",即爆炸成型弹丸。相对于射流,爆炸成型弹丸直径较粗,能量密度较低,在飞行过程中变形小,基本上保持完整,因而破甲稳定性好,同样具有很好的军事应用价值。

　　(2)射流在空气中的运动。聚能装药结构为了获得最大破甲深度一般都设计了炸高。因此,射流从形成到穿靶前需要在空气中运动一段距离,在运动过程中射流将不断地延伸、断裂和分散。

　　射流的延伸:从射流形成过程脉冲X射线照片图可见,对于锥形罩来说,射流一般延伸到罩母线长的4～5倍时,仍保持完整,这比常态下的金属延伸率(铜为50％)大得多,同时,射流的直径随延伸的发展而缩小,射流能像绳子一样摆动扭曲。可见,射流并不是由毫无联系的微粒组成的流体,射流各部分之间表现出一定的强度。研究表明,射流温度接近于金属的熔点而没有达到金属的熔点。由于射流头部的温度较高,尾部较低,这是射流在空气中运动时具有比常温金属大得多的延伸率,同时具有一定强度的原因。射流内部的压力和周围大气压是相等的,因此金属射流的状态属于常压的高温塑性状态,在轴向速度梯度所引起的惯性力作用下,射流不断伸长。射流头部温度很高,塑性好,容易伸长,而射流尾部的温度较低,伸长时消耗的塑性变形功较大,必须考虑材料的强度。

　　射流的断裂:由于射流具有较大的速度梯度,致使射流不断被拉长,射流在空气中伸长到一定程度后,首先出现颈缩,然后断裂成许多小段,情况类似于金属棒的普通拉伸断裂过程。图4-2-5给出了射流形成、拉长、断裂过程示意图。通常射流在头部或接近头部处先断裂,此时射流长度可达药型罩母线长的6倍。断裂区域逐渐向后扩展,最后全部射流断裂成小段。断裂后的射流小段在继续运动中发生翻转偏离轴线,不再呈有秩序的排列。这时破甲能力大大降低,射流翻转后则完全不能破甲,着靶时只在靶板表面造成杂乱零散的凹坑。

　　射流在空气中运动时,射流伸长有利于提高破甲深度,而有断裂和径向分散的趋势时,则不利于提高破甲深度,这就是为什么要选择一个最有利炸高的原因。

　　3.聚能流的破甲过程

　　(1)破甲基本现象。聚能射流破甲与普通的穿孔现象有很多不同。若将铁钉敲入木板中,只能得出和钉子一样粗的孔,钉子则留在孔中,而射流穿钢板时,却能打出比自身粗许多倍的孔来。射流穿孔后,自身分散,射流金属附在孔壁上。射流能够穿孔与射流和靶板的材料性能有关,因此,研究破甲过程和影响因素,对于提高破甲威力和提高装甲防护能力具有重要的意义。

射流破甲过程如图 4-2-6 所示。图中(a)所示为射流刚接触靶板,然后发生碰撞,由于碰撞速度超过了钢和铜中的音速,自碰撞点开始向靶板和射流中分别传入冲击波,同时在碰撞点产生很高的压力,能达到 202.65×10^3 MPa,温度能升高到绝对温度 5 000 K。由于射流直径很小,稀疏波迅速传入,传入射流中的冲击波不能深入射流很远。射流与靶板碰撞后,速度降低,但不为零,而是等于靶板碰撞后的质点速度,也就是碰撞点的运动速度,称为破甲速度。碰撞后的射流并没有消耗其全部能量,剩余的部分能量虽不能进一步破甲,却能扩大孔径。此部分射流受到压缩,并在后续射流的推动下,向四周扩张。

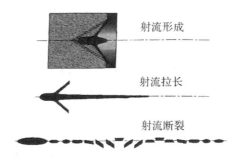

图 4-2-5　射流形成、拉长、断裂示意图

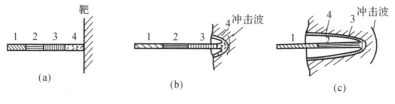

图 4-2-6　破甲过程示意图

当后续射流到达碰撞点后,继续破甲,但此时射流所碰到的不再是静止状态的靶板材料,经过冲击波的压缩,此部分靶板金属已有一定的速度,故碰撞点的压力小一些了,为 $(20.265\times10^3\sim30.397\times10^3)$ MPa,温度也降到 1 000 K 左右。在碰撞点周围,金属产生高速塑性变形,应变率很大。因此在碰撞点附近有一个高压、高温、高应变率的区域,简称为三高区。后续射流正是与处于三高区状态靶板金属发生碰撞,进行破甲的。图 4-2-6(b)表示射流 4 正在破甲,在碰撞点周围形成三高区;图 4-2-68(c)表示射流 4 已附在孔壁上,有少部分飞溅出去;射流 3 已完成破甲作用,射流 2 即将破甲。射流残留在孔壁的次序和原来射流中的次序是正好相反的。

(2)破甲的三个阶段。综上所述,射流破甲可分以下三个阶段:

1)开坑阶段。也就是破甲的开始阶段,射流头部碰击静止的靶板,产生百万大气压的压力。从碰撞点向靶板和射流中分别传入冲击波,靶板自由界面处崩裂,靶材和射流残渣飞溅,射流在靶板中建立三高区。此阶段仅占孔深的很小一部分。

2)准定常阶段。射流碰靶后,在靶板中形成三高区,此后射流对三高区状态的靶板穿孔,碰撞压力较小。此阶段射流的能量分布变化缓慢,破甲参数变化不大,尤其是靶孔直径变化不大,基本上与破甲时间无关,故称准定常阶段,大部分孔深的产生属于此阶段。

3)终止阶段。此阶段情况很复杂,首先,射流速度已相当低,靶板强度的作用愈来愈明显,不能忽略;其次,由于射流速度降低,不仅破甲速度减小,而且扩孔能力也下降了,后续射流推不开前面已经释放能量的射流残渣,直接作用于残渣上,而不是作用于靶孔的底部,影响了破甲的进行。实际上在射流和孔底之间,总是存在射流残渣的堆积层,在准定常阶段堆积层很薄,在终止阶段则愈来愈厚,最后使射流破甲过程停止。最后,射流在破甲的后期产生颈缩和断裂,从而影响破甲性能。当射流速度降低到某一临界值时,不能再侵彻靶板(此值通常称为临界速度,它与射流和靶板的材料以及射流状态有关),而是堆积在坑底,使破甲过程结束。

(3)破甲孔的形状。射流破甲孔的典型形状如图 4 - 2 - 7 所示,口部呈喇叭形,孔径减小较快,相当于开坑阶段,约占总深的 10%。此后孔径均匀下降,这部分孔深占总深的 85%,相当于准定常阶段。孔下部出现一小段葫芦形,说明此处射流已断裂,再往下就是孔径略为增大的袋形孔底,里面堆满失去能量的射流残渣。此部分射流如果直接作用在孔底,本来可以继续侵彻,但由于堆积作用而达不到侵彻的目的,只能通过扩大孔径而消耗掉能量,此阶段属于终止阶段,占总深的 5%。

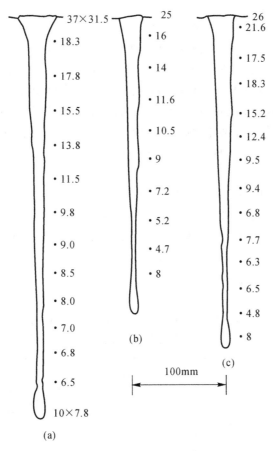

图 4 - 2 - 7　破甲孔形状

(4)射流的最大破甲深度。药型罩底面与靶板之间的距离称为炸高,它直接影响到射流的长度,也就影响射流的破甲能力。在射流与杵体脱离后,其断裂前,射流的长度最长。

若使射流有一定的破甲能力,就必须保证药型罩有一定的炸高。破甲深度最大、射流最稳定时的炸高称为有利炸高。此时射流具有最大的破甲能力。

目前还没有准确的理论公式来计算破甲深度。下面介绍两个实用的经验公式

$$L_有 = \eta(-0.706\times10^{-2}\alpha^2+0.593\alpha+0.475\times10^{-7}\rho_0 D^2-9.84)l_M \quad (4-2-1)$$

$$L_无 = \eta(0.0118\times10^{-2}\alpha^2+0.106\alpha+0.25\times10^{-7}\rho_0 D^2-0.53)l_M \quad (4-2-2)$$

式中,$L_有$、$L_无$ 为有隔板和无隔板装药的静破甲深度;l_M 为药型罩圆锥部母线长;α 为药型罩半锥角;ρ_0 为装药密度;D 为装药爆速;η 为与药型罩和靶板性能有关的系数(见表4-2-2)。

表4-2-2　常见药型罩与靶板性能的 η 值

药型罩	紫铜车制		紫铜冲压		钢冲压	铝车制
靶板	碳钢	装甲钢	碳钢	装甲钢	装甲钢	装甲钢
η	1.00	0.88~0.93	1.11	0.97~1.02	0.77~0.79	0.40~0.49

公式(4-2-1)和公式(4-2-2)中的系数是根据实际经验确定的。

4.影响破甲威力的因素

聚能破甲战斗部主要是用来对付具有厚装甲的兵器,例如坦克。为了有效地摧毁敌兵器装甲,要求聚能破甲战斗部有足够的破甲威力,其中包括破甲深度、后效作用及金属射流的稳定性。后效作用是指聚能金属流穿透坦克装甲之后,还有足够的能力破坏坦克内部的仪器,杀伤坦克乘员,以致使坦克失去战斗作用;金属射流稳定,是指聚能破甲战斗部发发都能穿透装甲。例如,某破甲弹战术技术规定:对于120mm的装甲钢板,着角65°时穿透率为90%。

破甲威力是聚能装药战斗部作用后的最终效果。它与所采用的炸药、药型罩、炸高、隔板、战斗部壳体、旋转运动以及靶板材料等有密切的关系,因此,为了提高破甲威力,必须对上述各因素进行分析。

(1)炸药。炸药性能和装药形状是影响破甲深度的主要因素。

1)炸药性能。炸药是聚能破甲的能源。炸药爆炸后很快地将能量传给药型罩,药型罩在轴线上闭合碰撞,产生高速运动的金属流,然后依靠金属流破甲。理论分析和实验研究都表明,炸药影响破甲威力的主要因素是爆轰压力。

国外曾做过不同炸药的破甲威力试验,试验药柱的直径为48 mm,长度为140 mm;药型罩材料为钢制,锥角44°,底径为41 mm;炸高为50 mm。试验数据见表4-2-3。

表4-2-3　炸药性能对破甲作用的影响

炸药	密度/(g·cm⁻³)	爆轰压/MPa	破甲深度/mm	孔容积/cm³	试验发数
B炸药	1.71	23 200	144±4	35.1±1.9	8
B炸药/TNT80/20	1.662	20 900	136±9	20.8±1.7	4
B炸药/TNT50/50	1.646	19 400	140±4	27.5±1.2	5
B炸药/TNT20/80	1.634	17 100	138±7	23.5±0.7	5
TNT	1.591	15 200	124±7	19.2±1.2	10
RDX	1.261	12 300	114±5	12.6±0.9	10

从表中看出,随炸药爆轰压力的增加,破甲深度与孔容积都增加。将表中数据作图

4-2-8,从图中清楚看出,破甲深度和孔容积都与爆轰压力呈线性关系。

用最小二乘法处理数据,可以获得下列关系:

$$\left.\begin{aligned} L &= a_1 + b_1 p \\ L &= a_2 + b_2 p \end{aligned}\right\} \tag{4-2-3}$$

式中,L、V 分别为破甲深度和孔容积;p 为爆轰压;a_1、b_1、a_2、b_2 为与装药结构有关的系数。

国内也开展过破甲能力与炸药性能方面的试验工作,采用同样的装药结构,选用了 6 种破甲深度、孔容积与爆轰压的关系不同性能的炸药,于各自最有利炸高条件下进行破甲试验。试验表明,就破甲深度来看,爆轰压力起主要作用,爆热只起次要作用。以综合参数 $p(\rho_0 Q)^{1/2}$ 作为衡量炸药破甲能力的标准,获得如下的关系:

$$\frac{L}{d} = ap\,(\rho_0 Q)^{\frac{1}{2}} + b \tag{4-2-4}$$

式中,d 为药型罩底径;p、Q 为炸药的爆轰压和爆热;ρ_0 为炸药的装填密度;a、b 为与装药结构有关的系数。

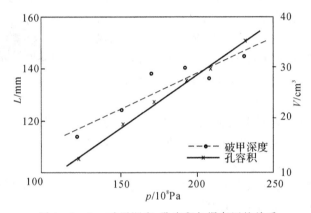

图 4-2-8　破甲深度、孔容积与爆轰压的关系

这里应该说明一下,药型罩压垮闭合的过程是很快的,主要取决于最初 $5 \sim 10\mu s$ 内的爆轰能量,爆轰压力虽然是峰值压力,但它仍表示了最初时刻爆轰能量的大小,当爆轰压力相差不大时,爆热作为能量持续的因素对破甲仍然有所贡献。不过,假若爆热是在较长时间内放出来的,其意义就不大了,例如含铝炸药虽然爆热很高,但此能量是在爆轰波阵面后二次反应中释放出来的,来不及推动药型罩,不会提高破甲能力。

炸药爆轰压是爆速和装填密度的函数,按照流体力学理论可知

$$p = \frac{1}{4}\rho_0 D^2 \tag{4-2-5}$$

此外,对于同种炸药来说,爆速和密度间也存在着线性关系,其规律通常用下式表示:

$$D = D_{1.00} + K(\rho - 1.00) \tag{4-2-6}$$

式中,D 为装药密度为 ρ 时的爆速;$D_{1.00}$ 为装药密度为 $1\ \text{g/cm}^3$ 时的爆速;K 为与炸药性质有关的系数,其单位为 $\dfrac{\text{m/s}}{\text{g/cm}^3}$,对于多数高能炸药 K 值一般为 $3\,000 \sim 4\,000$。

因此为了提高破甲能力,必须尽量选取高爆轰压炸药。在炸药选定后,应尽可能地提高装药密度,从而达到提高破甲效果的目的。

2)装药形状。聚能装药的破甲深度与装药直径和长度有关,随装药直径和长度增加,破甲深度增加。

增加装药直径(相应地增加药型罩口径)对提高破甲威力特别有效,破甲深度和孔径都随着装药直径的增加而线性地增加。但是装药直径受着弹径的限制,增加装药直径后就要相应增加弹径和弹重,在总体设计中是有限制的。在较小的装药直径和质量下,应尽量提高聚能装药的破甲威力。

随着装药长度的增加,破甲深度增加,试验表明,当药柱长度增加到三倍装药直径以上时,破甲深度不再增加。因为轴向和径向稀疏波的影响,所以爆轰产物向后面和侧面飞散,作用在药柱一端有效装药只占全部装药长度的一部分。理论研究表明,当药柱长度小于2.25倍装药直径时,其有效装药长度随装药长度的增加而增加,当药柱长度大于2.25倍装药直径时,增加装药长度,其有效装药长度不再增加。

在确定聚能装药的结构形状时,必须综合考虑多方面的因素,既要装药质量轻,又要破甲效果好,这就需要更有效地利用炸药,选择合适的装药结构。通常聚能装药带有尾锥,由于罩顶部至轴线闭合距离很短,罩顶部位之后装药削成截锥形,只是使尾部受侧向稀疏波的影响严重些,而对药型罩接受炸药的能量无大妨碍。并且,有利于增加装药长度,同时又减小了装药质量。

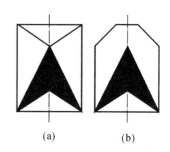

(a)   (b)

图4-2-9　两种装药形状

如图4-2-9所示的两种装药的破甲能力几乎相等,但是图4-2-9(b)装药比图4-2-9(a)装药的装药量减少很多,而有效装药量减少得却不多。

(2)药型罩。药型罩是射流形成的母体和关键核心部件,直接影响射流形成和破甲效应,设计时主要涉及材料、锥角、壁厚和形状。

1)材料。当药型罩被压合时,形成连续而不断裂的射流愈长,密度愈大,其破甲愈深。原则上,药型罩材料应具有密度大、塑性好,在形成射流过程中不汽化(熔点高)等特性。

表4-2-4　不同材料药型罩破甲试验

罩材料	平均破甲深度/mm	密度/(kg·cm³)	延伸率/(%)	熔点/℃
紫铜	123	8.9	50	1 083
生铁	111	7.8	0.5	1 527
钢	103	7.8	28	1 254
铝	72	2.7	30	658
锌	79	7.14	12	419
铅	91	11.3	3	328

如表4-2-4所示,是不同材料药型罩的破甲数据。试验条件:采用梯/黑(50/50)药柱,装药直径为36 mm,药量为100 g,密度为1.6 g/cm³,药型罩锥角为40°,罩壁厚为1 mm,罩底部直径为30 mm,炸高为60 mm。从试验结果看出,紫铜的密度较高,塑性好,破甲效果最好,

生铁虽然在通常条件下是脆性的,但是在高速、高压的条件下却具有良好的可塑性,因此破甲效果也相当好;铝作为药型罩虽然延展性好,但密度太低;铅作为药型罩虽然延展性好、密度高,但是由于铅的熔点和沸点都很低,在形成射流的过程中易于汽化,因此铝罩和铅罩破甲效果都不好。

目前,随着对破甲能力要求的不断提高,不少新的材料也加入到药型罩的选材中,如钼、钽、铀、镍、钨等,它们的主要特点都是密度大、延展性好、不易汽化。

2)锥角(30°～70°)。按照射流形成理论,射流速度随药型罩锥角减小而增加,射流质量随药型罩锥角减小而减小。

表 4 - 2 - 5　不同锥角药型罩试验结果

| 罩锥角 | 装药尺寸/mm | | 炸高/mm | 射流头部速度/(m·s⁻¹) | 破甲深度/mm | | | 试验发数 |
	罩高	药高			平均	最大	最小	
0°	75	115		14 000				
30°	47	96	40	7 800	132	155	104	12
40°	36	93	50	7 000	129	140	119	5
50°	29	91	60	6 200	123	135	114	7
60°	24	90	60	6 100	120	127	106	7
70°	20	88	60	5 700	121	124	113	7

如表 4 - 2 - 5 所示,给出不同锥角时的破甲试验结果,试验条件与表 4 - 2 - 4 相同,但是随锥角不同,药型罩高度和装药高度有所不同。

从表 4 - 2 - 5 看出,当药型罩锥角低于30°时,破甲性能很不稳定。0°时射流质量极少,基本不能形成连续射流,只是用来作为研究超高速粒子实验之用。当药型罩锥角在 30°～70°之间时,射流具有足够的质量和速度。小锥角时射流速度较高,有利于提高破甲深度;大锥角时射流质量较大,破甲深度降低,破甲稳定性变好,破甲孔径增大,后效作用增加。药型罩锥角大于 70°之后,金属流形成过程发生新的变化,破甲深度迅速下降。药型罩锥角达到 90°以上时,药型罩在变形过程中产生翻转现象,出现反射流,药型罩主体变成翻转弹丸,其破甲深度很小,但孔径很大。这种结构用来对付薄装甲效果极好,如反坦克车底雷就是采用这种结构形式的。

破甲弹药型罩锥角通常在 35°～60°之间选取,对于中、小口径战斗部,以选取 35°～44°为宜;对于中、大口径战斗部;以选取 44°～60°为宜。采用隔板时;锥角宜大些;不采用隔板时;锥角宜小些。

3)壁厚。药型罩最佳壁厚 δ 随药型罩材料、锥角、直径以及有无外壳而变化。总的来说,药型罩最佳壁厚随罩材料密度的减小而增加,随罩锥角的增大而增加,随罩口径 d 的增加而增加,随外壳的加厚而增加。

研究表明,药型罩最佳壁厚与罩半锥角的正弦成比例,但是在锥角小于 45°时,这个比例略大些,大于 45°时,这个比例略小些。

为了改善射流性能,提高破甲效果,实践中通常采用变壁厚的药型罩。如图 4 - 2 - 10 所示,表示壁厚变化对破甲效果的影响,试验采用钢药型罩,罩外锥角为 45°,罩底径为 111 mm,炸高为 152 mm,其他尺寸如图 4 - 2 - 10 所示。从试验中看出,采用顶部厚、底部薄的药型罩,穿孔浅而且成喇叭形。采用顶部薄、底部厚的药型罩,只要壁厚变化适当[见图4-2-10(c)],穿孔进口变小,随之出现鼓肚,且收敛缓慢,能够提高破甲效果,但如壁厚变化不合适,则降低破甲深度。

适当采用顶部薄、底部厚的变壁厚药型罩,提高破甲深度的原因,主要在于增加射流头部速度,降低射流尾部速度,从而增加射流速度梯度,使射流拉长增加破甲深度。变壁厚药型罩壁厚变化率(沿罩母线100 mm壁厚增加量)的选择,一般说来,小锥角药型罩选小些,大锥角药型罩选大些。最佳药型罩的壁厚为底径的2%～4%,反飞机用的约为6%。

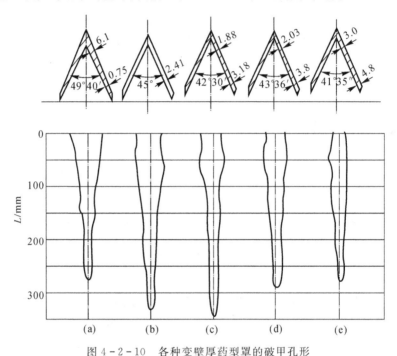

图4-2-10　各种变壁厚药型罩的破甲孔形

(a)956 g(药型罩质量,下同); 　(b)447 g; 　(c)552 g; 　(d)647 g; 　(e)880 g

4)形状。药型罩形状是多种多样的,有锥形、半球形、喇叭形、双曲线形等。反坦克车底雷采用大锥角罩,反坦克破甲弹通常采用锥角为35°～60°之间的圆锥罩,也有采用喇叭罩的,如法国105 mm"G"型破甲弹、英国MK50反坦克枪榴弹、苏联122 mm榴弹炮破甲弹及法国"昂塔克"反坦克导弹均采用喇叭罩。如图4-2-11所示为几种典型药型罩结构示意图。

郁金香形罩装药能更有效地利用炸药能量,使罩顶部微元有较长的轴向距离,从而得到比较充分的加速,最终得到高速慢延伸(速度梯度小)的射流,以适应大炸高情况。在给定装药量的情况下,该种装药对靶板的侵彻孔直径较大。

双锥形罩装药的双锥形罩顶部锥角比底部锥角小,可以提高锥形罩顶部区域利用率,产生的射流头部速度高,速度梯度大,速度分布呈明显的非线性,具有良好的延伸性。选择适当的炸高,可大幅度地提高侵彻能力。这种装药通过变药型罩壁厚设计,可产生头部速度超过10 km/s的射流。

喇叭形罩装药是双锥形罩装药设计思想的扩展,实际上是一个变锥角的药型罩,顶部锥角小(典型的是30°),底部锥角大,从顶部到底部锥角逐渐增大。这种结构增加了药型罩母线长度,增加了炸药装药量,有利于提高射流头部速度,增加射流速度梯度,使射流拉长。由于锥角连续变化,比双锥形罩装药更容易控制射流头部速度和速度分布。通常用于设计高速高延伸率的射流。喇叭形罩试验结果与圆锥形罩对比情况如表 4-2-6 所示。可见喇叭形罩可以明显提高破甲深度。在给定装药量的情况下,这种装药对均质钢甲的侵彻深度最深。喇叭形罩的严重缺点是工艺性不好,不易保证产品质量,致使破甲稳定性降低。

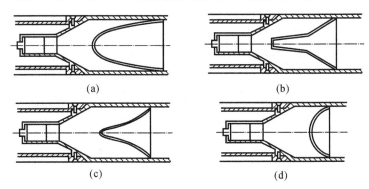

图 4-2-11　几种典型的药型罩结构示意图
(a)郁金香形;　(b)双锥形;　(c)喇叭形;　(d)半球形

表 4-2-6　喇叭罩与圆锥罩破甲对比试验

药型罩	装药量/g		炸高/mm	破甲深度/mm			试验发数
	主药柱	副药柱		平均	最大	最小	
喇叭罩	415	65	156～176	383	433	293	7
60°圆锥罩	365	65	166～176	353	370	268	8

　　半球形罩装药。半球形罩装药产生的射流头部速度低(4～6 km/s),但质量大,占药型罩质量的 60%～80%。射流与杵体之间没有明显的分界线。射流延伸率低,射流发生断裂时间较晚,适宜于大炸高情况。

　　在破甲弹设计和试验中,药型罩形状和尺寸的确定是很重要的一环,虽然有一定的规律遵循,有一些经验公式作参考,但是实践是非常重要的。好的药型罩的确定以及和装药、隔板、炸高等的合理配合,最终还是要靠试验才能确定下来。

　　如表 4-2-7 所示为药型罩形状对射流速度的影响。

表 4-2-7　药型罩形状对射流速度的影响(直径 30mm,长度 70mm,钢壁厚 1mm)

药型罩形状	药型罩参数		射流头部速度/(m·s^{-1})
	底部直径/mm	锥角/℃	
喇叭形	27.2		9 500
圆锥形	27.2	60	6 500
半球形	28		3 000

　　(3)隔板。在装药结构中采用隔板,目的在于改变在药柱中传播的爆轰波形,控制爆轰方

向和爆轰到达药型罩的时间,提高爆炸载荷,从而增加射流速度,达到提高破甲威力的目的。

实验表明,有隔板的装药结构与无隔板的装药结构比较,射流头部速度能够提高25%左右,破甲深度可以提高15%～30%。采用隔板时,除上述有利方面外,也存在着不利方面,即破甲结果跳动大,破甲性能不稳定,并且增加装药工艺的复杂性。

隔板的形状有圆台形、圆锥形、球缺形及其组合,如图4-2-12所示。

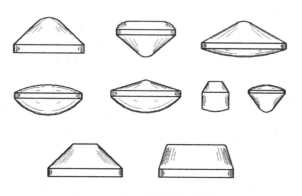

图 4-2-12 不同形状的隔板

通常以隔板厚度与隔板中断爆轰时间的比值 $U = S_1/\Delta t$ 近似表示冲击波在隔板中的传播速度,或称为隔爆速度。隔爆速度与隔板的材料和厚度有很大关系,与主发药品种和厚度也有很大关系。过厚会影响射流头部速度的提高,过薄则达不到预想的效果,经验公式为厚度与直径的比值小于0.3～0.48。

隔板材料一般采用塑料,因为这种材料声速低,隔爆性能好,并且密度轻,还有足够的强度。如表4-2-8所示是常用的几种惰性隔板材料的性能。

表 4-2-8 是常用的几种惰性隔板材料的性能

材　　料	酚醛层压布板 3302-1	酚醛压塑料 FS-501	聚苯乙烯泡沫塑料 PB1-20	标准纸板
密度/(g·cm⁻³)	1.30～1.45	1.4	0.18～0.22	0.7
抗压强度/MPa	245	137.2	2.94	

在确定隔板时,要全面考虑、合理选择隔板的材料和尺寸,尽量使爆轰波波形合理,光滑连续,不出现节点,以便保证药型罩从顶至底的闭合次序,充分利用罩顶药层能量。另外在具体产品设计时,还要考虑爆轰波波形与药柱形状、药型罩和壳体的适应性。

(4)炸高。炸高对破甲威力的影响可以从两方面来分析,一方面随炸高的增加,使射流伸长,从而提高破甲深度;另一方面,随炸高的增加,射流产生径向分散和摆动,延伸到一定程度后产生断裂现象,使破甲深度降低。

与最大破甲深度相对应的炸高,称为有利炸高。有利炸高是一个区间,实际上选择炸高都是选择有利炸高的上限,这样既能保证破甲深度,又可减轻弹重。有利炸高与药型罩锥角、药型罩材料、炸药性能以及有无隔板都有关系。

有利炸高随罩锥角的增加而增加,如图4-2-13所示,描述了不同药型罩锥角条件下炸高和破甲深度的关系,对于一般常用药型罩,有利炸高是罩底径的 1~3 倍。

如图 4-2-14 所示,表示了罩锥角 45°时,不同材料药型罩破甲深度随炸高的变化。从图中可以看出,铝材料由于延展性好,形成的射流较长,因而有利炸高大,约为罩底径的 6~8 倍,适用于大炸高的场合。

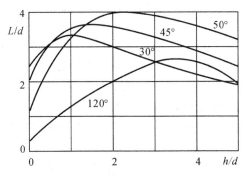

图 4-2-13　不同罩锥角时炸高-破甲深度曲线

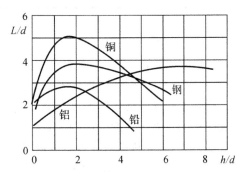

图 4-2-14　不同罩材料时炸高-破甲深度曲线

另外,采用高爆速炸药以及增大隔板直径,都能使药型罩所受冲击压力增加,从而增大射流速度,并使射流拉长,故有利炸高增加。

(5)旋转运动。弹体的旋转运动会降低破甲深度,应尽量采取措施减小或消除。

1)旋转运动的影响。当聚能战斗部在爆炸过程中具有旋转运动时,对破甲威力影响很大。这是由于:一方面旋转运动破坏金属流的正常形成;另一方面在离心力作用下使射流金属颗粒甩向四周,横截面增大,中心变空。这种现象随转速的增加而加剧(见图 4-2-15)。如图 4-2-16 所示是不同转速时的破甲孔形,从图中可以看出,随转速的增加,孔形逐渐变得浅而粗,表面粗糙,很不规则。

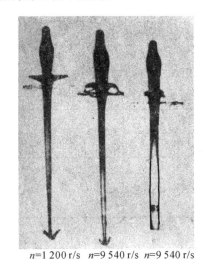

$n=1\,200$ r/s　$n=9\,540$ r/s　$n=9\,540$ r/s

图 4-2-15　不同转速时金属射流照片图

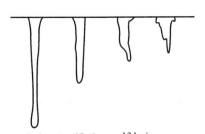

$n=0$ r/s　　$n=67$ r/s　　$n=131$ r/s　$n=313$ r/s

图 4-2-16　不同转速时破甲孔形

如表 4-2-9 所示是旋转运动对破甲性能影响的试验结果,试验采用带壳聚能装药,弹径为 90 mm,药型罩锥角为 54°,底径为 80 mm,炸高为 182 mm。

表4-2-9　旋转运动对破甲性能的影响

转速/(r·s⁻¹)	0	32	67	102	118	131	163	189	243	278	320
破甲深/mm	332	318	233	172	169	184	155	143	135	105	101
孔容积/cm³	101	106	88	87	83	82	62	70	62	65	59

从试验可以看出,当转速在30 r/s以内时,旋转运动对破甲性能没有什么影响;当转速由30 r/s增加到100 r/s时,破甲深度下降很快;在转速为100 r/s时,破甲深度大约下降了50%;然后随转速的增加,破甲深度继续下降;在转速为300 r/s时,破甲深度仅为无旋转时的30%。穿孔容积随转速的增加也在下降,但穿孔容积的下降比破甲深度缓慢。

旋转运动对破甲性能的影响随装药直径的增加而增加,这主要是由于在大口径时,射流的转速更加增大,故旋转运动的影响也愈加严重。

用转速(n)与罩底径(d)的乘积作横坐标,用破甲深度与罩底径比作为纵坐标,绘制曲线如图4-2-17所示,从图可知,随转速与罩底径乘积的增加,破甲深度一直下降。

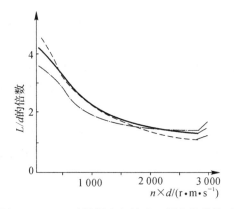

图4-2-17　破甲深度与转速×罩底径的关系

如表4-2-10所示为不同罩锥角时旋转运动对破甲深度的影响。

表4-2-10　不同罩锥角时旋转运动的影响

药型罩锥角	破甲深度/mm		降低量/(%)
	不旋转	320r/s	
27°	205	82	60
35°	160	86	46
60°	130	90	32

2)消除旋转运动对破甲性能影响的措施。弹丸旋转运动能够提高飞行稳定性和精度,但是旋转运动却大大降低破甲性能,两者是矛盾的。为了既保持聚能破甲弹的良好的破甲效果,又采用旋转来达到弹丸的飞行稳定性,这就需要采用特殊的结构。

目前消除旋转运动对破甲性能影响的措施,主要有采用错位式抗旋药型罩的(见图4-2-18),有采用外壳旋转、装药微旋结构的,有采用滑动弹壳结构的,另外采用旋压成型药型罩也能起到这种作用。

　　错位式抗旋药型罩的作用是使形成的射流获得与弹丸转向相反的旋转运动,以抵消弹丸旋转对金属流产生的离心作用。错位式抗旋药型罩的结构由若干个同样的扇形体组成,每一个扇形体的圆心都不在轴线上,而是偏一个距离,在一个半径不大的圆周上。当爆轰压力作用在药型罩壁面上时,各扇形体在此圆周上压合,由于偏心作用而引起旋转运动,其他扇形体也是如此,从而获得一个具有旋转运动的金属射流(见图 4-2-19)。射流的转速可以设计得与弹丸转速相同,但方向相反,两者叠加后转速变为 0,从而消除弹丸旋转。

　　滑动弹带的结构如图 4-2-20 所示,此种弹带不是固定在弹体上,而是装在钢环上,钢环位于弹体的环形槽内,能够自由旋转。发射时弹带嵌入膛线,致使弹带与钢环受膛线作用而发生旋转,弹丸仅由摩擦力的作用而产生低速转动,大约占膛线所赋予的转速的 10%,故不会影响聚能装药的破甲效果。

图 4-2-18　错位抗旋药型罩

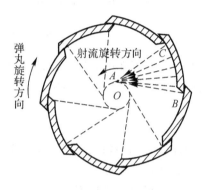

图 4-2-19　错位式抗旋罩的抗旋原理图

　　旋压成型药型罩在成形过程中,晶粒产生某个方向上的扭曲,药型罩压合时会产生沿扭曲方向的压合分速度,使药型罩微元所形成的射流不是在对称轴上汇合,而是在以对称轴为中心的一个小的圆周上汇合,从而使射流具有一定的旋转速度,若射流的旋转方向与弹丸旋转方向相反,则可抵消一部分弹丸旋转运动的影响,从而起到抗旋的作用(见图 4-2-21)。

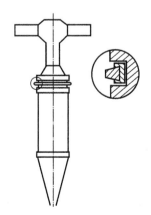

图 4-2-20　滑动弹带结构

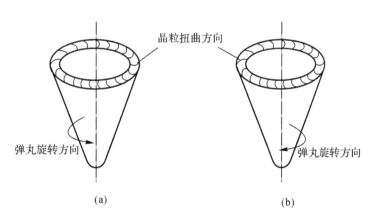

图 4-2-21　旋压成型药型罩抗旋作用示意图
(a)破甲效果好;　(b)破甲效果差

旋压成型药型罩破甲试验结果如图 4-2-22 所示,从图中可以看出,药型罩抗旋作用是很明显的,在弹丸一定转速情况下不仅没有降低破甲深度,而且破甲深度有所提高。旋压成形工艺简单,因此它是解决旋转运动对破甲性能影响的一种很好的办法。

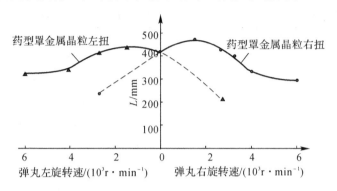

图 4-2-22　旋压成型药型罩的转速和破甲深度的关系曲线

(6)靶板材料。靶板强度对破甲效果影响很大,其中主要影响因素是材料的密度和强度。按照定常不可压缩流体理论,破甲深度为

$$L = l\sqrt{\frac{\rho_{\mathrm{j}}}{\rho_{\mathrm{t}}}} \qquad (4-2-7)$$

显然,破甲深度 L 与射流有效长度 l 成正比,与药型罩材料密度 ρ_{j} 的二次方根成正比,与靶板材料密度 ρ_{t} 的平方根成反比。

实际上,不考虑靶板强度是不行的,特别是当前随着高强度靶板和复合靶板的应用,更要求对靶板强度的影响进行认真的分析。聚能射流侵彻靶板,依赖于高速运动的射流撞击靶板时所产生的极高的撞击压力。当射流微元速度大于 5 km/s 时,此撞击压力高达几十万至上百万大气压,相对来说,靶板强度可以忽略不计,以至可以认为靶板是流体状态,此时破甲速度与射流速度成正比。当射流微元速度小于 5 km/s 时,靶板强度的影响就明显地显示出来,并且靶板强度愈高,与流体相差愈大,此时破甲速度下降比射流速度下降得更快些。靶板材料抗拉强度 σ 与破甲深度 L 的关系如图 4-2-23 所示。

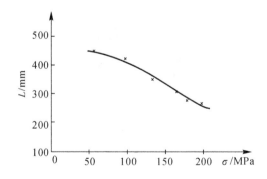

图 4-2-23　靶板材料抗拉强度与破甲深度的关系曲线

如表 4-2-11 所示是某型弹对不同强度靶板的破甲试验数据。从表中可以看出,随靶板抗拉强度的增加,对应的临界速度愈高,破甲深度愈小。

表 4 - 2 - 11　不同靶板强度的破甲试验

靶　　板	相对抗拉强度	射流临界速度/(km·s⁻¹)	破甲深度/mm	试验发数
5#	0.60	1.81	432	6
6#	1.00	2.00	404	5
2#	1.40		338	4
3#	1.70	2.60	299	6
4#	1.80	2.80	265	4
1#	2.00	2.90	251	3

4.2.2　聚能破甲战斗部

1.聚能破甲战斗部基本结构

利用聚能效应对目标实施毁伤的战斗部称为聚能破甲战斗部。聚能破甲战斗部一般由引信及传爆装置、波形调整器、主装药、药型罩、壳体等组成,典型结构如图 4 - 2 - 24 示。一般药型罩距离目标有一定的距离,称之为"炸高"。炸高对破甲深度影响很大,如图 4 - 2 - 25 所示,给出了装药口径为 100 mm,装药长度为 180 mm 的聚能破甲战斗部侵彻深度与炸高的关系。随着炸高的逐渐增大,侵彻深度逐渐增大;但当炸高达到某一高度时,随着炸高的增加,侵彻深度逐渐下降,即存在最佳炸高,此时的侵彻深度最深,把这个最佳炸高称为有利炸高。

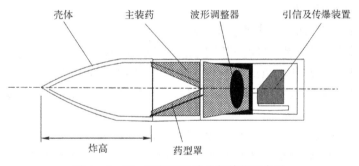

图 4 - 2 - 24　聚能破甲战斗部结构示意图

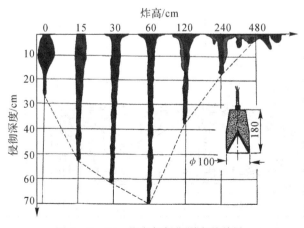

图 4 - 2 - 25　炸高与侵彻深度的关系

破甲弹开始使用是在 1936—1939 年西班牙内战期间。随着坦克装甲的发展,破甲弹出现了许多新的结构。例如,变壁厚药型罩、喇叭形和双锥形药型罩、截锥形药型罩、分离式药型罩和大锥角爆炸成型弹丸药型罩等,其目的都是为了提高远距离攻击装甲目标的能力。从装药结构上,破甲弹的发展历史大致可以划分为三个阶段:

第一阶段,聚能射流时代。聚能射流的应用始于第二次世界大战,主要在军事方面。这个时期的聚能破甲弹以低炸高、大穿深为主要特点,但穿孔孔径很不理想,后效不明显,大大限制了其在复杂、多变的战争环境中的应用。

第二阶段,爆炸成型弹丸时代。20 世纪 70 年代,另一种聚能弹——爆炸成型弹丸——应运而生。它以大炸高、弹坑孔径大且均匀、反应装甲对其干扰小以及后效和气动性能好为主要特点,在一定程度上弥补了聚能射流的不足,并很快应用于军事领域。但随着新技术和新概念的不断涌现,装甲技术飞速发展,世界军事强国相继研制和发展了复合装甲、反应装甲、主动装甲、电磁装甲和智能装甲等,这些先进的材料和装甲技术,有的可使破甲效果降低 70％以上。

第三阶段,串联战斗部的发展和应用。从 20 世纪 80 年代至今,串联战斗部得到了空前的发展,它可以有效地对付反应装甲和复合装甲。对于二级串联战斗部来说,技术比较成熟,成本也比较低。但对于多级串联战斗部来讲,技术复杂、成本高昂,成为限制聚能装药战斗部继续发展的“瓶颈”。

实际上,对付各种目标的聚能装药战斗部的性能,主要取决于药型罩各变量的合理选择和相互协调,这也是聚能战斗部性能改进的主要技术途径。

2. 聚能破甲战斗部类型

从破甲弹的发展看,典型的主要有以下几种。

(1)聚能射流破甲战斗部。“霍特”反坦克导弹战斗部属于此种类型,爆炸后形成一股高速射流毁伤坦克目标。该战斗部质量为 6.08 kg,直径为 136 mm,炸药质量为 3 kg。其结构如图 4-2-26 所示,主要由风帽(壳体的前半部)、战斗部壳体、药型罩、爆炸装药、传爆药柱、引信和底盖等组成。

头部风帽分为外风帽和内风帽两层,内、外风帽用连接调整环固定并与壳体连接。装配后与壳体外表面形成的间隙用整形环填充。外风帽的内层与内风帽是两个电极,构成电引信的碰撞开关。当导弹命中目标时,头部风帽变形,内外风帽接触,从而接通引信的点火电路,使雷管起爆,并引爆成型装药。

外风帽是尖蛋形壳体,外层由塑料热压成型,内层附有一层用黄铜(含铜 58％)板冲成的铜壳,且内表面镀银(银层厚 5～9 μm)。内风帽同样是尖蛋形壳体,也是用黄铜板冲成的,其内外表面均镀银(银层厚 5～9 μm)。

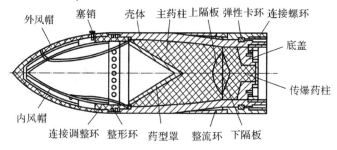

图 4-2-26 “霍特”反坦克导弹战斗部结构示意图

战斗部壳体为铝合金铸件,经机械加工成型,内装空心装药。药型罩是用紫铜板经旋压而成的圆锥形罩,药型罩口部直径为 132 mm,高度为 118 mm,壁厚为 3 mm,锥角为 60°。

装药的主装药采用梯黑混合炸药,其成分为:梯恩梯(25%),黑索金(75%)。隔板后面的辅助装药的成分为:梯恩梯(15%),黑索金(85%)。隔板分前后两块叠在一起,均用硅橡胶制成。传爆药柱装于战斗部底部。战斗部用螺纹和弹性卡环与发动机连接。

这种战斗部用于反坦克时,必须与目标直接碰撞,由触发引信引爆。它主要靠聚能射流的作用来摧毁目标,射流方向与弹体轴线重合,一般一个战斗部只能产生一股聚能射流。

(2)爆炸成型弹丸战斗部。传统聚能装药的药型罩在爆轰波作用下被压垮成一个运动速度很快的射流和一个较慢的杵体,射流质量大约占药型罩质量的 15%,其余的为杵体。但随着药型罩半锥角的增大,形成射流的质量显著减少,相应地射流和杵体之间的速度差也随之减小。试验表明,锥角范围为 120°~160°的大锥角罩聚能装药结构,当高温高压的爆轰产物作用于金属药型罩上时,药型罩没有压垮,而是翻转闭合形成的一个具有较高速度(1 500~3 000 m/s)和一定形状的弹丸,该弹丸称为爆炸成型弹丸(Explosively Formed Projectile,EFP)。另外,球缺罩及回转双曲线罩等聚能装药结构也能形成 EFP,球缺罩形成 EFP 的过程如图4-2-27所示。

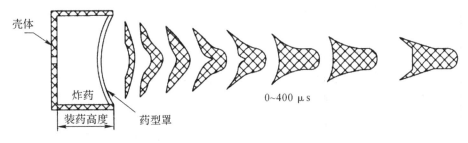

图 4-2-27　EFP 的形成过程

与射流相比,EFP 具有下列三大优点。

第一,对炸高不敏感。射流对炸高敏感,炸高在 2~3 倍战斗部直径时的侵彻性能较好,而大炸高(10 倍战斗部直径以上)条件下,侵彻性能明显下降。而 EFP 可以在 800~1 000 倍战斗部直径的距离有效作用,如图 4-2-28 所示。但 EFP 的侵彻能力受其飞行稳定性和初速影响很大。

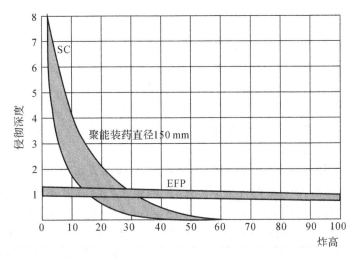

图 4-2-28　射流和 EFP 的炸高曲线示意图

第二,抗反应装甲能力强。反应装甲爆炸后形成的破片将切割射流,使破甲效果大幅度下降。爆炸成型弹丸速度较低,长度较短,飞行稳定性好,反应装甲被其撞击后有可能不被引爆,即使引爆,形成的破片也难以作用到弹丸,干扰不了弹丸的运动,因而对侵彻效果的影响小。

第三,侵彻后效大。破甲射流在侵彻装甲后只剩少量射流进入装甲目标内部,破坏作用有限。爆炸成型弹丸侵彻装甲时,70%以上的弹丸进入坦克内部,而且在侵彻的同时坦克装甲内侧大面积崩落,崩落部分的质量可达弹丸的数倍,可以形成大量具有杀伤破坏作用的碎片。

1)EFP类型。通过改变药型罩的壁厚和外形,可形成各种形状的 EFP(见图4-2-29)。但 EFP 基本形状有三种:密实球形、长杆形和带尾锥的杆体。早期的 EFP 设计主要集中在密实球形上,该 EFP 主要用来对付轻型装甲目标。然而,随着威力要求的提高,密实球形 EFP 很难有效击穿重型装甲。

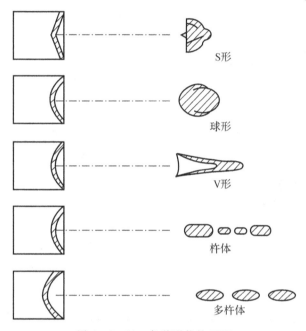

图4-2-29 各种形状的 EFP

密实球形 EFP 由两种方法来形成:①点聚焦法,药型罩在闭合过程中,使整个药型罩朝向一个共同点聚焦,如图4-2-30所示;②W 折叠法,通过药型罩设计,使之在变形过程中的截面呈 W 形,即药型罩逐渐向自身闭合,如图4-2-31所示。在密实球形 EFP 两种形成方法中,药型罩轴向厚度不同。点聚焦时,$b_1=b_2=b_3$。W 形折叠时,$b_1>b_2$,$b_2>b_3$。然而,如果药型罩闭合的速度太快或径向速度太大,都将造成药型罩材料的轴向流动,并使 EFP 拉伸变成杆或破裂成若干碎片。当然,无论用哪种方法形成密实球形 EFP,都与药型罩材料的动力学性能和战斗部结构密切相关。

由于高速长杆的侵彻深度是杆长度和密度的函数,所以毁伤重型装甲时,长杆 EFP 比球形 EFP 更有效。长杆形 EFP 有两种形成方法:向前折叠和向后折叠。向前折叠时药型罩的边缘加速在前,并同时向对称轴运动,罩中心加速在后,这样药型罩的边缘形成杆体头部,药型罩中心成为杆体尾部。一般向前折叠法无法形成带锥的杆形 EFP,而是形成密实和长杆 EFP(见图4-2-32)。向后折叠时,药型罩中心加速在前,罩的边缘加速在后,并同时驱动向对称轴运动,所以药型罩发生翻转。一般带尾锥的长杆形 EFP 是向后折叠的方式形成的(见图 4－2－33)。无论长杆还是带尾锥的长杆形 EFP 都可以用此法形成。向后折叠形成的 EFP 头部非常对称,尾部呈喇叭状且中空,重心在前,有利于飞行稳定,但中空会降低 EFP 的侵彻性能。

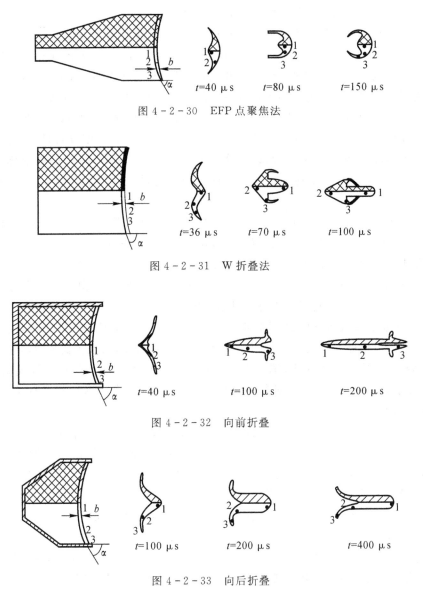

图 4－2－30　EFP 点聚焦法

图 4－2－31　W 折叠法

图 4－2－32　向前折叠

图 4－2－33　向后折叠

2)影响 EFP 形成性能的主要因素。影响聚能效应的因素是多方面的,如药型罩、装药、弹丸或战斗部的结构以及靶板等,而且这些因素又能相互影响,因而,它是一个比较复杂的问题。为了对影响聚能效应的因素有初步了解,将一些主要影响因素分述如下。

药型罩形状。药型罩形状对所形成的 EFP 的类型和速度有着直接影响。通常,球缺形药型罩在爆炸载荷作用下形成翻转式 EFP,此时球缺罩的曲率半径和壁厚是影响其成型性能的重要因素。对于锥形药型罩来说,其形成 EFP 的类型随着锥角的变化而有所不同。实验表明,锥角为 150°的变壁厚双曲线形紫铜药型罩在爆轰压力作用下形成杆体式 EFP,当锥角达到 160°时可以形成翻转式 EFP。实验表明,封顶药型罩形成的 EFP,径向收缩性好,但前端出现严重破碎,使空气阻力加大;变壁厚药型罩在翻转后径向收缩极差,形成的 EFP 如圆盘状一样,飞行时空气阻力大;中心带孔的等壁厚药型罩所形成的 EFP,不仅径向收缩性好,且有良好的外形,而且金属损失也少,是一种成型较好的结构形状。

药型罩材料。药型罩材料对 EFP 的形状、速度及侵彻性能等方面有较大影响。一般来说,要求药型罩材料有密度高,塑性好,熔点高,强度适当。密度高,射流在相同速度下的比动能高;塑性好,射流在运动拉伸过程中不易断裂,同时冷加工工艺性好;熔点高,在形成射流过程中不气化;强度适当,在发射和碰击目标时,要有足够的强度,保证罩不变形。这样可以形成具有一定质量、速度和较大长径比的 EFP,有利于提高弹丸的飞行稳定性、存速和侵彻性能。

药型罩厚度。对一定形状的药型罩,壁厚对 EFP 的形状和速度分布具有决定性的影响,由实验结果可知,翻转弹一般采用等壁厚,杆体弹一般采用变壁厚,但壁厚的变化规律与小锥角时不同,从罩顶至底部厚度愈来愈薄。对杆体弹来说,罩底厚与顶部厚之比是一重要设计参数。

装药长径比。装药长径比对形成的 EFP 的速度有较大的影响。实验表明,装药长径比增大时,爆炸成型弹丸速度亦相应增大,但其速度增大幅度随装药长径比的增大而逐渐减小。

起爆方式。在影响 EFP 成型性能的诸多因素中,起爆方式是重要的一种因素。在不同起爆方式下,装药的爆轰及药型罩压垮变形机理是不同的,而 EFP 是由药型罩在爆轰载荷作用下压垮变形形成的,因此说起爆方式对 EFP 成塑性能具有质的影响。即便在装药及药型罩结构相同时,不同起爆方式所形成的 EFP 也完全不同。另外,实验研究表明:端面均布多点同时起爆可有效提高装药爆轰性能,改善爆轰波结构及其载荷分布,对改善药型罩压垮变形机制和 EFP 成型结构有一定的积极作用;偏心起爆可造成不对称波形和药型罩轴线偏斜,使得形成的 EFP 弹丸总是或多或少存在不对称性,而这些不对称性将直接影响着 EFP 的外弹道飞行稳定性、着靶精度和穿甲威力等。

(3)聚能长杆射弹战斗部。聚能长杆射弹(Jetting Projectile Charge,JPC),采用新型起爆传爆系统、装药结构及高密度的重金属合金药型罩,通过改善药型罩的结构形状,产生高速杆式弹丸。这种弹丸既有射流速度高、侵彻能力强的特征,也具有爆炸成型弹丸药型罩利用率高、直径大、侵彻孔径大、大炸高、破甲稳定性好的特征。由聚能长杆射弹组成的战斗部称为聚能长杆射弹战斗部。该战斗部集成了破甲战斗部、爆炸成型弹丸战斗部以及穿甲弹的优点,可用于反坦克武器系统,摧毁反应装甲和陶瓷装甲,也可作为串联战斗部的前级装药,为后级装药开辟侵彻通道。这种结构的聚能装药自 1991 年海湾战争后便得到了西方国家的重视,已应用于多级深层钻地武器和反坦克武器系统。该射弹具有比爆炸成型弹丸更高的速度(3～5 km/s),其形状类似穿甲弹的外形,在一定的距离内能够稳定飞行;具有很强的侵彻能力,一般穿深在 3～5 倍装药口径,侵彻孔径一般可达装药口径的 45% 左右,因而比破甲弹射流具有更大的后效杀伤效果。

1)结构与原理。聚能长杆射弹装药结构主要由药型罩、壳体、主装药、VESF 板、辅助装药、雷管等组成,如图 4-2-34 所示。VESF 板是形状特殊的金属或塑料板(具有特殊质量分布,在爆炸作用驱动下撞击引爆主装药),与主装药有一定间隙。雷管起爆后,辅助装药驱动 VESF 板撞击、起爆主装药,通过调节 VESF 板形状、材料及与主装药的距离,在主装药中形成所期望的爆轰波形,使药型罩接近 100% 地形成高速杆式弹丸。如图 4-2-35 所示,给出了聚能长杆射弹装药在弹丸成型过程中药型罩压垮变形的几个典型时刻,药型罩受到炸药爆轰压力和爆轰产物的冲击和推动作用,开始被压垮、变形,向前高速运动的过程。

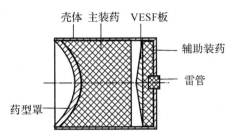

图 4 - 2 - 34 聚能长杆射弹装药结构示意图

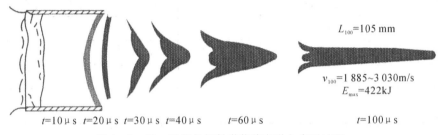

图 4 - 2 - 35 聚能长杆射弹装药在弹丸成型过程

聚能长杆射弹本质上是一种小杆体、延伸率低的射流,因此设计聚能长杆射弹应从降低杆体质量、降低射流头部速度和提高侵彻体平均速度三方面进行。依据这个原则,通过计算分析,采用变球缺形药型罩比较适宜。变球缺形药型罩介于小锥角聚能射流罩和球缺形爆炸成型弹丸罩之间,具有大的压合角,对形成高速聚能长杆射弹很有利。为了减小形成杆体的质量,降低整个射弹的速度梯度,还可采用顶部厚、周围薄的变壁厚的药型罩。

2)聚能长杆射弹战斗部的主要特点。相对于聚能射流战斗部:①对炸高不敏感。由于射流战斗部射流的头尾速度差很大(可大于 7 000 m/s),在运动过程中将发生延伸和断裂,所以,对炸高很敏感。而聚能长杆射弹头尾速度差很小(小于 2 000 m/s),飞行过程中变形小,可以飞行较远的距离,因此,其有效作用范围很大。②药型罩利用率高。一般聚能装药战斗部,药型罩只有 $10\%\sim30\%$ 的质量形成金属射流,其余 $70\%\sim90\%$ 的罩质量变成了对侵彻靶板作用小、速度低的杆体。而聚能长杆射弹装药形成的有效射弹的质量约占罩质量的 80% 以上。③后效作用大。一般金属射流的直径很小,为 $2\sim4$ mm。射流侵彻装甲后,只有少量的剩余金属流进入靶后,破坏作用有限。但聚能长杆射弹的直径大,因此它的穿孔直径也比较大,进入靶后的金属量多,破坏后效作用大。

相对于爆炸成型弹丸和杆式穿甲弹:①聚能长杆射弹比爆炸成型弹丸飞行速度更高,长度更长,断面动能更大,侵彻能力更强,尤其对于砖墙、钢筋混凝土等坚固工事的侵彻效果更为明显。②聚能长杆射弹的外形与长杆式穿甲弹弹芯相似,而着靶速度比长杆式穿甲弹高得多,使其侵彻能力相应也得到提高。同时还避免了杆式穿甲弹需要高膛压发射平台的限制,有利于制导弹药及某些灵巧弹药上的应用,应用领域更加广泛。

3)聚能长杆射弹的综合优势。射流、爆炸成型弹丸和聚能长杆射弹的有关数据对比如表

4-2-12 所示(表中 d 为装药口径)。从表中可以看出,尽管聚能长杆射弹装药形成的聚能长杆射弹不像爆炸成型弹丸那样在 1 000 倍装药口径的距离上保持全程稳定飞行,但由于聚能长杆射弹具有高初速、大质量和相对大的比动能,所以它在 50 倍装药口径距离上能够保持稳定飞行并对目标实施有效打击。

聚能长杆射弹结构战斗部还可以通过结构设计形成多模毁伤元素,相对其他弹药更具有可选择性。通过战斗部的 VESF 装置,可以在使用之前根据打击目标的性质来确定战斗部是产生聚能长杆射弹还是形成爆炸成型弹丸。聚能长杆射弹装药的特点表明,该型战斗部在掠飞攻顶的导弹和末敏灵巧弹药、智能武器、攻坚弹药、串联钻地弹战斗部前级装药等领域将具有很好的应用前景。

表 4-2-12　三种装药结构有关数据对比

装药结构类型	初速度/(km·s⁻¹)	有效作用距离	侵彻深度	侵彻孔径	药型罩利用率
聚能射流	$5.0\sim8.0$	$3d\sim8d$	$5d\sim10d$	$0.2d\sim0.3d$	$10\%\sim30\%$
爆炸成型弹丸装药	$1.7\sim2.5$	$1\,000d$	$0.7d\sim1d$	$0.8d$	100%
聚能长杆射弹装药	$3.0\sim5.0$	$50d$	$>4d$	$0.45d$	80%

(4)多聚能射流战斗部。多聚能射流战斗部是在圆柱形装药侧表面配置若干个聚能装药结构,爆炸后形成射流或射弹向四周飞散,破坏目标。形成爆炸成型弹丸的多聚能装药战斗部简称 MEFP 战斗部。

多聚能射流战斗部有两种类型:一种是组合式多聚能装药战斗部,它以小聚能战斗部为基本构件,按照一定的方式组合而成;另一种叫整体式多聚能装药战斗部,它在整体的战斗部外壳上,镶嵌若干个交错排列的聚能罩。

1)组合式多聚能装药战斗部。组合式多聚能装药战斗部的结构如图 4-2-36 所示,聚能元件固定在支撑体上,其下端与扩爆药环相邻,聚能元件沿径向和轴向对称分布,元件的对称轴与战斗部纵轴有适当的夹角,以使聚能射流或高速破片流在空间均匀分布。夹角的大小取决于对战斗部杀伤区域的要求。聚能元件间的排列应保证各束破片流之间互不干扰。

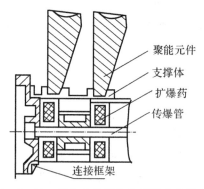

图 4-2-36　组合式多聚能装药战斗部示意图

2)整体式多聚能装药战斗部。这种战斗部具有多个聚能罩,沿壳体的周向围绕战斗部纵轴对称地排列,为了保证在空间形成均匀的杀伤场,在壳体结构上可采取如下措施:上一圈药型罩和下一圈药型罩的位置互相交错,每一圈药型罩的数量相等。战斗部如果是截锥形,则药型罩的直径由上至下可逐圈增大。药型罩的具体直径和数目要根据对付目标、战斗部的尺寸以及制导精度等情况来确定。

药型罩的形状可以是半球形、锥形、球缺形等。锥形药型罩形成的射流速度较半球形药型罩的高,但高度要比底径相同的半球形罩大,相应地形成最佳射流的装药长度也大,有时战斗部的径向尺寸难以满足这种要求,因而实际的多聚能装药战斗部,特别是小型战斗部经常采用半球形药型罩。

多聚能装药战斗部爆炸后,各药型罩形成高密度的聚能射流,射流具有一定的速度梯度,前端速度大,后端速度小,再加上战斗部终点速度的影响,随着距离的增加,射流逐步断裂并略有发散地成为金属粒子或破片。这样的粒子和破片具有很高的速度,能够穿透目标并使其形成许多二次碎片,射流粒子和二次碎片对电缆、管路、通信设备和人员等都具有很强的毁伤能力,另外对油箱具有较强的引燃能力。

"罗兰特"导弹战斗部就采用此类结构,如图 4-2-37 所示,该战斗部质量为 6.5 kg,装药量为 3.5 kg,杀伤半径为 6 m,战斗部呈截锥形,其上分布有 50 个半球形药型罩,共分 5 圈,每圈 10 个,圈与圈之间互相交错,药型罩从小端至大端逐圈增大,从轴向观察爆炸后形成的高速离子流,在空间呈菊花状分布。

这种战斗部多用来对付小脱靶量的空中目标,比破片式战斗部的效果要好一些,在杀伤半径相同时,战斗部的质量小。距离较大时,由于微粒速度衰减快,杀伤效果将迅速下降。

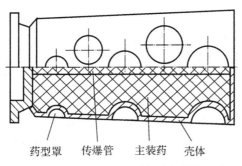

药型罩　传爆管　主装药　壳体

图 4-2-37　"罗兰特"导弹战斗部结构示意图

(5)多 P 装药战斗部。多 P 装药战斗部又称多自锻破片战斗部,这种战斗部的结构形式与整体式多聚能射流战斗部相似,主要区别是多 P 装药战斗部的浅碟形或厚壁的大锥角形在爆炸作用下不是形成射流,而是使碟形的底部向外翻转,最后被压合成射弹,即自锻破片。其速度可以达到 1 600~2 200 m/s,甚至更高。药型罩在形成自锻破片的过程中,质量损失很小,因此对目标具有很强的侵彻能力,能穿透 0.5~1 倍药型罩直径厚的钢板。

药型罩可以由壳体用冲压的方法直接形成,也可以用不同于壳体的材料做成,然后与壳体压合。药型罩可以放置在四周,也可放置在战斗部的端面,如图 4-2-38 所示。

"鸬鹚"空对舰导弹战斗部采用了此型结构,如图 4-2-39 所示。该战斗部质量为 160 kg,头部形状为厚壁蛋形,在战斗部壳体内沿圆周分两层设置了 16 个大锥角药型罩,配用延期引信。装药爆炸后可形成速度为 2 000 m/s 的自锻破片。导弹击中军舰后,依靠其动能可击穿 120 mm 厚的钢板,然后侵入船舱内 3~4 m 深处爆炸。实验表明,该战斗部爆炸后可以摧毁舱体约 25 个,比其他战斗部威力要大。

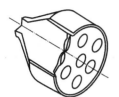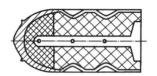

图 4-2-38　药型罩放置位置示意图　　　　图 4-2-39　"鸬鹚"战斗部结构示意图

多 P 装药杀伤战斗部的优点是形成的"破片"侵彻能力强,对入侵导弹的战斗部也具有一定的引燃和引爆能力;缺点是药型罩只能沿战斗部壳体放置一层,因此其数量有限。

(6)片形射流战斗部。片形射流战斗部仍然利用聚能效应形成高速金属射流,该类型战斗部的药型罩不是轴向对称,而是线形的,因此在爆轰产物作用下形成刀刃形的射流,靠此切割目标,如图 4-2-40 所示。

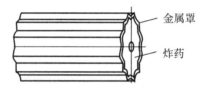

图 4-2-40　线性聚能装药结构示意图

"白星眼"空对地导弹战斗部就采用了此类结构,如图 4-2-41 所示。该战斗部直径为 382 mm,在装药的圆周上有 8 个同样尺寸的 V 形槽,其上装有低碳钢制成的 V 形药型罩(锥角 120°,壁厚 6.5 mm),并焊接在壳体上。空心装药长 1.8 m,炸药质量 200 kg(B 炸药)。壳体是 0.85 mm 厚的薄钢板焊接成形,构成弹身的蒙皮,以保证导弹具有良好的气动外形。

战斗部爆炸后,在圆周上形成八股刀刃状金属射流,每股射流的切割长度为 1.7 m。另外,此类战斗部具有很强的爆破威力,可用来攻击海上舰艇、地面桥梁,也可用于对付坦克和装甲车辆。

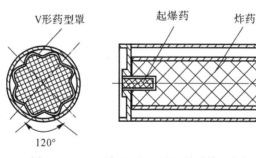

图 4-2-41　"白星眼"空对地导弹战斗部结构示意图

(7)串联聚能战斗部。串联战斗部是把两种以上的单一功能的战斗部串联起来组成的复合战斗部系统。串联战斗部最初主要应用于对付反应装甲,近年来,在反机场跑道、反地下工事、侵彻建筑物和掩体、反飞机、反舰艇等硬目标方面都得到了广泛应用。战斗部串联的方式很多,一般可分为破甲破甲式,破甲爆破式、多任务、多效应串联式等。

1)破甲破甲式串联战斗部。破甲破甲式串联战斗部由前后两级聚能装药构成,通常用于打击反应装甲。反应装甲是 20 世纪 80 年代出现的,其基本结构是在两层薄金属板之间加入一层钝感炸药,把这样的单元装在金属盒内,再用螺栓将金属盒固定在坦克需要防护部位的主装甲外。当破甲射流击中反应装甲时,钝感炸药起爆,利用爆炸后生成的金属碎片和爆轰波干扰和破坏射流,使其不能穿透主装甲。反应装甲可使破甲弹的破甲深度下降 50%～90%。

反击反应装甲的串联战斗部通常采用破甲破甲式两级串联战斗部,当命中目标时,第一级装药射流碰击爆炸装甲,引爆其炸药,炸药爆轰使爆炸装甲金属板沿其法线方向向外运动和破碎,经过一定延迟时间,待反应装甲板破片飞离弹轴线后,第二级装药主射流在没有干扰的情况下,顺利侵彻主装甲。

某反坦克导弹的战斗部就是采用了破甲破甲两级串联结构,如图 4-2-42 所示。其主要由前置装药和主装药组成,主装药采用双锥形紫铜药型罩,在战斗部前端采用可伸缩式双节炸高棒,平时受发射筒的束缚,而叠套在一起,发射后内炸高棒在弹簧力推动下弹出并锁定。当前置装药撞击反应装甲爆炸时,两炸高棒在连接处成为薄弱环节,在前级装药爆轰载荷作用下断裂,从而减弱前级爆炸对后级的影响,并保证了后级装药的有利炸高和提供反应装甲飞板的飞散通道,使后级装药射流沿反应装甲让开位置侵彻主装甲。另外,在前后级装药之间加装非金属材料隔爆体,进一步保护后级装药免受前级装药爆炸的影响。前置装药采用弹顶压电弹底起爆方式,后级主装药采用电子延时非接触引信。

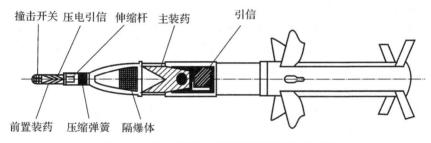

图 4-2-42 某反坦克导弹战斗部结构示意图

破甲破甲式串联战斗部的关键技术,一是主装药的延时起爆控制技术,如通过延期药和电信号等方式对主装药的延迟起爆时间进行控制,并需对前后级装药的间隔距离进行精确确定;二是隔爆防护技术,为了使后级主装药不受前级装药及反应装甲中炸药爆炸的影响,通常采用一定的隔爆材料和结构防止主装药殉爆,并留有足够的间隔距离,如在前后级装药之间加一个长探杆等。此外破甲破甲式串联战斗部对装药结构、药型罩材料也有较高的要求。

2)破甲-爆破式串联战斗部。破甲爆破式串联战斗部主要用来反击混凝土坚固目标(机场跑道、混凝土工事等),对侵彻深度和穿孔直径都有较高的要求。要求前级战斗部必须穿透目标,且破孔的孔径应可能大,后级战斗部直径应略小于前级战斗部,以顺利钻入目标内部实现高效毁伤。

如图 4-2-43 所示为一种破甲爆破式反跑道及反硬目标串联战斗部结构示意图。该战斗部主要由前、后两级装药和隔爆体三部分组成。其中前级是聚能装药,起开坑作用;后级为小于前级直径的侵彻战斗部,利于随进侵彻;隔爆体的作用是防止前级爆炸引起后级殉爆。

前、后两级还分别设有引信,控制战斗部的起爆时间。

该类战斗部的工作特点是:前置的聚能装药在跑道路面打开一个大于随进战斗部直径的通道,随进战斗部在增速装药的作用下,通过该通道进入目标内部,从而实现高效毁伤。

由于串联战斗部利用了不同类型战斗部的作用特点,通过合理的组合达到对一些典型目标的最佳破坏效果,因此,与单一战斗部相比,在达到相同毁伤效果时,往往战斗部质量可大大减轻。特别是当低空投放,战斗部着速较低时,对地下深埋目标及机场跑道、机库等硬目标,串联战斗部更具有独特的优势,因而近几年来受到各国普遍重视。

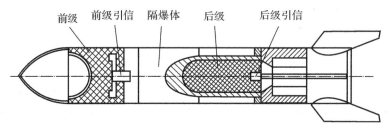

图 4-2-43 破甲-爆破式串联战斗部结构示意图

3)多任务、多效应串联战斗部。多任务、多效应串联战斗部是一种将聚能装药与爆破/破片杀伤组合起来的结构。它通常是在现有串联战斗部的基础上对战斗部结构、制导技术和引信技术加以改进和发展而形成的,既能用于摧毁重装甲,又能对轻装甲、砖石、墙壁、沙包等障碍物后的目标造成致命效果。

4)串联战斗部的发展方向。第一,提高串联战斗部的侵彻能力。主要通过以下几个技术途径:①改进炸药装药。通过高密度、高爆速炸药提高压垮速度和射流速度。目前在破甲弹中大量使用的仍是以黑索金和奥克托金为主体的混合炸药,国外新推出的 LX-19 炸药装药由 95.8% 的 CL-20 炸药和 4.2% 的聚氨基甲酸乙酯弹性纤维黏合剂混合而成,能有效提高射流速度,从而增加侵彻深度,但缺点是较为敏感。②研究新的药型罩材料。传统的药型罩一般由单一金属材料组成,尤以铜或钼居多。近年来,国内外一直在寻求更高性能的药型罩材料,以适应高密度、高塑性、高声速的要求,因此钨铜合金、镍合金以及超塑合金等相继出现,但此类材料的制备工艺较为复杂。另外,双材料药型罩,如铜和聚四氟乙烯各占一半的药型罩,可产生两股射流分别破甲,为药型罩的发展开辟了一条新路。③采用精密战斗部。精密战斗部即采用精密装药、精密药型罩和精密装配组合的战斗部。其突出的优点是,战斗部设计时十分注意装药的对称性、均匀性和一致性,精密装药战斗部可大幅度提高战斗部的破甲威力,还可以改善整体破甲稳定性,因而得到了重视和发展。

第二,改进聚能装药结构。新开发的聚能装药结构有以下几种:①紧凑聚能装药结构。为减小武器系统的尺寸和质量,便于单兵携带作战,利用新型药型罩、先进阻隔材料或先进起爆技术,减小装药长度,以减轻负重。②W 形装药结构。为使串联战斗部的前级装药在目标表面开出较大直径的孔,以利于后级战斗部进入目标内部,发展了 W 形装药,利用所形成的环状射流对目标进行切割破坏。③大炸高聚能装药结构。采用较大的炸高可有效避免受主动防护系统的作用和破坏。国外研究出能产生长度为 80~100 倍罩直径的连续射流,具有较大的炸高,发展潜力很大。

第三,引信智能化。引战配合始终是战斗部研制中的一项关键技术。对于结构更为复杂的串联战斗部而言,要面对复合穿甲、破甲过程,只有当后级装药经过最佳的延迟时间,并且达到特定位置时爆炸,才能充分发挥串联战斗部的优势,因此引信智能化一直是研究的重点。智能引信要求具有较好的识别能力、数据分析和处理功能。美国从 20 世纪 90 年代起就开始了硬目标灵巧引信(Hard Target Smart Fuze, HTSF)FMU2157/B 的研制,利用精确加速度计和微型控制器进行探测,运用地下目标数据智能识别分析系统,控制战斗部在到达预定位置后再起爆。在 1998 年 2 月启动的多作用硬目标引信(Multi-effects Hard Target Fuze, MEHTF)项目中,所研制的引信可以在目标介质之间进行更快、更精确的识别,并能探测出厚度的变化,大大提高了串联战斗部的侵彻效能。

第四,多任务、多效应、多载体化。目前各类导弹的分工日益明确,虽然提高了针对性,但单一的用途和效应已不能完全适应现代战争的需求,因而针对这种情况发展了多任务、多效应战斗部,如德国 TDW 公司开发的将聚能装药、穿甲和冲击波/破片装药结合在一起的三重效应战斗都,既可用于破坏重装甲,又可利用其强大的冲击波效应杀伤各种障碍物后的目标,还可广泛应用于攻击雷达、卡车、直升机、小型护卫舰、巡逻快艇等多种目标。同时,针对不同的需要,此类战斗部模块化移植后还可以成为具有燃烧、温压等其他效应的多效应战斗部,以达到不同的毁伤效果。

4.3　破片作用原理与破片杀伤战斗部

破片通常是指金属壳体在内部炸药装药爆炸作用下猝然解体而产生的一种杀伤元件。破片效应则是这种杀伤元件以其质量高速撞击和击穿目标,并在目标内产生引燃和引爆作用。把利用破片效应设计的战斗部称为破片杀伤战斗部,它可以用于杀伤有生力量(人、畜)、无装甲或轻型装甲车辆、飞机、雷达以及导弹等武器装备。

4.3.1　破片作用原理

破片对目标作用的基本原理是炸药爆炸后驱动破片高速运动,利用破片的动能直接打击目标,使目标损伤或破坏,其破坏作用可归纳为击穿(贯穿)作用、引燃作用和引爆作用。

1. 破片对目标的贯穿作用

破片依靠动能对目标造成机械损坏,即形成孔穴或贯穿目标。破片对目标形成穿孔的动能 E_k 应大于或等于目标动态变形功 E,即

$$E_k \geqslant E \qquad\qquad (4-3-1)$$

破片的着靶动能

$$E_k = \frac{1}{2} m_f v_b^2 \qquad\qquad (4-3-2)$$

式中,m_f 为破片质量(kg);v_b 为破片的速度(m/s)。

目标动态变形功

$$E = K_1 S_m b \sigma_b \qquad\qquad (4-3-3)$$

式中,K_1 为比例系数,与材料性质和打击速度有关,是速度的增值函数;S_m 为破片与目标相遇时的面积(m^2);b 为目标的厚度(m);σ_b 为目标材料的临界应力(Pa)。

破片在飞向目标的过程中,由于做不规则的旋转运动,所以,在与目标遭遇的瞬间,可能出

现的面积在 $S_{min} \leqslant S_m \leqslant S_{max}$ 范围内。因此 S_m 有时采用破片与目标遭遇面积的数学期望值 S 表示。

由此看来,对一枚已确定的破片,穿透目标的最小动能亦不是常量,而与破片打击目标时的接触面积有关。把式(4-3-3)代入式(4-3-1),有

$$E_k \geqslant K_1 S_m b \sigma_b \tag{4-3-4}$$

对式(4-3-4)两边各除以 S

$$\frac{E_k}{S} \geqslant K_1 \frac{S_m}{S} b \sigma_b \tag{4-3-5}$$

式中,S 为破片的等效受阻面积(m^2)。

为便于工程计算,取硬铝板(常用 LY12)为等效标准,忽略对于不同材料 K_1 值的变化,近似认为临界需用功只与着速有关,那么

$$b \sigma_b = b_{al} \sigma_{al} \tag{4-3-6}$$

式中,b 为计算目标的实际厚度(m);σ_b 为计算目标的实际强度(Pa);b_{al} 为计算目标的等效铝板厚度(m);σ_{al} 为标准铝板强度,对 LY12,$\sigma_{al}=4.61 \times 10^8$ Pa。

将式(4-3-6)中 b 代入式(4-3-5),得

$$\frac{E_k}{S} \geqslant K_1 \frac{S_m}{S} b_{al} \sigma_{al} \tag{4-3-7}$$

试验统计表明:对于铝板 K_1 值随打击速度的增加上升很快,在打击速度不超过 2 500 m/s 时,

$$K_1(v) = 0.92 + 1.023 v^2 \times 10^{-6} \tag{4-3-8}$$

表4-3-1列出了 K_1 计算值与实测值的比较数据。

表4-3-1 K_1 值与打击速度的关系

打击速度 /($m \cdot s^{-1}$)	K_1 计算值	K_1 实测值
1 400	2.925	2.30
1 500	3.222	3.23
1 600	3.539	3.54

令 $K=K_1 \sigma_{al}$,则式(4-3-7)可写为

$$\frac{E_k}{S b_{al}} \geqslant K \frac{S_m}{S} \tag{4-3-9}$$

定义 $E_b = \frac{E_k}{S b_{al}}$ 为破片打击靶板的比动能,代入破片着靶动能 E_k,则

$$E_b = \frac{1}{2} m_f \frac{v_b^2}{S b_{al}} \ [J/(m^2 \cdot m)] \tag{4-3-10}$$

式中,m_f 为破片在撞击靶板时的质量(kg);v_b 为破片打击靶板时的速度(m/s)。

只要式(4-3-9)成立,靶板就被击穿。对一定的靶板来说,满足式(4-3-9)的破片数,就相当于破片的穿甲率。由试验归纳的单枚破片击穿概率 P_{en} 与 E_b 的关系式为

$$P_{en} = \begin{cases} 0 & E_b \leqslant 4.61 \times 10^8 \\ 1 + 2.65 e^{-0.347 E_b} - 2.96^{-0.146 E_b} & E_b > 4.61 \times 10^8 \end{cases} \tag{4-3-11}$$

破片穿过靶板后速度和质量会有一定的变化,可通过 THOR 方程进行计算。

THOR 方程为初步计算贯穿特定厚度和材料的目标所需的破片极限速度 v_{bl} 以及贯穿该目标后破片的剩余速度 v_r 和剩余质量 m_r 提供了一个简单方法。对于钢破片,计算时需要的参数有破片质量 m_f、破片着靶速度 v_b 和目标倾角 θ 等。THOR 方程中不包括目标材料崩落或断裂形成的二次破片。方程的一般形式为

$$v_r = v_b - 10^{c_1} (t_0 S_m)^{\alpha_1} m_f^{\beta_1} (\sec\theta)^{\gamma_1} v_b^{\lambda_1} \qquad (4-3-12)$$

$$m_r = m_f - 10^{c_2} (t_0 S_m)^{\alpha_2} m_f^{\beta_2} (\sec\theta)^{\gamma_2} v_b^{\lambda_2} \qquad (4-3-13)$$

式中,t_0 为目标厚度(cm);m_f 为破片质量(g);v_b 为破片速度(m/s);上标 $c,\alpha,\beta,\gamma,\lambda$ 为目标材料特性参数;S_m 为破片撞击目标时的接触面积(cm²)。

破片贯穿目标的极限速度 v_{bl} 公式和获得所需剩余速度 v_r 时的最大倾斜角 θ_{max} 公式为

$$v_{bl} = \left[10^{c_1} (t_0 S_m)^{\alpha_1} m_f^{\beta_1} (\sec\theta)^{\gamma_1} \right]^{\frac{1}{(1-\lambda_1)}} \qquad (4-3-14)$$

$$\theta_{max} = \sec^{-1} \left[(v_b - v_r)/(10^{c_1} (t_0 S_m)^{\alpha_1} m_f^{\beta_1} v_b^{\lambda_1}) \right]^{\frac{1}{\gamma_1}} \qquad (4-3-15)$$

表 4-3-2 和表 4-3-3 给出了 5 种典型目标材料的 10 个上标参数。

表 4-3-2　剩余速度公式常数

材料	c_1	α_1	β_1	γ_1	λ_1
低碳钢	3.69	0.889	-0.945	1.262	0.019
硬均质钢	3.766	0.889	-0.945	1.262	0.019
表面硬化钢	2.305	0.674	-0.791	0.989	0.434
铸铁	2.079	1.042	-1.051	1.028	0.523
2024T-3 Al	3.936	1.029	-1.072	1.251	-0.139

表 4-3-3　剩余质量公式常数

材料	c_2	α_2	β_2	γ_2	λ_2
低碳钢	-2.478	0.138	0.835	0.143	0.761
硬均质钢	-2.671	0.346	0.629	0.327	0.88
表面硬化钢	-1.534	0.234	0.744	0.469	0.483
铸铁	-8.89	0.162	0.673	2.091	2.71
2024T-3 AL	-6.322	0.227	0.694	-0.361	1.901

例 4-3-1　质量为 16 g 的自然破片以 2 000 m/s 的速度垂直撞击两层间隔靶板,第一层靶板的厚度为 0.635 cm,第二层靶板的厚度为 0.389 cm,靶板材料为硬均质装甲钢。计算破片穿透第一层和第二层靶板的剩余速度、剩余质量和极限速度。

解　由于是垂直撞击,所以 $\theta = 0$,其他参数取自表 4-3-2、表 4-3-3。

撞击第一层时,由公式(4-3-35),取 $K = 0.519\ 9$

$$S_m = K m_f^{\frac{2}{3}} = 0.519\ 9 \times 16^{\frac{2}{3}} = 3.301\ 2\ (cm^2)$$

$$v_r = v_b - 10^{c_1} (t_0 S_m)^{\alpha_1} m_f^{\beta_1} (\sec\theta)^{\gamma_1} v_b^{\lambda_1} =$$

$2\,000-10^{3.768}\times(0.635\times3.301\,2)^{0.889}\times16^{-0.945}\times(\sec0)^{1.262}\times2\,000^{0.019}=$
$1\,052(\mathrm{m/s})$

$m_{\mathrm{r}}=m_{\mathrm{f}}-10^{c_2}(t_0S_{\mathrm{m}})^{\alpha_2}m_{\mathrm{f}}^{\beta_2}(\sec\theta)^{\gamma_2}v_{\mathrm{b}}^{\lambda_2}=$
$16-10^{-2.67}\times(0.635\times3.301\,2)^{0.346}\times16^{0.629}\times(\sec0)^{0.327}\times2\,000^{0.88}=3.341(\mathrm{g})$

$v_{\mathrm{b1}}=\left[10^{c_1}(t_0S_{\mathrm{m}})^{\alpha_1}(\sec\theta)^{\gamma_1}\right]^{\frac{1}{(1-\lambda_1)}}=$
$\left[10^{3.678}\times(0.635\times3.301\,2)^{0.889}\times16^{-0.945}\times(\sec0)^{1.262}\right]^{\frac{1}{(1-0.019)}}=934.1(\mathrm{m/s})$

撞击第二层时

$S_{\mathrm{m}}=Km_{\mathrm{f}}^{\frac{2}{3}}=0.519\,9\times3.341^{\frac{2}{3}}=1.1618(\mathrm{cm}^2)$

$v_{\mathrm{r}}=v_{\mathrm{b}}-10^{c_1}(t_0S_{\mathrm{m}})^{\alpha_1}m_{\mathrm{f}}^{\beta_1}(\sec\theta)^{\gamma_1}v_{\mathrm{b}}^{\lambda_1}=$
$1\,052-10^{3.768}\times(0.389\times1.161\,8)^{0.889}\times3.341^{-0.945}\times(\sec0)^{1.262}\times1\,052^{0.019}=$
$0.014(\mathrm{m/s})$

$m_{\mathrm{r}}=m_{\mathrm{f}}-10^{c_2}(t_0S_{\mathrm{m}})^{\alpha_2}m_{\mathrm{f}}^{\beta_2}(\sec\theta)^{\gamma_2}v_{\mathrm{b}}^{\lambda_2}=$
$3.341-10^{-2.67}\times(0.389\times1.161\,8)^{0.346}\times3.341^{0.629}\times(\sec0)^{0.327}\times1\,052^{0.88}=$
$1.761(\mathrm{g})$

由算例结果可知,破片穿透靶板后,其质量和速度会有很大的变化。

2. 破片对目标的引燃作用

现代飞机和机动车辆油箱占有很大比例,设法使油箱内燃料引燃,对击毁这类目标具有重要的现实意义。由于引燃作用必须以贯穿为前提,并且要考虑遭遇高度的影响,所以单枚破片的引燃概率

$$P_{\mathrm{com}}^H=P_{\mathrm{en}}\times P_{\mathrm{com}}^0\times F(H) \qquad (4-3-16)$$

式中,P_{com}^H 为海平面高度 H 上单枚破片引燃概率;P_{com}^0 为地面上的引爆概率;$F(H)$ 为高度函数;P_{en} 为单枚破片贯穿目标的击穿概率。

定义破片的比冲量为

$$i=\frac{m_{\mathrm{f}}v_{\mathrm{b}}}{S_{\mathrm{m}}} \quad (\mathrm{N\cdot s\cdot m^{-2}}) \qquad (4-3-17)$$

P_{com}^0 由试验得出下列经验公式

$$P_{\mathrm{com}}^0=\begin{cases}0 & i\leqslant1.57\times10^4\\ 1+1.083\mathrm{e}^{-4.27\times10^{-5}i}-1.96\mathrm{e}^{-1.49\times10^{-5}i} & i>1.86\times10^4\end{cases} \qquad (4-3-18)$$

试验表明,破片的比冲量不同,对飞机油箱燃油的引燃概率也不同,见表4-3-4。

表4-3-4 不同破片比冲量引燃飞机燃油的概率

破片比冲量 /(N·s·m⁻²)	5.88	7.84	9.8
引燃概率	0.22	0.40	0.55

引燃概率随着炸点高度的增加而减小,这是因为大气温度和压力随高度的增加而降低,燃油温度和空中氧气密度也随之下降的缘故。

高度函数 $F(H)$ 在 $H<16\,\mathrm{km}$ 时,由下式计算

$$F(H)=1-\left(\frac{H}{16}\right)^2 \qquad (4-3-19)$$

当高度 $H > 16$ km 时,破片即使贯穿油箱亦不能引燃。上述公式仅适用于普通油箱结构,如果是特殊防燃油箱结构,不适用此方法计算。表 4-3-5 给出了破片引燃飞机燃油概率随高度的变化规律。

表 4-3-5　引燃概率随高度的变化

高度 H/km	0	5.0	7.5	10.1	12.5	16.0
P_{com}^H	1	0.67	0.5	0.43	0.33	0

不同质量破片在各种打击速度时的 P_{com}^0 列于表 4-3-6。

表 4-3-6　不同质量破片在各种打击速度时的 P_{com}^0

m_i/g	1			20			50		
v_b/(m·s^{-1})	700~800	1 100~1 300	1 300~1 500	700~900	1 100~1 300	1 300~1 500	700~900	1 100~1 300	1 300~1 500
P_{com}^0	0	0.038	0.05	0.16	0.317	0.38	0.2	0.5	0.54

3. 破片对目标的引爆作用

破片冲击起爆凝聚炸药的机理为,破片贯穿弹药壳体后,可能会在炸药柱内产生冲击波,冲击波在炸药传播时波阵面处压力、密度和温度急剧上升,炸药内部一些力学和物理性质间断处产生不均匀的应力,造成炸药局部加热产生热点。当热点温度高于炸药热分解温度时,炸药可能被引爆。单位时间内在炸药内产生的热点数越多,引爆的概率越高。

Walker 和 Wasley 给出了冲击波起爆炸药的临界能量准则为

$$p^2 \tau = E_c \qquad (4-3-20)$$

式中,p 是输入冲击波的压力;τ 是冲击波持续时间;E_c 为炸药的冲击起爆临界能量,部分见表 4-3-7。

表 4-3-7　部分炸药冲击引爆临界能量

炸药	密度 /(g·cm^{-3})	E_c/(J·m^{-2})
PETN	1.60	16.8×10^4
特屈儿	1.65	46.2×10^4
PBX-9404	1.84	58.8×10^4
RDX	1.45	80×10^4
B 炸药	1.71	122×10^4
TNT	1.65	142×10^4

当破片直接打击弹药的装药部分时,会激发弹药爆炸。影响引爆作用的因素有很多,例如破片的形状及飞散参数、炸药的参数、弹目遭遇条件等。由于涉及的因素多,目前还没有形成比较统一的计算公式。

单枚破片对弹药的一个引爆概率经验公式为

$$P_{cx}(A_1,a_1) = \begin{cases} 0 & 10^{-6}A_1 < 6.5 + 100a_1 \\ 1 - 3.03e^{-5.6} \times \dfrac{10^{-8}A_1 - a_1 - 0.065}{1 + 3a_1^{2.31}} \times \sin\left(0.34 + 1.84\dfrac{10^{-8}A_1 - a_1 - 0.065}{1 + 3a_1^{2.31}}\right) & 10^{-6}A_1 > 6.5 + 100a_1 \end{cases}$$

$$(4-3-21)$$

其中

$$A_1 = 5 \times 10^{-3} \rho_e m_f^{\frac{2}{3}} v_b$$

$$a_1 = 5 \times 10^{-2} \frac{\rho_{m1} b_1 + \rho_{m2} b_2}{m_f^{\frac{1}{3}}}$$

式中，ρ_e 为炸药的密度（g/cm³）；ρ_{m1}，b_1 分别为被引爆物外壳的密度（g/cm³）和厚度（mm）；ρ_{m2}，b_2 分别为飞机蒙皮金属密度（g/cm³）和厚度（mm）。

例 4-3-2 已知飞机的飞行高度 $H = 8$ km，战斗部破片为球形，直径为 17 mm，质量 $m_f = 10$ g，命中铝制障碍物和油箱时的遭遇速度 $v_b = 2\,500$ m/s。求破片击穿厚度为 50 mm 的铝障碍物的 P_{en} 和破片命中油箱后的引燃概率 P_{com}^H。

解 （1）击穿概率 P_{en}。

由式（4-3-10）计算得到破片比动能

$$E_b = \frac{1}{2} m_f \frac{v_b^2}{S b_{al}} = 2.69 \times 10^9 \ (\text{J/m}^3)$$

将 E_b 代入式（4-3-11），得到破片的击穿概率为

$$P_{en} = 1 + 2.65e^{-0.347E_b} - 2.96^{-0.146E_b} = 0.937$$

（2）引燃概率 P_{com}^H。

根据式（4-3-17）计算得到破片比冲量

$$i = \frac{m_f v_b}{S_m} = 1.08 \times 10^5 \ (\text{N} \cdot \text{s} \cdot \text{m}^{-2})$$

将 i 代入式（4-3-18）得破片的引燃概率为

$$P_{com}^0 = 1 + 1.083e^{-4.27 \times 10^{-5} i} - 1.96e^{-1.49 \times 10^{-5} i} = 0.617$$

由于飞机的油箱处于 $H = 8$ km 的高空处，因此由式（4-3-16）得到在 8 km 高空处的破片引燃概率为

$$P_{com}^H = P_{en} \times P_{com}^0 \times F(H) = 0.937 \times 0.617 \times \left[1 - \left(\frac{8}{16}\right)^2\right] = 0.434 \quad (4-3-22)$$

4.3.2 破片杀伤战斗部

1. 分类

破片杀伤战斗部是靠炸药爆炸后产生的高速破片群直接打击目标，使目标损伤或破坏的。破片的破坏作用可归纳为击穿作用、引燃作用和引爆作用。当战斗部爆炸时，在几微秒内产生的高压气体对战斗部金属外壳（或预制杀伤元素）施加数十万大气压以上的压力，这个压力远远大于战斗部壳体材料的屈服强度，使壳体破裂产生破片。击穿作用是破片击穿飞机的座舱、发动机、燃油系统、操纵系统以及飞机的结构（如蒙皮、梁、框、翼肋等受力构件）等部件，使部件遭受破坏作用而摧毁飞机；引燃作用是击中飞机的油箱使飞机着火而摧毁飞机；引爆作用是击中飞机携带的弹药使弹药爆炸而摧毁飞机。

根据破片的生成途径，破片杀伤战斗部可分为自然、半预制（预控）和预制破片战斗部三种

类型,如图 4-3-1 所示。

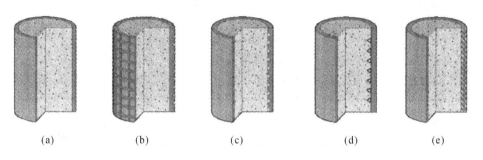

图 4-3-1　常见破片类型示意图

(a)自然破片;　(b)预控破片(外)刻槽;　(c)预控破片(内)刻槽;　(d)预控破片(炸药外表面刻槽);　(e)预制破片

　　自然破片战斗部的破片是在爆轰产物作用下,壳体膨胀、断裂破碎而形成的。该类战斗部的特点是壳体既充当了容器又形成杀伤元素,材料的利用率较高,壳体较厚,爆轰产物泄漏之前,驱动加速时间长,形成的破片初速高,但破片的大小不均匀,形状不规则,在空气中飞行时速度衰减快。

　　预控破片战斗部采用壳体刻槽、炸药刻槽或增加内衬等技术措施,使壳体局部强度减弱,控制爆炸时的破裂部位,从而形成破片。这类战斗部的特点是形成的破片大小比较均匀,形状基本规则,破片初速比自然破片战斗部要小。

　　预制破片战斗部的破片预先加工成型,嵌埋在壳体基体材料中或黏合在炸药周围的薄蒙皮上,炸药爆炸将其抛射出去,破片的形状有瓦片形、立方体、球形、短杆等,这类战斗部的特点是破片大小和形状规则,而且炸药的爆炸能量不用于分裂形成破片,能量利用率高,杀伤效果较好,但破片初速相对较小。

　　2.威力参数

　　对于破片杀伤战斗部,威力参数包含破片性能参数、飞散参数和杀伤性能参数。性能参数主要有破片初速、速度衰减系数和速度分布;破片飞散参数有破片飞散角、破片方向角、破片质量和数量;破片杀伤性能参数有破片对特定靶板的穿透率、破片的分布密度以及爆炸冲击波参数等。通常采用战斗部静爆试验来测定其主要威力参数。

　　(1)破片的初速。战斗部金属壳体在装药的爆炸作用下生成破片,破片获得能量后达到的最大飞行速度即为破片的初速,此后,由于空气阻力的作用,破片在飞行过程中速度逐渐下降。破片初速可分为静态破片初速和动态破片初速。

　　静态破片初速是指战斗部在静止状态下爆炸,破片获得的最大飞行速度。破片初速的计算公式是在一定的假设条件下,根据壳体运动动力学方程和能量守恒定律推导出的。下面以圆柱形装药为例推导破片初速计算公式。

　　假设炸药装药为瞬时爆轰,忽略弹体破碎所消耗的能量,即炸药的能量全部消耗在破片和爆轰产物的动能上;破片和爆轰产物只沿径向飞散,不考虑轴向运动;所有破片的初速相等;爆轰产物的速度在爆炸中心处为零,并呈线性分布,如图 4-3-2 所示。若圆柱形装药内径为 a,对于任一半径处,其速度 v 为

$$v = v_0\left(\frac{r}{a}\right)$$

(4-3-23)

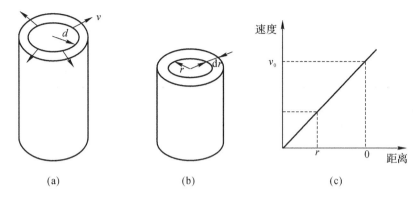

图 4-3-2　圆柱形装药结构及加速历程

(a) 圆柱形装药结构；(b) 爆轰产物单元；(c) 爆轰产物加速历程

总动能 CE 等于破片动能和爆轰产物动能之和。假设破片质量为 m_i，对于气体，可以取一管状单元，如图 4-3-2(b) 所示，该单元质量为 $\mathrm{d}m_g$，则总动能 CE 可表示为

$$CE = \frac{1}{2}\sum m_i v_0^2 + \frac{1}{2}\int v^2 \mathrm{d}m_g \qquad (4-3-24)$$

式中，$\mathrm{d}m_g = 2r\pi\rho(r)\mathrm{d}r$，$\rho(r)$ 为气体的密度，可以用平均密度来代替，$\rho(r) = C/(\pi a^2)$；C 为装药质量；E 为单位质量炸药的内能。若破片大小一致，则壳体质量为 $\sum m_i = M$，这时有 $\sum m_i v_0^2 = M v_0^2$，则式(4-3-24) 可改写成

$$CE = \frac{1}{2}M v_0^2 + \int_0^a \frac{C}{\pi a^2}\left(\frac{r}{a}v_0\right)^2 2\pi r \mathrm{d}r \qquad (4-3-25)$$

$$CE = \frac{1}{2}M v_0^2 + \frac{C v_0^2}{a^4}\int_0^a r^3 \mathrm{d}r \qquad (4-3-26)$$

$$CE = \frac{1}{2}M v_0^2 + \frac{1}{4}C v_0^2 \qquad (4-3-27)$$

$$v_0 = \sqrt{2E}\sqrt{\frac{C/M}{(1+C/2M)}} = \sqrt{2E}\left(\frac{M}{C}+\frac{1}{2}\right)^{-1/2} \qquad (4-3-28)$$

该公式为最大破片速度公式，称为格尼(Gurney)公式，适用于圆柱形战斗部，其中 $\sqrt{2E}$ 为炸药的 Gurney 常数(m/s)，可通过试验的方法获得。

令 β 为装药质量比，$\beta = C/M$，则格尼公式可写为

$$v_0 = \sqrt{2E}\sqrt{\frac{\beta}{1+\frac{\beta}{2}}} \qquad (4-3-29)$$

在相同的假设条件下，可认为炸药的内能与爆热相等，即 $E = Q$，再利用爆轰理论公式爆速 $D = \sqrt{2(\gamma^2-1)Q}$，对于爆轰产物取 $\gamma = 3$，可导出以炸药爆速表示的初速公式为

$$v_0 = \frac{D}{2}\sqrt{\frac{\beta}{2+\beta}} \qquad (4-3-30)$$

同理，可推导出球形装药的初速度

$$v_0 = \sqrt{2E}\left(\frac{M}{C}+\frac{3}{5}\right)^{-1/2} \qquad (4-3-31)$$

对于预制破片结构,由于壳体膨胀过程较短,破片速度较低,经过大量试验验证,对格尼公式进行如下修正:

$$v_0 = D\sqrt{\frac{\beta}{5(2+\beta)}} \qquad (4-3-32)$$

几种典型炸药的格尼常数如表 4 - 3 - 8 所示。

表 4 - 3 - 8　几种典型炸药的格尼常数

炸药种类	密度 $\rho/(\mathrm{g}\cdot\mathrm{cm}^{-3})$	格尼常数 $\sqrt{2E}/(\mathrm{m}\cdot\mathrm{s}^{-1})$
TNT	1.63	2 370
COMP. B	1.72	2 720
RDX	1.77	2 930
HMX	1.89	2 970
PETN	1.76	2 930
TETRY	1.62	2 500

上述公式仅适用于破片初速的初步估算,其实影响战斗部破片初速的因素非常多,下面简单分析几个主要影响因素。

1)装药性能。采用高性能炸药对于提高破片速度是非常有利的。从式(4 - 3 - 32)看出。破片速度与爆速成正比,因此,提高装药密度是提高装药性能的有效途径。试验表明,装药密度提高 0.1 g/cm³,爆速可提高 300 m/s。因此,在满足安全性的前提下应尽可能提高装药密度。

2)装药质量比。装药质量比是战斗部装药质量与壳体质量之比。提高装药质量比有利于破片初速的提高。在一定范围内,质量比成倍增加时,破片初速的增加比较明显,但超出一定范围后,随着质量比的继续增加,初速增量越来越小。

3)壳体材料。壳体材料的塑性决定了壳体在爆轰产物作用下的膨胀程度,塑性好的材料壳体膨胀破裂时的相对半径大,可获得比较高的初速,而脆性材料则相反。

4)装药长径比。装药长径比对破片初速有重要影响。端部效应使战斗部两端的破片初速低于中间部位破片的初速。不同长径比时,端部效应造成的炸药能量损失的程度不同。装药长径比对破片初速的影响如图 4 - 3 - 3 所示。在战斗部总质量不变的情况下,长径比越大,装药能量损失的程度越小,破片初速越高。但在长径比超过 3 以后,初速增加不明显。

长径比不同时,破片初速轴向的分布也有显著差别。若不考虑端部效应,在大长径比时误差小,小长径比时误差大,计算端部破片速度时误差更大。若整体端部无约束,应考虑端部效应分别对起爆端和非起爆端的影响。

战斗部端盖的应用在一定程度上能延缓轴向稀疏波的进入,减少装药的能量损失,从而改善长径比的影响,使初速的轴向分布差别缩小。

5)起爆方式。战斗部的起爆方式是多种多样的,有一端起爆、两端起爆和中间起爆,研究发现起爆方式对破片初速的影响也是比较明显的。战斗部不同形状、不同起爆方式的破片初速需在格尼速度的基础上进行修正。

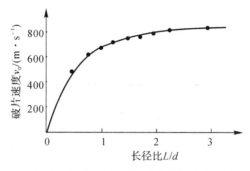

图 4-3-3 装药长径比对破片初速的影响

动态破片初速是指在考虑弹体速度和目标速度的影响后,得到的破片相对于目标的速度。

破片初速的测定在战斗部静爆试验中是比较复杂的项目,广泛使用的有断靶测速法、通靶测速法和高速摄影测速法。

(2)破片速度衰减系数。表征破片速度下降程度的参数,指破片在飞行过程中保存速度能力的度量。

在破片以初速 v_0 飞出,经距离 R 后,速度下降为

$$v = v_0 \mathrm{e}^{-aR} \tag{4-3-33}$$

式中,a 为破片速度衰减系数

$$\alpha = \frac{c_\mathrm{x} \rho_H S_m}{2 m_\mathrm{f}} \tag{4-3-34}$$

式中,m_f 为破片质量(kg);S_m 为破片迎风面积(m^2);ρ_H 为空气密度($\mathrm{kg/m}^3$);c_x 为破片空气阻力系数,在 Ma 小于 3 的情况下,不同形状破片的 c_x 值按以下公式求取:

球形破片:$c_\mathrm{x} = 0.97$

方形破片:$c_\mathrm{x} = 1.258\,2 + 1.053\,6/Ma$

圆柱型破片:$c_\mathrm{x} = 0.805\,8 + 1.322\,6/Ma$

菱形破片:$c_\mathrm{x} = 1.45 - 0.038\,9/Ma$

在 $Ma > 3$ 以后,c_x 一般取常数,其值见表 4-3-9。

表 4-3-9 $Ma > 3$ 后各种类型破片的阻力系数

破片形状	球形	方形	圆柱形	菱形	长条形	不规则形
c_x	0.97	1.56	1.16	1.29	1.3	1.5

破片迎风面积 S_m 是破片在飞行方向上的投影面积,一般等于破片表面积的 1/4。

由于破片在飞行时不断翻滚,因而除球形破片外,迎风面积一般为随机变量,在工程计算时可采用下面的经验公式

$$S_m = K m_\mathrm{f}^{2/3} \tag{4-3-35}$$

式中,S_m 的单位为 m^2;K 为破片形状系数;m_f 为破片质量(kg)。钢破片的形状系数见表 4-3-10。

表 4 - 3 - 10　各类钢破片的形状系数 K

破片形状	球形	方形	圆柱形	菱形	长条形	不规则
$K/(\mathrm{m}^2 \cdot \mathrm{kg}^{-\frac{2}{3}})$	3.079×10^{-3}	3.099×10^{-3}	3.35×10^{-3}	$(3.2 \sim 3.6) \times 10^{-3}$	$(3.3 \sim 3.8) \times 10^{-3}$	$(4.5 \sim 5.2) \times 10^{-3}$

把式(4-3-34)、式(4-3-35)代入式(4-3-33)后,得到

$$v = v_0 \mathrm{e}^{-\frac{c_\mathrm{x} \rho_0 K}{2 m_\mathrm{f}^{1/3}} R} \qquad (4 - 3 - 36)$$

式(4-3-34)中 ρ_H 为当地空气密度,指破片在空中飞行高度处的空气密度,空气密度随离地高度而变化,一般表达式为

$$\rho_H = \rho_0 H(y) \qquad (4 - 3 - 37)$$

式中,ρ_0 为海平面处的空气密度($\rho_0 = 1.226 \ \mathrm{kg/m^3}$);$H(y)$ 为离海平面高度 y km 处空气密度的修正系数,见表 4 - 3 - 11。

表 4 - 3 - 11　$H(y)$ 气体动力学高度函数表

H/km	5	10	15	18	20	22	25	28	30
$H(y)/\mathrm{km}$	0.601	0.337	0.157	0.098	0.071	0.052	0.032	0.020	0.014

$H(y)$ 也可根据下面的公式来计算:

$$H(y) = \begin{cases} \left(1 - \dfrac{H}{44.308}\right)^{4.2553} & H > 11 \\ 0.297 \mathrm{e}^{\frac{H-11}{6.318}} & H \leqslant 11 \end{cases} \qquad (4 - 3 - 38)$$

例 4 - 3 - 3　战斗部在海平面上爆炸,破片质量 $m_\mathrm{f} = 2\mathrm{g}$,初速为 $v_0 = 1\,000$ m/s,求球形、方形和不规则破片在 30 m 处的存速 v。

解　由式(4-3-36)得

$$v = v_0 \mathrm{e}^{-\frac{c_\mathrm{x} \rho_0 K}{2 m_\mathrm{f}^{1/3}} R}$$

从表 4-3-9 和表 4-3-10 中分别查得球形、方形和不规则破片的空气阻力系数 c_x 和形状系数 K,代入上式求得

$$v_\text{球} = 1\,000 \times \mathrm{e}^{-\frac{0.97 \times 1.226 \times 3.079 \times 10^{-3} \times 30}{2 \times (0.002)^{1/3}}} = 647 \ \mathrm{m/s}$$

$$v_\text{方} = 1\,000 \times \mathrm{e}^{-\frac{1.56 \times 1.226 \times 3.099 \times 10^{-3} \times 30}{2 \times (0.002)^{1/3}}} = 494 \ \mathrm{m/s}$$

$$v_\text{不规则} = 1\,000 \times \mathrm{e}^{-\frac{1.5 \times 1.226 \times 5.199 \times 10^{-3} \times 30}{2 \times (0.002)^{1/3}}} = 312 \ \mathrm{m/s}$$

由此可见,理想形状破片与不规则形状破片的存速能力相差很大。

如果弹丸在高空爆炸,把式(4-3-37)代入式(4-3-36)(替换 ρ_0),得到破片在高空中的衰减规律

$$v = v_0 \mathrm{e}^{-\frac{c_x \rho_0 H(y) K}{2 m_\mathrm{f}^{1/3}} R} \qquad (4 - 3 - 39)$$

令

$$\alpha = \frac{c_x \rho_0 H(y) K}{2 m_\mathrm{f}^{1/3}} \qquad (4 - 3 - 40)$$

那么式(4-3-39)变为

$$v = v_0 e^{-aR} \qquad (4-3-41a)$$

如果预制破片的形状为球形(钢珠),那么在海平面式(4-3-39)可简化为

$$v = v_0 e^{-1.15 \times R/d} \qquad (4-3-42b)$$

式中,v_0 为静态爆炸时钢珠的初速(m/s);d 为钢珠的直径(m)。

例 4-3-4 某地空导弹战斗部在高空 $H = 20$ km 处爆炸,破片为菱形,初速 $v_0 = 3\,000$ km/s,质量 $m_f = 10$ g,求离炸点 50 m 处的存速。如果在海平面爆炸,求同样距离处破片速度的大小。

解 菱形破片的平均迎风面积取 $S_m = 3.6 \times 10^{-3}$,$c_x = 1.29$,高空 20 km 处的空气密度

$$\rho_H = \rho_0 H(y) = 1.226 \times 0.071\,7 = 0.087\,9 (kg/m^3)$$

那么,由式(4-3-34)和式(4-3-35)得

$$\alpha = \frac{c_x \rho_H S_m}{2 m_f^{1/3}} = \frac{1}{2} \times 1.29 \times 0.087\,9 \times 3.6 \times 10^{-3} \times (0.01)^{-1/3} = 0.095 \text{ m}^{-1}$$

$$v_{50} = v_0 e^{-aR} = 3\,000 \times e^{-0.095 \times 50} = 2\,866 \text{ m/s}$$

如果在海平面,$\rho_H = \rho_0 = 1.226 (kg/cm^3)$,则

$$\alpha = \frac{c_x \rho_H S_m}{2 m_f^{1/3}} = \frac{1}{2} \times 1.29 \times 1.226 \times 3.6 \times 10^{-3} \times (0.01)^{-1/3} = 0.013\,2 \text{ m}^{-1}$$

$$v_{50} = v_0 e^{-aR} = 3\,000 \times e^{-0.013\,2 \times 50} = 1\,550 \text{ m/s}$$

由计算得知,高空大气密度很小,所以破片速度衰减很慢。

(3)破片飞散角。战斗部爆炸后,破片在空间的分布与战斗部外形相关。如图 4-3-4 所示为几种形状战斗部爆炸后破片在空间分布的示意图,图中阴影部分为破片飞散区。其中球形战斗部的起爆为球心起爆,则破片飞散是一个球面,而且均匀分布。圆柱形战斗部爆炸后的破片 90% 飞散方向为侧向。圆台形和圆弧形战斗部起爆后的破片分布情况皆为多数破片向半径小的方向飞散。

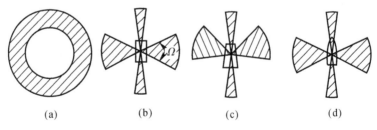

图 4-3-4 几种战斗部破片飞散分布示意图
(a)球形结构; (b)圆柱形结构; (c)圆台形结构; (d)圆弧形结构

破片飞散角是指战斗部爆炸后,在战斗部轴线平面内,以质心为顶点所做的包含有效破片 90% 的锥角,也就是破片飞散图中包含有效破片 90% 的两线之间的夹角,如图 4-3-4(b)所示。飞散角可分为静态飞散角和动态飞散角。常用 Ω 表示破片的静态飞散角,用 Ωv 表示动态飞散角,一般静态飞散角要大于动态飞散角。如图 4-3-5 所示给出了破片静态飞散角和动态飞散角示意图,其中图 4-3-5(b)叠加了导弹的牵引速度,φ_1,φ_2 分别为破片飞散区域两个边界与战斗部赤道面的夹角。

在三维空间中,战斗部的破片动态飞散区是一个对称于战斗部纵轴的空心锥,如图

4 - 3 - 5(c)所示。

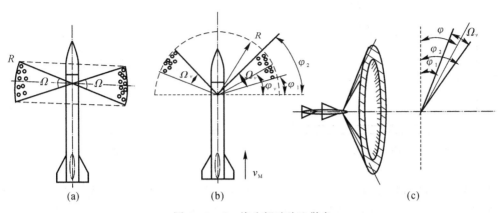

图 4 - 3 - 5　战斗部破片飞散角

(a)静态飞散角；　(b)动态飞散角；　(c)空间动态飞散区

(4)破片方向角。破片方向角是指破片飞散角内破片分布中线(即在其两边各含有 45%
的有效破片的分界线)与通过战斗部质心的赤道平面所夹之角,如图 4 - 3 - 6 所示。常用 φ_0
表示静态方向角,φ_v 表示动态方向角[见图 4 - 3 - 5(b)]。若假设破片在飞散角内是均匀分
布的,则 $\varphi_v = \dfrac{\varphi_1 + \varphi_2}{2}$。

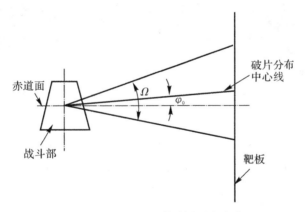

图 4 - 3 - 6　战斗部静态破片方向角

计算圆柱形战斗部静态破片飞散方向的经典公式为泰勒(Taylor)公式:

$$\sin\delta = \frac{v_0}{2D}\cos\alpha \qquad (4 - 3 - 42)$$

式中,δ 为所计算微元的飞散方向与该处壳体法线的夹角;α 为起爆点与壳体上该点的连线与
壳体之间的夹角,即该点爆轰波阵面与轴线之间的夹角,如图 4 - 3 - 7 所示。破片飞散的最大
和最小 δ 之差可以与破片静态飞散角 Ω 相对应。

夏皮罗(Shapiro)对泰勒公式进行了改进,使之更适用于非圆柱体的情况,公式为

$$\tan\delta = \frac{v_0}{2D}\cos\left(\frac{\pi}{2} + \alpha - \Phi\right) \qquad (4 - 3 - 43)$$

式中,Φ 为计算点处壳体法线与轴线的夹角,如图 4 - 3 - 8 所示。

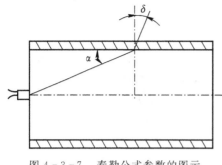

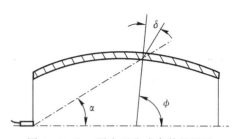

图 4-3-7　泰勒公式参数的图示　　　　　图 4-3-8　夏皮罗公式参数的图示

影响破片飞散角和方向角的因素主要是战斗部的结构外形和起爆方式。图 4-3-9 给出了圆锥形、圆柱形、鼓形三种结构形式战斗部的破片飞散角和方向角示意图,由图中可见,飞散角以鼓形的为最大,圆锥形、圆柱形的最小;方向角则以圆锥形为最大,鼓形和圆柱形的方向角均很小。这时因为鼓形的外表面为圆弧,因而,破片飞散角最大;圆锥形外表面与轴向成一锥角,破片倾向前方,故方向角最大。

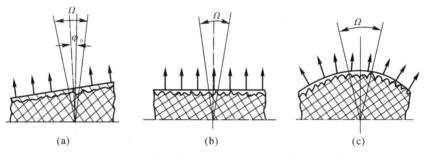

图 4-3-9　不同外形战斗部的破片飞散角和方向角
(a)圆锥形;　(b)圆柱形;　(c)鼓形

战斗部的起爆方式一般分为一端、两端、中心和轴向起爆 4 种类型,根据泰勒公式和夏皮罗公式可知,破片飞离战斗部壳体时,总是朝爆轰波的前进方向倾斜某一角度,若两端起爆时,由于破片从两端向中间倾斜,故飞散角较小,方向角为 0。轴向起爆时,破片皆垂直于壳体表面飞散,方向角为 0,飞散角较小。中心起爆时,飞散角较大,方向角为 0。一端起爆时,方向角最大,飞散角稍大。当起爆点向战斗部几何中心移动时,方向角逐步减小,移至中心时,变成中心起爆,方向角为 0,如图 4-3-10 所示。

例 4-3-5　某圆柱形破片战斗部,其结构参数为长 600 mm,直径 500 mm,假如中心单点起爆,炸药爆速为 7 500 m/s,破片初速为 2 500 m/s,试计算破片飞散角及方向角。

解　先求右端破片飞散方向

$$\sin\delta_1 = \frac{v_0}{2D}\cos\alpha = \frac{2\ 500}{2\times 7\ 500}\frac{300}{\sqrt{300^2+250^2}} = 0.130\ 2$$

$$\delta_1 = \arcsin 0.130\ 2 = 7.48°$$

再求左端破片飞散方向

$$\sin\delta_2 = \frac{v_0}{2D}\cos(180°-\alpha) = -0.130\ 2$$

$$\delta_2 = \arcsin(-0.130\,2) = -7.48°$$

于是算得战斗部的破片飞散角为

$$\Omega = \delta_1 - \delta_2 = 14.96°$$

破片方向角为

$$\varphi_0 = \frac{\delta_1 + \delta_2}{2} = 0$$

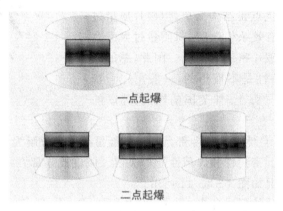

一点起爆

二点起爆

图 4 - 3 - 10　　不同起爆方式战斗部破片飞散角

（5）破片穿透率。破片穿透率是指在规定的距离（如威力半径）上，破片对特定靶板的穿孔数占命中靶板的有效破片数的百分率。通过统计效应靶上破片穿透靶板的孔数 n 与破片碰击靶板未穿透时形成的凹坑数 m 的百分比，得到破片穿透率为

$$P = \frac{n}{m+n} \times 100\% \qquad (4-3-44)$$

此处"特定靶板"主要以具体目标为特征，根据战术指标确定效应靶的厚度和材质。为了便于比较，可把特定靶板统一等效成硬铝板，等效关系为

$$b_{Al} = \frac{b\sigma}{\sigma_{Al}} \qquad (4-3-45)$$

式中，b_{Al} 为等效硬铝板厚度；b 为特定靶板厚度；σ_{Al} 为硬铝板的强度极限；σ 为特定靶板的强度极限。

（6）破片的分布密度。破片的分布密度是指在规定的距离（如威力半径）上，单位面积内的破片数。破片密度的分布通常是不均匀的，实验表明，在静态飞散区内，破片密度近似服从正态分布。

3. 自然破片战斗部

自然破片战斗部的破片是在爆轰产物作用下，壳体膨胀、断裂破碎而形成，该类战斗部的特点是壳体既充当了容器又形成毁伤元素，材料的利用率较高，壳体较厚，爆轰产物泄漏之前，驱动加速时间长，形成的破片初速高，但破片的大小不均匀，形状不规则，在空气中飞行时速度衰减快。

（1）结构与特点。战斗部壳体通常是等壁厚的圆柱形钢壳，在环向和轴向都没有预设的薄弱环节。战斗部爆炸后，在爆轰产物作用下，壳体膨胀、断裂破碎形成杀伤破片。与预制破片战斗部相比，自然破片战斗部的破片数量不够稳定，质量散布较大，特别是破片形状很不规则，

飞行速度衰减快,战斗部的破片能量散布很大。

提高自然破片战斗部威力性能的主要途径是选择优良的壳体材料并与适当的装药性能相匹配,以提高速度和质量都符合要求的破片比例。

破片数量与质量与装药性能、装药质量与壳体质量比、壳体材料性能和热处理工艺、起爆方式等有关。

自然破片战斗部的优点是结构简单,但破片质量过小往往不能对目标造成有效杀伤效应,而质量过大又意味着破片总数的减少或破片密度的降低。因此,总的来讲,这种战斗部的破片特性是不理想的,一般用在直接命中目标或早期的防空导弹上,如美国的尾刺、苏联的萨姆-7等。

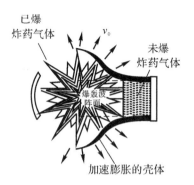

图 4-3-11 战斗部壳体膨胀

(2)破片形成机理。自然破片战斗部是靠爆炸能量把外壳分解为大量破片,破片的大小由壳体材料特性、壳体厚度、密封性和炸药性能等决定。假设战斗部在一端中心起爆,数十微秒后战斗部壳体的膨胀情况如图 4-3-11 所示。

自然破片战斗部破片的形成分为 4 个阶段,如图 4-3-12 所示。

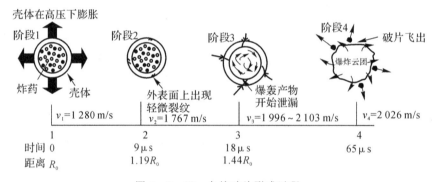

图 4-3-12 自然破片形成过程

阶段 1:壳体环向膨胀;

阶段 2:当膨胀变形超过材料的强度极限时,壳体开始裂口;

阶段 3:接着壳体外表面的裂口开始向内表面发展成裂缝;

阶段 4:爆炸气体产物从裂缝中流出造成大量爆炸物飞出,随后爆炸气体冲出并伴随着破片飞出,同时气体产物开始消散,这时战斗部壳体已经膨胀达到其初始直径的 $150\%\sim160\%$。

4.半预制破片战斗部

半预制破片又称为预控破片,是通过特殊的技术措施控制或引导壳体的破碎,从而控制所形成的破片的大小,避免产生过大和过小的破片,因而减少了壳体质量的损失,显著改善了战斗部的杀伤性能。根据不同的半预制技术途径,其结构形式也有所区别,可以分为刻槽式、聚能衬套式和叠环式等多种结构形式。

(1)刻槽式。壳体刻槽式杀伤战斗部应用应力集中的原理,在战斗部壳体内壁或外壁上刻有许多交错的沟槽,将壳体壁分成许多事先设定的小块,当炸药爆炸时,由于刻槽处存在应力集中,因而壳体沿刻槽处破裂,形成有规则的破片,破片的大小、形状和数量由沟槽的多少和位置来控制。

刻槽的形式有：①内表面刻槽；②外表面刻槽；③内外表面刻尺寸和深度匹配的槽，且内外一一相对；④内外表面都刻槽，但分别控制壳体的轴向和环向破裂。

实践证明，在其他条件相同的情况下，内表面刻槽的破片成型性能优于外刻槽，后者容易形成连片。

刻槽的深度和角度对破片的形成、性能和质量有重大影响。刻槽过浅，破片容易形成连片，使破片总数减少；刻槽过深，壳体不能充分膨胀，爆炸产物对壳体的作用时间变短，影响破片速度的提高。

如图 4-3-13 所示，沟槽的形状有 V 形、方形和锯齿形，沟槽的形状不同，壳体破裂时断裂迹线的走向不同，实践和理论证明，菱形槽的效果优于方格槽。沟槽相互交错构成网格，网格有矩形网格和菱形网格等，如图 4-3-14 所示。为了保证在炸药爆炸作用下沿槽破裂，一般设计槽深为壁厚的 1/3。

图 4-3-13 刻槽截面形状

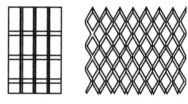

图 4-3-14 刻槽网格形状

刻槽方向对破片分布会产生影响。以圆柱形结构为例，圆柱形战斗部壳体在膨胀过程中，最大应变产生在环向，轴向应变很小。因此，刻槽方向的设计应充分利用环向应变的作用。设计菱形破片时，最合理的形式是菱形的长对角线位于壳体轴向，短对角线位于环向，如图 4-3-15(a)所示。实践证明，菱形的锐角以 60° 为宜，图 4-3-15 (b)(c)所示的刻槽方式不合理。如果沿战斗部母线或垂直于母线刻槽，则壳体环向膨胀形成的破片在轴线成条状分布，在环向形成空当，不利于控制破片。因而应避免图 4-3-15(b)(c)所示的刻槽方式。

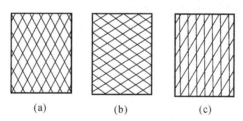

(a)   (b)   (c)

图 4-3-15 不同刻槽方向的展开图
(a)合理； (b)不合理； (c)不合理

刻槽式战斗部应选用韧性钢材而不宜用脆性钢材作壳体，因为后者不利于破片的正常剪切成型，而容易形成较多的碎片。刻槽式与其他结构相比，在相同的装填比下获得的破片速度最高。

图 4-3-16 为一种地对空导弹内壁刻槽的杀伤战斗部，爆炸后可形成数千块破片。该战斗部壳体采用厚 7 mm，10 号普通碳钢板卷焊接而成，其内壁刻槽，槽深为 3 mm，V 形槽角度为 68°，为加强应力集中，槽底部较尖，为 45°。爆炸后，形成的每一菱形破片重 12 g。选用较

重破片的原因在于提高对飞机的毁伤能力。在圆筒壳体两端焊有 10 号钢的圆环,与前、后底之间各用 16 个螺栓连接,前、后底用铝合金制成。

战斗部壳体内铸装梯恩梯、黑索金混合炸药,其成分为梯恩梯(40%)和黑索今(60%)。在壳体两端均铸有梯恩梯封口层,这样做除考虑工艺性较好,还可增加装药的密封防潮性能。

战斗部传爆系列是在装药中心设置传爆管,用四个并联的微秒级电雷管成对安装于前后两端,提高起爆的瞬时性。在传爆管内还装有 17 节钝化黑索今药柱(共 570 g),以起爆主装药。传爆管外壳为铝合金制成,引出导线用酚醛塑料封口。

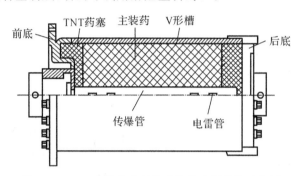

图 4-3-16　壳体内壁刻槽杀伤战斗部结构示意图

(2)聚能衬套式。聚能衬套式破片战斗部也称装药表面刻槽式杀伤战斗部,如图4-3-17所示。装药表面刻槽式杀伤战斗部是在炸药装药的表面上预先制成沟槽,炸药爆炸时,在凹槽处,形成聚能效应,将壳体切割成预设形状的规则破片。药柱上的槽一般由特制的带聚能槽的衬套来保证,衬套由塑料或硅橡胶制成,上带有特定尺寸的楔形槽。衬套与外壳的内壁紧密相贴,用注装法装药后,装药表面就形成楔形槽。采用这种结构可以很好地控制破片的形状及尺寸,且不易出现连片现象。

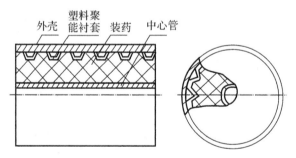

图 4-3-17　聚能衬套式破片战斗部结构示意图

实际应用中衬套通常采用厚度 0.25 mm 的醋酸纤维板模压而成,具有一定的耐热性,以保证在装药过程中不变形。楔形槽的尺寸由战斗部外壳的厚度和破片的理论质量来确定。如果壳体的长度和直径已经给出,就可以确定破片总数。衬套和楔形槽占去了部分容积,使装药量减少;同时,聚能效应的切割作用使壳体基本未经膨胀就形成破片,因此与尺寸相同而无聚能衬套的战斗部相比,破片速度稍低。另外,这种结构的破片飞散角较小,对圆柱体结构而言,不大于 15°。

聚能衬套式破片战斗部的最大优点是生产工艺非常简单,成本低,适合大批量生产,较适宜用于小型战斗部,大型战斗部还是以刻槽式为宜。

图 4-3-18 所示是"响尾蛇"空对空导弹的装药刻槽式杀伤战斗部。该战斗部为圆柱形,由壳体、前底、后底、塑料衬、炸药装药和传爆管等组成。战斗部壳体为整体式圆筒(导弹壳体的一段),爆炸时形成杀伤破片,其材料为 10 号普通碳钢。

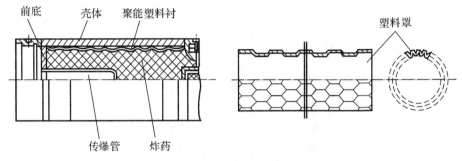

图 4-3-18　药柱表面刻槽式杀伤战斗部

炸药装药上的沟槽是铸成的,其方法是战斗部壳体内表面设置一层塑料衬,在塑料衬上压有 V 形槽,炸药铸装在塑料衬内凝固,从而在药柱表面上形成了 V 形槽。

塑料衬是用厚度为 0.24~0.35 mm 的中性醋酸纤维压制而成。V 形槽形成六角形网格,长度方向为 42 个,圆周方向为 31 个,爆炸后可形成 1 302 个破片。

炸药采用混合炸药,其成分为梯恩梯(40%)、黑索今(60%)、铝粉(20%)和卤腊 2%(外加)。该炸药适于注装,加铝粉后,爆速降低(只有 7 140 m/s),但爆热增加,还可提高破片温度,在击中飞机时可增大引燃作用。

传爆药柱用特屈儿压制而成,其直径为 53 mm,高 54 mm,质量 408 g,并装在 10 号钢制成的传爆管内。

(3)叠环式。叠环式破片战斗部由钢环叠加而成,环与环之间点焊以形成整体。通常在圆周上均匀分布三个焊点,整个壳体的焊点形成三条等间隔的螺旋线。爆炸时,钢环径向膨胀并断裂成长度不太一致的破片。如果在钢环内壁刻槽或放置一个径向有均匀间隔的聚能衬套,则可控制钢环的断裂。如果外壳是非圆柱体,则形成的破片长度是不等的。钢环可以是单层或双层,视所需破片数而定。钢环的截面积和尺寸根据毁伤目标所需要的破片形状和质量而定。

图 4-3-19 所示是"玛特拉"R530 空对空导弹战斗部的结构示意图,该战斗部就采用了此类结构。战斗部的外形为腰鼓形,由 52 个圆环重叠两层组成。圆环之间用点焊连接,焊点 3 个,形成 120°均匀分布,各圆环的焊点彼此错开,并在整个壳体上成螺旋线。这样做的目的是使爆炸后的破片在圆周方向上均匀飞散。破片是在爆炸载荷作用下钢制圆环径向膨胀并断裂形成的。由于各个圆环的宽度及厚度相同,因而可拉断成大小比较一致的破片,每个破片重约 6 g,破片初速 1700 m/s,总数为 2 256 块。战斗部采用腰鼓形的原因是为了增大破片的飞散角度,以获得较大的杀伤区域(静态飞散角为 50°),其有效杀伤半径为 25~30 m。

叠环式结构的最大优点是可以根据破片飞散特性的要求,以不同直径的圆环,任意组合成不同曲率的鼓形或反鼓形结构。叠环式结构与质量相当的刻槽式结构相比,其破片速度稍低,这是因为钢环之间有缝隙,装药爆炸后,在环的膨胀过程中,稀疏波的影响较大,使爆炸能量的利用率下降。

与叠环式结构相似的还有一种钢带（或钢丝）缠绕结构,把带有刻槽的钢带螺旋地缠绕在特定形状的芯体上,两端对齐,像叠环式一样用电焊连接使之成形,就成为所需的战斗部壳体。破片尺寸由钢带的宽、厚和刻槽间距决定。

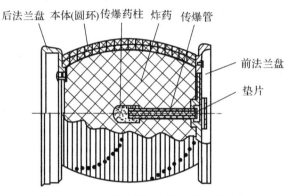

图 4-3-19　圆环叠加点焊式杀伤战斗部

(4)连续杆式。连续杆式战斗部又称链条式战斗部,是因其外壳由钢条焊接而成,战斗部爆炸后又形成一个不断扩张的链条状金属环而得名。连续杆环以一定的速度与飞机等目标碰撞时,可以切割机翼或机身,对飞机造成严重的结构损伤,对目标的破坏属于线切割型杀伤作用。连续杆式战斗部由破片式战斗部和离散杆战斗部发展而来,是破片式战斗部的一种变异。连续杆式战斗部是目前空对空、地对空、舰对空导弹上常用战斗部类型之一。

连续杆式战斗部的典型结构如图 4-3-20 所示,整个战斗部由壳体、波形控制器、切断环、传爆管及前后端盖组成。战斗部的壳体是由许多金属杆在其端部交错焊接并经整形而成的圆柱体杆束,杆条可以是单层或双层。单层时,每根杆条的两端分别与相临两根杆条的一端焊接;双层时,每层的一根杆条的两端分别与另一层相邻的两根杆条的一端焊接,如图 4-3-21所示。这样,整个壳体就是一个压缩和折叠了的链即连续杆环。切断环也称释放环,是铜质空心环形圆管,直径为 10 mm 左右,安装在壳体两端的内侧。波形控制器与壳体的内侧紧密相配,其内壁通常为一曲面。波形控制器采用的材料有镁铝合金、尼龙或与装药相容的惰性材料。传爆管内装有传爆药柱,用于起爆炸药。装药爆炸后,一方面由于切断环的聚能作用把杆束从两端的连接件上释放出来;另一方面,爆炸作用力通过波形控制器均匀地施加到杆束上,使杆逐渐膨胀,形成直径不断扩大的圆环,直到断裂成离散的杆。

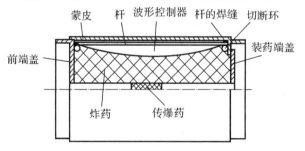

图 4-3-20　连续杆式战斗部构造图

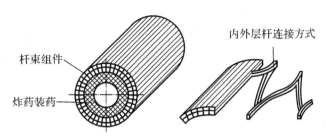

图 4-3-21 杆束结合示意图

在战斗部壳体两端有前后端盖,用于连接前后舱段。在战斗部的外表面覆盖导弹蒙皮,其作用是为了与其他舱段外形协调一致,保证全弹良好的气动外形。

连续杆战斗部作用原理:当战斗部装药由中心管内的传爆药柱和扩爆药引爆时,在战斗部中心处产生球面爆轰波传播,遇上波形控制器,使爆炸作用力线发生偏转,得到一个力作用线互相平行的作用场,并垂直于杆条束的内壁,波形控制器起到了使球面波转化为柱面波的作用。杆束组件(见图 4-3-21)在爆炸冲力作用下,向外抛射,靠近杆端部的焊缝处发生弯曲,展开成为一个扩张的圆环。环在周长达到总杆长度之前,环不被破坏。经验指出,这个环直径至理论最大圆周长度的 80% 还不会被拉断。扩张半径继续增大时,至最后焊点断裂,圆环被分裂成若干段。

连续杆战斗部杆的扩张速度可达 1 200~1 600 m/s,和较重的杆条扩张圆环配合,就像一把轮形的切刀,用于切割与其遭遇的飞机结构,使飞机的主要组件遭到毁伤。毁伤程度不仅与杆速有关,而且与飞机的航速,导弹的速度和制导精度等有关。战斗部对飞机的作用原理如图 4-3-22 所示。

试验表明,连续杆的速度衰减和飞行距离成正比关系。杆条速度的下降主要由空气阻力引起,而杆束扩张焊缝弯曲剪切所吸收的能量对其影响很小。杆环直径增大,断裂后,杆条将发生向不同方向转动和翻滚,这时,连续杆环的杀伤能力就会大幅度下降。连续杆效应就转变成破片效应。因连续杆断裂生成破片数量相当少,所以对目标毁伤效率会急速下降。由此可知,这种结构形式的战斗部,适宜于脱靶量小的导弹。

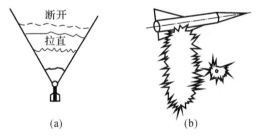

图 4-3-22 杆式战斗部对飞机的作用原理
(a)钢条扩展过程; (b)杀伤效果

5.预制破片战斗部

预制破片战斗部的破片预先加工成型,用树脂黏结在战斗部壳体的内腔或装药外的内衬上,炸药爆炸后将其抛射出去,驱动破片高速飞散毁伤目标。破片的形状有瓦片形、立方体、球形、短杆等,这类战斗部的特点是杀伤破片大小和形状规则,而且炸药的爆炸能量不用于分裂形成破片,能量利用率高,杀伤效果较好。

(1)结构。预制破片战斗部的结构如图4-3-23所示。破片按需要的形状和尺寸,用规定的材料预先制造好,再用黏结剂黏结在装药外的内衬上,内衬可以是薄铝筒、薄钢筒或玻璃钢筒,破片层外面有一外套。球形破片则可直接装入外套和内衬之间,其间隙以环氧树脂或其他适当材料填满。装药爆炸后,预制破片被爆炸作用直接抛出,因此壳体几乎不存在膨胀过程,爆炸产物较早逸出。

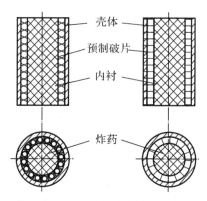

图4-3-23 预制破片排列示意图

预制破片形状选择要考虑破片的弹道性能要好,易于加工,破片间的间隙小,且便于连接。根据所需要的破片数和飞散要求,破片可以排列一层、两层或多层形式。多层结构中采用瓦片形的较多,一层结构中采用瓦片形、球形、圆柱形或半圆柱形皆有。如图4-3-23所示分别为球形和瓦片形破片单层排列的示意图。在装填系数相同情况下,预制式战斗部的破片初速是最低的,比整体式或半预制破片式的破片飞散初速要低10%~15%。这是因为装药爆炸后,产物较早逸出,破片被抛出前膨胀加速时间短的原因所致。

预制破片通常采用钢质或钨质材料,也有的在破片内填充铅、锡等软金属材料,在击中目标时,填料破碎飞散以增加杀伤效果

(2)特点。预制破片战斗部的特点体现在:①具有优越的成形特性,可以把壳体加工成几乎任何需要的形状,以满足各种飞散特性要求;②破片的存速能力强,即破片的速度衰减特性比其他破片战斗部都要好,在保持相同杀伤能量的情况下,预制破片式结构所需的破片速度或质量可以减小一些;③可以任意调整破片的形状和大小,并可进行任意搭配,以满足设计需要;④在性能上具有较为广泛的调整余地,如通过调整破片层数,可以满足破片数量大的要求,也可以大小破片搭配以满足特殊的设计要求。破片可以采用各种材料,或在内部放置含能材料,提高破片的杀伤效能。

预制破片也更容易适应战斗部在结构上的改变,如采用离散杆形式的破片可以达到球形和立方体破片不易达到的毁伤效果,采用反腰鼓形的外壳结构可以实现破片聚焦的效果。

(3)离散杆杀伤战斗部。离散杆杀伤战斗部的杀伤元素是许多金属杆条,它们紧密地排列在装药的周围,当战斗部装药爆炸后,驱动金属杆条向外高速飞行,在飞行过程中杆条绕长轴中心低速旋转,在某一半径处,杆条首尾相连,构成一个杆环,此时可对命中的目标造成结构毁伤,从而实现高效毁伤的目的。此类战斗部常常用来对付空中的飞机类目标。

如图4-3-24所示,离散杆杀伤战斗部由壳体、内衬、炸药、杆条、起爆装置和端环等部件

组成。壳体为圆筒形,为战斗部提供所需的强度和气动外形;内衬的作用是均化杆条的受力,避免杆条断裂;炸药是抛射杆条的能源;起爆装置的作用是适时引爆炸药装药,放置于战斗部的一端;杆条是战斗部的杀伤元素,排列在炸药装药的周围,端部通过点焊和端环连接,端环的主要作用就是固定杆条(有的离散杆战斗部没有此部件),可以用胶将杆条固定在壳体或内衬上。

此类战斗部与普通的破片杀伤战斗部的主要区别是破片采用了长的杆条形,杆的长度和战斗部长度差不多;战斗部爆炸后,杆条按预控姿态向外飞行,即杆条的长轴始终垂直于其飞行方向,同时绕长轴的中心慢慢地旋转,如图 4-3-25 所示,最终在某一半径处首尾相连,靠形成连续的切口来提高对目标的杀伤能力。和立方形或片状破片相比,离散杆战斗部装填的杆条较少,因此为了提高整个战斗部的毁伤效率,必须使每根杆的效率发挥到极致。如果杆条在飞到目标的过程中允许自由旋转,在目标上将不能形成连续的切口,仅仅是大破片的侵彻效应,就丧失了对目标致命的结构毁伤。因此离散杆战斗部的关键技术就是控制杆条飞行的初始状态,从而使其按预定的姿态和轨迹飞行。

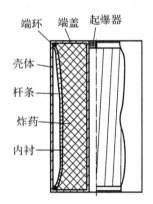

图 4-3-24 离散杆战斗部结构示意图

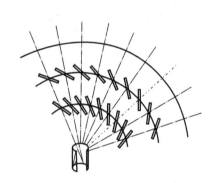

图 4-3-25 离散杆飞散示意图

杆条的运动控制是通过以下两方面的技术措施实现的:一是使整个杆条长度方向上获得相同的抛射初速,也就是说,使杆条获得速度的驱动力在长度方向上处处相同,这样才能保证飞行过程中轴线垂直飞行轨迹。为了实现杆条轴线和飞行轨迹垂直,分别将杆条的两端斜削一部分,斜削的角度和长度可通过计算或试验的方法得到。二是杆条放置时,每根杆的轴线和战斗部的轴线保持一个相同的倾角,这个倾角可以使杆以相同的规律低速旋转,通过预置倾角可以控制杆条的旋转速度,从而实现在不同的半径首尾相连。

(4)破片聚焦式战斗部。是指带凹形装药壳体组装预制破片结构的一种高效新型杀伤战斗部。它是一种充分有效利用密集破片束连续或叠加的作用,对目标产生切割毁伤效果,最终导致目标遭受结构破坏和功能丧失。主要用来打击空中各种类型的飞机、巡航导弹、反辐射导弹和战术弹道导弹等。

破片聚焦式战斗部包括单聚焦式战斗部和双聚焦式战斗部两种类型。

1)单聚焦式战斗部。破片单聚焦式战斗部的母线,是根据倾角的要求,由对数螺旋曲线的一部分旋转而成的。起爆方式必须是将点起爆爆轰波通过波形控制器转化为环形平面波,从一端起爆具有对数螺旋曲面的主装药,在汇聚爆轰产物的推动下,破片向空间一定区域汇集,形成高密度破片分布的聚焦带,对目标产生类似"切割式"毁伤,具有强大的杀伤威力,适宜对各种导弹类、飞机类目标的毁伤。

理论上破片应聚焦在一点,但实际上由于破片之间存在干涉,以及工程误差的存在,破片只能聚焦到最小宽度的"聚焦带"内,且不可能所有破片都聚焦在聚焦带内,带外仍存在一定数量的破片。聚焦式战斗部的破片静态飞散方向角,可以根据引战配合要求设计成有一定的后(前)倾角,倾角的大小和方向除和母线的取值有关外,还和爆轰波传播方向有关,如前端起爆,爆轰波向后传播,则倾角后倾。

聚焦带宽度是与破片密度相匹配的,聚焦带宽度大则密度小,发挥不出聚焦切割效果;聚焦带宽度小则密度大,工程实现难度较大。

图 4-3-26 为单聚焦式战斗部示意图。

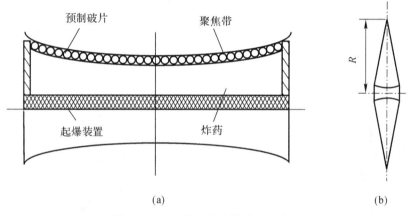

图 4-3-26　单聚焦式战斗部示意图
(a)结构图;　(b)聚焦图

2)双聚焦式战斗部。双聚焦式战斗部是在单聚焦式战斗部的基础上发展起来的,采用双束破片聚焦战斗部,既能满足聚焦战斗部"切割式"毁伤效果,又能满足引战配合对大飞散角的要求,能更好地兼顾打击速度变化相差较大的多种目标。因此,这种战斗部兼有大飞散角战斗部覆盖范围大和聚焦式战斗部密集破片"切割"毁伤效果两者的优点。

根据引战配合要求的不同,双聚焦式战斗部可分为对称双聚焦式和不对称双聚焦式。双聚焦战斗部两聚焦束之间并非"空挡",仍具有一定的破片密度,实践表明,由于两聚焦束带外分布破片的叠加,密度仍大体与大飞散角状态时相当,如果在特定交会条件下,目标确实落入"空挡",在计算杀伤概率时,不能简单地取概率为 0,应充分考虑实际的破片分布特点。

图 4-3-27 为双聚焦式战斗部示意图。

自然、半预制和预制破片战斗部均属于传统破片战斗部,其性能特点各有千秋。从高效毁伤应用的角度,破片战斗部的结构设计主要从装药和壳体两方面考虑。装药方面,装填高密度的高性能炸药,可以在满足破片初始速度要求的前提下减少装药体积。壳体材料方面,半预制破片结构一般都要利用壳体的充分膨胀来获得较大的破片初速和适当大小的飞散角,并使破片质量损失尽可能小,一般选用优质低碳钢作壳体材料,常用的有 10 号、15 号、20 号钢。预制结构的破片通常用 35 号、45 号钢或合金钢或用钨合金或贫铀等高密度合金制造破片,以提高破片的穿透能力。破片层与装药之间,通常有一层薄铝板或玻璃钢制造的内衬,破片层外面则通常有一层玻璃钢,这些措施都是为了提高战斗部的结构强度和降低破片的质量损失。壳体外形方面,战斗部的外形主要取决于对飞散角和方向角的要求。对大飞散角战斗部,壳体一般设计成鼓形;对中等飞散角战斗部,壳体可设计成圆柱形型;对小飞散角战斗部,壳体可设计成反鼓形,也可设计成圆柱形,但需采取特殊的起爆方式。

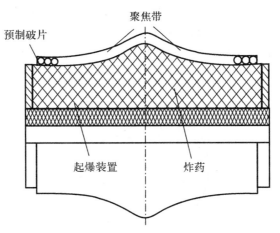

图 4-3-27　双聚焦式战斗部示意图

如表 4-3-12 所示为几种传统破片战斗部的性能比较。

表 4-3-12　几种传统破片战斗部的性能比较

比较内容	半预制结构			预制结构
	刻槽式	聚能衬套式	叠环式	
破片速度	高	稍低	稍低	较低
破片速度散布	较大	较小	鼓形较大 反鼓形较小	鼓形较大 反鼓形较小
单枚破片质量损失	大	稍大	较小	小
破片排列层数	1~3 层	1 层	1~2 层	1~3 层
破片速度衰减特性	差	较差	较好	好
破片形成的一致性	较差	较好	较好	好
采用高密度破片的可能性	小	小	小	大
采用多效应破片的可能性	小	小	小	大
实现大飞散角的难易程度	较易	难	易	易
除连接件外的壳体附加质量	无	较少	较少	较多
长期储存性能	好	较好	稍差	较差
结构强度	好	好	较好	较差
工艺性	较好	好	稍差	稍差
制造成本	较低	低	较高	较高

6.定向战斗部

(1)概述。传统的破片杀伤战斗部的杀伤元素的静态分布沿环向基本是均匀分布的(通常称之为"环向均强型战斗部"),当导弹与目标遭遇时,不管目标位于导弹的哪一个方位,在战斗部爆炸瞬间,目标在战斗部杀伤区域内只占很小一部分,因此只有少量的破片飞向目标区域,绝大部分破片称为无效破片。如图4-3-28所示,目标仅占战斗部破片环向空间的若干分之一,破片的利用率仅为1/12~1/8。脱靶量相同时,目标越小,或同一目标,脱靶量越大,所占环向空间的比例越小。也就是说,战斗部杀伤元素的大部分不能得到利用,战斗部炸药的能量利用率很低。

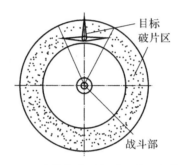

图4-3-28 环向均匀战斗部对空中目标作用示意图

因此,人们想到能否增加目标方向的杀伤元素(或能量),甚至把杀伤元素全部集中到目标方向上去。这种能把能量在某一方位相对集中的战斗部就是定向杀伤战斗部。

定向战斗部即通过特殊的结构设计,在破片飞散前运用一些机构适时调整破片攻击方向,使破片在环向一定角度范围内相对集中,并指向目标方位,得到环向不均匀的打击效果。定向战斗部可以提高在给定目标方向上的破片密度、破片速度和杀伤半径,使战斗部对目标的杀伤效率得到很大程度的提高,同时充分发挥炸药的能量利用率。因此,定向战斗部的应用将大大提高对目标的杀伤能力,或者在保持一定杀伤能力条件下,减小战斗部的质量,提高导弹的总体性能。

防空反导导弹要求既能对付普通飞机,又要能对付巡航导弹和战术弹道导弹。因此,对战斗部的杀伤威力或毁伤效率提出了更高的要求。要提高传统战斗部的杀伤威力,就必须增加战斗部的质量(包括炸药),这样势必会增加导弹的质量,进而直接影响导弹的射程和机动能力。在导弹战斗部质量受限制的条件下,如何提高战斗部的威力或毁伤效率是战斗部技术发展的焦点之一。

目前,国外已有多种系列的现役防空反导导弹装备了定向战斗部。如美国爱国者PAC-3的最新改进型,美国空、海军联合研制的先进中距离空空导弹AMRAAM-AIM-120,俄罗斯的S-300V和S-400V防空导弹系列、"盖得莱"A-2全天候、中程、中高空地空导弹等。这其中,美国的AIM-120空空导弹战斗部是圆柱形高能定向预制破片战斗部,质量22 kg,采用多普勒主动雷达近炸引信,爆炸时形成198个柱形弹丸拦射目标,用以反战斗机、轰炸机和巡航导弹。爱国者防空导弹PAC-1是反飞机的,改进型PAC-2用以反导,最新的改进型PAC-3采用了定向战斗部,具备反飞机和反导双重能力。俄罗斯的R-77改进型中距离空空导弹采用了与美国AIM-120空空导弹类似的定向杀伤战斗部,为连续杆式爆破杀伤型。S-300V和S-400V防空导弹系列都采用了定向战斗部用以反飞机和反导。S-300V的战斗部采用了可形成两种破片的可瞄式定向杀伤战斗部和双波束无线电引信,使一种导弹可同时对付弹道式、空气动力式两大类型的飞行目标。S-400V 防空导弹的战斗部采用了新型无线电引信和多点起爆的定向战斗部,根据目标类型与弹目交会条件控制战斗部可实现三种起爆状态,以保障杀伤能力。这些对空武器战斗部都重点突出了杀伤元素的定向控制和大威力毁伤两方面的技术,并在最新的武器系统上得到应用,代表了当今反空中目标武器装备的世界先进水平。

(2)定向战斗部的结构类型。根据战斗部结构和方向调整机构的不同,定向战斗部大致可以分为偏心起爆式、破片芯式、可变形式、转向式等多种形式。

1)偏心起爆式定向战斗部。这一类结构的壳体与环向均强性战斗部没有大的区别,但其内部结构不同。它一般由破片层,安全执行机构,主装药和起爆装置组成。偏心起爆结构在壳体内表面每一个象限都沿母线排列着起爆点,通过选择起爆点来改变爆轰波传播路径从而调整爆轰波形状,使对应目标方向上的破片增速 20%～50%,并使速度方向得到调整,造成破片分散密度的改变,从而提高打击目标的能量。根据作用原理的不同,又可分为简单偏心起爆结构和壳体弱化偏心起爆结构。

简单偏心起爆结构。主装药由互相隔开的四部分(位于Ⅰ,Ⅱ,Ⅲ,Ⅳ 四个象限)组成,四个起爆装置(1,2,3,4)偏置于相邻两装药之间靠近弹壁的地方,弹轴部位安装安全执行机构,结构的横截面示意图如图 4-3-29 所示。

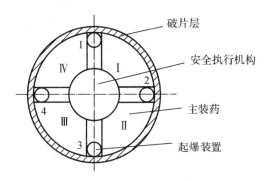

图 4-3-29 偏心起爆式定向战斗部

当导弹与目标遭遇时,弹上的目标方位探测设备测知目标位于导弹径向的某一象限内,于是通过安全执行机构,同时起爆与之相对的那个象限两侧的起爆装置,如果目标位于两个象限之间,则起爆与之相对的那个起爆装置,此时,起爆点不在战斗部轴线上而有径向偏置,所以叫作偏心起爆或不对称起爆。由于偏心起爆的作用,改变了战斗部杀伤能量在环向均匀分布的局面,而使能量向目标方向相对集中。

偏心起爆的作用是改变了爆轰波传播的路径,使破片受力方向发生改变,破片运动偏向一个方向相对集中,增加了该方向的破片质量或密度,也改变了装药质量比 C/M 沿壳体环向的分布,使远离起爆点的壳体破片具有更高的飞散速度。最终改变了破片的杀伤能量在环向均匀分布的局面,使能量向目标方向相对集中。起爆装置的偏置程度对环向能量分布有很大影响,越靠近弹壁,目标方向的能量增量越大。该战斗部特点是可提高指向目标方向的破片初速,但破片数目增加不明显。

壳体弱化偏心起爆结构。这种结构的横截面示意图如图 4-3-30(a)所示。壳体弱化偏心起爆结构中带有纵肋的隔离层把壳体分成四个象限,隔离层与壳体之间装有能产生高温的铝热剂或其他同类物质。四个象限的铝热剂可分别由位于其中的辅点火器点燃。

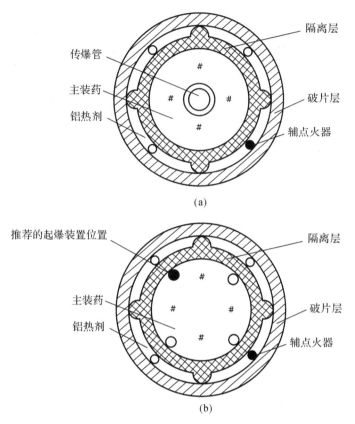

图 4 - 3 - 30　壳体弱化偏心起爆结构

当导弹与目标遭遇时,目标所在象限的辅点火器点燃其中的铝热剂,产生高温,使该象限的壳体强度急剧下降出现"弱化"现象。如果目标处在两个象限的交界处,则此两象限内的辅点火器同时点燃其中的铝热剂,使此两象限的壳体同时弱化。因为隔离层的存在,所产生的高温在短时间内不会引起主装药的爆轰,数毫秒后战斗部中心的传爆管起爆,使位于隔离层内的主装药爆轰。由于壳体存在着弱化区,爆炸能量将在该区相对集中泄漏,使对应的目标方向破片的能量得到提高。如果把起爆点设置在每个象限紧靠隔离层的地方[如图 4 - 3 - 30(b)中的"推荐的起爆装置位置"],则实现了偏心起爆,定向效果将进一步提高。

2)破片芯式定向战斗部。破片芯式定向战斗部的杀伤元素放置于战斗部中心,在主装药推动破片飞向目标之前,首先通过辅助装药将正对目标的那部分战斗部壳体炸开,并推动临近装药向外翻转,有的甚至将正对目标的一部分弧形部炸开。根据作用原理的不同可分为扇形体分区装药结构、胶囊式装药结构和复合结构等。

扇形体分区装药结构。扇形体分区结构将装药分成若干个扇形部分,如图 4 - 3 - 31 给出了由 6 个扇形装药组成的结构及其作用过程示意图。如图 4 - 3 - 31(a)所示为战斗部结构图,各扇形装药间用片状隔离炸药隔开,片状装药与战斗部等长,其端部有聚能槽,用以切开装药外面的金属壳体。战斗部中心位置为预制破片,起爆点偏置。

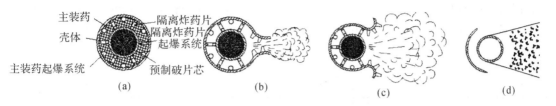

图 4-3-31　扇形体结构定向战斗部

当目标方位确定时,根据导弹给定的信号起爆离目标最近的隔离炸药片,在战斗部全长度上切开外壳,使之向两侧翻开,同时起爆隔离炸药片两侧的主装药,为预制破片打开飞往目标方向的通路,如图 4-3-31(b)和(c)所示。随后,与目标方位相对的主装药起爆系统起爆,使其余的扇形体装药爆炸,推动破片芯中的全部破片飞向目标,如图 4-3-31(d)所示。该战斗部的特点是破片质量利用率高,目标方向的破片密度增益较大,但破片速度和炸药能量利用率较低,适用于拦截弹道导弹。

目前,以扇形体分区结构为基础,破片芯采用动能杆式破片的定向战斗部受到极大的关注。动能杆式定向战斗部采用外层式装药,通过逻辑控制不同部分炸药起爆,实现动能杆的定向飞散。如图 4-3-32 所示给出了外层式装药动能杆定向战斗部典型结构及作用过程示意图。当探测到目标所处方位时,抛射与目标相近位置的一块或多块辅助装药[见图 4-3-32(b)],为动能杆的飞散打开通道[见图 4-3-32(c)],一段延时后,起爆与目标相对位置的装药,使动能杆在装药的爆轰驱动下飞向目标[见图 4-3-32(d)],利用动能杆的切割作用毁伤目标。

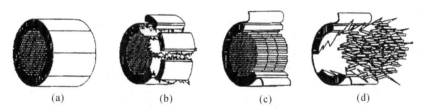

图 4-3-32　外层式装药动能杆定向战斗部结构及作用过程示意图
(a)初始结构;　(b)辅药起爆;　(c)通道打开;　(d)动能杆抛射

动能杆式定向战斗部作用原理是,通过在目标方向上抛射出大量的动能杆,形成一个分布密度较大的侵彻杆"云"。当来袭导弹穿透该"云"区时,动能杆以巨大的相对速度侵彻毁伤来袭导弹。抛射的动能杆先穿透导弹加固的蒙皮,然后继续穿透导弹内战斗部的壳体,利用剩余的能量和与主装药的摩擦以及在碰撞过程中所产生的冲击波等引爆主装药。或者在穿透导弹蒙皮之后继续穿透携带有化学生物物质的容器,直接毁伤导弹所携带的化学生物物质。该战斗部的特点是动能杆条速度较低,密度很高,主要用于反弹道式导弹。

胶囊式装药结构。胶囊式装药结构采用液态炸药或柔韧性好的塑性炸药,并装在一个胶囊内,但不装满,以便有足够的空间使炸药在其中重新分配。战斗部的中心部位为预制破片芯,胶囊外为在圆周上等间隔分布的扁平炸药条和主装药起爆系统,其横截面示意图如图 4-3-33所示。当目标方位确定时,离目标最近的扁平炸药条起爆(如图 4-3-33 所示左侧炸药条),使胶囊向相反方向压缩成凹形,炸药也在其中形成相应的形状(也可以考虑同时把靠近目标的薄外壳切开,以让出破片飞行通道)。随后,与目标方向相对的主装药起爆系统使全部主装药爆炸,推动中心的预制破片较集中地飞向目标。这种结构的破片质量和炸药能量利用率都较高。

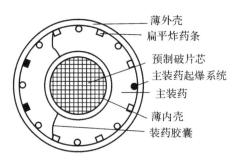

图 4 - 3 - 33 胶囊式结构定向战斗部

复合结构。复合结构意指破片芯由厚内壳组成。在靠近薄外壳的圆周上均布若干个主装药起爆系统(在图 4 - 3 - 34 的结构示意图中示出了 8 个),在靠近内壁的圆周上,与各主装药起爆系统的位置相对处,设有与战斗部等长的弧形药板,在弧形药板接触的内壳上,有与之等长的弱化槽,两弧形药板之间有隔离筋。

其作用过程是,与目标方位最靠近的弧形药板首先被引爆,它所产生的能量可以使内壳沿弱化槽断开并向内折弯,同时切开相近位置处的薄外壳并把附近主装药抛撒开。经过约几分之一毫秒的短暂延时后,与目标方向相对的主装药起爆,使内壳变成破片[见图 4 - 3 - 34(b)],并通过已打开的通道飞向目标。

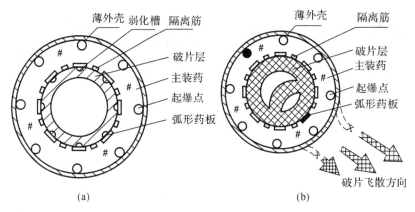

(a)   (b)

图 4 - 3 - 34 胶囊式结构定向战斗部

3)可变形式结构。可变形式结构战斗部可分为机械展开式结构和爆炸变形式结构。

机械展开式结构。机械展开式定向战斗部在弹道末段能够将轴向对称的战斗部一侧切开并展开,使所有的破片都面向目标,在主装药的爆轰驱动下飞向目标,从而实现高效的定向杀伤效果。机械展开式战斗部的结构及其作用过程示意图如图 4 - 3 - 35 所示。战斗部圆柱形部分为 4 个相互连接的扇形体的组合,预制破片排列在各扇形体的圆弧面上。各扇形体之间用隔离层分隔,隔离层中紧靠两个铰链处各有一个小型的聚能装药,靠中心处有与战斗部等长的片状装药。扇形体两个平面部分的中心各有一个起爆该扇形体主装药的传爆管,两个铰链之间有一个压电晶体。

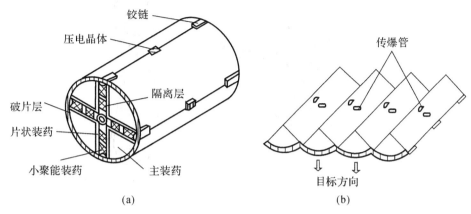

图 4-3-35　机械展开式定向战斗部

(a)展开前；　(b)展开后

机械展开式定向战斗部基本作用原理是，当确知目标方位时，远离目标一侧的小聚能装药起爆，切开相应的一对铰链。同时，此处的片状装药起爆，使 4 个扇形体相互推开并以剩下的三对铰链为轴展开，破片层即全部朝向目标。在扇形体展开过程中，压电晶体受压产生大电流、高电压脉冲并输送给传爆管，传爆管引爆主装药，使全部破片飞向目标。

该战斗部特点是破片密度增益很大，但作用过程时间很长，关键是时间响应问题。机械展开式定向战斗部是靠爆炸作用展开并朝向目标的，由于辅装药引爆后，从切断连接装置到整个战斗部完全展开是机械变形过程，需要 10 ms 左右的时间。在这么长的时间内，要使展开的战斗部平面在起爆时正好对准高速飞行的目标是比较困难的，可靠性较差，不利于引战配合。因此机械展开式定向战斗部不适合作为防空导弹战斗部，仍适合作为对地导弹战斗部。

爆炸变形式结构。爆炸变形定向杀伤战斗部是指在起爆主装药前，通过起爆辅助装药而改变战斗部的几何形状，使战斗部的破片尽可能多地对准目标，达到破片在目标方向上的高密度，从而实现定向杀伤。

这种战斗部的结构如图 4-3-36(a)所示，主要由外层圆柱筒、内层圆柱筒、炸药、多个块状辅助装药和起爆管组成。外层的圆柱筒上加工预制槽来获得破片。主装炸药装填于内、外层圆柱筒之间，炸药可以是液态或经过改制的低密度的塑性炸药；块状辅助装药是一种用作推进的低爆速推进剂，均匀放置于外层圆筒外面。如果需要，可以直接用战斗部壳体和块炸药取代导弹外壳。用于起爆主装药的起爆管放置在战斗部内部主装药中，如果需要，可以采用两个起爆管同时起爆，它们位于战斗部的相反两端。用于选择块状辅助装药起爆所需的起爆器，与用于适时起爆战斗部主装药的起爆选择器是匹配相连的。

可变形战斗部作战原理是，当导弹与目标遭遇时，导弹上的目标方位探测设备和引信测知目标的相对方位和运动状态，通过起爆控制系统确定起爆顺序；例如选择 A 处的块状辅助装药起爆，具有炸药特性的块状辅助装药迅速燃烧而爆炸，使战斗部破片筒变形为凹向目标的弧形，如图 4-3-36(b)所示，但又不使其破裂，然后通过位于与块状辅助装药径向反向的 B 处起爆装置起爆，从而使朝向目标方向的破片汇聚，并指向目标，由此实现定向高效毁伤。

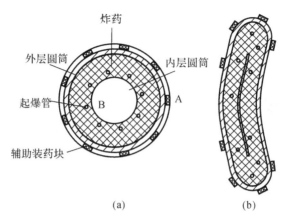

图 4-3-36 可变形壳体定向战斗部

(a)变形前; (b)变形后

与偏心起爆式战斗部相比,可变形战斗部主要提高了目标定向方向上的破片密度,且它的瞄准攻击方式只需要 1 ms 左右,利于引战配合。该战斗部特点是结构比较简单,作用时间短,破片密度增益明显,速度略有增益。并且可通过改变装药结构和调整起爆延时等实现大小不同的定向杀伤区域,使导弹根据目标特性进行定向区域的选择,实现不同的毁伤效果,达到既能反飞机又能反导弹的目的,增强导弹的作战功能。

4)转向式结构。第一种是可控旋转式结构。可控旋转式定向战斗部也称预瞄准定向战斗部,通过特定装置实现预制破片定向飞散,典型结构如图 4-3-37 所示。可控旋转式战斗部壳体可以是圆柱形或半球形,预制破片位于装置的前端面,装置的后部是一个万向转向机构,可以控制破片的朝向。通过装药型面的张角设计可以控制破片的飞散角度,获得高密度破片群。

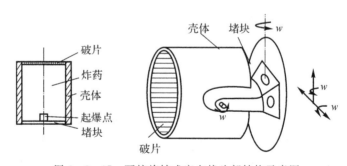

图 4-3-37 可控旋转式定向战斗部结构示意图

当导弹攻击目标时,通过万向转向机构的旋转控制,战斗部的破片飞散方向对准目标,实现对目标的高效毁伤。就定向性能而言,这种战斗部是一个理想的方案。但困难在于定向瞄准难度较大,无论是采用控制弹体滚动的方法还是采用控制战斗部本身旋转的方法,都需要功率较大的旋转机构来控制弹体或战斗部在遭遇段快速翻滚以实现瞬时瞄准。机械惯性使破片难以准确锁定高速飞行的目标,对导弹的制导精度要求很高。该战斗部特点是破片密度增益高,主要用来反导,但功能实现难度较大,需要精确控制。

第二种是单向或双向抛掷结构。如果目标方位与导弹有某种固定的关系,则可以把定向战斗部设计成在环向 180°的两个方位或仅在目标方位上抛射破片,于是战斗部破片环向均匀分布问题就变成了破片双向或单向抛掷问题。显然,这种单向或双向抛掷结构的定向战斗部结构简单,能较快地将定向战斗部推向实用。

双向抛掷的典型结构如图 4 - 3 - 38 所示。炸药柱基本为长方柱体,破片层位于柱体的上下两个端面上。这种结构的起爆方式可以有两种。一种是两个起爆点分别置于两端面破片层的内侧,下端起爆时抛掷上端破片,上端起爆时抛掷下端破片,由引信根据目标信息决定使用哪个起爆点。这种方式能得到较高的破片速度。另一种是把起爆点设在上述两个起爆点的中间,即位于导弹纵轴上。起爆时,同时抛掷上下两端面的破片。这种方式不要求引信确定目标的上下方位,但因装药能量平均使用而使破片速度降低。从战斗部设计的角度看,第一种起爆方式较为合理,但双向抛掷结构可以降低引战配合的难度。

单向抛掷的典型结构如图 4 - 3 - 39 所示。由于是单向抛掷,为合理利用装药,药柱可做成截锥柱体。破片层位于截锥柱体的大端,起爆点在另一端。这种结构用于脱靶永远在一个方位的情况,或者用于由导弹控制系统可以控制弹体在接近目标时转动弹体,使破片抛掷方向与目标方向重合的情况。这是定向战斗部中最有效也是最简单的方案。俄罗斯的 S - 300V 战斗部就采用了爆炸转动弹体的方案,转速达到 500 r/s。在弹目交会条件比较恶劣(比如相对速度很高)的情况下,在接近目标时转动弹体的方案仍存在时间上难实现的问题。

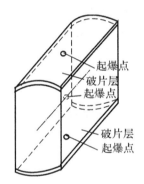
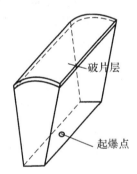

图 4 - 3 - 38　双向抛掷典型结构示意图　　　　图 4 - 3 - 39　单向抛掷典型结构示意图

(3) 定向战斗部的主要技术问题。定向战斗部技术主要涉及起爆系统、装药安全和破片飞散控制三个方面。

1)起爆系统。为了实现战斗部的定向,一般要求二次起爆分别完成为破片打开飞散通路(或使弹体变形)和起爆主装药的任务。两次起爆之间的时间延迟主要根据不同定向结构的功能要求来确定,延迟时间还要与导弹和目标的遭遇条件及引信的性能相协调。

实现两次起爆的途径。一是由引信通过安全执行机构给出两次起爆信号,两次起爆之间的时间延迟由延迟电路保证;另一种是采用导爆索起爆系统。为了满足战斗部火工品系统的安全和可靠性,可采用爆炸逻辑网络实现多方位选择和起爆延时的控制。

2)装药安全。装药安全设计必须保证起爆过程不足以引爆主装药和殉爆周围的其他辅助装药,因此,装药设计十分关键。可以从下面三个方面考虑。

第一个方面,考虑主、辅装药的感度和威力匹配性。辅助装药应选用低威力炸药并把药量控制到最低限度;注意药形和起爆位置的设计,以控制其能量的传播方向。主装药是杀伤破片获得速度的能源,应选择威力较大的炸药,但爆轰感度应尽可能低。

第二个方面,考虑爆轰隔离层的设计。为了防止辅助装药的爆轰殉爆主装药,除了上述装药性能的考虑外,必不可少的措施是在辅助装药之间及其与主装药之间设置爆轰隔离层,其材料可以是对爆轰能量有较大吸收和衰减作用的某些塑料和橡胶制品,特别是轻质的泡沫型材料,以尽量减轻这些辅助材料的质量。

第三个方面,考虑火工品的统筹利用。某些辅助装药的功能可以与导爆索起爆系统的设计相结合。例如,切开壳体用的辅助装药可直接用切割索代替。切割索既可在长度方向传播爆轰能量,又可在环向的某个方向产生切割作用,以减少火工品数量,提高安全性。

3)破片飞散控制。定向战斗部破片飞散的轴向宽度主要取决于壳体外形和起爆点的数量及其在战斗部长度方向的位置。破片的环向飞散宽度根据不同结构有不同的控制方式。

对于偏心起爆结构,在环向,起爆点位置越靠近弹壁,破片在目标方向的环向飞散宽度越小,即偏心程度越大,目标方向的能量增益也越高。

对于破片芯结构,定向战斗部由于全部破片在起爆点的一侧,当起爆点离破片芯越远时,破片在环向的飞散宽度越小,破片在目标方向的密度和速度则越高。主装药的起爆范围也影响着飞散宽度,一般起爆范围大,飞散宽度小,破片的分布密度大。但总的说来,此类结构破片环向分布范围的调整余地较小。

对于机械展开式结构,定向战斗部可通过增加铰链或战斗部结构的限位功能来控制扇形体的展开角度,以调整破片的飞散宽度。展开的角度越小,破片的飞散宽度越大。

对于可变形式结构,可以针对目标特性设计破片飞散的宽度,破片飞散的环向宽度受战斗部壳体一次爆炸时的变形状态的影响,可以通过选择辅助装药的结构尺寸、控制二次起爆的延时等手段,来获得不同的变形面形状,实现最佳的打击效果。

对于单向和双向抛掷结构,破片在径向的飞散宽度选择取决于导弹上破片面与目标位置的偏离程度和目标的宽度,可以考虑轴向和环向的破片张角为 $45° \times 45°$。一般,破片层可设计成多层双曲面或球面,以保证形成足够面积的破片分布,保证打击效果。

(4)定向战斗部的相对效能

定向战斗部的相对效能是指定向战斗部的能量和质量与环向均匀战斗部的能量和质量相比较的结果,它可以比较直观地反映定向战斗部的应用价值。

"能量增益"表示定向战斗部与相同质量的环向均匀战斗部对比的相对效能。设环向均匀战斗部在环向某一角度(如 $45°$ 或 $60°$)内的静态破片总能量为 A,等质量的定向战斗部在目标方向相等角度内的静态破片总能量为 B,则定向战斗部在该角度内的能量增益 F_1 为

$$F_1 = \frac{B}{A} \times 100\% \qquad (4-3-46)$$

其中

$$A = \sum_{i=1}^{N} \frac{1}{2} m_{ei} v_{ei}^2, \quad 或 \quad A = \frac{1}{2} N m_e v_e^2$$

$$B = \sum_{i=1}^{M} \frac{1}{2} m_{di} v_{di}^2, \quad 或 \quad B = \frac{1}{2} M m_d v_d^2$$

式中,N,M 分别为环向均匀和定向战斗部在相同角度内的破片数;m_{ei},m_{di} 分别为环向均匀和定向战斗部在相同角度内每个破片的实际质量;m_e,m_d 分别为环向均匀和定向战斗部在相同

角度内单个破片的平均实际质量;v_{ei},v_{di} 分别为环向均匀和定向战斗部在相同角度内每个破片的速度;v_e,v_d 分别为环向均匀和定向战斗部在相同角度内所有破片的平均速度。

N,m_{ei},m_e,v_{ei} 和 v_e 可通过理论估算或试验得到,M,m_{di},m_d,v_{di} 和 v_d 需通过试验得到。为了求得 F_1,需"设计"一个总质量与定向战斗部相同的环向均匀战斗部,并进行性能估算。F_1 越大,定向战斗部的相对效能则越高,应用价值也越大。

从质量角度考虑,可根据总质量为 m_{dw} 的定向战斗部总能量 B,推算在相同角度内具有相等能量的环向均匀战斗部的总质量 m_{ew}。应该有 $m_{dw} < m_{ew}$,即具有同样的杀伤威力时,定向战斗部的总质量较小。定义 F_2 为定向战斗部的质量与等效的环向均匀战斗部的质量之比,即

$$F_2 = \frac{M_{dw}}{M_{ew}} \times 100\% \tag{4-3-47}$$

F_2 从质量角度衡量定向战斗部的相对效能,F_2 越小,相对效能则越高,应用价值也越大。

由于定向战斗部成本较高,结构较复杂,可靠性降低,导弹系统为适应定向战斗部的使用还必须增加有关功能,如果能量增益甚小,则该定向战斗部就不一定具有使用实用价值。

7. 新型破片战斗部

除了采用定向技术外,破片战斗部还可以通过改变破片的材料来提高对目标的毁伤效果。例如含能破片材料、燃烧型等新型破片战斗部。

(1)含能破片战斗部。含能破片战斗部(Energetic Fragmentation Warhead,EFW)也称反应破片战斗部(Reactive Fragmentation Warhead,RFW),是破片自身含有一定化学能,在外界环境的激发下能发生化学反应并以此将目标装药引爆的一种特殊的预制破片战斗部。含能破片战斗部的破片一般由包括特殊材料在内的几种材料复合而成,含能破片击中目标后,首先利用破片机械能穿透目标防护层进入其内部,破片随之发生预期的破碎,反应材料迅速释放化学能,产生高温、高压,对目标起到爆炸杀伤作用。

根据含能破片自身化学反应类型的差异可分为燃烧式和爆炸式:燃烧式破片由具有燃烧特性的材料制成,在撞击目标时发生燃烧反应,并可在一定的条件下发生燃烧转爆轰,从而达到引爆目标的目的;爆炸式破片是由爆炸材料制成,在侵入目标时,破片内的爆炸材料发生爆炸反应,从而达到引爆目标的目的。普通破片对导弹战斗部的杀伤是仅仅依靠自身的动能。当战斗部初始状态一定即爆炸驱动的初始条件一定时,若想使破片达到引爆战斗部主装药的杀伤效果是有很大难度的。含能破片除破片的动能杀伤外还可以依靠自身的爆炸和燃烧能力为引爆导弹战斗部提供输入能量,其对目标内装药的引爆提供远大于破片自身动能的能量,可以克服单一杀伤方式的不足,在作用条件相同的情况下,含能破片会大大增加引爆目标尤其是燃料舱和战斗部等易燃易爆目标的可能性,提高战斗部的杀伤效能。美海军研究署试验表明其威力半径是普通破片战斗部的两倍,并断定其潜在的杀伤威力相对普通破片战斗部可提高近 500% 左右。

破片反应材料可以是铝热剂、金属间化合物、金属/聚合物的混合物、亚稳态分子间复合物、复合材料等,它通常包含两种或两种以上的非爆炸物质(铝、镁、钛、钨、钽等金属与含氟聚合物),通过压制或烧结成高密度固体。这种材料的特点是,在正常情况下,反应材料保持惰性,当受到足够强度的冲击加载时,反应材料会发生燃烧甚至爆炸反应,同时释放出大量的热能。目前,研究较多的反应材料为氟聚物基反应材料,其主要组成为高氟含量($>70\%$)的氟聚物和金属颗粒或纤维填料。氟聚物基反应材料的高能、钝感和独特的能量释放特性,使其成

为一类极为重要的国防工业新型含能材料。

反应材料相比传统炸药更加稳定，不能被引信起爆，在存储以及运输方面反应材料战斗部都要比传统装药战斗部安全可靠。反应材料破片战斗部具有动能侵彻效应和内爆毁伤效应，同时具有引燃、引爆功能，对大幅度提高弹药的杀伤威力有重要的军事应用前景。

反应材料破片战斗部对目标的毁伤过程，主要包含破片对目标外壳的穿透、与目标内部零件的碰撞、反应材料的点火以及随后的各种化学反应与物理变化等。反应材料破片对目标的毁伤机制主要体现在以下几个方面：①反应材料破片的化学反应，提高了侵彻孔内部的温度；②爆炸引发的冲击波，提高了目标内的作用冲量；③爆炸产生的冲击波超压，加强了破坏效果。以上的综合作用，可极大增强其对目标的破坏力。

反应材料破片对目标的毁伤效应，从技术上来讲，与其材料的物化性能、热力学性能、力学性能、燃烧性能和爆轰性能有关，也与导弹的结构、材料、零部件功能等有关，还与反应材料破片的撞击速度密切相关。

含能破片主要存在的缺点：破片的设计、加工和装配比普通预制破片复杂；比普通预制破片的造价高；破片的穿甲能力较差，还达不到钢质破片的侵彻性能，因而无法最有效的发挥破片穿透目标的杀伤后效。

（2）燃烧型破片战斗部。第二次世界大战以来的空战实践表明，作战飞机的损失主要是燃烧作用造成的。因此，设法增大破片的引燃能力，进一步提高对目标的引燃概率，就成为了提高战斗部杀伤能力的重要方面，燃烧型破片的使用正是为了达到这一目的。根据破片的组成和燃烧机理的不同，主要有以下三类燃烧型破片。

第一类是稀土和锆类合金破片。在预制破片战斗部的钢质破片中，加入一部分易燃金属，如稀土合金、锆锡合金和海绵锆等制成的破片，能够提高对目标油料系统的引燃能力。锆类破片常以海绵锆的形式出现，它由微小的锆颗粒压制成型，海绵锆破片在战斗部爆炸后以高速飞出，由于受到爆炸冲击与与空气的剧烈摩擦而自燃，其燃烧温度高达3 000℃左右。显然，它对易燃目标有较大的纵火能力。但锆破片受爆炸冲击后，变成较小的块状物，并在飞行过程中由于猛烈的燃烧作用而使质量逐步减小，因而它在飞行末段的侵彻能力是比较弱的。要引燃目标，首先就要使破片进入目标。对飞机来说，锆破片必须首先击穿飞机蒙皮和油箱壁，这对海绵锆破片来说是困难的。因此，一般采用复合破片的形式，既能使破片中的锆在规定的飞行距离内保持燃烧状态，又解决了含锆破片在飞行末段的侵彻能力问题。

第二类燃烧型破片是以普通钢破片为弹芯，外面紧紧包裹一层生热金属或生热合金。这种破片受到爆炸冲击和飞行中的气动力加热，逐渐升温，并不燃烧，也基本没有质量损失，在穿入目标时，由于发生剧烈挤压和摩擦而发火，从而引燃目标。可用的生热金属有铝、镁和铁等，生热含金有镁钛合金、铝钛合金、铝镁合金等。显然，其中铝或铝合金的成本较低，且工艺性好，因而最具使用价值。

第三类是铝热剂反应材料破片。这是一种利用铝热反应原理，在与目标碰撞时，能同时释放化学能和机械能的破片。破片为铝质，在其上开有盲孔，盲孔中分层压入的铝粉和某些金属氧化物（如氧化铁、氧化铜、氧化钴和氧化铅等）的混合物。这种破片受到爆炸冲击的加热时，盲孔中的铝热剂开始反应，铝变成氧化物，金属氧化物还原成金属并放出大量的热，使温度高达2 200℃。其燃烧速率可通过铝热剂的装填密度来调节。破片与目标碰撞时，铝质外壳破裂，剩余的铝热混合物猛烈燃烧，同时释放出化学能和机械能，对目标造成严重的破坏。

（3）横向效应增强型战斗部（弹药）（Penetrator with Enhanced Lateral Efficiency，PELE）。每个增强效应破片类似于一个小的 PELE 弹丸，是一种不含高能炸药，不配用引信的多功能新概念弹药。

横向效应增强型战斗部的弹丸由两种不同密度的材料巧妙组合而成。其作用原理基于弹丸的内芯和外层弹体使用不同密度的材料的物理效应。外层弹体由钢或钨重金属制成，对付钢板时有良好的穿透性能；内芯用塑料或铝制成，不具有穿透性能。通过将两种材料结合到一起制成 PELE 弹丸。当弹丸命中目标后，外层弹体将穿透目标，同时塑料装填物在目标前方停止前行，弹丸内的压力将急剧增加，可达到数 GPa。一旦弹丸穿透目标，高压传入弹体内将导致弹体材料破碎成横向飞散的大量高速破片，可有效杀伤内部目标。破片的数量和尺寸是弹丸长度的函数，可以进行调整。决定 PELE 效应的参数包括弹芯及外层弹体所采用的材料、弹丸和内部弹芯的尺寸。

PELE 外壳主要有两个作用：一是凭借其良好的侵彻性能穿甲；二是穿透靶板后破碎，提供具有一定数量、质量和速度的破片。弹芯的作用主要是将轴向力转化为径向力，提供迫使外壳径向膨胀、靶后破碎及沿径向飞散的能量，而着靶速度是 PELE 穿甲、靶后破碎及径向飞散的能量来源。因此，外壳材料、弹芯材料及着靶速度是影响 PELE 作用效果的重要因素。

该新概念破片具有优良的穿透性能和极佳的破片增强杀伤效应，可有效提高破片对 TBM 类目标的杀伤效能以及直接引爆 TBM 战斗部装药的能力，有着极为广阔的应用范围。PELE 效应应用到杀伤战斗部杀伤元素上有另外两个关键问题需要解决：一是保持破片飞行弹道的稳定性；二是保护破片在爆炸载荷作用下不会受到导致 PELE 功能失效的毁坏。

4.4　动能作用原理与动能战斗部

由战斗部或弹丸对装甲目标撞击引起的侵彻和破坏作用称为动能效应，也称之为穿甲效应。利用动能（效应）作用原理形成的战斗部称之为动能战斗部（也称穿甲战斗部）。动能战斗部利用战斗部本身去撞击目标，从而实现侵彻破坏的效果，侵彻体从发射到侵彻目标前，其形状基本保持不变。动能战斗部可用来对付多种目标，例如攻击飞机、导弹、舰艇、坦克及装甲输送车、地下深层工事等。

4.4.1　动能作用原理

动能武器依靠弹丸的撞击侵彻作用穿透装甲，并利用残余弹体、弹体破片和装甲破片的动能或炸药的爆炸作用毁伤装甲后面的有生力量和设施。因此整个作用过程包含侵彻作用、杀伤作用或爆破作用。

1. 侵彻现象

侵彻是指侵彻体钻进靶体任一部分的过程。从侵彻的结果来看，主要包括贯穿、嵌埋和跳飞三种情况，如图 4-4-1 所示。当高速弹丸碰撞靶板时，有的弹丸侵入靶板而没有穿透，这种现象称为嵌埋（有些文献中也称为侵彻）；有的弹丸完全穿透靶板，这种现象称为贯穿；若弹丸既未能穿透靶板，又未能嵌埋在靶板内部，而是被靶板反弹回去称之为跳飞。影响侵彻现象的主要因素可以分为三大类：靶、弹和弹靶交互状态。

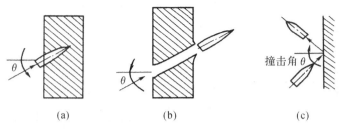

图 4 - 4 - 1　侵彻的三种基本现象

(a)嵌埋；　(b)贯穿；　(c)跳飞

（1）靶板的嵌埋。由试验可知，在一般情况下，由于弹速的不同，弹丸对无限厚靶板的碰撞侵彻可能出现如图 4 - 4 - 2 所示的三种类型的侵彻弹坑，弹坑形状与碰撞速度有很大的关系。

在低速情况下，弹坑呈柱形孔，其横截面和弹丸的横截面相近，如图 4 - 4 - 2(a)所示。

在中高速情况下，弹坑纵向剖面呈不规则的锥形或者钟形。横截面是或大或小的圆形，其口部直径大于弹丸直径，如图 4 - 4 - 2(b)所示。

在超高速情况下，出现了杯形弹坑，如图 4 - 4 - 2(c)所示。

图 4 - 4 - 2 中高、中、低速的划分是针对一定材料适用的，有文献按弹坑呈现的形态来划分速度范围。例如，出现杯形弹坑或半球形弹坑对应的速度称为超高速碰撞范围。其实出现这种不同弹坑形状的原因是不同的碰撞速度下材料的响应特性不同，材料在中低速度撞击下表现强度效应，在超高速碰撞下呈流体响应特性。同时，速度的划分也与靶板材料性质有关，比如，高强度材料对应的超高速范畴的速度下限要高一些。

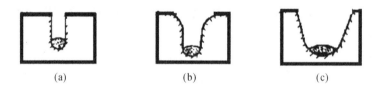

图 4 - 4 - 2　碰撞速度与弹坑形状

(a)低速(<1 200 m/s)；　(b)高速(1 200～3 000 m/s)；　(c)超高速(>3 000 m/s)

（2）靶板的贯穿。靶板的贯穿破坏可表现为多种形式，如图 4 - 4 - 3 所示。

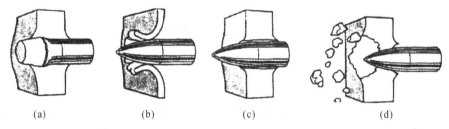

图 4 - 4 - 3　靶板的贯穿破坏形式

(a)冲塞型破坏；　(b)花瓣型破坏；　(c)韧性破坏；　(d)破碎型破坏

1)冲塞型。冲塞型破坏是一种剪切穿孔，是指弹丸在侵彻进入靶板一定深度后，在靶板中产生剪切作用，从装甲上冲出一块带有一定锥角的圆柱形塞块[见图 4 - 4 - 3(a)]，这种情况容易出现在靶板硬度相当高的中等厚度的钢板上。这时板厚 h_0 与弹径 d 之比 h_0/d 对于侵彻机理和弹丸运动影响很大。当 h_0/d 小于 0.5（或板厚与弹长 L 之比 h_0/L 小于 0.5）时，在弹丸材料强度比较高且不易变形的情况下，装甲破坏形式属于冲塞型。钝头弹侵彻中厚板或薄板靶时容易造成冲塞型破坏，尖头弹穿透非均质装甲时也可能在装甲上形成冲塞。

2）花瓣型。靶板薄、弹速低（一般为 600 m/s）时容易产生花瓣型破坏[见图 4-4-3(b)]。当锥角较小的尖头弹和卵形头部弹丸侵彻薄装甲时，弹头很快戳穿薄板。随着弹丸头部向前运动，靶板材料顺着弹头表面扩孔而被挤向四周，穿孔逐步扩大，同时产生径向裂纹，并逐渐向外扩展，形成靶背表面的花瓣型破口。形成花瓣的数量随着靶板厚度和弹速的不同而不同。

3）韧性破坏。韧性破坏常见于厚靶（h_0/d 大于 1）。当靶板具有延韧性时，贯穿后孔被弹丸扩开[见图 4-4-3(c)]。一般尖头弹容易产生这种破坏形式，当尖头侵彻弹垂直碰击机械强度不高的韧性装甲时，撞击开始时靶板材料向表面流动，然后靶板材料随弹头部侵入开始径向流动，沿穿孔方向由前向后挤开，靶板上形成圆形穿孔，孔径大于等于弹体直径，同时在靶板的前后表面形成破裂的凸缘。

4）破碎型。当靶板相当脆硬且有一定厚度时，容易出现破碎型破坏[见图 4-4-3(d)]。弹丸以高着速穿透中等硬度或高硬度钢板时，弹丸产生塑性变形和破碎，靶板产生破碎并崩落，大量碎片从靶后喷溅出来。

以上基本形式是对垂直侵彻靶板描述的，实际出现的情况可能是几种形式的综合。例如，杆式穿甲弹在大法向角下对装甲的破坏形态，除了撞击表面出现破坏弹坑之外，弹、靶将产生边破碎边穿甲的现象，最后产生冲塞型穿甲。

当弹丸对靶板倾斜碰撞时，靶板的倾斜角 β（指靶板的法线和弹丸飞行方向的夹角）小于 30°时，产生的现象和垂直碰撞时基本相似，而大于 30°时，可能会出现显著的不同。在倾斜着靶时，较为突出的问题是弹丸由于弯曲力矩的作用而产生破损（见图 4-4-4）。靶板倾角大而弹速又不太高时，将发生跳弹现象，这时弹丸只在靶板表面"挖刻"一浅沟槽。因此，研究发生跳飞和防止跳飞的方法，对于装甲的防护和穿甲弹的设计都具有重要的意义。

2. 威力参数

侵彻弹的威力是要求能在规定射程内从正面击穿装甲目标，并具有一定的后效作用（即在目标内部有一定的杀伤、爆破和燃烧作用），能有效毁伤目标。

为考核侵彻弹的穿甲威力，一般把实际目标转化为一定厚度和一定倾斜角的均质材料的等效靶。对等效靶的击穿厚度和穿透一定厚度等效靶所需的弹着速度定义为侵彻能力的威力参数。它包含了两个方面的侵彻极限概念，一个是侵彻极限厚度，另一个是侵彻极限速度。对于无限厚靶还可以用侵彻深度来表示。

（1）侵彻极限厚度。侵彻极限厚度用在规定距离（如 2 000 m，不同的国家有不同的规范）处，以不小于 90%（或 50%）的穿透率，在倾斜角 β 斜侵彻情况下，穿透 δ 厚均质靶板来表示，表示形式为 δ/β。例如，150 mm/60° 表示的穿甲能力为可以穿透 2 000 m 远处斜置 60° 的 150 mm 厚的均质钢靶。

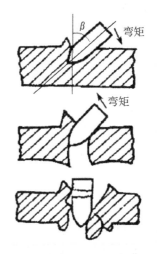

图 4-4-4 弹丸倾斜穿甲

(2)侵彻极限速度。侵彻极限速度也称为弹道极限。它是指弹丸以规定的着靶姿态正好贯穿给定靶体的撞击速度。通常认为侵彻极限速度是以下两种速度的平均值:一是弹丸侵入靶体但不贯穿靶体的最高速度;二是弹丸完全贯穿靶体的最低速度。对于给定质量和特性的弹丸,其侵彻极限速度实际上反映了在规定条件下弹丸贯穿靶体所需要的最小动能。当撞击速度高于侵彻极限速度时,弹丸贯穿靶体后的速度称为剩余速度。

目前各国采用的弹道极限定义是不一样的。例如,美国有陆军弹道极限标准(陆军标准)、"防御"弹道极限标准(防御标准)和海军弹道极限标准(海军标准)三种。陆军标准要求最低限度必须从装甲的背面看到弹丸或光线;防御标准要求贯穿过程中弹丸或靶板形成的破片仍具有一定的能量,可以穿过一定距离外(15.2 cm)的薄低碳钢板(约 0.05 cm);海军标准要求弹丸或者弹丸的主要部分穿透装甲。英国采用临界速度这一概念来评估穿甲能力,临界速度定义为弹丸正好穿过靶板时的着靶速度。

从实际应用来讲,临界穿透或穿不透是一个随机事件,对于一定结构的弹丸和装甲目标,弹丸的着靶速度越高,穿透的概率就越大。目前多使用 50% 或 90% 穿透率的概念。对于一定的装甲目标,每种弹丸都有着各自的 50% 或 90% 穿透率的速度。图 4-4-5 所示为不同贯穿概率对应的侵彻极限速度的关系示意图。

(3)侵彻极限的经验公式。由于影响弹丸碰撞靶板现象的因素比较多,目前还没有一个比较完善的侵彻计算公式。在实际工作中,往往借助于一些经验公式来进行计算。下面介绍几种比较常用的计算侵彻弹道极限速度 v_b 的公式。

1)德马耳公式。德马耳公式建立于 1886 年,旨在获得侵彻极限速度,公式假设:弹丸只做直线运动,不旋转;在碰撞靶板时不变形,所有的动能都消耗在击穿靶板上;靶板固支,材料是均匀的。根据能量守恒原理,可以推导写出弹丸垂直碰撞击穿靶板时所必需的速度 v_b 如下:

$$v_b = K \frac{d^{0.75} h_0^{0.75}}{m^{0.5}} \tag{4-4-1}$$

式中,m 为弹丸质量(kg);d 为弹径(m);h_0 为靶板厚度(m);K 为比例系数(由靶板性质而定,工程中一般取(62 000 ~ 73 300)。

若考虑弹轴和靶板法线间的夹角 β(即倾斜碰撞)时,如图 4-4-6 所示,则式(4-4-1)可改写为

$$v_b = K \frac{d^{0.75} h_0^{0.70}}{m^{0.5} \cos\beta} \tag{4-4-2}$$

德马耳公式将影响弹丸威力的速度、口径、弹重和靶板厚度等几个指标联系起来,公式的准确度取决于系数 K 的取值。在弹速不高时,公式的计算结果和实际情况差别不大。

2)贝尔金公式。贝尔金公式试图将靶板和弹丸材料的力学性能反映到穿甲公式中去,形式为

$$v_b = 215 \sqrt{K_2 \sigma_s (1+\varphi)} \frac{d^{0.75} h_0^{0.70}}{m^{0.5} \cos\beta} \tag{4-4-3}$$

式中,σ_s 为装甲金属的屈服极限(kg·cm^{-2});$\varphi = 6.16 m/(h_0 d^2)$;$K_2$ 为考虑弹丸结构特点和装甲受力状态的效力系数。用普通穿甲弹侵彻均质装甲钢时,效力系数 K_2 的参考取值列于表4-4-1。

表 4 - 4 - 1　效力系数 K_2

穿甲弹类型	效力系数 K_2	附注
尖头弹(头部母线半径在 $1.5d \sim 2.0d$)	$0.95 \sim 1.05$	厚度近于弹径的均质装甲钢
钝头弹(钝化直径在 $0.6d \sim 0.7d$,头部母线半径在 $5d \sim 6d$)	$1.20 \sim 1.30$	
被帽穿甲弹	$0.9 \sim 0.95$	

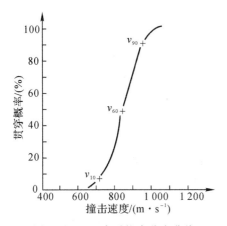

图 4 - 4 - 5　穿透概率分布曲线

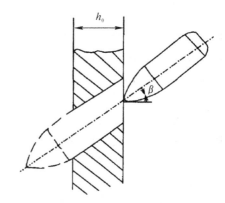

图 4 - 4 - 6　弹丸倾斜碰撞靶板示意图

3) 彭赛勒公式。这个计算侵彻深度的公式是 1829 年法国工程师、数学家彭赛勒首先提出的。

$$P = \frac{1}{2c_3 B}\ln\left(\frac{c_1 + c_3 v_0^2}{c_1}\right) \qquad (4 - 4 - 4)$$

式中,v_0 为弹丸初速;P 为弹丸最终侵彻深度;c_1 为对应靶体材料强度引起的阻力项系数;c_3 为对应惯性力项系数;$B = A/m$(m 为弹丸质量,A 为弹丸截面积)。

3. 影响侵彻作用的因素

(1) 弹丸着靶比动能。穿孔的直径、穿透的靶板厚度、冲塞和崩落块的质量取决于弹丸着靶比动能 $e_c = E_c/(\pi d^2)$(d 为弹体直径,$E_c = mv_c^2/2$)。比动能越大毁伤效果越好,因此,要提高穿甲威力,应设法提高侵彻体的着速,并适量缩小侵彻体直径。

(2) 弹丸的结构与形状。弹丸的形状不仅影响弹道性能,也影响穿甲作用。对于旋转稳定的普通穿甲弹,长径比不宜大于 5.5,这样既可保证其在外弹道上的飞行稳定性,又可防止着靶时跳弹。在穿甲爆破弹弹体的头部适当位置预制一个或两个断裂槽或配制被帽,在穿甲过程中可有效防止弹体破裂,从而提高威力。对长杆式穿甲弹,则希望尽量增大长径比,这样可以较大幅度地提高比动能,从而大幅度地提高穿甲威力;还可增加弹丸相对质量,减小弹道系数,从而减少外弹道上的速度下降。

(3) 着靶角。侵彻体的着靶角 β 对侵彻毁伤影响包括两个方面:一是决定了侵彻体对靶的侵彻姿态,即跳飞还是侵彻;二是决定了侵彻体的破坏特征、靶的破坏特征及侵彻体的运动轨迹。当 $\beta = 0°$(弹丸垂直碰击装甲)时,弹丸侵彻行程最小,所需极限穿透速度最小。当 β 增大时,弹丸侵彻行程增加,受力情况和能量分配也将发生改变,导致极限穿透速度增加。无论均质、非均质装甲都有相同的规律,对非均质装甲影响更大些。

（4）弹丸的攻角。侵彻弹丸轴线与着靶速度矢量的夹角称为攻角。攻角越大，在靶板上的开坑越大，穿甲深度越小。对长径比大的弹丸和大法向角穿甲时，攻角对穿甲作用的影响更大。

（5）靶板材料性能、结构和相对厚度。弹丸穿甲作用的大小在很大程度上取决于靶板材料的抗力，而靶板的抗力取决于其物理性能和力学性能。装甲的力学性能提高、相对厚度（靶板厚度与弹丸直径之比）增大、非均质性增大、密度增大、采用有间隙的多层结构等都会使穿甲深度下降。

4.4.2 动能战斗部

动能战斗部是利用动能原理穿甲/侵彻硬目标的，主要用在三个方面，一是反坦克、反舰船目标，二是反地下深层目标，三是反空中/空间目标，其中反深层目标的钻地弹和防空反导动能武器目前已经成为研究的热点。

1.反坦克反舰船目标——穿甲/侵彻弹

到目前为止，穿甲弹的发展已经历了四代：第一代是适口径的普通穿甲弹，第二代是次口径超速穿甲弹，第三代是旋转稳定脱壳穿甲弹，第四代是尾翼稳定脱壳穿甲弹（也称为杆式穿甲弹）。下面介绍几种典型的穿甲弹，主要包括普通穿甲弹、次口径超速穿甲弹、脱壳穿甲弹和反舰半穿甲弹。

（1）普通穿甲弹。普通穿甲弹是早期出现的适口径旋转稳定穿甲弹，其结构特点是弹壁较厚（$t/d = 1/5 \sim 1/3$），装填系数较小（$\alpha = 0 \sim 3.0\%$），弹体采用高强度合金钢。图4-4-7所示为普通穿甲弹的典型结构，由风帽、弹体、炸药、弹带、引信、曳光管、引信缓冲垫和密封件等组成。当普通穿甲弹直径不大于37 mm时，通常采用实心结构，并配有曳光管。弹体直径大于37 mm时都有装填炸药的药室，并配有延期或自动调整延期弹底引信，弹丸穿透装甲后爆炸。

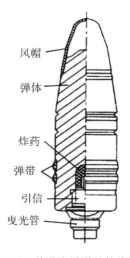

图4-4-7 普通穿甲弹的结构示意图

根据头部形状的不同，普通穿甲弹又可分为尖头穿甲弹、钝头穿甲弹和被帽穿甲弹。

尖头穿甲弹其弹头弧形部母线半径一般为$1.5d \sim 2d$（d为弹体直径），侵彻装甲时头部阻力较小，对硬度低、韧性好的均质装甲有较好的穿甲效果，但侵彻硬度较高的厚装甲时，头部易破碎。此外,对付倾斜的装甲时,尖弹头易跳飞。

钝头穿甲弹头部形状如图 4-4-8 所示,有球面、平面和蘑菇形等多种形式,钝头头部弧线半径一般为 0.6~0.7d。钝头穿甲弹碰击装甲时,接触面积大,弹头部不易破碎;而且改善了着靶时的受力状态,在一定程度上可防止跳弹;钝头部便于破坏装甲表面,易产生剪切冲塞破坏。因此,在很多情况下,特别是速度较高倾斜碰撞的情况下,钝头穿甲弹穿甲能力要高于尖头穿甲弹,可用来对付硬度较高的均质装甲和非均质装甲。

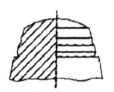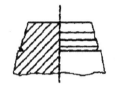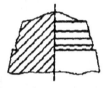

图 4-4-8　钝头弹头部形状图

被帽穿甲弹的结构特点是在尖锐的头部钎焊了钝形被帽,如图 4-4-9 所示。被帽的钝头直径为 0.4d~0.6d,适当增大钝头直径有利于防止跳弹。被帽顶厚为 0.2d~0.4d,被帽包容弹体头部的高度应尽量大些,一般为 0.7d~0.8d。被帽与风帽采用辊压结合,与弹体的连接采用锡焊。

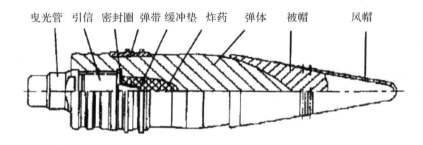

曳光管　引信　密封圈　弹带　缓冲垫　炸药　弹体　被帽　风帽

图 4-4-9　被帽穿甲弹

被帽的作用是尽可能避免倾斜穿甲时产生跳弹和保护弹头部在碰击目标时不破碎。被帽材料较弹体的硬度低而韧性较好,为了利于开坑,被帽顶端采用表面淬火,以提高硬度。碰击装甲时,通过被帽传到弹体头部的应力大为减小,且为三向受力状态,从而可保护弹头部。碰击时被帽和装甲表面被破坏,而尖头弹体本身受较小的阻力继续侵彻,且在倾斜碰击时不易跳飞,因此穿甲能力得到提高。

(2)次口径超速穿甲弹。第二次世界大战中出现的重型坦克,装甲厚度达 150~200 mm,普通穿甲弹已无能为力。为了击穿这类厚装甲目标,反坦克火炮增大了口径和初速,并发展了一种装有高密度碳化钨弹芯的次口径穿甲弹。在膛内和飞行时弹丸是适口径的,命中着靶后起穿甲作用的是直径小于口径的碳化钨弹芯(或硬质钢芯),弹丸质量轻于适口径穿甲弹,通过显著减轻弹丸质量来获得 1 000 m/s 以上的高初速,当时称为超速穿甲弹或硬芯穿甲弹。由于碳化钨弹芯密度大、硬度高且直径小,故比动能大、穿甲能力强。

次口径超速穿甲弹主要由弹芯、弹体、风帽(或被帽)、弹带和曳光管等组成。次口径超速穿甲弹按外形可分为线轴形(见图 4-4-10)和流线型(见图 4-4-11)两类。线轴形结构把弹体的上、下定心部之间的金属部分尽量挖去,使弹体形如线轴,目的在于减轻弹重,在近距离(500～600 m)上能显示穿甲能力较高的优点,但远距离时速度衰减很快。流线型结构的弹形较好,但比动能受到限制。流线型结构目前用在小口径炮弹上,一般采用轻金属(铝)和塑料作弹体来减轻弹重。采用碳化钨弹芯,利用其材料密度大、硬度高且直径小,故比动能大,进一步提高了穿甲威力。

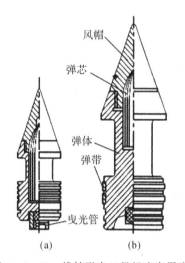 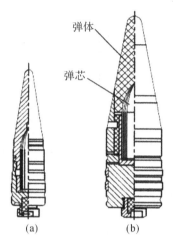

图 4-4-10　线轴形次口径超速穿甲弹　　　图 4-4-11　流线型次口径超速穿甲弹
(a)57 mm 次口径；　(b)85 mm 次口径　　　　　(a)37 mm 次口径；　(b)57 mm 次口径

次口径超速穿甲弹虽然相对于普通穿甲弹提高了威力,但是仍然存在一些问题。一是弹体和风帽在侵彻过程中并不发挥实质性作用,但是却会造成飞行过程中速度衰减很快;二是在垂直或小弹道角穿甲时,弹丸威力较好,但大倾斜角时,弹芯易受弯矩而折断或跳飞。三是弹芯易破碎,不能有效对付间隔装甲,碳化钨弹芯烧结成型后不易切削加工,发射时软钢弹带对炮膛磨损严重。针对这些问题,研究发展了旋转稳定脱壳穿甲弹。

(3)脱壳穿甲弹。脱壳穿甲弹是指弹丸在膛内运动以获得尽可能高的初速,出炮口后弹托、弹带等部件脱落(称为"脱壳"),脱壳后飞行部分(即弹体)高速飞向目标。从而使穿甲弹体具有较高的着靶比动能。

脱壳穿甲弹一般由飞行部分(弹体)和脱落部分(弹托、弹带等)组成。

飞行部分的直径远小于弹丸的直径,弹丸在炮口脱壳之后,飞行部分具有独自飞行的稳定性,是实施侵彻作用的主体。

弹托的作用是,在膛内对飞行部分起定心导引作用,并传递火药燃气压力和火炮膛线对弹丸的导转侧力,使飞行部分获得高初速和一定的炮口转速;弹丸出炮口后,弹托立即脱离飞行部分,使飞行部分具有良好的起始外弹道性能。弹带安装在弹托上,以密封弹膛间隙,防止火药燃气泄漏。

产生脱壳的基本动力是火药燃气的作用力、弹丸旋转的离心力、空气动力等。弹丸出炮口后,迅速顺利脱壳是提高弹丸射击精度的关键技术之一,脱落部分对飞行部分产生的挤压、摩擦、碰撞及空气动力干扰等应该越小越好。

按稳定方式可将脱壳穿甲弹分为旋转稳定脱壳穿甲弹和尾翼稳定脱壳穿甲弹。

1)旋转稳定脱壳穿甲弹。图 4-4-12 所示是一种中大口径旋转稳定脱壳穿甲弹的典型结构(100 mm 坦克炮用旋转稳定脱壳穿甲弹)。

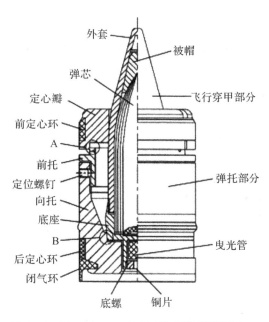

图 4-4-12　100 mm 反坦克炮用脱壳穿甲弹

100 mm 旋转稳定脱壳穿甲弹弹芯尺寸为 $\Phi40.6$ mm$\times135$ mm,采用密度为 14.2 g/cm^3 的钨钴合金,为提高倾斜穿甲时的防跳能力,弹体头部装有 40CrNiMo 钢被帽,外部有相同钢材的外套和底座。飞行部分的弹形较好,直射距离为 1 667 m,穿甲威力为 1 000 m 处穿透 312 mm/0°装甲。

该弹弹托由底托和具有三块定心瓣的前托组成,均采用硬铝合金材料。发射时,定心瓣在惯性力作用下剪断前托上的薄弱部位,三个定心瓣相互分离。与此同时,飞行部分沿锥面下滑(见图 4-4-12 中 B 处),底座的底面即与底托的内底接触。由于炮膛的限制,尼龙定心环仍将三个卡瓣卡紧箍住弹体,并对弹丸起定心作用。铝底托外部有一环形凸起部,与尼龙弹带一起嵌入膛线使弹托旋转,并由摩擦力带动飞行部分一起旋转。为了防止铝材受火药燃气的烧蚀冲刷,在底托后部还嵌装了一个丁腈橡胶制成的闭气环,与可燃药筒口部相结合,在平时保护药筒装药不受潮,发射时密封火药燃气,防止气体对炮膛的冲刷。弹丸出炮口后,膛壁的约束解除三个卡瓣在离心力的作用下,撕裂尼龙定心环向外飞散,底托和前托的根部连在一起,在空气阻力作用下与飞行部分分离。这种弹托结构的脱壳性能较好,对弹体的固定以及闭气性能都比较好,但结构比较复杂,零部件较多,消极质量较大。

对于中大口径脱壳穿甲弹,由于采用了脱壳结构,减少了空气阻力,所以飞行部分在外弹道上的速度衰减减少;又因为使用了密度小的铝合金弹托减轻了弹丸质量,所以弹丸初速得到提高,从而提高了远距离的穿甲能力。但是,由于弹体长径比受飞行稳定性的限制,威力难以进一步提高,不能有效对付现代坦克的大法向角大厚度装甲、复合装甲等现代装甲目标。因此,在大口径线膛炮上又发展和装备了尾翼稳定脱壳穿甲弹。

2)尾翼稳定脱壳穿甲弹。尾翼稳定脱壳穿甲弹的弹体为长杆形,故又称为杆式穿甲弹。

其特点是穿甲部分的弹体细长,直径较小。长径比目前可达到 30 左右,且仍有向更大长径比发展的趋势(如加刚性套筒的高密度合金弹芯的长径比可达到 40 甚至 60 以上)。弹丸初速为 1 500~2 000 m/s。杆式穿甲弹的存速能力强,着靶比动能大,与旋转稳定脱壳穿甲弹相比,穿甲威力得到大幅度提高。

如图 4-4-13 所示,全弹由弹丸和装药部分组成。其中,弹丸由飞行部分和脱落部分组成,飞行部分一般由风帽、穿甲头部、弹体、尾翼和曳光管等组成,脱落部分一般由弹托、弹带、密封件和紧固件等组成。装药部分一般由发射药、药筒、点传火管、尾翼药包(筒)、缓蚀衬里和紧塞具等组成。

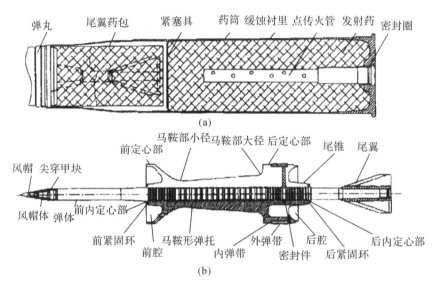

图 4-4-13 尾翼稳定脱壳穿甲弹的典型结构

(a)装药部分; (b)弹丸部分

由于弹形上的改观,与旋转稳定脱壳穿甲弹相比,尾翼稳定脱壳(杆式)穿甲弹的穿甲威力得到大幅度提高。目前不仅配用于火炮、导弹,而且还发展了配用于单兵火箭发射的攻坚弹。

(4)反舰半穿甲弹。半穿甲弹是在穿甲弹的基础上发展起来用于对付舰船目标的弹药(或战斗部)。舰艇目标一般有较强的防护装甲,且为多舱室结构,半穿甲弹采用先侵彻,进入舰体后再爆炸毁伤,利用爆炸冲击等加强穿甲后效。为了提高穿甲后的爆炸威力,反舰用的穿甲弹其结构特点是装填炸药量较多(装填系数可达 4%~5%),头部大多是钝头或带有被帽,其典型结构如图 4-4-14 所示。

装有半穿甲战斗部的典型反舰导弹有法国的"飞鱼"导弹,德国的"鸬鹚"导弹,美国的"捕鲸叉"导弹,挪威的"企鹅"导弹等。

2.反地下深层目标——钻地弹

钻地弹是携带钻地弹头(又称侵彻战斗部),用于攻击机场跑道、地面加固目标及地下设施的对地攻击弹药。其主要毁伤原理为采用延时引信,使搭载的侵彻战斗部在接触目标的瞬间不立即爆炸,而是滞后一段时间,待侵彻战斗部钻入被攻击目标后再发生爆炸,爆炸时通过向地下耦合能量使其破坏效能比为当量地面爆炸的 10~30 倍,因此其作战效果十分显著。

(1)钻地弹结构。钻地弹主要由载体(携载工具)和侵彻战斗部组成。

载体用于运载侵彻战斗部,并使其在末段达到足够的侵彻速度。载体主要有各种导弹(包括空射、舰射、潜射和陆射)、航空炸弹和火炮等。

侵彻战斗部由侵彻弹头、高爆炸药和引信组成。侵彻弹头壳体材料一般为高强度特种钢或重金属合金,多采用杀伤爆破式战斗部装药,使用延时引信、近炸引信或智能引信(如计层引信和可编程引信)。为了增加侵彻深度,战斗部的长径比较大,弹体细长。但由于载体的携带能力有限,钻地弹的直径一般不超过 500 mm。为了进行精确打击,弹上还可以安装控制和制导机构。

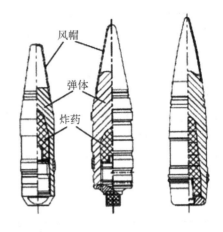

图 4 - 4 - 14　半穿甲弹结构示意图

(2)分类。钻地弹按载体的不同可分为导弹型钻地弹、航空炸弹型钻地弹、炮射型钻地弹和肩射火箭型钻地弹等。按照功能的不同可分为反跑道、反地面掩体和反地下坚固设施三种类型。根据侵彻战斗部(弹头)的不同,又分为整体动能型侵彻战斗部和复合型侵彻战斗部。

整体动能侵彻战斗部的结构如图 4 - 4 - 15 所示,其作用原理是利用钻地弹飞行所提供的动能,撞击并侵入坚固目标后引爆战斗部内的高能炸药,以毁伤目标。这种战斗部的结构特点主要是弹体细长(即弹体长径比大)、弹头较尖、弹体壳体壁较厚,同时弹体采用高强度、高韧性的合金钢材料制成,内部装药为具有抗高过载能力的高能炸药。由其原理可知,动能侵彻战斗部质量越大、速度越快,侵彻能力就越强。但由于战斗部外形限制,动能侵彻战斗部对弹着角、攻角等要求较为严格,在着角较大的情况下会发生跳弹现象。

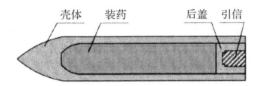

图 4 - 4 - 15　整体动能侵彻战斗部结构示意图

典型的整体动能侵彻战斗部有美国的 BLU - 109、BLU - 110、BLU - 111、BLU - 113 和 BLU - 116 等,配套使用的制导侵彻弹药包括 GBU - 24、GBU - 27 和 GBU - 28 系列制导炸弹和 AGM - 130、AGM - 142、JASSM 等型号空地导弹,其中 BLU - 109 战斗部质量 870 kg,装药 247 kg,可侵彻混凝土 1.5~2.4 m,泥土 12.2~30.5 m。

整体动能侵彻战斗部由于受载体携载能力影响,弹头的体积和质量受到限制,可能会造成侵彻战斗部攻击目标时动能不足,影响侵彻深度。目前,提高侵彻战斗部效能(侵彻深度)的主要途径,一是选取适当的战斗部长径比,提高对目标单位面积上的压力;二是提高弹头末速度,增大攻击目标时的动能。为了增加末速度,美军目前正在研制带火箭发动机或其他动力装置的可推进侵彻战斗部,末速度可达 1 200 m/s。这种战斗部可应用在联合直接攻击弹药(Joint Diret Attack Munition,JDAM)上,试验表明,质量为 35 kg、以 450 m/s 速度实施侵彻的战斗部,足以钻透厚度达 lm 的钢筋混凝土结构。除以上因素外,弹着角和攻角对于侵彻战斗部的效能也有较大影响。弹着角为 90°时的攻击威力最大,攻角通常限制在±5°以内。

复合侵彻战斗部一般由一个或多个安装在弹体前部的聚能空心装药弹头和安装在后部的侵彻弹头(随进弹头)构成(见图 4-4-16)。其作用原理是首先用前级聚能装药爆炸产生的高速射流(速度可达 6 000 m/s)或高速弹丸在土壤、岩石、混凝土等介质表面制造一个较大直径的孔洞,然后使后续直径稍小的第二级随进战斗部沿着前级开出的孔洞进入目标内部,弹头上的延时或智能引信最终引爆主装药,毁伤目标。这种战斗部前级开孔对于弹着角要求不高,弹道适应性较好,速度要求低。但由于前级占据了一部分空间和质量,后续随进战斗部装药量较少,毁伤威力会受到一定的影响。

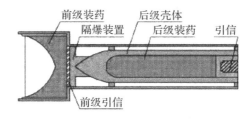

图 4-4-16　串联侵彻战斗部示意图

欧盟国家英、德、法和瑞典都以发展串联式钻地弹技术为主,如英、法合作已装备了三级串联式"风暴之影"巡航导弹,德国和瑞典合作研制出了二级串联式"金牛座"巡航导弹,英国先后研制了"枪骑兵"和"螺旋钻"等复合式钻地弹。西欧国家发展的这些串联式钻地弹侵彻威力都比较大,作用稳定,"风暴之影""金牛座""枪骑兵"和"螺旋钻"均可以先侵彻 9~10 m 土壤后再侵彻 3.4~6.1 m 混凝土层或 6.1~9.1 m 土层。

复合型侵彻战斗部的侵彻能力主要取决于聚能成型装药的直径、药量以及随进侵彻弹头的动能。为了提高聚能成型装药的穿透能力,外军还研究采用多个空心装药串联结构的弹头。第一级空心装药主要在目标上形成弹孔,后级空心装药主要用于获得更大的侵彻深度。同时设法提高侵彻弹头的速度,以利用侵彻弹头的巨大动能,弥补空心装药穿透能力的不足,增大侵彻深度。复合型侵彻战斗部与动能侵彻战斗部相比,减少了质量,增加了弹着角范围(可达 60°),但也增加了结构复杂性。

另外,目前在研的有新概念侵彻战斗部,这种战斗部采用新结构、新原理提升战斗部侵彻能力和毁伤威力,代表性的有共轭效应战斗部和串联助推战斗部。

共轭效应战斗部采用共轭爆炸技术,主要通过爆炸场的叠加效应及共轭爆炸作用与复杂目标结构相互耦合,可有效提高装药的爆炸作用。以冲击效应为例,在装药量不变的条件下,两点共轭爆炸所产生的冲击波将比一点爆炸所产生的冲击波强度提高 15% 以上。

共轭效应战斗部基本结构由前级、后级和分离装置组成,如图 4-4-17 所示。其作用原理为战斗部整体侵入目标内部后,分离装置根据预定时间发生作用使前后两级分离。在分离到合适距离后,智能控制系统同时起爆前后两级,形成共轭爆炸,对目标内部进行高效毁伤。

串联助推战斗部由前级战斗部和后级推进器组成,如图 4-4-18 所示。其工作原理是导弹运送战斗部抵达目标附近,后级推进器点火,对前级战斗部进行速度提升,增加前级战斗部动能,从而提高前级战斗部侵彻能力。

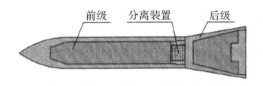

图 4 - 4 - 17　共轭效应战斗部示意图

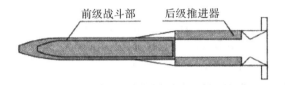

图 4 - 4 - 18　串联助推战斗部示意图

（3）钻地弹的关键技术。与普通弹药相比,钻地弹在设计时要求弹体被设计成高强度、攻击速度适配、引信智能化。因此,硬目标侵彻战斗部的关键技术主要涉及侵彻能力、引信、装药安全等三方面。

1）提高侵彻能力。对于动能侵彻,应合理选择材料,科学设计外形,选取适当长径比,提高末速度,控制弹着角和攻角。

在壳体材料上,动能侵彻战斗部在侵彻坚硬目标的过程中会承受上万 g 的过载,同时战斗部在侵入过程中的外表面与目标的剧烈摩擦会产生大量的热量,因此,战斗部在侵彻坚硬目标时会经历一个高温、高过载的过程,这对战斗部壳体材料性能提出了很高的要求。目前,动能侵彻战斗部多采用具有高强度、高韧性的合金钢作为壳体材料,各方面性能较为均衡。但未来动能侵彻战斗部的重要发展方向为高速化,战斗部速度可达 $Ma = 5\sim6$,届时战斗部侵彻过程中经历的高温、高过载过程将更为严苛,现在的材料恐将无法满足要求。未来倾向于采用钨合金及贫铀材料、新型活性金属材料、新型碳纤维复合材料代替合金钢材料。

在战斗部外形上,目前多以传统尖卵形头部、圆柱形后段为主。未来在壳体材料和装药技术发展的推动下,可能会采取异形壳体（如齿形、台阶形等）头部结构以提高战斗部侵彻多层靶标过程中的弹道稳定性。

2）硬目标侵彻引信。引信技术是硬目标侵彻技术中的研究热点之一,其发展方向是自适应智能引信。现阶段的总体设计目标是发展通用的、多功能的、精确的、具有复杂传感和逻辑功能的引信系统。国外硬目标侵彻引信的最新进展有,可编程智能多用途引信、硬目标灵巧引信和多事件硬目标引信等。

3）高能低感炸药。高能低感炸药是硬目标侵彻战斗部的核心部件,除了炸药本身的研制以外,炸药安全性研究也是一个关键环节。钻地弹在侵彻硬目标过程中将受到超过 $100\ 000g$ 的强冲击过载作用,对装药的起爆性能提出了更严酷的要求。炸药的响应首先表现为材料的力学响应,即产生变形、破坏等现象,炸药内部出现损伤,而损伤区域一般是热点的形成区域,出现损伤后的非均质含能材料的起爆感度将提高,如果力学响应造成了炸药分子结构的变化,还会影响炸药的爆轰性能。因此,炸药的安全（定）性是合理设计战斗部结构、充分利用炸药能量的基础。

总之,未来钻地弹的发展方向是:①采用精确制导技术,实现高的命中精度;②采用高强度的材料和更有效的弹头形状;③在保证钻地效果的前提下,进一步提高弹头的撞击速度和能量;④复合弹头侵彻弹的研究与应用;⑤智能引信的应用和能量输出的改进。

3. 反导反卫星目标——动能拦截器

反空中/空间目标动能武器特指携带非爆炸弹头(动能拦截器,Kinetic Kill Vehicle,KKV),依靠高速飞行而具有巨大动能,能够以直接碰撞方式拦截并摧毁卫星和导弹弹头等高速飞行目标的高技术武器。

目前,美国已研制了两类动能拦截器:一类是三轴稳定的动能拦截器,具有姿轨控推进系统,如地基拦截弹(Ground Based Interceptor,GBI)、标准-3(Standard Missile-3,SM-3)、末段高空区域防御(Terminal High Altitude Area Defense,THAAD)等的动能拦截器;另一类是单轴稳定的动能拦截器,没有姿控推进系统,只有轨控推进系统,如美国的机载反卫星动能拦截弹 ASM-135 所采用的小型寻的拦截器(Miniature Homing Vehicle,MHV)。而爱国者先进能力-3(PAC-3)拦截弹比较特殊,动能拦截器不可分离,其上有一组姿态控制发动机。

一般在太空的拦截相对速度往往在 8 km/s 以上,这时碰撞已属于超高速碰撞的速度范围,目标在超高速撞击下产生的碰撞现象可以用爆炸机理来解释,碰撞后发生剧烈爆炸并形成大量的碎片。

(1)基本组成。动能拦截弹一般由助推火箭和作为弹头的动能拦截器(KKV)两大部分组成,其制导体制是初段程序或惯性,中段惯性/目标信息雷达指令修正,末端主动或被动寻的,整个系统的关键在于末端寻的制导系统,它可以保证 KKV 靠自己的动能以几乎零脱靶量直接命中并摧毁目标。

动能拦截器通常由导引头、惯性测量装置、信号处理器、数据处理器和姿控与轨控系统构成,如图 4-4-19 所示。

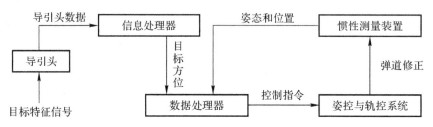

图 4-4-19 动能拦截器系统构成图

导引头的主要功能是捕获和跟踪目标,获取目标的特征信息,测量制导控制所需的参数变量,即相对运动信息,根据相对运动信息对动能拦截器进行制导与控制。

信号处理器负责处理导引头所获取的目标原始数据,准确地确定目标的位置、方向以及目标上的碰撞点。数据处理器根据信号处理器提供的目标位置信息和惯性测量装置提供的拦截器飞行状态信息,确定拦截器的机动方向,并下达机动控制指令。信号处理器和数据处理器的计算速度和精度直接关系到控制指令的精度和快慢(控制频率)。

轨道控制与姿态控制系统按照数据处理器的指令,控制拦截器的飞行。轨控系统通常由 4 个快速响应的小型火箭发动机组成,成十字形配置在拦截器的质心位置。这 4 个小发动机依据数据处理器的制导律控制指令点火,用于拦截器上下和左右机动。姿态控制系统通常由

6 或 8 个更小的快速响应火箭发动机或喷气装置组成,用于拦截器俯仰、偏航和滚动调姿,并保持拦截器的姿态稳定。控制系统的实时性和控制精度直接关系到拦截脱靶量的大小。

(2)动能拦截器关键技术。保证 KKV 自主寻的、准确地直接碰撞杀伤目标,最关键的是精确制导和控制这两部分技术。目前,美国导弹防御计划拦截弹的 KKV 主要采用光学成像导引头和毫米波雷达导引头,同时也在研究激光雷达导引头和电子导引头;控制系统大多采用具有轨控和姿控的三轴稳定控制系统,而且还在研究更简单的质量矩控制系统。

1)导引头技术。导引头的主要功能是捕获和跟踪目标,获取目标的特征信号信息。KKV 是以高速对导弹或弹头目标进行直接碰撞杀伤,要求达到极高的制导精度,即零脱靶量。目前,获得应用的 KKV 导引头主要是红外成像和毫米波导引头两类。由于工作技术原理的不同,红外成像和毫米波导引头的实际应用环境存在较大差别。在 $20\sim25$ km 以下的稠密大气层,只能选用毫米波导引头;在 $30\sim100$ km 高度,可以选用毫米波导引头或红外导引头;在 100 km 以上高空,采用红外导引头具有更大的优势。

2)目标识别技术。当前,动能拦截弹面临的最大挑战是真假目标识别问题。导弹防御计划一方面希望通过多探测器目标数据融合技术,从假目标中识别出要摧毁的真目标,另一方面则研究将真假目标都摧毁的多微型拦截器技术。

中段拦截弹和末段高层拦截弹的 KKV 都是采用红外成像导引头捕获和识别目标的,但由于红外导引头缺乏距离探测能力,只能借助二维图像进行识别。因此,现在试验和初始部署的拦截弹如 GBI,"标准 - 3"等目标识别能力很有限,只能拦截突防措施简单的弹头或导弹。

为了提高中段拦截弹 KKV 的目标识别能力,导弹防御计划采用 2 条技术途径,一是研制激光雷达主动导引头。采用长波红外和激光雷达同时探测,拦截弹 KKV 不仅将具有三维目标识别能力,而且,激光雷达能够探测出藏有弹头的气球的反常运动。二是应用多探测器目标数据融合技术。多探测器目标数据融合技术是指 KKV 具有接收、处理 X 波段地基雷达(Ground Based Radar,GBR)和空间跟踪与监视系统(Space Tracking and Surveilence System,STSS,即原天基红外系统——低轨系统)探测的目标雷达和红外数据的能力。X 波段 GBR 对目标的径向距离分辨率达到 0.15 m,STSS 能够观察到气球假目标膨胀的过程。因此,KKV 通过长波红外激光雷达导引头和多探测器目标数据融合技术,将显著提高从假目标中识别真弹头的能力,能够对抗比较复杂的弹道导弹突防手段。

3)姿控和轨控系统技术。姿控与轨控系统技术是动能拦截弹的 KKV 实现高机动能力、直接碰撞杀伤目标的关键技术。KKV 的姿控轨控系统(Divert and Attitude Control System,DACS)一般采用多方向喷管的微型火箭发动机,不仅提供姿态、滚动和稳定控制所需的推进,也为目标的捕获与瞄准、横向机动与末段交战误差修正提供推进,目前主要有三轴稳定控制和单轴稳定控制两种。三轴控制采用两组微型推力发动机,一组为轨控发动机,用于控制飞行方向,另一种为姿控发动机,用于稳定姿态。这种微型推力发动机每组需要 $4\sim8$ 个推力器来控制飞行器的俯仰、偏航和滚转。姿控系统用于保持 KKV 的姿态稳定,轨控系统则用于为 KKV 提供横向机动能力。姿控与轨控的技术难点在于实现小型化,要求响应时间短。另外,要求轨控系统具有很大的推重比,能以稳定和脉冲两种方式工作,实现精确控制等。

(3)典型的反导动能拦截器。下面主要介绍美国的 THAAD、PAC - 3 导弹的动能拦截面。

1)THAAD。THAAD 是美国研制的一种陆基机动部署的战区反导系统,1987 年开始研制,主承包商为洛马公司,2008 年服役,可对中程和中远程弹道导弹进行末段拦截。

THAAD 拦截弹由单级固体发动机和动能拦截器(KKV)组成,如图 4-4-20 所示。

THAAD 拦截弹的动能拦截器主要由中波红外导引头、制导电子设备、姿轨控推进系统组成。拦截器(包括保护罩)长 2 325 mm,直径为 370 mm,质量为 40～60 kg,最大飞行速度为 2.8 km/s,具有很高的毁伤动能。KKV 装在一个双锥体结构内,前锥体前有一个保护罩,在大气层内飞行期间,保护罩可减小气动阻力,保护导引头窗口不受气动加热影响,在导引头即将捕获目标前抛掉。

导引头是侧窗式结构,采用全反射科斯克光学系统和 256×256 中波红外凝视焦平面阵列,该焦平面阵列很可能是锑化铟多色焦平面阵列。

姿轨控系统是普惠洛克达因公司生产的液体二元推进剂姿轨控系统(DACS),用于拦截器姿态控制和机动飞行。DACS 可在要求较高的温度、冲击和振动飞行环境下工作。

制导电子设备由几台简化指令的计算机和惯性测量装置(采用环形激光陀螺)组成。

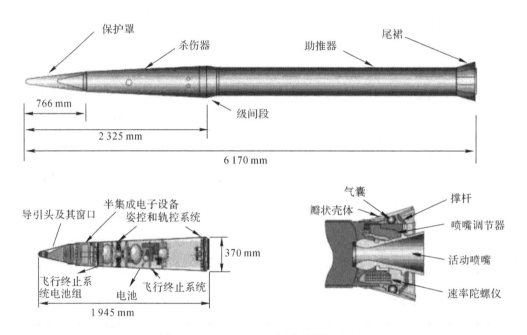

图 4-4-20　THAAD 拦截弹结构示意图

2)PAC-3。PAC-3 是美国陆军所采用的低空防御系统,1989 年开始研制,主承包商为洛马公司。1996 年,改进型增程拦截弹(Extended Range Interceptor,ERNIT)被选为系统的导弹,具体命名为 ERINT-1,2002 年装备部队,拦截高度为 15 km,拦截距离为 20 km,可以对付射程高达 1 000 km 的战术弹道导弹。

ERINT-1 弹长 4 635 mm,弹径为 255 mm,质量为 304 kg,由单级固体发动机和动能杀伤器组成,动能杀伤器包括 Ka 波段主动雷达导引头、姿控发动机、制导组件和杀伤增强器等。ERINT-1 的突出特点是在弹的前部有一套姿态控制发动机舱(Attitude Control System,ACS),后部有一组固定尾翼和空气舵,如图 4-4-21 所示。

ERINT-1 的雷达导引头是在末制导段进行距离和角度跟踪的 Ka 波段主动多普勒雷

达。雷达导引头组件由天线罩(包括展开式保护罩和分离机构)、天线、三通道微波接收机、万向架装置和相关电子设备、中频处理器、电子处理器、行波管功率放大器/调制器/电源、主频发生器和低压电源组成。ERINT－1导引头不仅给导弹制导处理器提供数据,获得直接碰撞杀伤精度,而且还可通过仿形模式,提供数据使制导处理器确定撞击目标的位置(战斗部舱)。该数据包括识别目标头部、尾部和雷达质心的信息。制导处理器处理该数据并向姿态控制发动机发出指令,引导拦截弹撞向目标战斗部。

ERINT－1的姿态控制舱包括180个径向安装、快速点火的小型固体推进剂姿态控制发动机(ACM),姿态控制发动机是一些小型脉冲式固体推进器,提供垂直于弹轴的推力,在末制导阶段进行俯仰和偏航控制,可实现快速响应,增加末制导精度,以确保导弹对导弹的直接碰撞。

制导组件(制导处理器装置和惯性测量装置)和杀伤增强器位于导弹中段。

杀伤增强器由24个杆条组成,分两圈分布在弹体周围,形成以弹体为中心的两个杆条圆环,以增强对目标的杀伤能力.

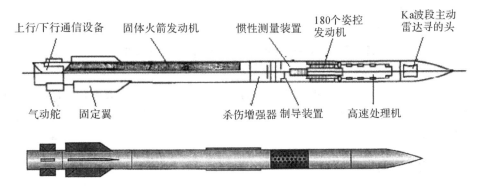

图4－4－21　PAC－3改进型ERNIT－1导弹结构示意图

(4)美国动能拦截器的新发展。未来动能拦截器将会朝着发展新型质量矩拦截器和发展微型拦截器技术等方面发展。

1)发展新型质量矩拦截器。质量矩拦截器以低成本的电子设备和推进技术为基础,将机动弹头方案与先进的视网膜计算机芯片(能在导引头的焦平面上瞄准和识别目标)结合起来,取消现有动能拦截器上的滚动控制、导引头常平架、尾翼/弹翼、姿轨控推进和推力矢量控制等系统,增加全景反射镜、冷却式窗口、褶合式导引头、顶级整流罩和质量矩螺线管等设备,从而使动能拦截器的结构更简单、价格更便宜。

质量矩拦截器有两个特点:通过稍微移动拦截器的质心使之偏离气动压中心(即形成质量矩)的方法来迅速改变姿态;采用电子导引头,通过有220°视场的全景反射镜系统和冷却式窗口获得目标的红外图像。

2)发展微型拦截器技术。为了满足弹道导弹助推段拦截(迅速估计目标状态)、中段拦截(识别大气层外目标)和末段拦截(对付大气层内低空机动飞行目标)的不同要求,美国导弹防御局启动微型拦截器技术计划,研发了蜂群、谢弗拦截器、微型中段拦截器和多杀伤拦截器等多种微型拦截器。

蜂群(Swarm)拦截器是一种有末制导功能的低成本微型拦截器,作战时可利用一枚拦截弹携带大量蜂群拦截器,在大气层外拦截弹道导弹子母弹头。蜂群拦截器可与现有的弹道导弹防御系统(如 THAAD 系统)兼容。蜂群拦截器由光学设备、碲镉汞光敏芯片、J/T 制冷器/杜瓦瓶、2 个处理芯片、0.25 W 电源和轨控推进系统(包括 200 个小发动机)等组成。

谢弗(Schafer)拦截器,美国谢弗公司的微型拦截器方案是为了在交班误差和作战时间方面满足战略防御的需要而提出的。其变轨推进系统(Divert Propellent System,DPS)和姿控系统都采用固体发动机。DPS 由 5 个环组成,每环有 40 个、共 200 个一次点火的变脉冲发动机。ACS 安装在拦截器后端,其上有几圈同心安装的 420 个姿控发动机

微型中段拦截器(Minatrue Mid-course Kill Vehicle,MMKV)。微型中段拦截器是美国为了解决中段防御所面临的识别问题而研制的一种微型拦截器,直径为 10 cm、厚度为 6 cm,1 枚拦截弹上可以携带和发射 100 个这样的微型拦截器,主要用于攻击子母弹头。微型中段拦截器采用惯性制导,向目标变轨机动,可以作为 THAAD 拦截弹的拦截器。

多杀伤拦截器(MKV),包括母舱(运载器)和多个微型杀伤器。MKV 多拦多的作战模式避免了复杂的多目标识别问题,可对其作战半径范围内的每枚再入目标进行拦截。美国导弹防御局计划要在海基 SM-3 拦截弹和地基拦截导弹系统中采用 MKV。

4.5 子母弹战斗部作用原理

子母弹能有效对付集群目标、扩大战斗部的作用范围和提高作战效率,并可降低被反导导弹拦截的可能性,大大提高突防能力,是战斗部技术的发展方向之一。本节将重点介绍子母弹战斗部的作用、结构、工作原理和应用。

4.5.1 作用与分类

1. 作用

子母弹是以母弹作为载体,内装有一定数量的子弹,发射后母弹在预定位置开舱抛射子弹,以子弹完成毁伤目标和其他特殊战斗任务的武器。它主要用于毁伤集群坦克、装甲车辆、技术装备,杀伤有生力量或布雷。子母弹战斗部属于多弹头武器,实践表明,采用多弹头可降低被一个反导导弹拦截的可能性,极大地提高突防能力;战斗部的威力散布面积比质量相同的单个战斗部散布面积要大得多;毁伤目标的可靠性也大大提高。

子母弹中一枚母弹将装载少则几枚,多则数百枚的子弹。子母弹飞行过程是由一种母弹内装许多子弹,当母弹飞达预定的抛射点时,经过母弹开舱、抛射全部子弹,直至子弹群散布在预定的目标区域,击中敌人的集群目标。从威力方面而言,同样口径的子母弹优于普通的炮弹。

子母弹的特点如下:

(1)大面积封锁与杀伤性。子母弹在飞临目标区上空后,由预先设置的指令启动母弹(运载器)上的抛撒机构,将数量众多的子弹从母弹中抛撒出来,使单弹头只攻击一个点变成现在攻击一大片,从而使子母弹具备大面积封锁与杀伤能力。如一枚美国特克斯特朗(Textron)公司研制的内装 40 个末敏反装甲子弹 Skeet 的传感器引爆武器(Sensor Fuzed Weapon,SFW),一次发射能覆盖两倍标准足球场的宽度、四倍标准足球场的长度的面积,其中每个子弹都能搜索一英亩地面,并击中该区域内的一辆坦克或其他车辆。

(2)攻击多目标的适应性。子弹药的不断发展,使子母弹具备了攻击各类目标的能力。例如,攻击机场跑道等目标有反跑道子弹;攻击坦克装甲等目标的有各种有控子弹;还有用于杀伤人员、摧毁物资的子弹药、抛射化学生物子弹、远距离布雷、释放电子干扰装置、进行电子对抗等的子弹。实际上,一些新研制的子母弹大多采用多种子弹混装技术,这使子母弹可同时对付多种目标,从而更具威力。如德国研制的 DWS39 布撒器混装 48 个 MJ1 子弹和 8 个 MJ2 子弹,在 MJ1 对付地面人员、车辆和停放的飞机的同时,MJ2 同时穿透厚达 300 mm 的装甲。

(3)极低的费效比。子母弹是介于无控弹(火箭或炮弹)与导弹之间的一种新兵器,它既具备导弹武器打击目标的精确性和有效性,又有无控弹制造费用不高的特点,因此它有极低的费效比。

(4)大纵深打击目标能力。当子母弹的母弹是可作远距离飞行的各种导弹与布撒器时,它就具备了大纵深打击目标的能力。这种能力恰好满足现代作战理论强调的大纵深打击敌后方目标的要求,因此备受重视。

(5)发射后不用管。由于有控子弹有自动寻的并直接命中的特点,这样子弹从母弹中抛撒出来后自动飞向目标,从而使子母弹具备了"发射后就不用管"的能力。这种能力已在最近几次局部战争中得到了验证。

子母弹的弹道与普通弹相比也具有其特殊性。

按照子母弹飞行过程,子母弹弹道主要由一条母弹弹道和由母弹抛出许多子弹形成的集束弹道所组成,如图 4-5-1 所示。母弹弹道是人们熟知的炮弹、航空炸弹、火箭弹和导弹的飞行弹道。从每一枚母弹中抛出的子弹,将形成许多互不相同的子弹弹道,比如,在图 4-5-1 中,OP 为一条母弹弹道,PC 为其中的一组子弹弹道。对于不同的子弹(如刚性尾翼的子弹、带降落伞或飘带的柔件尾翼的子弹),还将有不同特色的子弹弹道。比如伞弹的弹道将分为若干段来考虑:当伞弹被抛出时,为伞弹的抛射段;随即伞绳逐渐拉出,便进入拉直段;当伞绳拉直时,便进入降落伞充气过程,即充气段;降落伞充满气以后,伞弹进入减速段并达到末敏子弹的稳态扫描段。无论何种子弹弹道,抛射点是抛射弹道的一个重要特征点,也是各种子弹弹道的起始点。

子母弹弹道还有另一个重要特点,就是在抛射点母弹有一个开舱、抛射过程伴随产生的动力学问题,它是一个复杂的瞬态过程。对于不同的开舱、抛射方式、方法,将由相应的不同的抛射动力学模型分别研究。这也是子母弹弹道研究中有待研究解决的一个重要问题,它将为研究解决子母弹开舱、抛射这一关键技术提供理论依据。

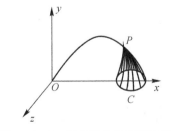

图 4-5-1　子母弹抛射弹道示意图

2.分类

目前,子母弹按控制方式主要分为集束式多弹头、分导式多弹头和机动式多弹头等几种类型。

集束式多弹头子母弹,又称集束式战斗部,是最简单的一种子母弹。其子弹既没有制导装置,也不能作机动飞行,但可按预定弹道在目标区上空被同时释放出来,用于袭击面目标,其释放过程示意如图4-5-2所示。

机动式多弹头子母弹的母弹头在一定高度、速度和姿态下同时释放所有子弹,子弹分别按各自的程序做机动飞行直到命中目标,母弹和子弹都有制导装置,均可作机动飞行,如图4-5-3所示。

分导式多弹头子母弹通过一枚火箭携带多个子弹,母弹飞行过程中依次瞄准多个打击目标,每瞄准一个目标释放一枚子弹,直到释放完所有子弹为止,母弹有制导装置,而子弹无制导装置。分导式多弹头攻击过程示意如图4-5-4所示。

常规武器子母弹主要采取集束式多弹头结构,战略导弹多采用分导式多弹头和机动式多弹头结构。多弹头战斗部的类型可以多种多样,但其设计原则和作用原理,大多是相同的或者相似的。本节主要以集束式子母弹战斗部为例,介绍战斗部的结构和应用。

集束式子母弹战斗部可分为炮射子母弹、航弹子母弹和导弹子母弹三大类。

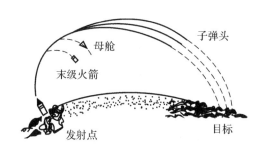
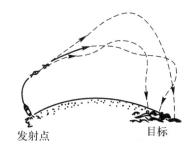

图4-5-2　集束式多弹头释放示意图　　　图4-5-3　机动式多弹头攻击示意图

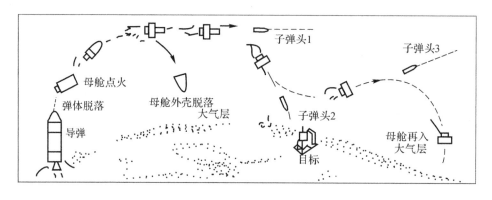

图4-5-4　分导式多弹头攻击示意图

(1)炮射子母弹。炮射子母弹是靠炮管发射的,主要由弹体、引信、抛射药、推力板、支杆、子弹和弹底等部分组成,如图4-5-5所示。弹体也称母弹,是盛装子弹的容器。在外形上,母弹的头部常采用尖锐的弧形以减少空气阻力,提高射程。母弹的弹底材料通常与母体相同,采用炮钢,与母体采用螺纹、螺钉和销钉等连接。

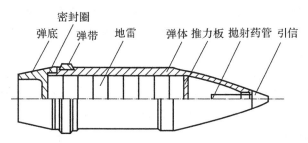

图 4 - 5 - 5　美国 M718 型 155 mm 反坦克布雷弹

母弹的引信通常为机械时间引信,其工作时间与全弹道的飞行时间相当。抛射药一般装于塑料筒内,放置在引信下部。与药室邻近的是推力板。在推力板与弹底之间设有由无缝钢管制成的支杆系统,其作用是将推力板的压力直接传递到弹底,同时减小推力板对子弹压力作用。子弹是子母弹战斗部毁伤目标的基本单元,以紧凑的方式装入母弹的弹体内。根据毁伤机理,子弹有爆破式、破片杀伤式和聚能破甲式等多种类型。根据飞行性能,子弹可分为稳定型和非稳定型两种。

当子母弹飞行到目标上空时,引信按照装定的时间发火,点燃抛射药,依靠火药气体的压力作用于推力板,通过推力板和支杆破坏弹底的连接螺纹,打开弹底,把子弹从弹底部抛出。此时,离心力的作用将使子弹偏离母弹的弹道散开。在子弹从母弹中抛出时,子弹的引信解除保险,同时稳定带展开以保持子弹的飞行稳定,并使子弹引信朝向地面。当子弹碰击地面时引信发火,子弹爆炸,杀伤目标。

如图 4 - 5 - 5 所示为美军 M718 型 155 mm 反坦克布雷弹的结构示意图。该布雷弹的母弹内装有 9 个 M73 型反坦克地雷。当发射后的布雷弹飞到预定的布雷区上空时,时间引信作用,点燃抛射药将地雷抛出,此时,每个地雷上的降落伞开伞,使地雷减速并缓慢下降、着地。当敌方坦克和装甲车经过时,在磁引信作用下,反坦克地雷爆炸,从而毁伤装甲目标。M73 型反坦克地雷具有自毁装置,超过 24 h 即自毁。

(2)航弹子母弹。航弹子母弹通过飞机投放,投弹箱在目标群的上空解爆,开舱释放出子弹,之后子弹分散飞行,攻击目标,完成对装甲设备、机场跑道以及其他有生力量的杀伤作用。

(3)导弹子母弹。导弹子母弹的运输载体是导弹(或称可控火箭),子母战斗部通过弹射装置实现子弹的抛撒。当导弹飞行至目标上空一定高度时,首先战斗部舱的蒙皮被打开,然后利用弹射装置将各子弹沿弹体径向抛射出去。

母弹的脱靶量越大,目标面积越大,子母式战斗部的攻击和毁伤优势越明显。当采用杀伤型子弹的子母式战斗部攻击有适当间距的编队飞机时,其杀伤效率非常高。但当母弹脱靶量较小时,子母式战斗部与其他类型的战斗部相比,并不具有特别的优势。这是因为在子母式战斗部中,用作抛射系统及其他辅助结构的质量要比其他整体结构战斗部大许多。

4.5.2　结构与原理

子母弹战斗部一般由母弹和子弹、子弹抛射系统、障碍物排除装置等组成。

1.子弹的类型

子母弹的母弹和子弹是组成一体的。其中母弹包括炮弹、火箭弹和导弹等弹种。

子弹是子母式战斗部毁伤目标的基本单元,根据毁伤机理,子弹可分为爆破式、破片杀伤式和聚能式等多种类型;根据飞行性能子弹可分为稳定型和非稳定型两种。

(1)非稳定型子弹。最常见的非稳定子弹有梯形(见图4-5-6)、球形(见图4-5-7)、立方体等。

典型的非稳定型子弹由壳体、抛射管、引信和装药口盖(或塞子)组成。梯形壳体上有两个带内螺纹的卡环,引信和装药口盖拧在卡环上。壳体的厚度主要由结构要求来确定,应能经受得住抛射力,一般由金属材料(如铝)轧制焊接而成。引信和装药口盖的安装环通常由铝合金制成,并焊在壳体的表面上。引信口盖和装药口盖也由铝合金制成。抛射管通常由钢制成,一端封闭,另一端装法兰盘,抛射管装在子弹里面。非稳定型子弹撞击目标时方位不定,为了确保子弹起爆,要求使用万向引信,这样,不管以何种方位击中目标都能可靠起爆,此外,万向引信还提供远解和自毁功能。子弹的装药通过装药抛射时,点火头点燃抛射管中的抛射药,抛射药燃烧产生的压力作用在抛射管上,通过法兰盘把爆发力传给子弹。

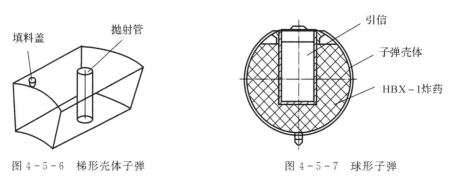

图4-5-6　梯形壳体子弹　　　　图4-5-7　球形子弹

非稳定式子弹的优点是没有专门的稳定装置,因而体积小,加工和组装容易,在给定的战斗部容积内可容纳较多的子弹。其缺点是要使用万向引信,并且在飞行过程中受到的阻力较大。非稳定式子弹在母弹中的典型排列如图4-5-8所示。

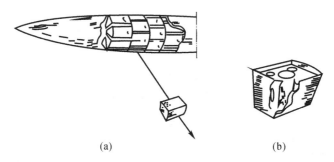

(a)　　　　　　　　　　(b)

图4-5-8　非稳定式子弹的典型排列

(a)导弹战斗部中子弹的排列;　(b)非稳定型子弹

(2)稳定型子弹。稳定型子弹通过稳定器来控制运动,常用的稳定器有阻力管、阻力板、阻尼伞、固定翼和折叠翼等机构,如图4-5-9~图4-5-11所示。

固定尾翼对子弹稳定来说是比较理想的,但难于排装,因而考虑使用折叠翼。如图4-5-9所示为麻雀Ⅰ战斗部所使用的折叠翼,该设计使用了单轴旋转的折叠式尾翼,有如下的性质:①折叠时,尾翼平贴在子弹的表面上,张开时,尾翼形成常规外形的部分,亦即各个翼面相交在公共线上;②抛射力借助旋转轴以极高的速度打开尾翼,不需要弹簧或其他装置。

在设计时究竟采用哪一种稳定形式的子弹,主要取决于子弹对目标的破坏形式、子弹的形状和子弹的性能。例如,聚能式子弹和带有触发引信的爆破式子弹,为了保证可靠地起爆并作用于目标,必须采用稳定型子弹;杀伤型子弹一般呈球形,可采用非稳定形式。

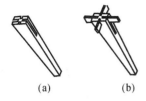

图 4 - 5 - 9　折叠尾翼稳定器

(a)尾翼折叠；　(b)尾翼张开

图 4 - 5 - 10　阻力伞稳定器

子弹和稳定器的强度应足以承受抛射力和气动载荷。稳定机构与子弹紧密装配必然会使子母弹质量和体积增加,减少子弹的装药量。与非稳定型子弹相比,会增加在母弹内装填子弹的困难,对一定质量的集束式战斗部来说,将使子弹装填的数量减少。稳定型子弹在母弹中的典型排列如图 4 - 5 - 12 所示。

图 4 - 5 - 11　固定尾翼稳定器

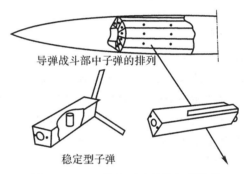

导弹战斗部中子弹的排列

稳定型子弹

图 4 - 5 - 12　稳定型子弹的典型排列

(3)子弹的数量。集束战斗部内可能装入子弹的最大数量是战斗部质量、可用空间和辅助件、单个子弹质量和尺寸的函数。正确确定子弹的允许数量,要以摧毁概率为基础,同时围绕有关战斗部和子弹结构,处理好战斗部质量、重心位置和空间利用等一系列问题。在安排子弹时,单个子弹的形状应适合战斗部舱的利用和安装,还必须考虑弹射后子弹散布的均匀性。为此,每一排子弹的速度要满足逐渐变化的原则,在排与排之间,子弹的定位要错开一定角度。

对于某些外形和质量的子弹,填满战斗部可用空间与质量限制之间可能会出现矛盾。但不论怎样,每个子弹必须装填足够的炸药量,以保证对目标实施有效打击。大多数对空使用的战斗部所积累的数据表明,每个子弹必须装有 0.9～1.4 kg 的高能炸药才能发挥有效作用。0.9 kg 装药可用来对付小目标,如歼击机;1.4 kg 装药可用于对付较大目标,如轰炸机。因此,一旦炸药量确定后,就可进一步确定子弹数量。

当目标防护特性、目标摧毁概率以及弹着点精度等条件相同时,对于爆破型大威力子母弹来说,子弹的数量可用下式估算:

$$n = \sqrt[3]{\left(\frac{W}{W_P}\right)^2} \qquad (4-5-1)$$

式中,W 为整体战斗部装药量;W_p 为子母弹战斗部装药量。这样可求出战斗部的总质量如下:

整体式高当量战斗部质量为

$$G_w = \alpha_w W^{\alpha_w} = \alpha_w (W_P)^{\alpha_w} n^{\frac{3}{2}\alpha_w} \tag{4-5-2}$$

集束式子母弹战斗部质量为

$$G_{wP} = n\alpha_w (W_P)^{\alpha_w} (1+\alpha_B) \tag{4-5-3}$$

式中,系数 α_w 由统计值确定;α_B 为子母弹分离系统的结构质量占总质量的百分比。对于美制导弹,其集束战斗部的 α_w 值在 $0.4 \sim 0.6$,α_B 的取值范围在 $0.3 \sim 0.4$。

(4)子弹的固位。子弹的固位系统包括支撑结构和子弹与支架之间的固置措施。

所谓支撑结构是指将子弹组装在一起的受力结构件。此构件必须能承受径向弹射子弹时的反作用力,亦能承受导弹在发射过程中作用在子弹上的向前和向后的惯性力。目前认为,最简单经济的结构是管状结构,这种管状结构,在管受到轴对称弹射反作用力作用时的受力状况比较合理,在导弹上的应用也是非常成功的。

子弹与母弹内支架的固置一般选用剪切销或固定带。钢材料固位带用来沿母弹圆周方向捆扎同一层子弹,可以经受的最大过载为 $50g$,当受到子弹的弹射力时即可排除。为了固定一排排的子弹,管状结构两端还应有与战斗舱对接的结构。

2.子弹抛射系统

子弹抛射系统的作用是利用火药或炸药的能量将子弹以一定的方向和速度抛射出去,使子弹获得理想的散布,从而提高子弹命中并杀伤目标的概率。在此过程中,还必须保证子弹及其引信的全部功能不被破坏,这样抛射速度将受到很大限制。一般情况下,保证子弹不受破坏的实际安全抛射速度为 200 m/s 以内。子弹抛射系统的类型有很多,不管哪种抛射方式,都必须满足以下基本要求:①满足合理的散布范围。根据毁伤目标的要求和战斗部携带子弹的总数量,从战术使用上提出合理的子弹散布范围,以保证子弹抛出后能覆盖一定大小的面积。②达到合理的散布密度。在子弹散布范围内,子弹应尽可能地平均分布,至少不能出现明显的子弹堆积现象。③子弹相互间易于分离。在抛射过程中,要求子弹能相互顺利分开,不允许出现重叠现象。④子弹作用性能不受影响。在抛射过程中,子弹不得有明显的变形,更不能出现殉爆现象,力求避免子弹间的相互碰撞。

下面介绍三种比较典型的子弹抛射系统。

(1)整体式中心装药子弹抛射系统。在此抛射系统中,抛射药装在位于纵轴的铝管内,球形子弹沿着纵轴逐圈交错排列,装药与子弹间留有一定的空气间隙,如图 4-5-13 所示,若间隙小,子弹的速度就大,但子弹较易受到损坏;反之,若间隙大,子弹的速度就小,但子弹不易受损。

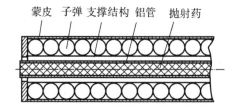

蒙皮　子弹　支撑结构　铝管　抛射药

图 4-5-13　整体式中心装药抛射系统示意图

装药可选用火药或炸药,前者子弹的速度低,但受到的冲击小;后者子弹的速度高,但易受到破坏。

沿战斗部轴向装药形状有三种形式,一是轴向均匀的装药,子弹获得的速度大致相等;二是沿轴向阶梯形装药,子弹的速度按装药的阶梯数分成几组;三是装药量沿轴向连续变化,子弹的速度沿轴向呈线性分布。

这种抛射方法采用了中心爆室,子弹加速的行程小,因此为了达到足够的抛射速度,需要有很大的加速力。

(2)枪管式抛射系统。枪管式抛射系统通过引燃装填在每个子弹枪膛内的黑火药来实现对子弹的抛射,其基本结构有如下两种:

第一种枪管式抛射系统结构如图 4 - 5 - 14(a)所示,钢制的枪管是子弹结构的组成部分,位于子弹的中心,与子弹的支撑管严密配合,抛射火药装于支撑管内。火药点燃后,高压燃气作用于枪管并把子弹推出。

径向抛射速度取决于发射药装药产生的压力、抛射管内腔面积、子弹的质量以及行程长度。由于枪管的长度都较短,必须使火药非常快地建立最大膛压,但相当缓慢地下降。一般子弹在最大压力建立之前被锁定,这样便于利用抛射管的行程全长,充分发挥其优点。

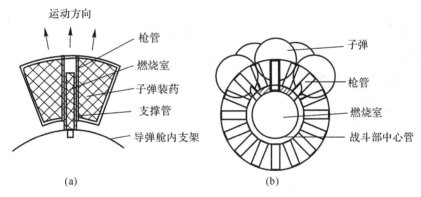

图 4 - 5 - 14　枪管抛射结构示意图

另一种结构如图 4 - 5 - 14(b)所示,整个战斗部只有一个共用的火药燃烧室,燃烧室壁装有若干枪管,每个枪管上安装一枚子弹,燃气压力通过各个枪管传送给子弹,把子弹抛射出去。这种结构,子弹获得的速度基本一致。要使子弹具有不同的速度,可使枪管具有不同的口径,同时,子弹与枪管相配的零件也要有不同的尺寸。

枪管型有整体发火型、中心发火型和活塞型三种形式,如图 4 - 5 - 15～图 4 - 5 - 17 所示。

整体发火型弹射装置,推进剂在枪管内燃烧产生压力,作用于子弹的弹射枪管,子弹位于弹射枪管的上部,装入围绕战斗部的辅助环上,使子弹受到一个冲击力。

中心发火型弹射装置与整体发火型类似,主要区别在于推进剂的点火是采用设置在燃烧室周围的数个发火帽同时引燃的。作为结构件,装有发火帽的环应具有吸收弹射力的功用。

活塞型弹射系统,其在结构上接近爆炸型弹射机构,依靠高温气体在燃烧室内膨胀,推动活塞弹射子弹。此系统的驱散腔有两个燃烧室,由钢质发火管连接。前面燃烧室的推进剂靠后面燃烧室高温气体通过与其相通的发火管来引燃。每个活塞圆周槽中安置圆环,用于防止气压经过活塞扩大部位时发生漏气,从而保证较高的压力,以获得较高的弹射速度。

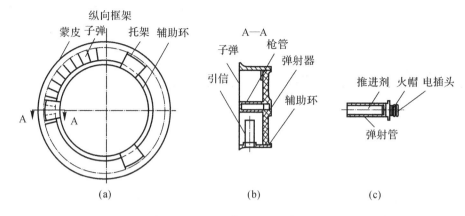

图 4 - 5 - 15　整体发火型弹射装置

(a)战斗部舱端平面图；(b)A—A 剖面；(c)弹射器详图

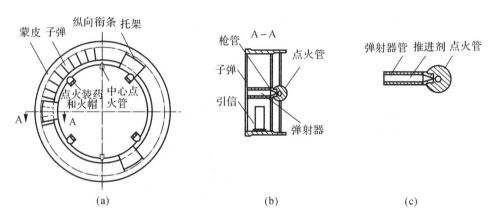

图 4 - 5 - 16　中心发火型弹射装置

(a)战斗部舱端平面图；(b)A—A 剖面；(c)弹射器详图

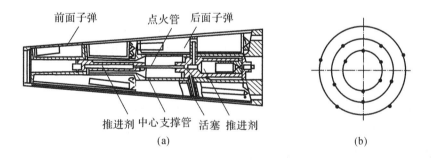

图 4 - 5 - 17　活塞型弹射系统

(a)结构图；(b)子弹散布图形

　　(3)膨胀式抛射系统。膨胀式抛射系统一般采用中心爆炸室(或燃烧室),抛射药产生的高温高压气体使可膨胀衬套快速膨胀,使其周围的子弹获得一定的抛射速度。膨胀式抛射装置的具体结构也很多,下面以星形框式、橡胶管式和盘旋衬套式为例进行介绍。

1)星形框式抛射系统。如图 4-5-18 所示,星形框式的可膨胀衬套设计成星形状,它把弹舱和子弹在径向分成若干个间隔(图中为 6 个),衬套中间为柱形燃烧室,燃烧室壁上有与间隔数相应的排气孔。抛射药点燃后,燃气经排气孔向密闭的衬套内腔充气,衬套膨胀并最终把子弹抛射出去。由于衬套膨胀和子弹抛射的过程很快,为了充分利用火药能量,与枪管抛射的情况类似,也要求从火药的性能和药型上保证火药的快速和完全燃烧,以及在峰值压力建立前对子弹进行约束。

2)橡胶管式抛射装置。该抛射装置利用橡胶管作为膨胀衬套,如图 4-5-19 所示,主要由推进剂、燃烧室、橡胶管、支撑梁等组成。支撑梁内有切割装药,端部有聚能槽,用来把蒙皮切开,为子弹打开通道。燃烧室产生的燃气经小孔排出,使橡胶管逐渐膨胀,最后把子弹和支撑梁推出。

本装置较星形框式抛射装置简单,工艺性好,在膨胀过程中橡胶管很快就破裂,燃气从中泄漏,能量利用率低,子弹抛掷初速较低。一般适用于球形,对付地面目标的杀伤聚能子弹,母弹装填量大,在高空中抛射时,形成一个较大的散布场,有较好的杀伤效果。

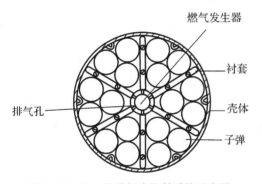

图 4-5-18　星形框式抛射系统示意图

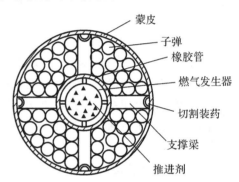

图 4-5-19　橡胶管式抛射装置

3)盘旋衬套式抛射装置。如图 4-5-20 所示,该系统的优点是,围绕喷口燃烧室有盘旋衬套,在开始阶段能起密封气体的作用,在弹射过程中起保护和稳定子弹的作用,还能使弹射力比较均匀地作用在子弹上。另外,带排气孔的燃烧室可作为母弹结构的一部分,节省附加质量。

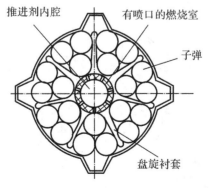

图 4-5-20　盘旋衬套爆炸抛射装置

3.障碍排除装置

导弹的蒙皮,在某些情况下(如不受力的蒙皮)能被抛射气体直接排除,而子弹的抛射速度下降不大,但这种情况并不十分可靠,而且障碍物并非如此单一(还有纵梁、纵肋或翼片、电线或管路等),因此子母战斗部一般都配有障碍物排除装置。

不同的子母弹战斗部具有不同的结构、性能和使用等特点,其开舱、抛射方式也是不同的。常用的有剪切螺纹或连接销开舱、雷管起爆壳体断裂开舱、爆炸螺栓开舱、组合切割索开舱、径向应力波开舱等,无论何种开舱,均需满足如下基本条件:①要保证开舱的高可靠性;②开舱与抛射动作要协调;③不影响子弹的正常作用。

最常用的障碍物排除装置是线性聚能装药,即切割索。它是把炸药装在聚乙烯塑料或其他材料制成的管子内,并使装药截面具有 V 形或半圆形聚能槽,如图 4-5-21 所示。

图 4-5-21　切割索截面图

切割索是实现蒙皮拆除最有效的方法。该方法将线性成型装药装在黄铜槽内并用胶带固定在其中,雷管和传爆药布置在铜槽各端的结合处,并与子弹抛射同步激发,既可周向地切割蒙皮,又可纵向上切割。但这种方法在爆炸时存在反向作用和侧向飞溅,使子弹等部件容易受到损伤,需要采用特殊的防护技术措施,如在切割索的外面包覆泡沫塑料、泡沫橡胶或实心橡胶等。

4.子弹的抛射过程

下面以橡胶管式抛射装置为例说明子弹的抛射过程。当战斗部接近目标时,引信的作用使安装在支撑梁与蒙皮之间的切割装药点燃,依靠聚能效应将母弹蒙皮切割成大小相等的 4 块,并在爆炸力的作用下抛离母体,完成障碍物的排除。同时,燃气发生器中的推进剂被点燃,燃气从排气孔逸出,使套在整个中心管上的橡皮管膨胀,从而给子弹一个径向作用力,使之沿径向抛射出去,形成一个较大的散布场。子弹抛射过程如图 4-5-22 所示。

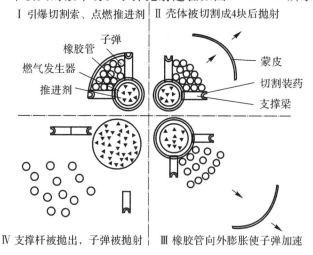

图 4-5-22　子弹抛射过程示意图

4.5.3　子母弹战斗部效率

1.子母弹战斗部的作战效率

子母式战斗部与质量相同的其他整体结构战斗部相比,其主要优点是威力范围较大。由于整体结构战斗部的杀伤作用(特别是冲击波和聚能射流作用),随着爆炸点至目标距离的增加而迅速衰减,而子母式战斗部中的子弹要抛射一定距离后才爆炸,因而在母弹脱靶量相同时,子弹破片到达目标的实际距离小,子母弹破片密度的下降和破片能量的衰减也小。对于爆破式子弹或聚能式子弹,要与目标发生碰撞或穿入目标后才引爆,因此子弹的抛射距离正好可以弥补制导系统的误差,更有利于摧毁目标。

以炮射反装甲子母弹为例,它不仅在反装甲目标的性能上具有突出的优势,而且在杀伤有生力量方面也远远优于普通榴弹。美国 M483 型和 M509 型两种子母弹与同口径 M107、M106 普通榴弹的威力对比如表 4-5-1 所示,由此可见,从威力方面而言,同样口径的子母弹优于普通榴弹。

表 4-5-1　子母弹与其同口径普通榴弹的威力对比

炮　弹		相对毁伤面积/m² 　(开阔地/树林中)					
弹径/mm	型号	人　员			兵器和技术装备		
		立姿	卧姿	散兵坑内	坦克	装甲运输车	卡车
155	M107	103/42.5	70.8/22.3	6.67/2.0	1.5/1.0	8.0/5.0	62.8/37.7
	M483	981/580	508/308	14.2/9.5	19.8/9.5	24.7/12.2	67.0/32.0
203	M106	198/96.2	124/40	12.0/7.3	2.17/1.5	11.5/6.8	130/79.2
	M509	2 012/1 234	1 086/667	31.3/20.8	43.8/20.8	54.5/27	148/71.0

要使子母弹毁伤效率达到最大,必须考虑集束式战斗部子弹的最佳分布。子弹的最佳分布是指母弹抛出的一系列子弹打击目标的概率为最大。例如,若一种子母战斗部中,子弹围绕战斗部舱周线排列,抛射过程为径向弹射,则弹射后的子弹将形成径向扩张的圆环形分布。考虑导弹速度和径向扩张速度,子弹的初速是导弹速度和弹射速度的矢量和。子弹散布的半径是母弹解爆后子弹飞行时间的函数。子弹对目标的打击速度则是子弹最终实际飞行速度与目标速度的矢量和。

通常情况下希望子弹飞行时间最短,这样既可降低空气阻力对子弹的减速,又可减少重力的影响和作用目标的逃脱,对目标实现有效打击。同时,希望子弹分布的半径最大,以获得最大的毁伤效率。以此为原则,子弹散开的圆环形到达目标的瞬间,其散布半径应比导弹制导系统的标准误差略大一些。

2.抛撒图案设计

集束式战斗部的设计,可理解为从战斗部舱弹射一系列子弹的一个或多个子弹打击目标概率为最大的图案。例如,设计一种对空战斗部,子弹安置绕战斗部舱周线排列,并为径向弹射,则弹射后的子弹必形成径向扩张圆形图案。通常子弹向外扩张形成一个环形或多个环形。按照子弹速度和径向扩张速度,图案向目标移动。而各个子弹的初速是导弹速度和弹射速度的矢量和,如图 4-5-23 所示。子导弹对目标的打击速度,亦是个矢量,是子导弹最终实际速度和目标速度的矢量和。此时,图案的半径可为任意常数,但又是起爆后飞行时间和平均径向速度的函数。当然,通常总希望保持飞行时间最短,这样既可降低由于空气阻力对子弹的减速,又可减少重力的影响和作用目标的逃脱。

由平均速度和距离成正比关系得到

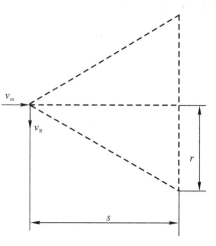

$$\left.\begin{array}{c} \dfrac{v_R}{v_m} = \dfrac{r}{s} \\[2mm] v_R = \dfrac{r}{s} v_m \end{array}\right\} \qquad (4-5-4)$$

式中,v_R 为径向扩张速度;v_m 为导弹飞行速度;r 为散开图案的半径;s 为母弹散开子弹的距离。

如已知 $v_m = 549$ m/s,$r = 12$ m,$s = 152$ m,按式(4-5-4)即可求得径向扩张速度 $v_R = 44$ m/s。而母弹散开子弹的散开时间 t_d 为

$$t_d = \frac{s}{v_m} = \frac{152}{549} \approx 0.278 \text{ s}$$

集束战斗部通常设计为能形成一个圆环形的子弹图案。当子弹散开的圆环形到达目标的

图 4-5-23 速度的分解

瞬间平面上时,其图案半径要稍微比导弹制导系统的标准误差大一些。在弹射速度为 60~120 m/s 的飞行时间是 0.3~0.75 s,与其相对应的导引误差(或图案半径)为 12~60 m。

子弹作用于目标的最终速度需要根据母弹速度、子弹弹射速度和目标速度的矢量和来确定,再考虑这个速度与子弹散布范围的要求,来确定子弹到达目标所需的时间,并以此为依据装定母弹的引信时间、控制母弹解爆点的空间位置。

集束战斗部对单个目标和面目标的打击效率主要与目标、武器的相关特性有关。具体地说,与目标形状和大小、目标易损性、母弹(或子弹)的数量、单个母弹(或子弹)的效率、母弹(或子弹)的散开特性以及投射误差等因素有关。

3.导弹集束战斗部的效率

(1)对单个目标的效率。为了计算导弹集束战斗部对单个目标的杀伤概率,建立平面坐标系(X,Y),并作如下假设:

1)目标是矩形平面,其边与坐标轴平行;

2)因有发射误差(CEP),母弹的弹着点围绕瞄准点呈正态分布;

3)子弹的弹着点围绕母弹的弹着点呈正态分布;

4)各次命中时无累积损伤。

根据上述假定,得到至少有一枚子弹杀伤目标的概率 P_0 为

$$P_0 = \frac{1}{2\pi \sigma_{R_X} \sigma_{R_Y}} \int_{-\infty}^{\infty} \int_{-\infty}^{\infty} \left\{ 1 - \left[1 - P(X,Y) \right]^N \right\} \exp\left\{ -\frac{1}{2} \left[\left(\frac{X-b_X}{\sigma_{R_X}} \right)^2 + \left(\frac{Y-b_Y}{\sigma_{R_Y}} \right)^2 \right] \right\} \mathrm{d}X \mathrm{d}Y$$

$$(4-5-5)$$

式中,$P(X,Y)$ 为齐射 N 个子弹,其中有一枚子弹命中点(X,Y)的概率,一般可写成以下积分形式:

$$P(X,Y) = \frac{K_P}{2\pi} \left[\int_{\frac{X_1-X}{\sigma_{R_X}}}^{\frac{X_1-X+L_X}{\sigma_{R_X}}} \exp\left(-\frac{u^2}{2}\right) du \right] \left[\int_{\frac{Y_1-Y}{\sigma_{R_Y}}}^{\frac{Y_1-Y+L_Y}{\sigma_{R_Y}}} \exp\left(-\frac{v^2}{2}\right) dv \right] \qquad (4-5-6)$$

式中，K_P 为条件杀伤概率；σ_{R_X}，σ_{R_Y} 分别为子弹在 X 轴和 Y 轴方向的均方根偏差；X_1，Y_1 为目标起始点坐标；L_X，L_Y 分别为长方形目标的边长；b_X，b_Y 为母弹平均弹着点散布中心的坐标。

式 $(4-5-5)$ 中对 $\frac{1}{2\pi\sigma_{R_X}\sigma_{R_Y}} \exp\left\{ -\frac{1}{2}\left[\left(\frac{X-b_X}{\sigma_{R_X}}\right)^2 + \left(\frac{Y-b_Y}{\sigma_{R_Y}}\right)^2 \right] \right\} dXdY$ 的积分，即为母弹弹着点落在平行于主轴的长方形上的概率。按照概率论的数学思想可以推知，$[1-P(X,Y)]^N$ 为齐射 N 个子弹全未命中 (X,Y) 点的概率；$\{1-[1-P(X,Y)]^N\}$ 则为母弹命中 (X,Y) 点的条件下，齐射 N 个子弹至少有一个命中目标的概率。

如果已知目标尺寸、弹的散布特性、子弹的效率以及某些预定参数，即可用上述公式计算集束战斗部对单个目标的杀伤概率。

以集束子母弹在反坦克目标方面的应用为例，假定集束武器总质量约为 454 kg，内装反坦克战斗部子弹，子弹分大、中、小三类，分别装入母弹，组装成集束武器。由试验知，这些战斗部对固定坦克的命中概率（给定为随机命中）分别为 0.1,0.3 和 0.6。假定此武器由 200 个小战斗部组成，或者由 50 个中等战斗部组成，或者由 10 个大战斗部组成，并假定发射误差很小，发射误差的变化不会引起定性结论的改变。在这些条件下，武器的效率是子弹散开程度的函数（即 CEP 精度），如图 $4-5-24$ 所示。

图 $4-5-25$ 中所示曲线是在取 7 种不同的条件杀伤概率的情况下，最佳杀伤概率 P 随子弹数量 N 的变化规律。

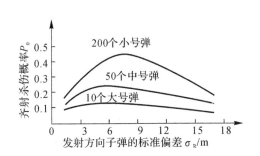

图 $4-5-24$　子战斗部大小对集束武器反坦克效率
　　　　　　的影响（CEP = 9 m）

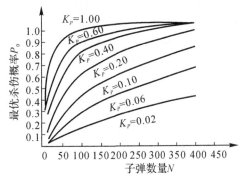

图 $4-5-25$　子弹数量变化时对杀伤概率
　　　　　　的影响曲线

(2)对面目标的杀伤。所谓面目标是指不规则地分布在一定面积范围内的一组目标（如有生力量、武器装备、防御工事等）。典型的目标有部队集结区、防御工事地带、工业区和基地等。

对面目标打击的特点是将其视作一个整体进行打击。面目标内各单个目标往往不是同类型的目标，因其职能和易损性不同，很难将其划为一个等价的目标，故只能用遭受某种程度破坏的平均面积来衡量受损程度。若给定目标的破坏程度（通常用被摧毁目标的百分数，或被摧毁面积百分数的数学期望值表示），则目标遭到这样程度破坏的面积，称为目标的杀伤（或称毁伤）面积。一般定义至少达到 70% 的杀伤面积为目标摧毁。通常不考虑杀伤区覆盖两次、三次或多次的目标区域内破坏效果的累积，而是将目标区内被杀伤区至少覆盖一次的面积取为杀伤面积。杀伤面积一般用下式表示：

$$杀伤面积 = \int_S P_0 \mathrm{d}A \qquad (4-5-7)$$

式中，P_0 为杀伤概率；$\mathrm{d}A$ 为杀伤面积微元；S 作用面积。杀伤概率 P_0 随地面高度距离的分布如图 $4-5-26$ 所示。

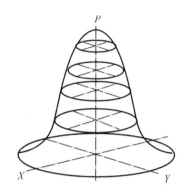

图 $4-5-26$　杀伤概率随地面高度距离的分布

4.5.4　子母弹战斗部的发展趋势

子母弹是 20 世纪 50 年代出现的新弹种，但受当时技术条件的限制发展缓慢。进入 20 世纪 80 年代以后，随着科学技术的发展，子母弹才引起高度重视，得到迅速发展，出现了多种先进的子母弹。目前已有炮射子母弹、航弹子母弹、火箭子母弹、战术导弹子母弹和战略导弹子母弹等。

1. 导弹子母弹的发展情况

（1）美国。20 世纪 50 年代末，美国首先为其"小约翰""诚实约翰"研制成了 M206 和 E19Rl 型化学子母弹头，以后又研制成了改型 El9R2，M190 等化学子母弹头。20 世纪 60 年代初又为"中士"导弹研制了 M212/3 型化学子母弹和常规子母弹头，前者装 330 个 M139 子弹，后者装 335 个子弹。同时，美国还为"奈基"导弹研制了 T46El 等型常规子母弹头，约装 100 个爆炸型子弹，用以攻击空中目标。20 世纪 60 年代末，美国又为其"长矛"导弹研制了多种类型子母弹头，如 M251 弹头，内装 860 个 BLU-63 子弹以及 E27 型化学子母弹头。

美制兰斯（即长矛）地地战术导弹，主要用于攻击地空导弹基地。战斗部（XM251）质量约为导弹质量的 30%（一般的导弹为 9%～16%），达 450 kg，内装 836 个子弹（BLU-63 子弹），每个子弹质量约 0.5 kg。母弹在目标上空 800 m 处解爆后释放子弹，这些子弹可对 800 m 直径的圆周范围实行饱和杀伤，摧毁普通的地空导弹发射基地。

BLU-63 为球形子弹，直径约 30 mm。弹壳由两个半球用螺纹对接而成，其外表面有 4 个凸起翼形，使子弹下落时产生旋转，用于解除引信保险和保证弹的定向稳定。为了进一步改善子弹的稳定性，又装配了尼龙绳索，使落到地面时子弹能均匀地散开。子弹的外壳由钢珠和铝作填料压铸而成。子弹内有炸药装药和引信，爆炸后靠飞散钢球产生杀伤效应。

长矛导弹的子母弹仍在继续作改进和发展，其第二代的子弹壳体材料拟采用密度大、硬度高的钨和贫铀。这样，爆炸后形成的坚硬较大破片可用于对付轻型装甲（如装甲运兵车、自动履带装甲车等）；较小的破片用于杀伤有生力量。同时，长矛二代比一代在同样距离上能多携带约 30% 的集束弹。

(2)俄罗斯(苏联)。苏联由于在 20 世纪 50—60 年代推行"核武器制胜"的思想,不重视常规弹头的发展,所以导弹子母弹技术没有什么发展。在此思想指导下,苏联在过去对其战术地地弹道导弹几乎全部装备核弹头,执行核打击任务。以后,由于政治思想和军事思想的转变,从 20 世纪 60 年代末起,苏联开始重视其战术地地导弹常规弹头的发展,不仅强调发展可靠的高爆炸常规弹头,而且还强调发展子母弹头,如"飞毛腿-1B""SS-12"等地地导弹都装备有化学子母弹头。当前,俄罗斯的常规单弹头和子母弹可能有 10 余种,主要有高爆弹、破片、高爆炸药破片、燃烧、燃料空气弹、聚能、反装甲小炸弹和小地雷等类型。

洲际导弹所配备的多弹头一般是分导式多弹头。通常一个母弹舱内的子弹数有的为 3~4 枚,如俄制 SS-1l3 型是 3 枚 30 万吨级 TNT 当量核装药的分弹头,俄制 SS-171 型装有 4 枚分弹头;有的装 6~10 枚,如俄制 SS-182 型装有 8~10 枚 100 万吨 TNT 当量核装药的再入式分弹头;最多可装 14 枚子弹,如俄制 SS-184 型弹头。

(3)其他国家。除美国和俄罗斯外,英国、法国、德国、瑞典、比利时等国也在积极研究子母弹技术,其他国家则主要是从事炮弹子母弹技术和航弹子母弹技术的研究。

火箭子母弹:日本装备的 R-30 型火箭子母弹,其集束战斗部内装有 18 枚子弹,在目标上空爆炸,杀伤面积可达到 120 m×80 m。法国正在研制的"哈法勒"火箭弹,其杀伤型战斗部里有 35 个子弹,每个子弹里装有 350 个钢珠。当战斗部里所有子弹爆炸时,可形成 12 250 个破片,造成很大的杀伤效果。意大利研制的 Firos-70,弹径为 315 mm,带有 8 管火箭,每发战斗部可装子弹 924 枚,子弹覆盖面积达 50 000 m²。

炮射子母弹:比如美军装备的 M449 型 155 mm 杀伤子母弹,M483 型 155 mm 反装甲杀伤子母弹等。之后出现了反坦克布雷弹,如 M741 型 155 mm 反坦克布雷弹,以及发烟子母弹,如 M825 型 155 mm 发烟子母弹等。20 世纪 60 年代随着坦克、步兵装甲车、自行火炮等集群目标的出现,美国开始研制 M483A1 型 155 mm 杀伤-破甲多用途子母弹,并于 1975 年配用于 M109A1 式 155 mm 自行榴弹炮上,使得压制武器能在远距离上对付装甲目标,被列为压制武器的主要用弹。联邦德国莱恩公司也发展了 RH-49 式 155 mm 装有底部排气装置的子母弹,内装 49 枚直径为 42 mm 的子弹,最大射程可达 30 km。我国于 20 世纪 80 年代开始研制了 122 mm 反装甲子母弹。

航弹子母弹:美制 MK118 反坦克集束航空炸弹是一种典型的航空炸弹,装在 MK20 改进 2 型母弹(载弹器)内,于 1972 年首次使用。一个母弹可装 200 个子弹,子弹在母弹内成五排集束配置。单个子弹的质量约为 634 g,内装黑索金和 TNT 混合炸药约 200 g,对装甲的破甲能力可达 250 mm 左右。MK20 改进 2 型母弹从飞机投下后,按照母弹头部机械定时引信装定的时间在空中起爆,利用一条沿母弹壳体轴线方向安置的 V 形导爆索将母弹壳切割成两半,子弹自行脱离母弹后密集地投向目标。试验表明,子弹在地面散开后,形成椭圆形散布面。

2.未来子母弹发展趋势

(1))进一步发展远程攻击子母弹,这是现代作战理论对防区外发展武器提出的要求。具体做法:一方面是增加投入研制射程更远的动力布撒器;另一方面是积极寻找将现有弹种改造成远程动力布撒器的可能,使之以不高的代价达到同样的目的。

(2)采取多种措施在现有各种武器装备上配用子母弹,使旧武器不过时,并且更有功效和威力。

（3）进一步开展有控子弹的研制开发工作,在不断完善末敏技术的同时,增加对末制导技术经费的投入,使子弹更加智能化。

（4）更加注意模块化、标准化、通用化。这样便于形成规模生产,便于适应不同射程的要求,同时降低成本,缩短研制周期。

（5）提高多目标攻击能力。一枚母弹同时投放几种子弹,可同时对目标区的各类目标实施攻击,使作战效能成倍提高,因此未来的子母弹将不同程度地采用子弹混装技术,以提高多目标攻击能力。

习　题

习题 4－1

1.什么是冲击波? 冲击波是怎样形成的,都具有哪些性质?

2.炸药在空气中爆炸的基本现象是什么? 其爆炸作用范围可分为几个区?

3.描述空气冲击波破坏作用的三个主要参数是什么?

4.爆破战斗部水中爆炸的基本特点是什么,与空气中爆炸现象的重要区别是什么?

5.爆破战斗部在岩土中爆炸时的破坏作用是什么样的?

6.按照对目标作用状态的不同,爆破战斗部可分成几种类型,各有什么特点?

7.描述爆破战斗部参数有哪些?

8.简述云爆弹的作用原理和特点。

9.简述温压弹的作用原理和特点。

10.50 kg TNT 在空中爆炸,计算距离爆心 50 m,100 m 处冲击波的超压值。若在刚性地面和普通土壤地面爆炸,其超压会有什么变化?

11.求 50 kg 黑索金、奥克托金、泰安、特屈儿爆炸后相当于多少 TNT 当量?

12.求 50 kg 球形 TNT 裸装药在空中爆炸,距离爆心 50 m 处冲击波正压持续时间和比冲量大小?

13.50 kg TNT 在无限水中爆炸,计算距离爆心 50 m 处的超压和比冲量。

14.抛掷指数与漏斗坑顶角的关系是怎样的?

习题 4－2

15.什么是聚能现象与聚能效应,举例说明。

16.简述聚能射流形成过程。

17.什么是有利炸高,炸高对破甲威力有何影响?

18.射流在空气中运动会发生什么现象,为什么?

19.聚能破甲战斗部的常用药型罩形状和材料有哪些?

20.简述聚能破甲过程及其特点。

21.影响破甲威力的因素有哪些?

22.简述装药对破甲性能的影响。

23.简述药型罩对破甲性能的影响。

24. 旋转对破甲威力有何影响,采用哪些措施可减弱旋转对破甲威力的影响?

25. 聚能破甲战斗部基本结构组成是怎样的?

26. 什么是爆炸成型弹丸战斗部,是如何分类的?

27. 爆炸成型弹丸战斗部与普通破甲弹相比,具有什么优点?

28. 什么是聚能长杆射弹战斗部,其主要特点是什么?

29. 什么是多聚能射流战斗部,可分为几类?

30. 什么是多 P 装药战斗部,其特点是什么?

31. 什么是片形射流战斗部,简述其结构组成与特点。

32. 常用的串联战斗部分为几类,各有什么特点?

33. 目前常用的聚能破甲战斗部有哪些,各有什么特点与用途?

习题 4 - 3

34. 破片杀伤战斗部作用原理是什么?根据破片的生成途径,破片杀伤战斗部通常可以分为哪几类,各自的特点是怎样的?

35. 破片杀伤战斗部的性能参数主要有哪些?

36. 什么是破片的初速,影响破片初速的因素有哪些?

37. 一圆柱形战斗部长为 50 cm,半径为 20 cm,壳体钢厚为 6 mm,内装 TNT 炸药,试计算战斗部爆炸时的破片的初速。

38. 破片杀伤战斗部的飞散特性参数有哪些?

39. 一圆柱形破片战斗部,其结构参数为长为 250 mm,弹径为 200 mm,假如左端面中心单点起爆,炸药爆速为 7 500 m/s,破片初速为 2 500 m/s,试计算破片飞散角及方向角。

40. 已知飞机的飞行高度 $H=18$ km,破片质量 $m=10$ g,命中铝制物和油箱时的遭遇速度 $v_b=2\,500$ m/s。求破片击穿厚度为 50 mm 的铝障碍物的概率和破片命中油箱后的引燃概率。

41. 破片杀伤战斗部的杀伤性能参数主要有哪些?

42. 若破片战斗部装药爆速为 7 000 m/s,装填质量比 $\beta=1$,假设预制钢质球形破片质量为 2 g,求静爆条件下破片飞行 20 m 后的存速。

43. 自然破片战斗部的破片形成机理是什么?

44. 半预制破片战斗部的原理是什么?具体实现的方式主要有哪些?各有什么特点?

45. 预制破片战斗部有什么优点?

46. 根据战斗部结构和方向调整机构的不同,定向战斗部可以分成几大类?

47. 简要说明偏心起爆式定向战斗部的作用过程。

48. 简要说明破片芯式定向战斗部的作用过程。

49. 简要说明可变形式定向战斗部的作用过程。

50. 简要说明机械转向式定向战斗部的作用过程。

51. 什么是定向战斗部的相对效能,如何计算?

52. 新型破片战斗部主要有哪些,简述其高效毁伤的原理。

习题 4－4

53. 什么是动能效应,动能战斗部与其他(如爆破战斗部)战斗部有什么不同?

54. 侵彻与贯穿的破坏现象有哪些,各有什么特征?

55. 描述穿甲侵彻弹的威力参数有哪些?

56. 影响弹丸侵彻作用的因素有哪些?

57. 目前动能战斗部主要应用在哪几个方面?

58. 什么是普通穿甲弹,结构上具有什么特点?

59. 什么是次口径超速穿甲弹,结构上具有什么特点?

60. 简述脱壳穿甲弹的基本组成和工作过程。

61. 什么是钻地弹,其作用是什么?

62. 钻地弹是怎样分类的?

63. 简述整体动能侵彻战斗部的作用原理和结构特点。

64. 简述复合侵彻战斗部的作用原理和结构特点。

65. 新概念侵彻战斗部有哪些?

66. 简述钻地弹所涉及的关键技术。

67. 反导反卫星目标的动能拦截器是怎样分类的?

68. 简述动能拦截器的基本组成。

69. 动能拦截器涉及的关键技术有哪些?

习题 4－5

70. 简述子母弹的作用与特点。

71. 子母弹是如何分类的?

72. 子母弹的基本组成是怎样的?

73. 已知 $v_m = 549$ m/s,$r = 12$ m,$s = 152$ m,求子弹的径向扩张速度 v_m 和导弹散开子弹的散开时间。

74. 什么是稳定型和非稳定型子弹,各有什么特点?

75. 子弹抛射的基本要求是什么?

76. 简述整体式中心装药子弹抛射系统的组成与工作过程。

77. 简述枪管式子弹抛射系统的组成与工作过程。

78. 膨胀式抛射系统分几类,各有何特点?

79. 常用的障碍物排除装置有哪些?

第5章 核战斗部毁伤原理

利用铀、钚、氘、氚等物质的原子核发生核反应而瞬时释放核能的战斗部称为核战斗部，又叫核弹头。由于核反应释放能量的方式不同，核弹头又可分为原子弹头、氢弹头和中子弹头。本章主要介绍核战斗部的分类与破坏作用、结构组成、基本工作原理和发展情况。

5.1 分类与杀伤破坏作用

5.1.1 分类

煤、石油等矿物燃料燃烧时释放的能量，来自碳、氢、氧的化合反应。一般化学炸药如TNT爆炸时释放的能量，来自化合物的分解反应。在这些化学反应里，碳、氢、氧、氮等原子核都没有变化，只是各个原子之间的组合状态有了变化。核反应与化学反应则不一样。在核裂变或核聚变反应里，参与反应的原子核都转变成其他原子核，原子也发生了变化。因此，人们习惯上称这类武器为原子武器。但实质上是原子核的反应与转变，因此称之核武器更为确切。核武器是利用能自持进行核裂变或聚变反应释放的能量，产生爆炸作用，并具有大规模杀伤破坏效应的武器的总称。

核武器系统，一般由核战斗部、投射工具和指挥控制系统等部分构成，核战斗部是其主要构成部分。核战斗部亦称核弹头，并常与核装置、核武器这两个名称相互代替使用。实际上，核装置是指核装料、其他材料、起爆炸药与雷管等组合成的整体，可用于核试验，但通常还不能用作可靠的武器。核武器则指包括核战斗部在内的整个核武器系统。

核弹包括氢弹、原子弹、中子弹等与核反应有关系的杀伤武器。

原子弹：是最普通的核武器，也是最早研制出的核武器，它利用原子核裂变反应所放出的巨大能量，通过光辐射、冲击波、早期核辐射、放射性沾染和电磁脉冲起到杀伤破坏作用。一般原子弹当量相当于几千到几万吨TNT当量。

氢弹：是利用氢的同位素氘、氚等质量较轻的原子核的聚变反应，释放巨大能量的核武器，又称热核武器。其杀伤机理与原子弹基本相同，但威力比原子弹大几十甚至上千倍。氢弹实际上是核裂变加核聚变，由原子弹引爆氢弹，原子弹放出来的高能中子与氘化锂反应生成氚，氚和氘聚合产生能量。氢弹爆炸实际上是两次核反应（重核裂变和轻核聚变），两颗核弹爆炸（原子弹和氢弹），因此说氢弹的威力比原子弹要更加强大。如装载同样多的核燃料，氢弹的威力是原子弹的4倍以上。

中子弹（增强辐射弹）：是一种以高能中子辐射为主要杀伤力的低当量小型氢弹。它在爆炸时能放出大量置人于死地的中子，并使冲击波等的作用大大缩小，只杀伤敌方人员等有生目标，对建筑物和技术装备等破坏很小，也不会带来长期放射性污染。尽管中子弹从来未曾在实战中使用过，但军事家仍认为它是一种具有核武器威力而又可用的战术武器。中子弹是一种特殊类型的小型氢弹,是核裂变加核聚变,但不是用原子弹引爆,而是用内部的中子源轰击 ^{239}Pu 产生裂变,裂变产生的高能中子和高温促使氘氚混合物聚变。它的特点是:中子能量高、数量多、当量小。如果当量大,就类似氢弹了,冲击波和辐射也会剧增,就失去了"只杀伤人员而不摧毁装备、建筑,不造成大面积污染的目的",也失去了小巧玲珑的特点。中子弹最适合杀灭坦克、碉堡、地下指挥部里的有生力量。

威力排序:氢弹>原子弹>中子弹;

辐射排序:中子弹>氢弹>原子弹;

污染排序:氢弹>原子弹>中子弹。

5.1.2　杀伤作用

核武器的杀伤破坏方式主要有冲击波(起爆破作用)、光辐射(起燃烧作用)、贯穿辐射与放射性沾染(起杀伤作用)。前三种破坏能量只在短时间内起作用,而最后一种能在较长时间内起杀伤作用。

冲击波是核爆炸的主要破坏因素,它约占核弹头释放总能量的 40%～50%。其反应区的压力可达 2×10^9 MPa,以后形成的火球压力也有几十万个兆帕。冲击波是核爆炸后产生的一种巨大气流的超压。一枚 3×10^4 t 当量的原子弹爆炸后,在距爆心投射点 800 m 处,冲击波的运动速度可达 2 000 m/s。当量为 2×10^4 t 的核爆炸,在距爆心投影点 650 m 以内,超压值大于 9.8×10^4 MPa。可把位于该地区内的所有建筑物及人员彻底摧毁。

光辐射是由核爆炸所形成的超高温造成的,是在核爆炸时释放出的以 3×10^8 m/s 速度直线传播的一种辐射光杀伤方式。这是因为爆炸中心的温度可达数千万度,火球表面温度也有上万度,它约占总能量的 25%～35%。光辐射是通过烧灼和火灾来杀伤和破坏目标的,其作用时间很短(只有 2～3 s),如果有屏障防护就很有效。但除距爆炸中心太近外,通常它对许多物体的破坏只限于表面层。1 枚当量为 2×10^4 t 的原子弹在空中爆炸后,距爆心 7 000 m 处会受到比阳光强 13 倍的光照射。光辐射可使人迅速致盲,并使皮肤大面积灼伤溃烂,物体会燃烧。

贯穿辐射是一种看不见也感觉不到的放射线,也称早期核辐射,早期核辐射是在核爆炸最初几十秒钟放出的中子流和 γ 射线。它约占总能量的 5%～30%,它们在空气中传播得很远,并且贯穿力很强,但其强度随距离增大而减弱,并在穿透物体时迅速减弱。它穿透人体与 X 射线相似,强大时能破坏细胞,引起射线病。γ 射线的作用时间为几秒到十几秒,中子流的作用时间只有十分之几秒。所以,有较厚的屏蔽物则可以防护辐射。1 枚当量 2×10^4 t 的原子弹爆炸后,距爆心 1 100 m 以内人员可遭到极度杀伤,1 000 t 级中子弹爆炸后,在这个范围内的人员几周内会致死,在 200 m 以内的人员则当即致死。

放射性沾染来源于核爆炸后形成的各种放射性物质,它约占总能量的 5%～10%。它们是未经反应的核装料,核裂"碎片"以及爆炸地区各种物质(如土壤、水、空气、建筑物及各种材料)的原子在吸收中子以后所产生的放射性同位素。它们放出各种射线,对人体有杀伤作用,其持续时间可达数小时甚至几天。放射性沾染是蘑菇状烟云飘散后所降落的烟尘,对人体可造成照射或皮肤灼伤,以致死亡。1954 年 2 月 28 日,美国在比基尼岛试验的 1500×10^4 t 级氢弹,爆后 6 h,沾染区长达 257 km,宽 64 km。在此范围内的所有生物都受到放射性沾染,在一段时间内缓慢地死去或终身残疾。

此外,核爆炸瞬间还产生强大的电磁辐射,它的作用时间虽短,只有几十微秒,但脉冲宽度很窄,频谱很宽,强度可达到比普通无线电波高百万倍,作用范围很大。当其遇到适当的接收体时,可在瞬间产生很高的电压和很强的电流,使电子装备的元器件严重受损,还能击穿绝缘,烧毁电路,冲销计算机内存,使全部无线电指挥、控制和通信设备失灵。爆炸当量相同时,电磁脉冲的强度随爆高的不同差别很大,其中以超高空核爆炸产生的电磁脉冲效应最强,作用范围最广,可达远离爆心数千千米的目标,对飞行中的卫星和导弹威胁很大。

一般来说表征核武器的指标有 4 个,即威力比、核原料利用率、干净化程度和突防能力。

所谓威力比是指每千克重的核弹所产生的爆炸威力,即爆炸的总当量与核武器质量之比,它是表征核武器的一项极其重要的指标,从威力比的大小可以看出核武器小型化的水平。目前俄、美两国在百万吨当量以上的核子武器,它的威力比水平约为每千克弹头达到 2 500～5 000 t 当量,20×10^4 t～100×10^4 t 当量的核武威力比水平大约为每千克弹头 2 200～2 500 t 当量。跟威力比有关的另一个问题是分导式多弹头飞弹的大力发展,由于多弹头增加了额外的结构质量,所以威力比会相对应地降低,弹头数目越多,下降的幅度越大,例如美国的义勇兵 2 型和海神潜射飞弹的核弹头,它们的威力比大约是每千克 600 t TNT 当量。目前俄、美两国都在加紧进行地下核子试验,改进核弹头的质量,使其不断地小型化,进一步提高威力比,但不管怎么改进,如果还是采用 ^{235}U 和 ^{239}U 作为核原料的话,那么它的威力比就不能像过去那样大幅度的几十倍甚至几百万倍的增长。

核原料的利用率反映了核武的技术水平,是指在核爆的时候,核弹中有多少核原料产生裂变链式反应而释放了能量,有多少核原料没有产生裂变链式反应而被核弹中的炸药给炸散了。随着科学技术的发展,核原料的利用率有了很大的提高,有的已经提高到 25% 以上,比以前提高了 5 倍左右,近年来在新型的核武器中,核原料利用率又有新的提高,但是要达到 100% 几乎是不可能的事。

所谓干净化程度是指核武在爆炸时总能量中裂变能和聚变能所占的比例。由于现在的氢弹必须依赖原子弹来引爆,所以必然会产生大量的放射性裂变物质,根本谈不上什么干净,俄、美两国自称已经拥有了所谓的干净氢弹,实际上只是在氢弹爆炸的时候相对地增加了聚变的比例,减少了裂变的比例,使得放射性裂变产物相对的减少了,据说美国的氢弹裂变比例已经降到只占总能量的百分之几。

突防能力也是核武水平高低的一项衡量标准,所谓突防能力,主要是指核武器本身突破敌方各种防御措施的能力,例如把单弹头发展到多弹头,就是提高核武突防能力的有效手段之一。另外,由于反飞弹武器的出现,人们正利用 X 射线、γ 射线、中子、β 粒子、电磁脉冲,以及激光和粒子束武器等来对付攻击性核子武器,这迫使核子武器必须具有相对应的抵抗能力,也就是所谓的突防能力,对核武各种部件的薄弱环节进行强化,就是抵抗敌方防御手段的有效办法。

杀伤能力,核弹杀伤力计算公式:

$$\text{有效杀伤距离} = C \cdot \sqrt[3]{\text{爆炸当量}} \quad (C \text{ 为比例常数,一般取 } C = 1.493\,885)$$

表 5 - 1 - 1 所示为核武器的杀伤能力参考值。

表 5-1-1　核武器的杀伤能力

当　量	有效杀伤半径/km	有效杀伤面积/km²
10 万吨	3.22	33
100 万吨	6.93	150
1 000 万吨	14.93	700
1 亿吨	32.18	3 257

5.2　重核裂变与轻核聚变原理

5.2.1　重核裂变原理

1.核裂变

重原子核分裂成两个(在少数情况下,可分裂成 3 个或更多)质量相近的原子核(碎片)的现象称为原子核的裂变。原子核在没有外来粒子轰击下,自发分裂成碎片的现象称为自发裂变。自发裂变是不稳定核的一种特殊类型的核衰变过程,一般情况下自发裂变发生的概率非常小。另一种是诱发裂变,即在外来粒子轰击下,原子核才发生裂变的现象称为诱发裂变。诱发裂变中,中子诱发裂变是最重要的,也是研究最多的诱发裂变。这是由于中子与靶核没有库仑势垒,能量很低的中子就可以进入核内使其激发而发生裂变。裂变过程又有中子发射,可能形成链式反应,这也是中子诱发裂变受到关注的原因。

原子核裂变具有两个特性,一是放出中子,二是放出能量。这对于核能的开发利用具有决定性的意义。从裂变前后原子核的质量亏损不难算出,原子核裂变时将放出巨大的能量。

2.链式反应

易裂变原子核在点火中子的引发下发生裂变,同时释放出 1～3 个中子,新产生的中子又将引起其他的易裂变核发生裂变,从而形成了一个自动持续的反应链,这就是链式反应。链式反应的图像如图 5-2-1 所示。

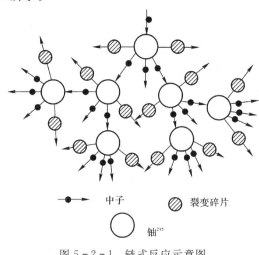

图 5-2-1　链式反应示意图

维持链式反应的三要素是:易裂变核、放出中子、新产生的中子能够引起其他的核再发生裂变,三者构成了链式反应的充分必要条件,缺一不可。

维持链式反应的必要条件是:把中子的一切损失考虑进去后,任何一代中子的总数要等于或大于前一代中子的总数。这两个数值之比称为中子的增值系数 k,即

$$k = \frac{\text{这一代中子总数}}{\text{前一代中子总数}}$$

如果 $k=1$,则每次裂变反应产生的次级中子平均有一个能引起下一级的核裂变反应,则链式反应就可以自行维持下去,这种情况称自持链式裂变反应,与此对应的裂变系统的状态称为临界状态,临界状态是核反应堆的正常工作状态。

如果 $k>1$,每次裂变反应产生的次级中子平均有一个以上能引起下一级的核裂变反应,则裂变反应的规模将越来越大,这种情况称发散型链式裂变反应,与其对应的裂变系统的状态称为超临界状态,超临界状态是裂变武器核爆炸时所处的正常工作状态。

如果 $k<1$,每次裂变反应产生的次级中子平均不到一个能引起下一级的裂变反应,则裂变反应的规模就将越来越小,直到反应终止,这样的反应称为收敛型链式裂变反应,与其对应的裂变系统的状态称为次临界状态。

3. 核系统的临界质量

一个确定的核系统处于临界状态时($k=1$)易裂变材料的质量称为临界质量,它所占有的体积称为临界体积。这里专门强调了"确定的"核系统,也就是说,临界质量是对应于确定的核系统而言的,核系统的状态不同,临界质量也就不同,因此不能笼统地说某核材料的临界质量是多少。一般来说,影响核系统临界质量的因素有以下几种:

(1)核材料的种类。核材料的种类不同,其临界质量就不同,比如 ^{235}U 材料裸球的临界质量大约是 50 kg;而 ^{239}Pu 材料裸球的临界质量大约是 16 kg。之所以会有这样的区别,主要是由于不同核材料的中子裂变截面不同、每次裂变放出的中子数不同等诸多因素所造成的。由于 ^{239}Pu 材料的临界质量小于 ^{235}U 材料的临界质量,所以从武器小型化、轻量化的角度考虑, ^{239}Pu 材料应该是制造原子弹的首选核材料。

(2)核材料的几何形状。核材料的几何形状决定了它的表面积,因而也就决定了逃逸出核系统的中子数,所以就决定了其临界质量的大小。由于在所有的几何形状中,体积(质量)相同时球形的表面积最小,所以从尽量减少逃逸出核系统的中子数的角度考虑,核系统一般都做成圆球形。

(3)核材料的纯度。核材料的纯度决定了被杂质核所俘获吸收的中子的数量,为了增加核系统的增值系数 k 值,减小核系统的临界质量,一般要求核武器中核材料的纯度至少要达到 $>90\%$ 以上。(在(1)中所引用的临界质量数据,并没有指明核材料的纯度是多少,实际上,那些数据仅仅是核材料在一定纯度时的数值。)

(4)核材料的密度。从核系统内中子的平均自由程等理论分析表明,核系统的临界质量与其材料密度有很大的关系,如果能够设法将核材料的密度从原始密度提高一倍的话,则它的临界质量就将减小为原来的四分之一。这样,原来处于次临界状态的核系统就有可能达到超临界状态了。因此,如果能设法提高核材料的密度,就可以大大减小核系统中核材料的临界质量。

(5)中子反射层。在核材料的外表面加上一层可以反射中子的物质以后,逃逸出系统的中

子就有可能与这层物质(原子核)发生碰撞,从而反射回核系统继续参与核反应,使得系统中的中子数增加,临界度提高,因此中子反射层可以减小系统的临界质量。实验表明:如果在活性材料的外表面加上 5 cm 厚的 ^{238}U 材料作为反射层的话,^{235}U 材料的临界质量就将由 50 kg 减小为大约 24 kg,^{239}Pu 材料的临界质量由 16 kg 减小为大约只有 8 kg。

在所有的中子反射层材料当中,^9Be 是最好的。这是因为,一方面 ^9Be 是单位体积中原子核数最高的核素,另一面是因为它除了可以反射中子以外,还能够增殖中子。所以在其他条件允许的情况下,一般核武器中都选用 ^9Be 作为中子反射层材料。

当核系统处于临界或超临界状态时,如果系统中出现了"点火"中子,则将形成链式反应。链式反应具有非常显著的特点,即:

1)核系统在超临界状态下链式反应非常迅速,是 μs 量级,并且中子增殖因数 k 的影响非常显著,k 值越大,反应速度越快。

2)超临界条件下反应的能量绝大部分是在反应后期放出。

3)由于原子弹爆炸时,核材料的利用率仅仅为 10% 左右,所以如果能设法延长链式反应的时间,就可以大大提高核材料的利用率,从而大大提高核武器的威力。

由上可知,核武器在结构上的主要特点,就是要尽量提高反应时的超临界度,尽量延长链式反应的时间。

5.2.2　轻核聚变原理

所谓的核聚变反应指的是由两个较轻的原子核结合成一个较重原子核的反应过程。放出的能量称为聚变能。一般来说,轻原子核聚变比重核裂变放出的能量更大,

1.聚变反应

轻核的聚变反应有很多种,但从地球上的资源来说,最有意义的是如下几种反应。

$$^2H + {^2H} \longrightarrow {^3He} + n + 3.25 \text{ MeV}$$
$$^2H + {^2H} \longrightarrow {^3He} + p + 4.00 \text{ MeV}$$
$$^2H + {^3He} \longrightarrow {^4He} + p + 18.3 \text{ MeV}$$
$$^2H + {^3H} \longrightarrow {^4He} + n + 17.6 \text{ MeV}$$

$$6{^2H} \longrightarrow 2{^4He} + 2p + 2n + 43.15 \text{ MeV}$$

上述 4 个反应仅仅使用了 6 个 ^2H(氘)核,就可以获得 43.15 MeV 的能量,平均每一个 ^2H 放出 7.2 MeV 的能量,平均每个核子放能 3.6 MeV,相当于 ^{235}U 裂变时平均放能的 4 倍以上(235 个核子放能 200 MeV,相当于每个核子放能 0.85MeV)。由此可见,研究聚变反应的意义是非常重大的。

上述四个反应式中,反应所需要的"原材料"只有 ^2H(氘),而 ^3H(氚)和 ^3He 等都是在反应中自动生成的,无须事先加入。就地球上可以利用的资源而言,^2H 核储量丰富,地球上海水的总量约为 10^{18} t,海水中 ^2H 与 ^1H 原子数之比为 1.49×10^{-4}:1,则 1 L 海水中含有 9.97×10^{21} 个 ^2H 原子,若它们全部聚变,可放出 7.18×10^{22} MeV = 1.15×10^{10} J 的能量,相当于 275 L 汽油的燃烧热。若海水中的 ^2H 原子全部聚变,可释放出 10^{31} J 的能量,足以供人类利用数百亿年。所以,核聚变是一个极其重要的潜在能源。

研究表明:氘(^2H)与氚(^3H)是核武器中最重要的聚变材料。

2.形成聚变反应的条件

要形成聚变反应比形成裂变反应困难得多,原因是反应的双方都是原子核,它们都带正电,当它们的距离非常近时将产生极大的库仑斥力,不像不带电的中子轰击重核那样容易,所以要形成聚变反应,就必须设法使核之间冲破这个斥力,也就是要赋予原子核一个初始的能量。具体来说可以通过以下两条途径来实现:①给核系统提供 $10^8℃$ 以上的高温;②给核系统提供 10^8 atm 以上的压力。

由于在原子弹爆炸时,爆心处可以达到大约 $10^7℃$ 的高温和 10^{10} atm 的压力,能基本上满足上述条件,所以可以由原子弹的爆炸来提供初始条件,从而引起氢弹的爆炸。因此,目前世界各国服役的核武器大都采取"氢弹带上原子弹"的结构形式,通常称原子弹为"扳机",相应的将氢弹称为"被扳机"。

5.3　核　战　斗　部

5.3.1　原子弹头

1.基本原理

利用重核裂变原理制成的弹头称为原子弹头。重核裂变是重元素的原子核分裂成较轻元素的原子核的过程。例如:用一个中子去轰击铀原子核,铀核受到中子的激发便分裂成若干个质量几乎相等的裂片和若干个中子,同时释放能量,这些中子又去轰击其他的铀原子,如此继续下去,核分裂的数量就会急剧增加,产生链式反应,如图 5-2-1 所示。由于链式反应的速度极快,仅在百万分之几秒内,因而重核裂变是一种猛烈的爆炸,并释放出巨大的能量。1 kg 的 ^{235}U 所释放的能量相当于 20 kt 梯恩梯爆炸时所放出的能量(通常称 20 kt TNT 当量),所以原子弹头爆炸的威力是相当大的。

2.原子弹的装药

到目前为止,能大量得到并可以用作原子弹装药的还只限于 ^{235}U、^{239}Pu 和 ^{233}U 三种裂变物质。

(1) ^{235}U。^{235}U 是原子弹的主要装药。要想获得高浓度的 ^{235}U 并不是一件轻而易举的事,因为天然 ^{235}U 的含量很小,大约 140 个铀原子中只含有 1 个 ^{235}U 原子,而其余 139 个都是 ^{238}U 原子;尤其是 ^{235}U 和 ^{238}U 是同一种元素的同位素,它们的化学性质几乎没有差别,而且它们之间的相对质量差也很小。因此,用普通的化学方法无法将它们分离。为了获得高浓度的 ^{235}U,合理实用的方法是"气体扩散法"。

众所周知,^{235}U 原子约比 ^{238}U 原子轻 1.3%,所以,如果让这两种原子处于气体状态,^{235}U 原子就会比 ^{238}U 原子运动得稍快一点,这两种原子就可稍稍得到分离。气体扩散法所依据的,就是 ^{235}U 原子和 ^{238}U 原子之间这一微小的质量差异。

这种方法首先要求将铀转变为气体化合物。到目前为止,六氟化铀是唯一合适的一种气体化合物。这种化合物在常温常压下是固体,但很容易挥发,在 56.4℃ 即升华成气体。^{235}U 的六氟化铀分子与 ^{238}U 的六氟化铀分子相比,两者质量相差不到百分之一,但事实证明,这个差异已足以使它们分离了。

六氟化铀气体在加压下被迫通过一个多孔隔膜。含有 ^{235}U 的分子通过多孔隔膜稍快一点,因此每通过一个多孔隔膜,^{235}U的含量就会稍微增加一点,但是增加的程度是十分微小的。因此,要获得几乎纯的^{235}U,就需要让六氟化铀气体数千次地通过多孔隔膜。

气体扩散法投资很高,耗电量很大,虽然如此,这种方法目前仍是实现工业应用的唯一方法。为了寻找更好的铀同位素分离方法,许多国家做了大量的研究工作,已取得了一定的成绩。目前正在研究试验的方法有离心法、喷嘴法、冠醚化学分离法和激光分离法等。

(2)^{239}Pu。原子弹的另一种重要装药是^{239}Pu。^{239}Pu是通过反应堆生产的。在反应堆内,^{238}U吸收一个中子,不发生裂变而变成^{239}U,^{239}U衰变成^{239}Np(镎-239),^{239}Np衰变成^{239}Pu。由于钚与铀是不同的元素,因此虽然只有很少一部分铀转变成了钚,但钚与铀之间的分离,比起铀同位素间的分离却要容易得多,因而可以比较方便地用化学方法提取纯钚。

(3)^{233}U。^{233}U也是原子弹的一种装药,它是通过^{232}Th(钍-232)在反应堆内经中子轰击,生成^{233}Th,再相继经两次β衰变而制得的。

从上面分析可以看到,后两种装药是通过反应堆生产的。它们是依靠^{235}U裂变时放出的中子生成的,也就是说,它们的生成是以消耗^{235}U为代价的,丝毫也离不开^{235}U。因此,没有^{235}U就没有反应堆,就没有原子弹,就没有今天大规模的原子能利用。

有了核装药,只要使它们的体积或质量超过一定的临界值,就可以实现原子弹爆炸了。只是这里还有一个原子弹的引发问题,也就是如何做到:不需要它爆炸时,它就不爆炸;需要它爆炸时,它就能立即爆炸。这可以通过临界质量或临界体积的控制来实现。

所谓临界质量是指引起核裂变链式反应的极限质量。当核块质量小于临界质量时,核裂变时其中子产生率小于中子损失率,于是中子的数目就越来越少,链式反应不能维持下去;当核块质量大于临界质量,核裂变时其中子产生率大于中子损失率,于是中子的数目就越来越多,链式反应能继续下去,最终出现核爆炸。

3. 结构与工作原理

按照核材料达到超临界方式的不同,原子弹头结构可分为枪式结构、内爆式结构和助爆式结构。

(1)枪式结构。枪式原子弹是靠几块均为次临界状态的核材料迅速合拢到一起,从而达到超临界状态的。

两块均小于临界质量的铀块,相隔一定的距离,不会引起爆炸,当它们合在一起时,就大于临界质量,立刻发生爆炸。但是若将它们慢慢地合在一起,那么链式反应刚开始不久,所产生的能量就足以将它们本身吹散,而使链式反应停息,原子弹的爆炸威力和核装药的利用率就很小。因此,关键问题是要使它们能够极迅速地合在一起。

枪式结构如图5-3-1所示。将一部分铀放在一端,而将另一部分铀放在导向槽内,借助于高能炸药的爆炸驱动,极迅速地将它们完全合在一起,达到超临界质量。这时,中子源适时释放出点火中子,引发链式反应,产生高效率的爆炸。为了减少中子损失,核装药的外面有一层中子反射层;为了延迟核装药的飞散,原子弹具有坚固的外壳。

枪式原子弹的结构非常简单,工艺要求也相对比较低,但缺点是所需要核材料的质量多,核材料的利用率低,一般都不会超过10%。

1945年8月,美国投到日本广岛的那颗原子弹(代号叫"小男孩")采用的就是枪式结构,弹重约4 100 kg,直径约71cm,长约305 cm(枪管长180 cm)。核装药为50 kg^{235}U(也有报道核材料是90 kg),爆炸威力约为14 000 t梯恩梯当量。由于1 kg重核材料完全的爆炸威力大约为 20 000 t 梯恩梯当量,所以"小男孩"核材料的利用率是非常低的(不到 5%)。

在枪式结构中,每块核装药不能太大,最多只能接近于临界质量,而绝不能等于或超过临界质量。因此当两块核装药合拢时,总质量最多只能比临界质量多出近一倍,这就使得原子弹的爆炸威力受到了限制。

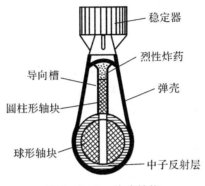

图 5 - 3 - 1　枪式结构

另外在枪式结构中,两块核装药虽然高速合拢,但在合拢过程中所经历的时间仍然显得过长,以至于在两块核装药尚未充分合并以前,就由自发裂变所释放的中子引起爆炸。这种"过早点火"造成低效率爆炸,使核装药的利用率很低。

(2)内爆式结构。内爆式原子弹是靠高能炸药的爆炸强烈压缩核材料,使其密度升高从而达到超临界状态的。

铀在正常压力下的密度约为 19 g/cm³,在高压下,铀可被压缩到更高的密度。研究表明,对于一定的裂变物质,密度越高,临界质量越小。根据这一特性,在发展枪式结构的同时,还发展了一种内爆式结构。在枪式结构中,原子弹是在正常密度下用突然增加裂变物质数量的方法来达到超临界,而内爆式结构原子弹则是利用突然增加压力,从而增加密度的方法达到超临界。

在内爆式结构中,将高爆速的烈性炸药制成球形装置,将小于临界质量的核装料制成小球,置于炸药中。通过电雷管同步点火,使炸药各点同时起爆,产生强大的向心聚焦压缩波(又称内爆波),使外围的核装药同时向中心合拢,使其密度大大增加,也就是使其大大超临界,再利用一个可控的中子源,等到压缩波效应最大时,才把它"点燃",这样就实现了自持链式反应,导致极猛烈的爆炸。

内爆式结构优于枪式结构的地方,在于压缩波效应所需的时间远较枪式结构合拢的时间短促,因而"过早点火"的概率大为减小。这样,内爆式结构就可以使用自发裂变概率较大的裂变物质,如 ²³⁹Pu 做核装药,同时使核装药利用效率大为提高。

内爆式结构原子弹中的核材料一般都做成球形空壳,这样表面积相对较大,中子容易漏失掉,此外内爆式原子弹的核装料一般也比较少,这样就保证了核系统在平时处于深次临界状态,增加了武器的安全性。核装药的外面包覆有一层球壳形的中子反射层,再往外是球壳形的高能炸药。雷管在球壳形炸药的外表面点火以后,这层炸药就能够从外表面被引爆,产生一个向心收聚的球面,从各个方向对称地压缩中心的核材料球壳。在爆轰波强大压力的作用下,核材料球壳最终被压成一个小球,小球的核材料密度大大超过核材料的初始密度。根据影响核系统临界质量的有关理论,核系统就由次临界状态达到了超临界状态。爆轰波的收聚在核材料中形成了强大的收聚冲击波,冲击波最终聚焦到被压缩后的中子源内部,使得中子内部也产生了高温和高压条件,因而释放出"点火"中子,引发链式反应,放出大量能量。

内爆式原子弹所需要的核材料相对较少,核材料的利用率可高达 $10\% \sim 20\%$,并且这种结构还可以带金属夹层,即通过将核材料分为内、外两层、并且采取在两层中间留下一定空间的形式,靠外层重金属的冲击增压来达到核材料的高密度。因此,从结构上来讲,内爆式原子弹是一种比较先进的结构形式,所以目前世界上服役的原子弹大都为内爆式原子弹。

但是,内爆式原子弹对核装置的几何精度要求非常高,理论上也非常复杂。为了确保形成良好的球面爆轰波、高度对称地压缩核材料球壳、在中子源内部产生高温和高压条件,对装置各部件的加工公差、装配精度、贮存管理等方面都提出了很高的要求,这是内爆式原子弹不利的一面。

需要说明的是:把核材料做成空心球壳形状、在装置中间留有一个空间的结构形式是内爆式原子弹中一种非常先进的结构形式,这样做的结果不仅不会使核装置体积增大,反而会使装置的体积减小,质量减轻。之所以会有这样的效果,原因是留出的空间为外层部件的加速留出了余地,外层的金属部件经过这一段距离的加速,可以使得撞击速度大大提高,从而获得很大的核材料压缩比,它甚至比全部用炸药填充这部分空间的结构形式所能获得的核材料压缩比还要大得多。

美国投于日本长崎的那颗原子弹(代号叫"胖子"),采用的就是内爆式结构。核装药为 9 kg 的 ^{239}Pu,弹质量约 4 500 kg,弹最粗处直径约 152 cm,弹长约 320 cm,爆炸威力估计为 20 000 t TNT 当量。由此不难算出核材料的利用率大约为 11%。

内爆式原子弹头的组成及其结构示意如图 5-3-2 所示。其工作过程为:要使原子弹头爆炸,先得用引爆装置使炸药爆炸,将核块压到一起,这时核块的质量就大于临界质量.当它受到中子轰击时就引起链式反应.轰击原子核的中子来源于中子源,它是一个装有镭或氡的外表面涂有铍粉的密封玻璃容器。镭或氡的原子核不断进行衰变放出 α 粒子,但是 α 粒子的穿透能力很弱,被玻璃挡柱。当爆炸时玻璃容器被炸碎,此时 α 粒子很快地与铍核作用而产生大量中子。中子反射层由石墨或铍制成,它的作用是将飞散的中子大部分反射回去继续参加链式反应,以便减小核块临界质量的数值,使原子弹头小型化。外壳用很厚的耐热合金制成,可以防止爆炸时核材料过早地飞散而损失威力,同时外壳也能反射中子。

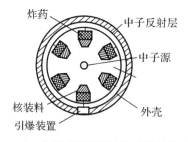

图 5-3-2　内爆式原子弹头组成及结构示意图

(3)助爆式结构。所谓的助爆技术,就是在原子弹裂变材料的中心形成一个较小的聚变反应,依靠聚变反应所提供的高温、高压条件和大量中子增大裂变爆炸的威力。这种技术目前大量应用于先进的核武器当中。

在裂变武器爆炸时,裂变材料的中心部分处于极高的温度和压力下,压力的典型值约为几百亿个大气压,温度可达到几千万度。如果在爆炸中心放置一些聚变材料的话,这样的温度和压力条件已经可以引发聚变反应。由于聚变反应所产生的中子具有 14 MeV 以上的能量,当它们与可裂变核(不必是^{235}U、^{239}P$_U$等)碰撞时,就可以使得可裂变核产生裂变反应并放出更多的中子。这两种反应共同作用,使原来的链式裂变反应比没有聚变反应时增殖得更快,从而发生更多的裂变反应,更多的裂变反应又促使发生更多的聚变反应。因此,在核装置解体之前将有更多的原子核发生分裂,大大增加了武器的效率和比威力。助爆式原子弹与未助爆的原子弹相比,威力可以增大 2~10 倍。

随着对武器系统小型化的要求越来越高,人们就要致力于设计体积小、质量轻的核武器,从武器的结构原理来看,要想让武器的体积小、质量轻,减少炸药用量就是首选的方案。然而,炸药用量的减少势必会降低裂变材料的压缩度,从而影响到武器的效率。为了解决这个问题,人们就想到在裂变芯的中央加入少量的氘、氚混合物,利用裂变反应放出的能量,使中心温度提高,发生显著的氘、氚聚变反应。聚变反应产生的高能中子不仅使系统中的中子数量增加,而且使得中子的平均自由程发生了变化,从而使得时间常数增加。高能中子能量高的意义远远超过了它数目多的意义,这是因为中子的速度越高,它的增殖就越快;高能中子所诱发反应的中子产额要比快中子的大得多;高能中子的裂变截面大,它不仅是裂变截面的绝对值大,而且与散射和俘获面的比值也明显增大。

按照装置中心聚变材料的状态不同,助爆式原子弹又可分为"气体助爆"和"固体助爆"两种形式。所谓的气体助爆指的是聚变材料在武器中以氘、氚气体的形式存在,而固体助爆则是指聚变材料在武器中以某种固态化合物的形式存在。

助爆式原子弹中聚变材料的选取不同于氢弹当中聚变材料的选取。在氢弹中,首选的聚变材料是^{6}LiD,而对于助爆型原子弹来说这不是最好的选择。因为锂要吸收裂变中子以后才能产生造氚反应,这样就使得系统中的中子数减少。用液态的氘和氚做为聚变材料也是不合适的,因为为了使得氘和氚液化,要用到庞大的加压和冷却设备,从而导致武器的体积和质量大幅度增加。唯一的选择是选用气态或固态的氘和氚的混合物。由于氚是一种放射性材料,并且它的半衰期只有 12.3 年,因此武器中的"助爆"材料需要定期更换。

5.3.2　氢弹头

1. 基本原理

利用轻核聚变释放核能原理制成的弹头称为氢弹头。轻核聚变是指轻元素的原子核聚合成重元素的原子核的过程。例如,氢有三个同位素,即氢(^{1}H)、重氢(氘^{2}H)和超重氢(氚^{3}H)。氘、氚等轻原子核在数千万度超高温条件下,能聚合成较重的氦原子并放出巨大能量。由于聚变反应是在超高温条件下发生的,所以人们称它为热核反应。聚变反应单位质量放出的能量是裂变反应放出的能量的 3~4 倍,因此,氢弹头比原子弹头的威力大,目前氢弹头的威力可达几十万吨到几千万吨梯恩梯当量。

为了造成两个轻核聚合成一个重核的超高温条件,到目前为止,只有用原子弹爆炸才能得到。因此,所有氢弹里都装有一个小型原子弹,并以它作为氢弹的起爆装置。从图 5-3-3(a)可以看出,氢弹头实际上就是原子弹头加核聚变材料。

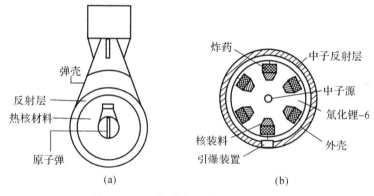

图 5-3-3　氢弹头组成及结构示意图

2.结构与工作原理

氘和氚是最容易发生聚变反应的核素,所以一般的氢弹都选用氘和氚作为核燃料。按照武器中氘和氚材料物理状态的不同,在氢弹发展的历史上又先后出现了"湿式"氢弹和"干式"氢弹两种结构类型。

(1)湿式氢弹。图 5-3-4 所示为湿式氢弹的结构原理图。在氢弹弹壳里装有液态的氘和氚(湿式氢弹由此而得名),这是氢弹的聚变核装药,另外还有三块互相分开的铀或钚块,它们是原子弹的核装药,此外还有高能炸药和引爆装置。

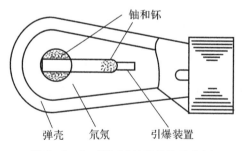

图 5-3-4　"湿式"氢弹结构示意图

当雷管引起高能炸药爆炸时,就将分开的铀(钚)块推到了一起,达到临界质量(枪式),产生原子弹爆炸,原子弹爆炸产生的高温和高压环境又为轻核的聚变反应创造了前提条件。由于高温和高压,氘和氚的核外电子都离开原子核跑掉了,成为一团由原子核和自由电子所组成的气体(等离子体),此时氘和氚以高速互相碰撞,产生聚变反应,放出大量的能量,形成了氢弹的爆炸。

1952 年 11 月 1 日,人类历史上进行的第一次聚变爆炸"迈克"的装置就是湿式结构。

但是,湿式氢弹也有其难以克服的两条缺点:首先,使用的热核材料氘和氚在常温和常压下都是气态,密度很小,只有在低温或高压条件下才能成为液体,因此必须放在笨重的冷藏容器中,这样就使得氢弹变成为一个庞然大物,失去了军用价值;此外,氚的成本非常高,半衰期则比较短,致使武器价格昂贵,且无法长久贮存。

就迈克装置而言,为了达到液化氘所需要的-253℃,装置中使用了庞大的低温冷藏系统,导致装置的体积相当于一座二层楼房那么大,重量达到约 65t。因此严格来说,"迈克"只能是一个实验性的装置,远远不是一个可以运载、实用的军事武器。

(2)干式氢弹。由于湿式氢弹具有明显的不足,所以人们又致力于寻找可以替代液态氘和氚的热核材料。^{6}LiD(氘化锂-6)是一种理想的热核材料。

^{6}LiD 是一种稳定的固体化合物,它的密度比氘和氚大得多,无须冷藏,所以大大减小了氢弹的体积和质量。氘非常容易获得,所以也降低了氢弹的成本。因为选用固体的 ^{6}LiD 作为热核燃料后武器中不再使用液体,所以称之为"干式氢弹"。

图 5-3-5 是一枚典型的干式氢弹结构图。

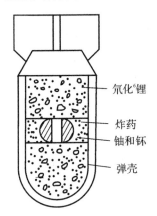

图 5-3-5 "干式氢弹"结构示意图

干式氢弹的爆炸过程为:在引爆信号的作用下,高能炸药首先爆炸,压缩位于装置中心部位的裂变材料铀或钚,使其达到超临界状态,形成链式反应;反应释放出大量的能量,压缩位于其外部的聚变材料 ^{6}LiD,由于这时相当于在 ^{6}LiD 材料的内部爆炸了原子弹,爆心处产生了上百亿个大气压和数千万度的高温,因而 ^{6}LiD 的密度大大提高,^{6}LiD 在高温下很快分解成氘和 ^{6}Li(锂-6),而 ^{6}Li 又在中子作用下生成氚,氚在聚变条件下与氘聚合成氦,形成了猛烈的氢弹爆炸。

(3)三相弹。上面所说的两种氢弹,其核爆炸过程都是只包括裂变和聚变两个阶段,所以一般称之为"两相弹"。三相弹的核反应过程包括裂变—聚变—裂变三个反应阶段,与两相弹的区别就在于三相弹内加入了大量的可裂变装药 ^{238}U。

三相弹也称氢铀弹,爆炸时先由中心的 ^{235}U 或 ^{239}Pu 裂变产生超高温,在这条件下氘和氚进行热核反应,如同氢弹一样释放出巨大能量,产生大量快速冲击中子,其速度超出每秒五万千米,能量很大,在这样高速的中子流的持续轰击下,又有外层的 ^{238}U 这种平时不易裂变的原子也发生裂变,释放巨大的能量,三种反应相互促进,从而释放出巨大的能量,完成氢弹的爆炸过程。

三相弹能量释放过程经历由裂变到聚变再到裂变 3 个阶段,使得氢弹的威力和比威力成倍地提高。所以,高威力是三相弹的主要优点。三相弹的不足之处是裂变能量所占的份额大,因而放射性污染较严重。

1954 年美国在比基尼岛上爆炸的氢弹就是三相弹,其爆炸威力达到了 1 500×10^4 t TNT当量,爆后在南太平洋 7 000 n mile^2(约 24 000 km^2)地区的上空笼罩着致命的放射性烟雾,这也是美国历史上爆炸的威力最大的核武器。

3.特点

氢弹与原子弹相比较其优点在于:

(1)单位杀伤面积的成本低;

(2)自然界中氢和锂的储藏量比铀和钚的储藏量要大得多;

(3)所需的核原料实际上没有上限值,这就能制造 TNT 当量相当大的氢弹。

氢弹的 3 大破坏力:第一光辐射,第二核电磁脉冲,第三冲击波。

氢弹的缺点:

(1)在战术使用上有某种程度上困难;

(2)含有氚的氢弹不能长期贮存,因为这种同位素能自发进行放射性蜕变;

(3)热核武器的载具,以及储存这种武器的仓库等,都必须要有相当可靠的防护;

氢弹爆炸和原子弹爆炸是不相同的,原子弹爆炸的蘑菇云是黑色的、全黑色,而氢弹爆炸的时候,蘑菇云是白色的、全白色。

5.3.3 中子弹头

中子弹,亦称"加强辐射弹",是一种在氢弹基础上发展起来的、以高能中子为主要杀伤因素,且相对减弱冲击波和光辐射效应的一种特殊设计的小型氢弹。

众所周知,一般的核武器都具有冲击波、光辐射、放射性沾染、早期核辐射、核爆电磁脉冲等五种杀伤破坏效应。然而根据作战需要,有时人们需要调整各杀伤破坏因素在核爆炸总能量中所占的比例,于是各种"特殊功能核武器"就应运而生,中子弹就是其中的一种。与别的武器不同,中子弹爆炸时可以释放出比一般爆炸强得多的中子射流,大大增强了核辐射的毁伤效应,从而对人员等有生力量造成巨大的打击。

1.结构与工作原理

中子弹的杀伤原理是利用轻核聚变时产生大量高能中子后深穿透力杀伤破坏目标的,故又称为以高能中子辐射为主要杀伤力的小型氢弹。由质子和中子组成的原子核,其质子带正电,中子不带电,中子从原子核里发射出来后,它不受外界电场的作用,穿透力极强。在杀伤半径范围内,中子可以穿透坦克的钢甲和钢筋水泥建筑物的厚壁,杀伤其中的人员。中子穿过人体时,使人体内的分子和原子变质或变成带电的离子,引起人体里的碳、氢、氮原子发生核反应,破坏细胞组织,使人发生痉挛、间歇性昏迷和肌肉失调,严重时会在几小时内死亡。

中子弹的中心是由一个超小型原子弹做起爆点火,它的周围是中子弹的炸药氘和氚的混合物,外面是用铍和铍合金做的中子反射层和弹壳,此外还带有超小型原子弹点火起爆用的中子源、电子保险控制装置、弹道控制制导仪以及弹翼等,如图 5-3-6 所示。一般氢弹由于加一层贫铀(^{238}U)外壳,氢核聚变时产生的中子被这层外壳大量吸收,产生了许多放射性沾染物。而中子弹去掉了外壳,核聚变产生的大量中子就可能毫无阻碍地大量辐射出去,同时,却减少了光辐射、冲击波和放射性污染等因素。

中子弹的内部构造大体分四个部分,如图 5-3-7 所示:弹体上部是一个微型原子弹,上部分的中心是一个亚临界质量的^{239}Pu,周围是高能炸药。下部中心是核聚变的心脏部分,称为储氚器,内部装有含氚氘的混合物。储氚器外围是聚苯乙烯,弹的外层用铍反射层包着,引爆时,炸药给中心钚球以巨大压力,使钚的密度剧烈增加。这时受压缩的钚球达到超临界而起爆,产生了强 γ 射线和 X 射线及超高压,强射线以光速传播,比原子弹爆炸的裂变碎片膨胀快

100 倍。当下部的高密度聚苯乙烯吸收了强 γ 射线和 X 射线后,便很快变成高能等离子体,使储氘器里的含氘氚混合物承受高温高压,引起氘和氚的聚变反应,释放出大量高能中子。

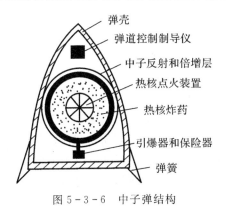

图 5-3-6　中子弹结构

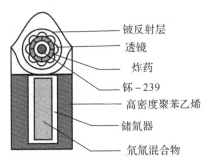

图 5-3-7　中子弹的内部构造

中子弹是一种利用聚变反应的热核武器,从理论上讲,它是一种所谓纯聚变反应的热核武器。纯聚变的能量,约有 80% 以高能中子的形式释放出来,因而光辐射和冲击波就很弱。中子弹爆炸后,它所产生的光辐射和冲击波仅有普通核爆炸的 10%。

中子弹的主要杀伤因素是爆炸后放出大量高速中子,在一定范围内形成一片浓密的中子雨。中子的作用时间很短,在中子弹袭击的地区,几小时后军队就可以进入。因此,中子弹头一般用于战术导弹,尤其用来对付大规模集结的军队和坦克群等最为有效。

2. 特点

中子弹的特点是爆炸时核辐射效应大、穿透力强,释放的能量不高,冲击波、光辐射、热辐射和放射性污染比一般核武器(原子弹和氢弹)小。与原子弹和氢弹等核武器相比,中子弹具有以下几个显著的特点:

(1)中子产额多。计算表明,一枚 1 000 t TNT 当量的裂变弹爆炸时放出 $2×10^{23}$ 个中子。而相同当量的聚变弹(中子弹)爆炸时大约放出 $1.5×10^{24}$ 个中子,大约是相同当量裂变弹中子产额的 10 倍。高能中子的比例也大幅增加,其核辐射效应特别大。但中子弹爆炸时产生的冲击波较小,例如一枚千吨级 TNT 当量的中子弹,在距离爆炸中心 800 m 处的核辐射剂量,是同当量纯裂变核武器的 20 倍左右,但其冲击波对建筑物的破坏半径只有三四百米。其爆炸释放出的能量分配大致为早期核辐射 40%,冲击波 34%,光辐射 24%。因此,和同当量的普通核弹相比,中子弹使用后留下的环境污染问题是比较轻微的。

(2)中子能量高(早期核辐射效应强)。裂变时放出的中子其平均能量约为 1 MeV,而聚变反应放出中子的能量可达 14 MeV,因此中子弹爆炸时所放出的中子具有能量高的显著特点。中子能量高,贯穿能力就强,射程就远,从而对有生力量杀伤半径也就大。原子弹和氢弹会毁灭对方,但对使用者本身也有危害。中子弹却能够有效地克服上述缺点,它爆炸时早期核辐射的能量高达 40%。这样,同样当量的原子弹与中子弹相比,中子弹对人员的杀伤半径要比原子弹大得多,例如,爆炸一颗千吨级中子弹头,它的光辐射和冲击波在半径 300~400 m 范围以外不会对目标造成什么破坏,但它的中子雨则可以穿透防护并在 800 m 范围内杀伤有生力量。一般来讲,中子弹所释放的中子能够穿透坦克装甲、坚固工事的防护层等,可以对隐蔽于其中的人员进行杀伤。

(3)中子弹当量小。当核武器的当量增大到一定程度时,冲击波、光辐射的破坏半径就必定会大于核辐射的杀伤半径。因此,为了保持强大的核辐射效应,中子弹的当量不能做得太大。中子弹的威力一般在3 000 t TNT当量以下,因此,它不是一种大规模的毁灭性武器,而是作为战术核武器设计的。也正是因为中子弹爆炸时释放的能量比较低,中子弹这个神秘的杀手才有了更为广阔的用武之地,才比其他核武器具有更多的实用价值。

(4)中子弹的放射性沾染较轻,持续时间短。一般来讲,裂变产物大都具有放射性的物质,原子弹爆炸后将不可避免地造成严重的放射性沾染。而聚变反应中所生成的^{4}He原子核是稳定的原子核,不具有放射性,所以是相对"干净"的武器。然而,热核聚变反应需要裂变反应的初始放能来引爆,所以中子弹中仍然有一些裂变产物存在,只不过它所造成的放射性沾染较轻而已。据报道,美国研制的中子弹头,其聚变当量占50%~75%。所以,中子弹爆炸时只有少量的放射性沉降物。在通常情况下,经过数小时到一天,中子弹爆炸中心地区的放射性就已经大量消散,武装人员即可进入并占领遭受中子弹袭击的地区。

从中子弹的上述特性可以看出,中子弹能够有效地杀伤敌方人员,对附近建筑物等设施的连带破坏作用却很小。在某些特定条件下,如不得不在自己国土上作战,对付集群装甲的进攻时,中子弹就是一种非常有效的防御武器。

根据中子弹的杀伤原理,人们还是有办法进行防护的。从防护原理上来看,像水、木材、聚乙烯塑料等物质对吸收中子有不错的效果,例如把铅和硼加入含氢的聚合材料中,可以阻挡部分的辐射,增加防护能力,而减少对人员的伤害。另外据试验,4~6 cm厚的水可将中子的辐射强度减少到一半,只要构筑一定的作战工事并进行适当的防护,人体受到中子弹的伤害将会大大地减少。在一些紧急情况下,当发现中子弹的闪光时,暴露的人员应迅速进入工事,或利用地形地物如崖壁、涵洞等进行遮蔽,这样也能在一定程度上减少中子的吸收剂量。

5.4 核战斗部发展趋势

5.4.1 发展情况

核武器的出现,是20世纪40年代前后科学技术重大发展的结果。1939年初,德国化学家O.哈恩和物理化学家F.斯特拉斯曼发表了铀原子核裂变现象的论文。几个星期内,许多国家的科学家验证了这一发现,并进一步提出有可能创造这种裂变反应自持进行的条件,从而开辟了利用这一新能源为人类创造财富的广阔前景。但是,同历史上许多科学技术新发现一样,核能的开发也被首先用于军事目的,即制造威力巨大的原子弹,其进程受到当时社会与政治条件的影响和制约。从1939年9月,丹麦物理学家N.H.D.玻尔和他的合作者J.A.惠勒从理论上阐述了核裂变反应过程,并指出能引起这一反应的最好元素是同位素^{235}U。英国曾制订计划进行这一领域的研究,但由于战争影响,人力物力短缺,后来也只能采取与美国合作的办法,派出以物理学家J.查德威克为首的科学家小组,赴美国参加由理论物理学家J.R.奥本海默领导的原子弹研制工作。

在美国,从欧洲迁来的匈牙利物理学家齐拉德·莱奥首先考虑到,一旦德国掌握原子弹技术可能带来严重后果。经他和另几位从欧洲移居美国的科学家奔走推动,于1939年8月由物理学家A.爱因斯坦写信给美国第32届总统F.D.罗斯福,建议研制原子弹,才引起美国政府的注意。但开始只拨给经费 6 000 美元,直到 1941 年 12 月日本袭击珍珠港后,才扩大规模,到 1942 年 8 月发展成代号为"曼哈顿计划"的庞大工程,直接动用的人力约 60 万人,投资 20 多亿美元。1945 年 7 月 16 日,美国研制的人类第一颗原子弹试验爆炸成功。到第二次世界大战即将结束时制成 3 颗原子弹,使美国成为第一个拥有原子弹的国家。

1942 年以前,德国在核技术领域的水平与美、英大致相当,但由于战争中空袭和电力、物资缺乏等原因,进展很缓慢。其次,A. 希特勒迫害科学家,以及有的科学家持不合作态度,是这方面工作进展不快的另一原因。更主要的是,德国法西斯头目过分自信,认为战争可以很快结束,不需要花力气去研制尚无必成把握的原子弹,先是不予支持,后来再抓已困难重重,研制工作最终失败。

苏联在 1941 年 6 月遭受德军入侵前,也进行过研制原子弹的工作。铀原子核的自发裂变,是在这一时期内由苏联物理学家 Г. Н. 弗廖罗夫和 К. А. 佩特扎克发现的。卫国战争爆发后,研制工作被迫中断,直到 1943 年初才在物理学家伊戈尔·瓦西里耶维奇·库尔恰托夫的组织领导下逐渐恢复,并在战后加速进行。1949 年 8 月 29 日,苏联进行了原子弹试验,成为第二个拥有核武器的国家。

1950 年 1 月,美国总统 H. S. 杜鲁门下令加速研制氢弹。1952 年 11 月,美国进行了以液态氚为热核燃料的氢弹原理试验,但该实验装置非常笨重,不能用作武器。1953 年 8 月,苏联进行了以固态氚化锂 6 为热核燃料的氢弹试验,使氢弹的实用成为可能。美国于 1954 年 2 月进行了类似的氢弹试验。英国、法国分别于 1952 年和 1960 年爆炸了自己研制的原子弹。

中国 1959 年开始研制原子弹。1964 年 10 月 16 日,首次原子弹试验成功。经过两年多,1966 年 12 月 28 日,小当量的氢弹原理试验成功;半年之后,于 1967 年 6 月 17 日成功地进行了百万吨级的氢弹空投试验。

纵观核科学的发展,核武器可以划分为以下几代:

第一代:原子弹,以重核铀或钚裂变的核弹。原子弹的原理是核裂变链式反应。由中子轰击铀-235 或钚-239,使其原子核裂开产生能量,包括冲击波、瞬间核辐射、电磁脉冲干扰、核污染、光辐射等杀伤作用。

第二代:氢弹(一般指二相弹),氢弹是核裂变加核聚变,由原子弹引爆氢弹,原子弹放出来的高能中子与氚化锂反应生成氚,氚和氚聚合产生能量。氢弹爆炸实际上是两次核反应(重核裂变和轻核聚变),两颗核弹爆炸(原子弹和氢弹),所以说氢弹的威力比原子弹要更加强大。如装载同样多的核燃料,氢弹的威力是原子弹的 4 倍以上。当然,不能用大当量的原子弹与小当量的氢弹来比较。一般原子弹当量相当于几千到几万吨 TNT,二相弹可能达到几千万吨 TNT 当量。

氢铀弹(三相弹)是核裂变——核聚变——核裂变——它是在氢弹的外层又加一层可裂变的铀-238,破坏力和杀伤力更大,污染也更加严重。也属于第二代核武器。

第三代:中子弹(增强辐射弹),以氚和氚聚变原理制作,以高能中子为主要杀伤力的核弹。中子弹是一种特殊类型的小型氢弹,是核裂变加核聚变,它的特点是:中子能量高、数量多、当量小。如果当量大,就类似氢弹了,冲击波和辐射也会剧增,就失去了"只杀伤人员而不摧毁装备、建筑,不造成大面积污染的目的",也失去了小巧玲珑的特点。中子弹最适合杀灭坦克、碉堡、地下指挥部里的有生力量。

第四代:即核定向能武器,正在研制中,因为这些核弹不产生剩余核辐射,因此可作为"常规武器"使用,主要种类有反物质弹、粒子束武器、激光引爆核炸弹、干净的聚变弹、同质异能素武器等。第四代的另一特点是突出某一种效果,如突出电磁效应的电磁脉冲弹,使通信信号混乱。它可以使高能激光束、粒子束、电磁脉冲等离子体定向发射,有选择地攻击目标,单项能量更集中,有可控制的特殊杀伤破坏作用。

目前得到国际社会认可的有核国家是美国、俄罗斯、英国、法国和中国,5国的核地位是在特定历史条件下形成的。另外,一些没有核武器的国家千方百计谋求核武器,像印度、巴基斯坦、朝鲜等。

5.4.2 发展趋势

1.减小质量和体积,提高比威力。

目前,由于核武器投射工具准确性的提高,核武器的发展,首先是核战斗部的质量、尺寸大幅度减小,但仍保持一定的威力,也就是比威力(威力与质量的比值)有了显著提高。例如,美国在长崎投下的原子弹,质量约4.5 t,威力约2×10^4 t;20世纪70年代后期,装备部队的"三叉戟"Ⅰ潜地导弹,总质量约1.32 t,共8个分导式子弹头,每个子弹头威力为10×10^4 t,其比威力同长崎投下的原子弹相比,提高135倍左右。威力更大的热核武器,比威力提高的幅度还要更大些。但一般认为,这一方面的发展或许已接近客观实际所容许的极限。自20世纪70年代以来,核武器系统的发展更着重于提高武器的生存能力和命中精度,如美国的"和平卫士/MX加强辐射弹"洲际导弹、"侏儒"小型洲际导弹、"三叉戟"Ⅱ潜地导弹,苏联的SS-24、SS-25洲际导弹,都在这些方面有较大的改进和提高。

2.提高核战斗部安全可靠性,适应各种使用与作战环境的能力

核战斗部及其引爆控制安全保险系统的可靠性,以及适应各种使用与作战环境的能力,已有所改进和提高。美、俄两国还研制了适于战场使用的各种核武器,如可变当量的核战斗部,多种运载工具通用的核战斗部,甚至设想研制当量只有几吨的微型核武器。特别是在核战争环境中如何提高核武器的抗核加固能力,以防止敌方的破坏,更受到普遍重视。此外,由于核武器的大量生产和部署,其安全性也引起了有关各国的关注。

3.根据需要设计特殊性能的战斗部

核武器的另一发展动向,是通过设计调整其性能,按照不同的需要,增强或削弱其中的某些杀伤破坏因素。例如,"增强辐射武器"与"减少剩余放射性武器"都属于这一类。前一种将高能中子辐射所占份额尽可能增大,使之成为主要杀伤破坏因素,通常称之为中子弹;后一种将剩余放射性减到最小,突出冲击波、光辐射的作用,但这类武器仍属于热核武器范畴。

总之,未来核武器将会朝着减少数量,废旧留新;另辟蹊径,变废为宝;提高质量,推陈出新;从长计议,挑战军控;以退为进,攻防兼备的方向发展。

习 题

1.核战斗部可以分成几类,各有什么特点?

2.简述核武器的杀伤破坏方式。

3.表征核武器的指标有哪些?

4.简述原子核裂变基本原理和特性。

5. 简述维持链式反应的必要条件。

6. 什么是核系统的临界质量,影响临界质量的因素有几种?

7. 什么核聚变反应,形成聚变反应的条件是什么?

8. 到目前为止,能大量得到并可以用作原子弹装药的裂变物质有哪些?

9. 按照核材料达到超临界方式的不同,原子弹头结构可分为几种?

10. 简述枪式结构的组成与原理。

11. 简述内爆式结构的组成与原理。

12. 简述湿式氢弹结构的组成与原理

13. 简述干式氢弹结构的组成与原理。

14. 简述三相弹与两相弹的区别。

15. 什么是中子弹,其特点有哪些?

16. 简述中子弹结构的组成与原理。

17. 简述未来核武器的发展趋势。

第6章　特种战斗部与新概念武器

特种战斗部是通过产生的特种效应来完成特殊战斗任务的,新概念武器是基于新原理、新概念且正在研究的新型武器,它们在本质上不同于以往的常规武器。本章重点介绍特种战斗部和新概念武器的基本概念、作用原理和发展情况。

6.1　特种战斗部

特种战斗部在装药、结构和毁伤机理上有别于常规战斗部和核战斗部,在特定的战场环境下,靠其所产生的特种效应来完成特殊战斗任务,可以满足不同的作战需要。特种战斗部有很多种,本节主要介绍化学毒剂战斗部、生物战剂战斗部、燃烧剂战斗部、发烟战斗部、侦察用战斗部。

6.1.1　化学毒剂战斗部

化学毒剂战斗部是化学武器的核心,是以毒剂杀伤人畜、毁坏植物的。化学毒剂战斗部的基础是化学毒剂,战争中利用常规武器将毒剂分散成蒸汽、液滴、气溶胶或粉末状态,使空气、地面、水源和物体染毒,以杀伤和迟滞敌军行动。化学武器的运载施放装置主要包括炮弹、炸弹、火箭弹、导弹等的弹头(战斗部)。

1. 分类

通常,按化学毒剂的毒害作用把化学毒剂战斗部分为六类:神经性毒剂、糜烂性毒剂、失能性毒剂、刺激性毒剂、全身中毒性毒剂、窒息性毒剂战斗部。各种毒剂的主要性能和特点参见第2章有关内容。按化学毒剂释放使用方法可分为爆炸型、燃烧型、喷洒型和粉状型四种。

2. 特点

化学毒剂战斗部主要以毒剂的毒害作用杀伤有生力量,与常规武器比较,有以下几大特点。

(1)毒害作用大。小米粒大的VX毒剂沾上人的皮肤,便可使人致死;沙林毒剂被人吸入一口,就可能毙命;作战中使用5吨神经性毒剂沙林,与1枚当量为$2\,000\times10^4$ t的热核武器效果相当。

(2)中毒途径多。化学武器有爆炸型、燃烧型、喷洒型和粉状型四种使用方法,可使毒剂形成蒸汽状、雾状、烟状、粉状和液滴状等多种战斗状态,能通过不同的途径,杀伤人畜。蒸汽、雾和弥漫在空气中的粉状毒剂可经由呼吸道吸入中毒,有的可对鼻、眼、咽喉黏膜、皮肤产生强烈的刺激作用或毒害作用,有的染毒空气可通过皮肤吸收引起中毒。液滴状毒剂可通过皮肤接触中毒,也可经饮食被污染的水和食物间接造成伤害。多数爆炸型化学弹药还有一定的碎片杀伤作用。

(3)杀伤范围广。化学炮弹的杀伤面积一般比普通炮弹大几倍到几十倍,发射总剂量5吨的沙林炮弹,杀伤范围可达 260 km²。化学毒剂云团可随风传播扩散,能渗入不密闭、无滤毒设备的工事、建筑物和战斗车辆内部,沉积、滞留于堑壕和低洼处,伤害其中的有生力量。

(4)作用持续时间长。化学毒剂按作用时间可分为暂时性毒剂和持久性毒剂。有的毒剂杀伤作用可延续几分钟、几小时,有的毒剂杀伤作用可持续几天、几十天。目前已知的化学毒剂有 20 多种,可根据不同的需要选择使用,以达到不同的战略、战役企图和战术效果。例如,进攻时使用非持久性速杀毒剂,可造成敌军在数秒至数十秒内死亡、瘫痪,暂时或永久丧失战斗力;防御时可使用持久性毒剂,来迟滞敌方的行动。

(5)杀生不毁物。一般来说,化学武器只杀伤人员和生物,不破坏武器装备和军事设施。遭受化学袭击后,多数装备经洗净消毒后仍可使用,受污染的军事设施采取消毒措施后可再度启用。

(6)生产较易、成本较低。与核武器相比,研制、生产所需之技术水平、设备及经费均大为降低,更易于大规模生产、装备。据统计,当量为 400 万吨级的氢弹,按弹重计,每吨生产费约为 100 万美元,而沙林毒剂弹每吨仅需 1 万美元。另一方面,其作战耗费比较低,按每平方千米面积上造成大量杀伤的成本费计算,常规武器为 2000 美元,核武器为 800 美元,神经性毒剂化学武器仅为 600 美元。

(7)受地形、气象条件影响较大。大风、大雨、大雪和近地层空气的对流,都会严重削弱毒剂的杀伤效果,风向逆流还可能造成毒剂云团对己方人员的伤害。

6.1.2 生物战剂战斗部

生物战剂战斗部是生物武器的核心,是以生物战剂杀伤有生力量和破坏植物生长的。生物战剂是军事行动中用于杀伤有生力量、毁坏植物的各种致命微生毒素和其他生物活性物质的统称。

1.分类

(1)根据生物战剂对人的危害程度,可分为致死性战剂和失能性战剂武器。致死性战剂的病死率在 10%以上,甚至达到 50%～90%。主要有炭疽杆菌、霍乱弧菌、野兔热杆菌、伤寒杆菌、天花病毒、黄热病毒、东方马脑炎病毒、西方马脑炎病毒、斑疹伤寒立克次体、肉毒杆菌毒素等;失能性战剂的病死率在 10%以下,如布鲁氏杆菌、Q 热立克次体、委内瑞拉马脑炎病毒等。

(2)根据生物战剂的形态和病理,可分为细菌类生物战剂,主要有炭疽杆菌、鼠疫杆菌、霍乱弧菌、野兔热杆菌、布氏杆菌等;病毒类生物战剂,主要有黄热病毒、委内瑞拉马脑炎病毒、天花病毒等;立克次体类生物战剂,主要有流行性斑疹伤寒立克次体、Q 热立克次体等;衣原体类生物战剂,主要有鸟疫衣原体;毒素类生物战剂,主要有肉毒杆菌毒素、葡萄球菌肠毒素等;真菌类生物战剂,主要有粗球孢子菌、荚膜组织胞浆菌等。

(3)根据生物战剂有无传染性,可分为传染性生物战剂,如天花病毒、流感病毒、鼠疫杆菌和霍乱弧菌等;非传染性生物战剂,如土拉杆菌、肉毒杆菌毒素等。

2.特点

(1)致病性强,传染性大。生物战剂多数为烈性传染性致病微生物,少量即可使人患病。传染性大,在缺乏防护、人员密集、平时卫生条件差的地区,极易传播、蔓延,引起传染病流行。

(2)污染面积大,危害时间长。直接喷洒的生物气溶胶,可随风飘到较远的地区,杀伤范围可达数百至数千平方千米。在适当条件下,有些生物战剂存活时间长,不易被侦察发现。例如炭疽芽孢具有很强的生命力,可数十年不死,即使是已经多年的朽尸,也可成为传染源。其芽孢可以在土壤中存活40年之久,极难根除。

(3)传染途径多。生物战剂可通过多种途径使人感染发病,如经口食入,经呼吸道吸入,昆虫叮咬,污染伤口,皮肤接触,黏膜感染等。

(4)成本低。有人将生物武器形容为廉价的原子弹。据有关资料显示,以1969年联合国化学生物战专家组统计的数据,当时每平方千米导致50%死亡率的成本,传统武器为2 000美元,核武器为800美元,化学武器为600美元,而生物武器仅为1美元。

(5)使用方法简单,难以防治。化学毒剂可通过气溶胶、牲畜、植物、信件等多种形式释放传播,只要把100 kg的炭疽芽孢经飞机、导弹、鼠携带等方式释放散播在一个大城市,就会危及300万市民的生命。气溶胶无色、无味,多在黄昏、夜间、清晨、多雾时秘密施放。所投带菌的昆虫、动物也易与当地原有种类相混,不易发现。

(6)生物武器的局限性。易受气象、地形等多种因素的影响,烈日、雨雪、大风均能影响生物武器作用的发挥。生物武器使用时难以控制,使用不当可危及使用者本身。生物战剂进入人体到发病均有一段潜伏期,短则几小时,长则一周以上,在此期间采取措施,可减轻其危害。

3.使用方式

装有生物战剂战斗部的生物武器的使用方式依打击目标、生物制剂和载体的不同而异。可以利用飞机、舰艇携带喷雾装置,在空中、海上施放生物战剂气溶胶,或将生物战剂装入炮弹、炸弹、导弹内施放。

未来更多的可能是用飞机、军舰、炮弹播撒微生物气溶胶的方式进行生物战。所谓气溶胶,就是把生物战剂做成干粉或液体,喷洒在空气中,形成有害的气雾云团。气溶胶中的颗粒很小,为0.5~5 μm,肉眼甚难察觉,渗透力强,杀伤范围广,人经呼吸道吸入,使人致死量较其他感染途径剂量小,通常一些由食物或昆虫传播的致病体也可以通过气溶胶由呼吸道感染。

6.1.3 燃烧战斗部

1.用途、要求及纵火剂种类

燃烧战斗部一般也称燃烧弹,燃烧弹主要用于对易燃的建筑(房屋、仓库)、装备(各种车辆)和阵地(干草、丛林)进行纵火,以破坏其设施、杀伤其人员。

燃烧弹的纵火作用是通过弹体内的纵火体(火种)抛落在目标上引起燃烧来实现的,因此要求纵火体:①有足够的温度,一般不应低于800℃~1 000℃;②燃烧时间长;③火焰大;④容易点燃,不易熄灭;⑤火种有一定的黏附力和灼热熔渣。

目前世界各国在燃烧弹里所用燃烧剂基本上有3种:①金属燃烧剂,能做纵火剂的有镁、铝、钛、锆、铀和稀土合金等易燃金属。多用于贯穿装甲后,在其内部起纵火作用。②油基纵火剂,主要是凝固汽油类。其主要成分是汽油、凝胶剂。此类纵火剂温度最低,只有790℃,但它火焰大(长1 m以上),燃烧时间长,因此纵火效果好。③烟火纵火剂,主要是铝热剂,其特点是温度高(2 400℃以上),有灼热熔渣,但火焰区小(不足0.3 m)。以上纵火剂也可以混合使用。

2.燃烧弹的构造

现以122 mm加农炮燃烧弹为例说明燃烧弹的构造。122 mm加农炮用燃烧弹的构造如图6-1-1所示。它由引信、弹体、弹底、纵火体、中心管和抛射系统等组成。

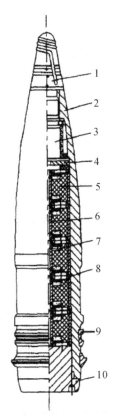

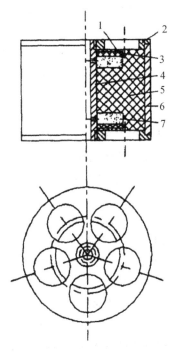

图 6-1-1　122 mm 加农炮用燃烧弹

1—引信；　2—弹体；　3—抛射药；　4—推板；

5—纵火体；　6—中心管；　7—点燃药饼；

8—压板；　9—弹带；　10—弹底

图 6-1-2　纵火体

1—药饼挡板；　2—压板；　3—药饼毡垫；

4—中心管；　5—燃烧药剂；　6—壳体；

7—点燃药饼

(1)引信，配用的是钟表时间点火引信。

(2)弹体，弹体材料为 60 号优质钢。弹头部比较尖锐，具有远射形特点，其最大射程在 22 000 m 左右，具有两条弹带。其内腔较长，可提高装填容积。为了将纵火体抛射出来，内腔也做成圆筒形。由于 122 mm 加农炮膛压高，弹体壁相应厚一些。弹带尽量靠近弹底，可以增加弹带部位弹体的强度。

(3)弹底，用 60 号优质钢做成。弹底较厚，主要为了支撑弹体的弹带部位，保证弹体的强度。弹底和弹体仅用 2~3 扣左旋螺纹连接，便于将螺纹剪断，使纵火体抛出。为了防止火药气体从弹底接合处窜入弹体内，引起燃烧药剂的早燃，在弹底和弹体的接合处用 0.4 mm 厚的铅质密封圈加以密封。

(4)纵火体，122 mm 加农炮燃烧弹共有 5 个纵火体，每个纵火体的结构如图 6-1-2 所示。在钢质的壳体内压装有燃烧药剂，为了点燃这部分纵火剂，在其上下两端压有两块点燃药饼。

(5)点燃药饼，分为基本药和引燃药两部分，靠近中心管小孔的为引燃药，其外部为基本药。

(6)中心管，为了在纵火体被抛出以前，每个纵火体都被点燃，在纵火体的中心有一钢质中心管,5 个中心管对准后,形成一条直径为 5.5 mm 的传火管。中心管的两端侧面上,紧靠点燃药饼处,各有 3 个均布的直径为 3 mm 的小孔,这样以保证药饼可靠点燃。中心管两端用螺纹连接上下压板,在碰击目标时,使压板不掉,以免纵火药剂破碎。

(7)抛射系统,122 mm 加农炮燃烧弹的抛射系统由高压聚乙烯药盒(内装 80 g 2 号黑药的抛射药包)和推板所组成。燃烧弹作用时,引信火焰点燃抛射药,抛射药的火焰一方面通过推板中间小孔和中心管内孔,把每个纵火体的点燃药饼点燃,另一方面抛射药产生一定压力,通过推板和 5 个纵火体壳体,将弹底螺纹剪断,从而将已点燃的纵火体抛出,落到目标区,起到纵火作用。

3.作用原理与使用要求

燃烧弹的纵火作用是利用其燃烧的火种分散在被燃目标上,将目标引燃并通过燃烧的扩展和蔓延来最终烧毁整个目标。其作用是由纵火剂的性能和被燃目标的性质状态这两方面决定的。被燃目标的性质、状态包括目标的可燃性(油料种类,草木的温、湿度等)、几何形状(结构、堆放等情况)和目标数量。

燃烧过程一般分为点燃、传火、燃烧和大火蔓延 4 个阶段。点燃过程以常见目标木材来看,也要经过烘干、变黄、挥发成分分解,碳化(230～300℃)并最终开始燃烧(大于 300℃)。由此可见,燃烧除了需要有一定的温度以外,还需要有一定的加热过程。而火势的传播与蔓延就要求已点燃的部分在存在一定热散失的条件下仍能继续对其周围的被燃目标完成上述点燃过程。燃烧弹中所装火种有限,要利用它来达到纵火的目的,在使用中就必须注意以下几点:

(1)合理地选择纵火目标。一般应选择在一定范围内集中堆放的油类、干柴草、帐篷、军需、粮食、弹药箱及车辆等易燃目标。对于轻型土木工事、土木结构建筑物、仓库、营房以及停放的飞机等,一般应利用前面各种点燃目标的大火将其烧毁。

(2)燃烧弹使用要相对集中,以保证在一定范围内有足够的火种密度,这样可以减少热散失,有利于形成大火。

(3)应考虑与温度、湿度等有关的地区、季节、风速以及风向等气候条件。

6.1.4 发烟战斗部

1.用途和要求

发烟战斗部一般也称发烟弹(或称烟幕弹),是特种弹中应用较多的一种,主要配用于中口径以上的火炮和迫击炮上。其用途是在敌阵地上施放烟幕,用以迷盲敌人的观察所、指挥所、炮兵阵地和火力点等,以影响其战斗力。发烟弹也可用于试射、指示目标、发信号以及确定目标区的风速、风向等。黄磷发烟弹也有一定的纵火作用。

发烟弹在爆炸后,能迅速形成大量的固体和液体微粒,悬浮在空气中,形成一团烟云(一般是白色)。它能使从目标反射出来的光线在通过雾团时发生反射,致使景物模糊,以致无法辨认,起到遮蔽作用。

可以作为发烟剂的物质比较多,有黄磷、四氯化锡、三氧化硫、氯磺酸等。黄磷是实际应用中最广泛的,这是因为黄磷成烟速度快,烟云浓密,遮蔽能力强,原料比较丰富,并有燃烧能力。

2.结构特点

发烟弹一般由弹体、发烟剂(黄磷)、扩爆管、炸药柱和引信等组成,如图 6-1-3 所示。

(1)弹体。其外形基本上和榴弹一致,以保证发烟弹和榴弹的外弹道性能相近。弹体口部螺纹是和扩爆管相配合的。发烟弹的密封很重要,因此其螺纹加工精度要求高一些,中心线的偏差要求严,弹体口部要车一凹槽,以便容纳密封铅圈。

(2)发烟剂。一般都采用黄磷作为发烟剂。黄磷是一种蜡状固体,密度为 $1\,730\ kg/m^3$,其熔点为 $44℃$。黄磷在空气中会慢慢地氧化,以致自燃,因此平时必须保存在水中。将黄磷装入弹体,一般是用液态注装,即将黄磷熔化,再装入弹体,装填时不能与空气接触。

炸药爆炸时黄磷被粉碎成许多细小微粒,分散在空气中。这些微粒很快在空气中发生自燃,生成磷酸酐,其中一部分磷酸酐在空气中迅速聚成白色的烟雾,另一部分则与空气中的水分反应生成偏磷酸、焦磷酸或正磷酸,它们同样也迅速形成白色烟云。

(3)扩爆管。扩爆管内装有炸药,用以将弹体炸开。扩爆管一般用钢材车制而成,其长度视装填药量和弹体炸开情况而定,一般为药室全长的 $1/2\sim1/3$,最长不超过弹带部分。扩爆管内炸药是两节梯恩梯药柱和一节特屈儿药柱。特屈儿药柱放在上面,以确保可靠地传爆。扩爆管和弹体装配时,在弹体口部放入铅质密封垫圈,拧紧后要做高温密封性检验,以保证密封可靠。

(4)引信。一般采用瞬发作用的弹头着发引信。

3. 描述发烟弹作用效果的指标

发烟弹的作用效果,主要根据烟幕正面宽度、烟幕高度和迷盲时间这 3 个特征数来衡量。

烟幕正面宽度是指弹丸爆炸后所形成的烟幕,当其能遮蔽住背后目标时的宽度。烟幕在其形成至消散过程中,宽度是不断变化的,所以其正面宽度应取过程中的平均值。

烟幕高度是指在烟幕扩散过程中,能起到遮蔽作用的烟幕高度的平均值。

迷盲时间是指从烟幕遮住背景到烟幕中出现背景的时间间隔。

因为发烟弹的作用受地形、气象条件等因素的影响比较大,因此要求烟幕正面宽度、烟幕高度和迷盲时间尽量大。

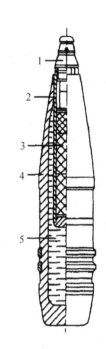

图 6-1-3　85 mm 加农炮发烟弹
1—引信;　2—扩爆管;　3—炸药;
4—弹体;　5—发烟剂(黄磷)

6.1.5　侦察用战斗部

侦察用战斗部一般指空中视频侦察用弹,用于野战侦察。它将一个电视摄像机和发射系统装在弹体内,其他结构类似于照明弹。在目标上空将吊伞和摄像系统抛出。摄像机拍摄的图像通过发射机送回。指挥所通过接收机可将拍摄的图像直接显示在荧光屏上。其主要用途有:①将对方战术纵深的活动情况进行及时的侦察,不需要前沿侦察部队和设备,就可得到目标的准确信息,适时确定目标位置。②直接观察我方火炮射击的效果,对作战效果进行评估。③提高目标位置的测量精度,可以改进火炮射击的精度和有效性,减少用弹量。

1. 视频侦察弹系统的基本组成

视频侦察弹系统由视频成像弹(Video Imaging Projectice,VIP)、全球定位系统(Global

Positioning System,GPS)引信、视频成像地面接收站 3 大部分组成。

视频侦察弹是一个旋转稳定的、发射后不用管的弹丸。它由弹体以及机械的、光学的、电子等部件组成,将收集到的图像发送回地面接收站。通过安装在弹体侧面窗口的光学系统拍摄图像。弹丸的向前和旋转运动扫描弹丸飞行过的地面图像,扫描区域轨迹是弹丸的高度、落角、终点速度和敏感能力的函数。通过无线电频率链将图像信息发送到地面接收站。

VIP 地面接收站接收从弹丸上发回的模拟无线电信号并数字化,提取原始的图像数据,消除所有面向空中的画面,校正由于弹丸运动引起的周期性畸变,并进行存储和显示。然后,由专用系统处理这些数据。

安装 GPS 脉冲收发装置的引信接收卫星信号,以确定飞行中的弹丸位置,并发送到地面接收站,提供一个弹丸飞行的精确轨迹。GPS 位置信息与 VIP 动力学相结合就可提供弹丸位置和窗口观察角的准确描述。然后,这些信息可用于确定目标位置和其他感兴趣物体的位置,并在屏幕上显示。为了完成这些任务,GPS 引信包括脉冲收发装置、天线、将 GPS 信号转换成另一频率的转换器和弹上电源。

2. 目标辨认/战场毁伤评估(TV/BDA)(Target Video,TV)(Battle Damage Assessment,BDA)系统

该系统装有无线电控制的降落伞、视频摄像机、视频信号发送器、弹上电源和控制系统。为了精确确定目标位置坐标,需要一个 GPS 收发装置。TV/BDA 从弹体抛撒出去后,接通电源并开始工作,展开降落伞,漂浮的摄像机开始搜索目标区域,并将彩色视频图像发送到地面接收站。降落伞可以按预先计划的路径飞行,或由地面站进行遥控。摄像机装有变焦距镜头,操作人员可以从高空辨认目标,并确定目标位置,根据这个信息火炮可以继续射击,还可以得到弹丸飞抵目标和攻击目标的适时视频图像。

TV/BDA 系统能够在空中飘浮数秒,当漂浮到低空时可对目标的毁伤情况进行评估。TV/BDA 系统不仅可将视频信号传给火炮的火控系统,也可传给司令部的战术分析中心。总之,当弹丸飞行到需要侦察的战场上空时,由引信控制时机,将 TV/BDA 系统从弹体中弹出,打开降落伞,电视摄像机对地面进行扫描,获得战场适时图像,输送到地面站,在地面站经过处理,在显示屏幕上可直接观察战场情况。

6.2　新概念武器

6.2.1　新概念武器定义与分类

1. 定义

对于新概念武器,目前学术界有三种解释:①新概念武器是指在高技术发展不断取得重大成就的基础上,其研制原理和武器概念具有全新意义的高技术武器装备;②新概念武器是指以新原理、新概念为基础,正处于研制中的新一代武器;③新概念武器是指工作原理与杀伤机制不同于传统武器的一类新型武器。这样一来,新概念武器的定义从不同的角度有不同的说法。从广义上讲,凡具有新原理、新能源、新功能、新领域和新杀伤手段者,均可纳入新概念武器范围。新概念武器之所以具有新的地位,根本点在于其作用于被打击目标的能量或者发射弹丸的能量与常规武器及核武器、生化武器相比,是依靠另一种新的物理概念。对新概念武器的另

一种定义是,新概念武器是个动态的、相对的概念,通常是指正在研制和探索中的,与传统武器在原理、杀伤破坏机制以及作战方式上显著不同,可以大幅度提高作战效能的高技术武器群体。

根据以上解释和国内外有关资料分析,新概念武器可概括定义为,新概念武器是指工作原理与杀伤机制不同于传统武器,具有独特作战效能,正处于研制中或尚未大规模用于战场的一类新型武器。根据这一描述,新概念武器可简要地归纳为以下四层含义:

(1)具有与传统武器不同工作原理的武器。枪、炮等传统武器,其基本工作原理通常是利用点燃发射药(推进剂)将弹丸发射出去,弹丸在空中经过一定时间的飞行,当击中目标时,弹丸起爆,通过释放大量的化学能(核能)摧毁目标,或通过弹丸自身的运动能量击毁目标。由于新概念武器的种类较多,每一种武器都有自身独特的工作方法,要想归纳出统一的工作原理是比较困难的。虽然新概念武器的工作原理千差万别,但有一点是共同的,即它们都有与传统武器不同的工作原理。例如激光、粒子束、高功率微波等束能武器,都能把目标摧毁或破坏目标的电子与光学设备。与传统武器相比,它们发射的是光、粒子流和电磁射束而不是弹丸,射速以光的速度直线传播,其飞行时间几乎为"零",不会出现弯曲的弹道,指哪打哪,命中精度极高,用不着计算弹道,也无须在打击运动目标时计算提前量等。

(2)具有全新概念杀伤破坏机制的武器。传统武器的杀伤破坏机制主要有两种:一种是通过化学能、核能的瞬间释放,形成强大的冲击波、光辐射来摧毁和烧毁目标;另一种是弹丸在化学能、核能的作用下快速射向目标,通过聚集在弹丸上的能量击毁(穿透)目标。尽管传统武器的种类繁多,型号各异,但其杀伤破坏机制基本上没有超出以上两种形式。新概念武器采用了不同于传统武器的概念、全新的杀伤破坏机制,而且形式多样,每一种武器都有着不同于其他武器的杀伤破坏机制。例如,动能武器的杀伤破坏机制是利用超高速(5 倍于声速以上)运动的弹丸直接撞毁目标,弹丸主要是通过撞击而不是弹药爆炸去摧毁目标;激光武器是向目标辐射高强度的激光能量,使目标表面汽化、膨胀、穿孔、熔化直至被摧毁。

(3)具有独特作战效能的武器。每一种新概念武器都具有各自的工作原理和杀伤破坏机制,因此,每一种新概念武器都有其独特的、其他武器所无法替代的作战效能。例如,激光、粒子束、微波等束能武器,不需使用弹药,作战时不产生后坐力和放射性沾染,只要能量充足,一件武器能同时对付多个目标,并能灵活变换射向,快速对多方向上的目标实施攻击,既可实施硬杀伤,又可实施软打击;失能武器能使敌方人员致盲或造成精神障碍,使电子设备失灵、武器失能;气象武器可以施展"呼风唤雨"的本领,陷敌于被动的战场环境之中;基因武器能迅速使敌人染毒致病,大面积丧失战斗能力,达到"不战而屈人之兵"的效果;计算机病毒武器能够造成敌人大范围的信息污染,使其计算机系统运作困难,信道阻塞,指挥紊乱,战场行动难以维系。

由于新概念武器的效能指标是根据打击对象的具体特性和可能对科学技术手段的利用程度而综合确定的。因此,打击对象的多样性,科学技术手段的先进性导致了新概念武器作战效能的独特性,使每一种新概念武器都能在各自的作战领域中充分发挥其独有的作战效能,在所对应的打击目标上有针对性地释放足够的毁伤能量。

(4)具有一定历史阶段性的武器。武器从规模和概念上分,可分为常规武器、大规模杀伤武器和新概念武器。常规武器一词是 20 世纪 50 年代随着军队开始装备核武器以后,为了区别核、生、化等大规模杀伤武器而出现的,并把大规模杀伤武器以外的所有武器都统称为常规武器。从定义中可以看出,新概念武器是正处于研制之中,尚未大规模装备部队或使用于战场的一类武器,它是相对于常规武器和已经装备部队的大规模杀伤武器而言的。因此,新概念武器只是一个历史的范畴,具有一定的历史阶段性或时限性。随着科学技术和武器技术的不断发展,前一时代的新概念武器必然变为下一时代的常规武器,今天的新概念武器也必然成为明天的常规武器。

2.分类

未来有可能出现的新概念武器和技术种类很多。

按作战方式可分为新概念进攻武器、新概念防御武器和新概念攻防武器。

按杀伤效果可分为新概念硬杀伤武器和新概念软杀伤武器。

根据武器的杀伤原理、杀伤规模和杀伤手段,可分为新概念能量武器、新概念信息武器、新概念生化武器、新概念环境武器,如表6-2-1所示。

表6-2-1　新概念武器的划分

类别		主要武器名称
新概念能量武器	新概念动能武器	高速化学能发射器、电磁轨道炮和电磁感应炮、电热炮和电热-化学炮、电热化学枪、轨道枪等
	新概念向能武器	激光武器、高功率微波武器或电磁脉冲武器和粒子束武器
	新概念原子能武器	中子弹和反物质武器
	新概念声波武器	次声波武器、次声武器、强声武器、超声武器、噪声武器
新概念信息武器	智能武器	军用机器人、无人平台
	计算机网络攻防武器	计算机病毒武器、芯片细菌武器和"黑客"
	微型武器	微米/纳米武器、微型坦克、微型攻击无人机、纳米间谍卫星
新概念生化武器	基因武器	染色体武器
	新概念化学武器	超级腐蚀剂,超级润滑剂、聚合剂、镇静剂
新概念环境武器	气象武器	人工降水、人造干旱、人工造雾、人工影响台风、人造臭氧层"空洞"
	地震武器	人造地震武器

新概念能量武器包括动能武器(例如电磁炮、动能拦截弹)、定向能武器(例如激光武器、高功率微波武器、粒子束武器、电磁脉冲武器)、原子武器(例如反物质武器)等,其中动能武器是依靠自身足够的动能对要攻击的目标造成毁灭性破坏的武器;定向能武器发出能束,可对目标的结构或材料以及电子设备等特殊分系统、系统进行硬破坏,也可以通过调节功率的大小,对目标进行软破坏。

新概念信息武器包括军用无人作战平台、计算机病毒武器和微型武器(纳米武器),其中微型无人作战平台在军事领域越来越显示出巨大的应用价值。目前,世界上研究的微型无人作战平台主要有两大类:微型飞行器和微型机器人。在网络战武器研究方面,研究的内容主要包括:病毒的运行机理和破坏机理;病毒渗入系统和网络的方法;无线电发送病毒的方法;等等。为了成功地实施信息攻击,外军还在研究网络分析器、软件驱动嗅探器和硬件磁感应嗅探器等网络嗅探武器,以及信息篡改、窃取和欺骗等信息攻击技术。

新概念生化武器包括基因武器和新概念化学武器（例如化学雨武器、非致命化学战剂、制冷剂）。目前国外发展的用于反装备的非致命化学战剂主要有超级润滑剂、材料脆化剂、超级腐蚀剂、超级黏胶以及动力系统熄火弹等；反人员非致命性化学战剂主要有化学失能剂、刺激剂、黏性泡沫等。美军还研制了一种称为"太妃糖枪"的化学黏稠剂，通过发射装置喷射到敌人或攻击对象的身体上之后，在与空气接触的条件下迅速凝固，形成十分黏稠的胶状物质，将人牢牢地粘住，使其失去行动能力。

新概念环境武器包括地震武器、气象武器等。人造灾害的地球物理武器如在一系列断层地带采用核爆炸方式诱发地震、山崩、海啸等灾难，以破坏敌方的主要军事基地或战略设施；向敌方某一地区播撒化学品阻止地球表面热量散发，使该地区变成酷暑难耐的沙漠；把大量的溴化氯释放到敌方上空，形成臭氧层"空洞"，无遮盖生物若遭受从"洞穴"直射来的阳光，只需几分钟就会被烤焦。另外，改变天候的气象武器如人工造雾、人工降雨、人工引导台风和人工诱发闪电等，可以通过各种方式限制和阻碍对方行动，以达到自己的战略目的。

3. 特点

新概念武器是相对于传统武器而言的高新技术武器群体，目前正处于研制或探索性发展之中。其主要特点概括起来有以下四个方面：

（1）创新性。与传统武器相比，新概念武器在设计思想、工作原理和杀伤机制上具有显著的突破和创新。它是创新思维和高新技术相结合的产物。

（2）高效性。新概念武器有独特的作战效能，能有效抑制敌方传统武器效能的发挥，达到出奇制胜的效果。一旦技术上取得突破，可在未来的高技术战争中发挥巨大的作战效能，满足新的作战需要，并在体系攻防对抗中有效地抑制敌方传统武器作战效能的发挥。

（3）时代性。新概念武器是一个相对的、动态的概念，其研究领域随时代的进步和科学技术的发展不断更新。当某一时代的新概念武器日趋成熟并得到广泛应用后，就转化为传统武器。

（4）探索性。新概念武器涉及前沿学科，高科技含量远比传统武器多，探索性强，技术难度高，资金投入大，其发展在技术、经济、需求及时间等方面具有诸多不确定因素，因此也具有较高的风险。

6.2.2　新概念武器基本杀伤作用

从对目标的杀伤效果看，新概念武器的杀伤作用可分为硬杀伤作用和软杀伤作用两类。

硬杀伤是指针对敌方人员、战舰、坦克、飞机等武器装备的直接摧毁，也就是击毁、击毙。软杀伤又称非致命杀伤，是专门设计用于使人员或武器装备失能，同时使死亡和附带破坏为最小的杀伤。下面重点介绍软杀伤作用原理。

广义地讲，采用软杀伤作用原理的弹药不是依靠传统的火力方式（弹丸的动能或化学能）直接摧毁敌方武器装备、设施或杀伤人员的，而是采用电、磁、光、声、化学和生物等形式的较小的能量，使敌方武器装备效能降低乃至失效或使人员失去战斗力的技术。根据能量的释放、控制和转换方式及对各类目标的软毁伤模式，软杀伤效应可分为三大类，即针对有生力量的非致命软杀伤效应、使武器装备失能的软杀伤效应、针对人员和装备的软杀伤效应。

1. 对有生力量的非致命软杀伤效应

（1）音频毁伤。利用装备或弹药对敌方产生噪声或次声波，造成作战人员心理烦躁、动作失调、精神失常,并伴有呕吐、昏厥,造成内部器官损伤等,使敌人暂时失去战斗力。

强噪声对人员听觉器官的影响最为直接、最为明显。在高声强、宽频带连续噪声的作用下,听觉器官的耳廓、中耳、鼓膜等都有不同程度的损伤。强噪声不仅会造成动物和人听觉器官的损伤,而且会严重影响内脏器官和神经系统等,它可使人神经混乱、行为错误、烦躁或器官功能失调,甚至导致死亡。

次声对机体的基本作用原理是生物共振,人体内部的各器官,可看成是机械振动系统,其振动频率均在次声频率范围内。当人体处于次声作用下,只要声压级达到一定程度,体内器官就会发生共振。一定强度的次声对人体的作用效应主要表现为头重、头痛、耳鼓膜有震感和压力感,内脏器官、腹壁、背肌、腓肠肌等有明显振动感,口干、吞咽困难,极度疲劳。严重的还会出现头晕、目眩、恶心、呕吐、焦虑不安,工作效率显著下降等。

(2)非致命化学战剂毁伤。非致命性化学武器的作用原理是利用一些化学物质的独特性能使敌方人员暂时丧失战斗能力,不能正常工作。例如,失能剂,既不使人致残,也不导致人死亡,但却使人能丧失正常的活动能力;黏滞性泡沫可迷盲人眼、黏滞动作,甚至造成人员死亡;催泪剂,当其雾化到一定浓度时,具有强烈的刺激性,会给人造成暂时性的流泪、盲目,苯氯乙酮就是一种常用的催泪性毒气;笑气,即氧化亚氮(N_2O),无色有甜味气体,可刺激人的神经系统,狂笑不止,使之失去战斗力;芥子气,一种化学战剂,使皮肤瘙痒、溃烂、损伤呼吸道黏膜等。

2.使武器装备失能的软杀伤效应

(1)计算机病毒效应。现代战争中计算机的应用越来越广泛,战争对计算机的依赖性也越来越大。利用间接耦合技术将计算机病毒注入敌方指挥中心等重要目标,破坏其工作程序,使指挥混乱、系统故障,甚至造成死机,使系统瘫痪,达到战术目的。

(2)碳纤维短路效应。将大量的轻、软长碳纤维撒布在电网区,使电网短路,电厂瘫痪。其具体作用原理是,碳纤维丝的导电性和附着力作用使其附着到变压器、供电线路上,当高压电流通过碳纤维时,电场强度明显增大,电流流动速率加大,并开始放电形成电弧,致使电力设备熔化,使电路发生短路,若电流过强或过热还会引起着火;电弧若生成极高的电能,则造成爆炸,由此给发电厂及其供电系统造成毁灭性的破坏。另外,由于它极其细小,清除十分困难,一旦电网遭到袭击,在短时间内很难恢复。

(3)特种黏合剂毁伤效应。特种黏合剂是一种运用超黏合物质,直接作用于武器、装备、车辆或设施,使其改变或失去效能的特种化学制剂。特种黏合剂可以从飞机上呈雾状向下喷撒,或以投掷炸弹布设,用以堵塞内燃机、喷气式发动机的进气口,或使电站、通信设施的冷却系统失效。甚至有一种泡沫黏合剂可阻止敌方坦克集群的冲击。

(4)超级润滑剂效应。超级润滑剂的原理是将摩擦力减至最低以使物体连续运动。它是一种类似特氟隆(聚四氟乙烯)和它的衍生物的物质。这些物质不仅没有摩擦因数,而且极难清除。用这种超级润滑剂布撒可使敌方的航空母舰飞行甲板、机场跑道、铁路、公路等变得极其润滑,导致飞机难以起飞或无法降落,铁轨上的火车发生脱轨或相撞,公路上的车辆难以控制。由于这种超级润滑剂能迅速把公路弄得异常滑溜,警方可以用它封锁公路、桥梁,使道路上的汽车或罪犯无法逃脱。

(5)气溶胶弹效应。气溶胶弹的工作机制是在弹体内装上水和碳化钙,爆炸后水和碳化钙混合产生乙炔气体,如果被发射到装甲车附近,则被吸入发动机,引起爆燃。据报道使用0.5 kg乙炔弹就能摧毁一辆坦克,美国和俄罗斯曾研制这种弹药专门用来对集群坦克。

(6)金属致脆液效应。金属致脆液清澈透明,几乎没有什么明显的杂质,可使金属或合金的分子结构发生化学变化,从而达到严重损伤敌方武器战斗力的目的。金属致脆液可破坏飞机、舰船、车辆、桥梁、建筑物等金属结构部件,使其强度大幅度降低。金属致脆液具有即时作用或延时作用两种效应,可用涂刷、喷洒或泼溅方式使用金属致脆液。

(7)超级腐蚀剂效应。超级腐蚀剂是一种比氢氟酸腐蚀性更强的战剂型武器。将它涂于物体表面,可阻止人员或设备接触,还可以导致轮胎、胶鞋底等腐蚀,破坏沥青路面、掩蔽部顶部和光学系统;可破坏敌方铁桥、飞机、坦克等重装备;可使汽车、飞机的轮胎迅速报废。这种化学剂能制成液体、喷洒剂、粉末或胶状体,可以用飞机投撒,也可由火炮发射,或者由警方施放。

(8)油料凝合剂效应。油料凝合剂是一种化学添加剂,可污染燃料或改变燃料的黏滞性。撒布在空气中被发动机吸进后,能立即引起发动机失灵;被投放到油料中,油料即被凝固。

(9)阻燃剂效应。阻燃剂是一种可使发动机熄火的物质。飞机、装甲车辆或汽车遇到对方发射产生的阻燃剂雾团,其发动机将立即停止工作,从而坠落或不能开动。这类添加剂或以蒸气形式与空气混合,由进气口吸入发动机,或者直接混于燃料。使用时,可用战士投放或飞机空撒,也可大面积播撒到战场、机场或海港。当以云状的面积播撒在低飞的直升机航线时,能使直升机的发动机立刻失灵;若播撒于海港上,能使港湾内绝大多数船只的内燃机停止工作。

(10)信息干扰效应。信息干扰效应是利用电、光、声等特殊效应使武器系统和人员效能降低,甚至失效而达到战术目的。信息干扰分为有源信息干扰和无源信息干扰两种。有源信息干扰是指干扰系统本身发出一定能量的电磁波、电磁脉冲、红外射线等,扰乱敌方电子设备、达到寻的系统,使之降低甚至完全失去正常的战斗能力。无源信息干扰是指干扰系统本身被动地吸收、反射敌方雷达或导弹寻的系统发出的探测电磁波,或遮蔽被袭目标的红外辐射、可见光以及敌方对目标的激光照射,起到迷茫、遮蔽、欺骗敌方、保护自己的目的。信息干扰方式可分为压制式干扰和欺骗式干扰,欺骗式干扰是当前信息干扰采用的主要方式,包括冲淡式、转移式、质心式和迷惑式等四种。

3. 对人员和装备的软杀伤

(1)高功率微波辐射和电磁脉冲效应。高功率微波战斗部作用时会定向辐射高功率微波束;电磁脉冲弹作用时会发出混频单脉冲。微波辐射和电磁脉冲对军械电子设备的作用都是通过电、热效应实现的。当能量密度为 $0.01\sim1.0\ \mu W/cm^2$ 的微波照射目标时,可使工作在相应波段上的雷达和通信设备受到干扰,不能正常工作;当能量密度为 $0.01\sim1.0\ W/cm^2$ 时,可使雷达、通信、导航等设备的微波器件性能降低或失效,尤其是小型计算机的芯片更易失效或被烧毁;当能量密度为 $10\sim100\ W/cm^2$ 时,可使工作在任何波段的电子器件完全失效。

高功率微波辐射和电磁脉冲效应对人员的软杀伤主要是生物效应和热效应。生物效应是由较弱能量的微波照射后引起的,它使人员神经紊乱、行为错误、烦躁、致盲或心肺功能衰竭等。试验证明,当能量密度达到 $20\sim15\ mW/cm^2$,频率在 10 GHz 以下时,人员会发生痉挛或失去知觉。热效应是由强电磁能量照射作用引起的,当电磁能量密度为 $0.5\ W/cm^2$ 时,可造成人员皮肤轻度烧伤;当微波能量密度为 $20\sim80\ W/cm^2$,时间超过 1 s 即可造成人员死亡。

微波对目标的作用效果如表 6-2-2 所示。

表 6 - 2 - 2　微波对目标的作用效果

功率密度/(W·cm^{-2})	作用效果
$(0.01\sim1)\times10^{-6}$	可触发电子系统产生假干扰信号,干扰雷达、通信、导航和计算机网络等的正常工作或使其过载而失效
$(3\sim13)\times10^{-3}$	使作战人员神经紊乱、情绪烦躁不安、记忆衰退、行为错误等
$(20\sim50)\times10^{-3}$	人体出现痉挛或失去知觉
100×10^{-3}	致盲、致聋、心肺功能衰竭
0.5	人体皮肤轻度灼伤
$0.01\sim1$	可导致雷达、通信和导航设备的微波器件性能下降或失效,还会使小型计算机芯片失效或被烧毁
20	照射 2 s 可使人体皮肤Ⅲ度烧伤
80	照射 1 s 即可造成人员死亡
$10\sim100$	辐射形成的电磁场可在金属目标的表面产生感应电流,通过天线、导线、金属开口或隙缝进入设备内部。如果感应电流较大,会使设备内部电路功能产生混乱、出现误码、中断数据或信息传输,抹掉计算机存储或记忆信息等。如果感应电流很大,则会烧毁电路中的元器件,使电子装备和武器系统失效
$1\,000\sim10\,000$	能在瞬间摧毁目标、引爆炸弹、导弹等武器

(2)激光效应。激光效应就是利用激光能量高度集中的特性,强激光直接照射可以摧毁空间飞行器(卫星和导弹)和空中目标,弱激光直接照射可破坏光电、光学系统,伤害人眼。

激光弹药发出的弱激光能量在远距离上不足以伤害人的皮肤,但很容易使人眼的视网膜烧伤或严重受损。试验证明,视网膜上的激光能量密度达到 151 MJ/cm^2 时,就可使人眼受到伤害,其受伤程度从发红、短时间失明到永久失明。更严重的后果是激光烧坏视网膜,造成眼底大面积出血。对人眼的损伤程度取决于激光的波长、功率和脉冲宽度等。相对来说,波长在 $0.4\sim1.4$ μm 范围,都能对人眼造成较大的伤害,其中 0.53 μm 的蓝绿激光对人眼的伤害程度最大。另外,由于望远镜、望远式瞄准镜均有聚光作用,人员使用这些器材时激光的损伤要比裸眼观察严重得多。在战场上使用激光武器或激光弹药将引起作战人员的普遍恐慌,造成很大心理压力,影响他们的观察、瞄准和作战行为。另外,由激光弹药发生的弱激光作用,还可以破坏武器装备的传感器、各种光学窗口、光学瞄准镜、激光与雷达测距机、自动武器的探测系统等。试验证明,当受到较强激光辐射时,热电型红外探测器将出现破裂和热分解现象,光电导型红外探测器则被汽化或熔化。对于光学系统,当光学玻璃瞬间接收到大量激光能量时可能发生龟裂效应,最后出现磨砂效应,致使玻璃变得不透明。当激光能量进一步提高时,光学玻璃表面就开始熔化,致使光学系统失效。

6.2.3　典型的新概念武器

1.碳纤维弹

碳纤维材料具有良好的导电性能,是理想的破坏电网的材料,把装有大量碳纤维丝的战斗部称为碳纤维弹或碳纤维战斗部。

(1)碳纤维材料特点:碳纤维材料是高弹性、高强度、耐高温的新型工程材料。碳纤维丝直径仅为 0.025 mm,是蜘蛛网丝的 1/4~1/3,几十根碳纤维丝合在一起约为人的头发丝粗细。碳纤维的密度小(1.7~2.0 g/cm³),约为钢的 1/4,铝合金的 1/2;比强度高(是钢的 16 倍,是铝合金的 12 倍);柔软并且具有良好的导电、导热性能,单丝直径可以做到几微米,易于飘散。在缺氧的情况下,能承受 3 000~4 000℃的高温。用碳纤维和塑料合成的复合材料,不但机械性能超过了钢,而且耐高温性能是任何金属无法比拟的,它能在 12 000℃的高温下耐受 10 s 之久,单丝或单带的抗拉强度可达到 30~40 MPa。因此,碳纤维材料是理想的破坏电网的材料。

(2)碳纤维战斗部的作用原理。碳纤维战斗部是采用碳纤维丝作为毁伤元素对电力系统进行短路毁伤的一种软杀伤弹药。碳纤维战斗部一般通过子母弹的形式,进行大面积的布撒攻击。

当战斗部到达发电厂、配点站、输电网上空时,战斗部内的炸药或火药将碳纤维丝团抛出,这些碳纤维丝在空中飘落,落到发电厂和配电站高压电网上,在高压相线之间形成导电空间,能引起高压线的空气击穿放电。碳纤维丝落到高压线上,有可能引起任意相线之间或与大地的短路行为。当短路时间大于电网跳闸时间阈值时,立刻造成电网断电。任何短路行为引起的电火花都有可能使周围的物质引燃造成火灾。高压电网短路行为是短时间完成的,碳纤维丝飘落时间相对较长,飘落到高压线上的碳纤维丝在已造成高压线短路停电后,在没有被清除的情况下仍能继续发挥短路效应,难于恢复供电。

例如,美国的 CBU-94 子母炸弹,主要由两部分组成:SUU-66/B 弹药撒布器与 BLU-114/B 石墨弹药。其 SUU-66/B 弹药撒布器内部装载 200 枚 BLU-114/B 子弹,CBU-94 炸弹被飞机投放后,当降落到一定的高度时,引信引发而炸开弹壳,利用离心力充分地将 BLU-114/B 石墨弹药抛撒出去。BLU-114/B 子弹药(见图 6-2-1)长约 20 cm,直径约 6 cm,由弹体、引信、充气伞、石墨细丝等组成。BLU-114/B 子弹头被抛撒出来后,自动放出充气伞,使子弹头稳定缓缓下降,经过预定时间后,子弹头引信引爆子弹头释放出石墨细丝。石墨炸弹在开启、引爆后,200 枚散布于空中的 BLU-114/B 子弹头所撒布的石墨细丝、无数碳素纤维线团飘然展开,千丝万缕,像一团团飘浮的白云。一旦搭落在裸露的高压电力传输线上或变电站(所)变压器及其他电力传输设备上,就会使高压电极之间产生短路。由于强大的短路电流通过石墨纤维使其汽化,产生电弧,并使导电的石墨纤维丝涂覆在电力设备上,从而加剧了短路的破坏效果。

CBU-94 石墨炸弹作战过程如图 6-2-1 所示。

(3)碳纤维弹对电力系统的毁伤模式。电力系统的毁伤模式主要是破坏电力系统暂态稳定,包括:①负荷的突然变化,如投入和切除大容量的负荷;②投入或切除系统的主要元件,如发电机、变压器等;③系统中发生短路故障。

对于碳纤维弹的毁伤,第①种扰动相当于中间变电站发生故障,保护装置动作,与其相连接的负荷被切除;第②种扰动相当于某个发电机组停止工作或某个枢纽变电站发生故障被切除;第③种扰动主要指发电厂、枢纽变电站母线发生短路。不论上述哪种扰动形式,对于碳纤维弹来说,其本质都是由于毁伤元素造成线路短路而形成的。

当电力系统受到上述某种扰动时,表征系统运行状态的各种电磁参数都要发生急剧的变化。但是,由于原动机调速器具有很大的惯性,必须经过一定时间后才能改变原动机的功率。这样,发电机的电磁功率与原动机的机械功率之间便失去了平衡,于是产生了不平衡转矩。在这个不平衡转矩的作用下,发电机开始改变转速,使各发电机转子间的相对位置发生变化。发电机转子相对位置(即相对角)的变化,反过来又将影响到电力系统中电流、电压和发电机磁功率的变化。如果扰动足够大,将导致系统的解裂和崩溃,造成整个地区全部停电。

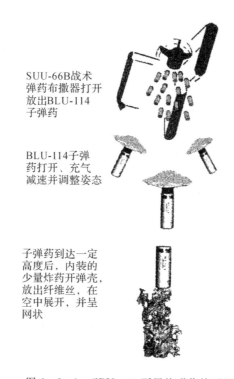

SUU-66B战术弹药布撒器打开放出BLU-114子弹药

BLU-114子弹药打开、充气减速并调整姿态

子弹药到达一定高度后,内装的少量炸药开弹壳,放出纤维丝,在空中展开,并呈网状

图 6-2-1　CBU-94 石墨炸弹作战过程

碳纤维弹通过毁伤元素的短路效应毁伤目标系统,首先要达到破坏系统暂态稳定,造成整个电力系统崩溃的目的,其毁伤程度的表现形式可概括为三种:①一般破坏,指电力系统短时间内终止运行,终止运行时间在 1 h 以内;②严重破坏,指电力系统较长时间不能运行,不能运行时间达 1～5 h;③极严重破坏,电力系统不能运行时间达 5 h 以上。

(4)碳纤维弹的短路机制。短路是造成上述各种扰动最简单也是最有效的手段,这是由于短路对电力系统的危害和电力系统的保护特征所决定的。下面分别分析短路的危害、电力系统的保护和导电纤维丝束的短路机理。

1)短路的危害。所谓短路,是指正常运行以外的一切相与相之间或相与地之间的短接。在中性点直接接地的系统中,一相对地短路最为常见。在中性点不直接接地的系统中,由于系统的单相接地并不构成短路,所以故障形式主要是各种相间短路。而对中性点经弧线圈接地的电网,发生单相接地时虽然构成了回路,但由于消弧线圈的补偿作用,故障电流也很小。通常情况下,短路故障类型和发生率的关系为:三相短路 2.0%,两相短路 1.6%,单相短路 6.1%,两相接地短路 87.0%。短路故障给电力系统带来严重的危害主要表现在以下几点:

短路电流可达额定电流的几倍甚至几十倍。短路电流产生的热效应和电动力,使故障支路内的电气设备遭到破坏或缩短其寿命。

短路电流引起的强烈电弧,可能烧毁故障元件及其周围设备。

短路时系统电压大幅度下降,使用户的正常工作遭到破坏,严重时,可能引起电压崩溃,造成大面积停电。

短路故障可能破坏发电机并联运行的稳定性,使系统产生振荡,甚至造成整个系统的瓦解。

不对称短路时的负序电流在电机气隙中产生反向旋转磁场,在发电机转子回路内引起 100 Hz 的额外电流,可能造成转子的局部烧伤,甚至使护环受热而松脱,致使发电机遭受严重的破坏。

2)电力系统的保护。若电力系统发生短路等故障,需求的平衡和电力系统的稳定性就受到破坏,不及时采取恰当的措施,可能会扩大停电范围并延长停电时间。为防止故障的继续扩大,电力系统需设置各种保护继电器。继电保护的作用可归纳为三个方面,即,解除电力系统的故障;防止事故波及正常系统;靠自动重复合闸机能确保系统联系和迅速恢复供电。

3)导电纤维丝束的短路机理。如果短路发生在发电厂和各变电站母线,则直接造成系统大的扰动;如果发生在枢纽变电站和中间变电站,则导致大的负荷被切除,也造成系统大的扰动。至于由此造成的电力系统的毁伤程度,既和系统本身有关,也和扰动大小有关。作为毁伤元素——导电纤维丝束来说,其基本要求是能够造成线路短路,并使短路维持一定时间以使继电保护装置动作,同时使重复合闸不能成功。

导电纤维丝束作用于高电压、大容量的架空线路,短路是很容易发生的,但自身随之高温汽化,并使空气击穿产生大量等离子体,形成电弧。因此导电纤维的短路机理是利用导电纤维高压引弧,通过电弧实现短路并维持到继电保护装置动作所需要的时间。碳纤维弹作用的方式是,大量的导电纤维在继电保护装置动作的同时不断飘落,重复合闸时其他导电纤维不断作用,所以重复合闸难以成功,最终造成电力系统的局部毁伤。

在典型状态下,保护装置整定时间一般不大于 0.12 s,当导电纤维邻近/搭接在输电线路上时,将造成下列现象:引弧放电或短路放电－/＋短路故障出现－/＋跳闸(0.7 s 后第一次重合恢复供电)→(若仍有导电纤维丝束造成短路)第二次跳闸(180 s 后第二次重合闸)→(若仍有导电纤维丝束造成短路)永久跳闸。如果导电纤维丝束连续降落,对输电线路至少可以有两次短路效应,造成中断供电最少时间为 3 min。因此,如果导电纤维丝束继续降落或丝束仍然存在,没有清除干净,则第二次重合闸必然失败,将被视为永久性故障,而造成电网较长时间的供电中断或瘫痪。

2. 电磁脉冲武器

电磁脉冲武器是一种介于常规武器和核武器之间的新型大规模电磁杀伤性武器,可以在瞬间放射出强烈的电磁辐射,并通过短暂的电磁脉冲辐照来破坏雷达、通信、计算机等电磁相关设备的一种武器系统,国外称之为 EMP(Electric Magnetic Pulse)或射频 RF(Radio Frequency)武器。电磁脉冲武器的作战对象主要是敌方的指挥、通信、信息及武器系统,它能够对较大范围内的各种电子设备的内部关键部件同时实施压制性和摧毁性的杀伤。所以,它是一种性能独特、威力强大、软硬杀伤兼备的信息化作战武器。

电磁脉冲武器分为闪电型、核爆炸型、高功率微波型、超宽带窄脉冲型、广义扩展型(如光波脉冲)等多种类型,其中,高功率微波武器(High Power Microwave Weapon,HPMW)是与激光武器和粒子束武器同时发展的三大定向能武器之一。下面将重点介绍以高功率微波武器为代表的电磁脉冲武器。

微波是一种电磁波,具有相对较长的波长和相对较低的频率。一般地,微波指频率在 300 MHz～300 GHz 之间,波长在 0.01 mm～1 m 之间的电磁波,是分米波、厘米波和毫米波的统称。微波的基本性质通常表现为穿透、反射、吸收三个特性。对于玻璃、塑料和瓷器,微波几乎是穿越而不被吸收。对于水和食物等则会吸收微波而使自身发热。对金属类物质,则会反射微波。

高功率微波武器是一种利用高功率微波束毁坏和干扰敌方武器系统、信息系统和通信链路中的敏感电子部件以及杀伤作战人员的定向能武器,又称射频武器。这种武器辐射的频率一般在 1 GHz～300 GHz 范围内,峰值功率超过 100 MW。

(1)高功率微波武器的组成与原理。高功率微波武器一般包括能源系统、高功率微波产生系统、发射天线,如图 6-2-2 所示。

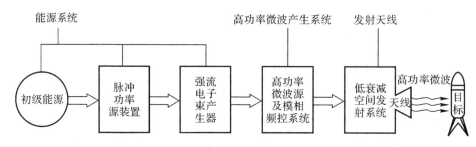

图 6-2-2　高功率微波武器系统的构成

1)能源系统:一般包括初级能源、脉冲功率源和强流电子束产生器。微波武器的能源系统,实际上是一种把电能或化学能转换成高功率电能脉冲,并再转换为强流电子束流的能量转换装置。

2)高功率微波产生系统:高功率微波源是高功率微波产生系统的核心器件之一,它通过电子束与波的相互作用把电子束的能量转化为高频电磁波的能量。

3)发射天线:天线是高功率微波源和自由空间的界面。与常规天线技术不同,高功率微波定向能武器用的天线具有两个基本的特征:一是高功率,二是短脉冲。同时,为满足定向能武器的需要,天线应满足以下要求:很强的方向性,很大的功率容量,带宽较宽,并具有波束快速扫描的能力,质量、尺寸能满足机动性要求。

微波武器的工作原理是将高功率微波源产生的微波经高增益定向天线向空间发射出去,形成高功率、能量集中且具有方向性的微波射束,使之成为一种杀伤破坏性武器。它通过在特殊设计的高功率微波器件内,电子束与电磁场相互作用,产生高功率的电磁波。这种电磁波经低衰减定向发射装置变成高功率微波波束发射,到达目标表面后,经过“前门”(如天线、传感器等)或“后门”(如小孔、缝隙等)进入目标的内部,干扰、致盲或烧坏电子传感器,或使其控制线路失效,亦可能烧坏其结构。

(2)高功率微波武器分类。按照高功率微波武器的工作方式,可以把微波武器分为两大类:一类是可重复使用的常规微波武器,另一类是只能一次性使用,且需用运载工具投掷,在目标附近爆炸的微波武器,即微波弹。

1)可重复使用的微波束武器。可重复使用的微波束武器主要是将电能、化学能等能量通过微波发生器转化为微波能,该系统可通过连续充电和调节微波发生器重复发射不同频率的微波,经过高增益天线定向辐射,把微波能量汇聚在窄波束内,以极高的强度照射目标,可对目标造成连续的、多范围的破坏。这种微波束武器能全天候作战,可同时破坏几个目标,还完全有可能与雷达形成一体化系统,集探测、跟踪、杀伤功能于一体。虽然产生高功率微波的器件本身不太大,但由于所需的能源设备和辅助设备体积比较大,这种武器在机动性方面受到很大限制,基本上只能用固定阵地来发射。受到微波在大气中传输被吸收和衰减的影响,当攻击远距离目标时,功率和能量会受到很大影响。

2)微波弹。微波弹是能投送到很远距离对目标发挥作用的微波武器。它是一种将其他能量通过自身携带的微波发生装置转化为高能瞬态电磁脉冲,或者直接利用现成的高能瞬态电磁脉冲,摧毁或损伤敌方电子设备的武器。

微波弹一般可由火炮发射,或由导弹或飞机运载,在目标上空释放高功率微波,对目标构成杀伤。微波弹采取了新的能源系统,其特点是体积小,便于弹载机动。目前,微波弹常用的脉冲电源主要有两种:爆磁压缩发生器和脉冲等离子体发电机。

爆磁压缩发生器(EMCG)基本原理是通过炸药爆炸驱动电枢压缩定子产生磁场,把炸药的化学能有效地转化为电磁能,同时产生电磁脉冲。其特点是:①输出电流脉冲强度高;②体积小、质量轻;③具有爆炸性、单次性。

脉冲等离子体磁流体发电机也称为爆炸磁流体发电机(MHDG),由高能炸药、等离子体发生器、磁体、发电通道和测试系统等主要部分组成,其原理是通过将高能炸药在专用的爆炸室中爆轰生成高温、高压等离子体,该等离子体在装有电极的通道中膨胀,快速切割通道中的磁场,在电极间感生脉冲电压,接在电极上的负载便可获得高功率电脉冲输出。与爆磁压缩发生器相比,爆炸磁流体发电机在高功率微波、高能加速器、高功率激光等方面均有比较好的应用前景。

(3)杀伤机理。高功率微波武器的杀伤机理分为对武器装备的杀伤和对敌方作战人员的杀伤两种。

1)微波武器对人员的杀伤作用。微波武器对人员的杀伤作用分为"非热效应"和"热效应"两种。"非热效应"指的是当微波强度较低时,可使人产生烦躁、头脑神经错乱、记忆力减退等现象。当物体的缝隙大于微波的波长时,微波就可以经过这些缝隙进入目标内部,还可以通过玻璃或纤维等不良导体进入目标内部,杀伤里面的人员,如果把这种效应作用于炮手、坦克和飞机驾驶员,以及其他重要武器系统的操纵人员,会使他们身体功能紊乱而丧失战斗力。低功率微波长时间辐射人体,也会使人体产生损伤。"热效应"指的是在强微波的照射下,使人皮肤灼热,患白内障,皮肤及内部组织严重烧伤甚至致死。高功率微波对人体的损伤,主要是在人体内部产生热效应,高功率微波作用于人体时,能破坏人体的热平衡,引起局部或全身温度增高,内脏充血、出血和水肿,内分泌发生障碍。严重时,甚至可以使人体温急剧上升,达到 43℃以上,把人活活烧死。当这种武器辐射的微波能量密度达到 $3\sim13$ W/cm^2 时,会使作战人员产生神经混乱、行为错误,甚至致盲或心功能衰竭等;当能量密度达到 0.5 W/cm^2 时,造成皮肤轻度烧伤;当能量密度达到 $20\sim80$ W/cm^2 时,作战人员只需照射 $1\sim2$ s 便可致死。

2)微波武器对武器装备的杀伤作用。微波武器对武器装备的杀伤作用有软杀伤和硬杀伤两种功效:一是扰乱敌方通信、指挥、侦察、导航、测控等敏感电子系统,使其逻辑混乱,产生错误判断,丧失战斗力的软杀伤。二是烧毁系统中灵敏器件,使之永久性失效的硬杀伤。当微波能量再高时,甚至可引爆远距离的弹药库或核武器。据报道,美国研制的一种微波弹在目标上空爆炸后,能破坏半径 300～500 m 圆形区域内的电子设备。

电子部件特别是现代电子系统中出现的集成电路、微波电子设备和元件等对微波辐射极其敏感。电子系统中存在着许多路径与侵入点,微波辐射通过这些侵入点和路径侵入电子系统。如果微波辐射通过目标的天线、天线罩或其他传感器开口侵入电子系统,那么这条路径通常就叫作"前门"。另一方面,如果微波辐射穿过目标的缝隙、衔接口、拖曳金属线、金属导管或者是目标的密封处侵入,那么这条路径就叫作"后门"。

微波辐射按照从里向外的方式作用于电子目标,它不会对目标造成物理摧毁。高功率微波武器具有在电子目标上产生多层次的效应,这种效应取决于"耦合"到目标上的能量大小。这里,"耦合能量"表示接收到的能量,这些能量随后通过电路路径传输到更深的电子设备中,而目标本身就存在这样的电路路径。当电磁波能量集中在单一频率为主的窄波段内,波长以毫米或厘米为主时,对无屏蔽或有屏蔽但有缝隙的电子设备的破坏性很强。当电磁波能量分散在一个很宽的频段内时,任何一种频率对应的能量都极小。它对有长电缆的设备干扰和破坏性极大。试验表明,不同等级的能量密度的微波辐射,能产生不同的效应。

当 $0.01～1 \text{ mW/cm}^2$ 能量密度的微波束照射到目标时,能干扰相应波段的雷达、通信设备和导航系统等,导致电子设备中器件性能下降或失效,使其无法工作,起到干扰作用。

当 $10～100 \text{ W/cm}^2$ 能量密度的微波束照射到目标时,其辐射形成的瞬变磁场可在飞行器上电子设备金属表面产生感应电流,如果感应电流较大,会使电路功能产生混乱、出现误码,中断数据和信息传输,抹掉存储和记忆信息等;如果感应电流过大,则会烧毁电路中的元器件,使电子器件完全失效,起到软杀伤作用。

当 $1\,000～10\,000 \text{ W/cm}^2$ 能量密度的超强微波束照射到目标时,可在极短的照射时间内加热破坏目标。试验中,微波发射机产生的这一范围的能量,可使 14 m 远的铝燃烧,能点燃距离为 76 m 处的铝片和气体混合物,而在 260 m 处的闪光灯泡瞬间就被点燃。如果微波的能量再强一点,波束更窄一些,则有可能引爆远距离的弹药库或核武器,起到硬杀伤作用。

(4)微波武器的特点。与传统的常规武器和核武器相比,高功率微波武器在战术应用方面具有以下特点:

1)HPMW 射束以光速抵达目标,不受重力影响。由于 HPMW 射束几乎是瞬时抵达远距离目标的,同时,射束不需要考虑质量,可以摆脱重力和空气动力的限制,无须如常规弹药确定弹道轨迹所需的复杂计算,从而可以使跟踪与拦截问题大大简化,同时目标规避攻击的能力也大幅度下降。

2)HPMW 毁伤效应不同,且可以进行调整。通过调整微波束的发射功率,可以取得致命或非致命干扰或损伤等不同程度的毁伤效果。

3)使用成本低,可以重复使用。可重复使用的微波武器只需适当的发射平台,大部分装备可以重复利用,使用成本大幅度降低。

4)杀伤区域可控,并能同时攻击多个目标。为了提高微波武器的作用距离以及在远距离上具有较高的能量,微波武器的天线可以把高能微波汇聚成很细小的微波束,定向攻击目标;也可以将高能微波束向一定的扇面辐射,相对定向地攻击目标。

5)可攻击隐身武器,是隐身武器的克星。由于隐身武器的隐身在很大程度上得益于吸收电磁波的能力强,一旦遭到微波武器辐射,便大量吸收微波能量,产生高温,可使武器烧毁。同时,微波武器可实施撒网式面攻击,在一个区域范围内罩住目标,无论是隐身飞机、隐身导弹、隐身军舰等都难逃微波武器的攻击。

3.激光武器

激光武器是一种利用激光束攻击目标的定向能武器,具有快速、灵活、精确和抗电磁干扰等优异性能,在光电对抗、防空和战略防御中可发挥独特作用。

(1)分类。激光武器一般可按以下方法进行分类。

按应用目的的不同可分为战术激光武器、战略激光武器和战区激光武器。战术激光武器包括激光致盲与干扰武器和战术防空激光武器;战略激光武器包括反卫星激光武器和反洲际弹道导弹的激光武器;战区激光武器主要用于拦截助推段中近程弹道导弹,使敌方携带核、生、化弹头的导弹弹头碎片落在敌方区域,迫使攻击者放弃自己的行动,起到有效的遏制作用。

按布基方式的不同可分为步兵便携式激光武器、机载激光武器、舰载激光武器、地基激光武器和天基激光武器。步兵便携式激光武器一般是低能激光武器,主要用于人眼及传感器致盲。这种激光武器可以随步兵在任何地方近距离使用,也叫作激光枪。这种激光枪由电池供能,体积很小。工作激光可以是可见光,也可以是近红外光,隐蔽性好,对敌方心理威慑大;机载激光武器,将激光武器置于飞机上,可用于空空作战,也可用于空地作战;舰载激光武器,主要用于军舰的点防御,用来对付海面掠射导弹、空中来袭飞机和导弹;地基激光武器,可以对来自空中或地面的敌方目标进行硬杀伤性或软杀伤性的打击;天基激光武器,主要指部署在大气层以外太空轨道上的高能战略激光武器。它用于摧毁远距离敌方洲际战略弹道导弹或敌方卫星及空间平台。

按能量级别的不同可分为强激光武器和弱激光武器。强激光武器是一种大型的或高功率的激光装置,是一种大型的或高效率的激光装置,能发射极高能量的激光,有天基和地基激光武器,以及战术激光武器,主要用于摧毁空间飞行器(卫星和导弹)和空中目标或大型武器装置,战术激光武器可以由车载、机载或舰载。弱激光武器主要用于激光致盲、激光炫目,属于非致命性技术范畴。它所发射的激光能量一般都不太高,是一种小型的激光装置,它主要用于破坏精确制导武器或 C^3I 系统的传感器,使其不起作用,也可造成敌方士兵暂时降低或失去视力,从而失去战斗力。激光弹的发展有两条技术途径:一是炸药爆炸直接冲击压缩发光工质产生激光;二是由爆炸磁压缩产生强电流,再由电能激发发光工质产生激光。

(2)激光武器组成与工作原理(高能)。激光武器一般由激光器、跟踪瞄准系统、光束控制与发射系统所组成。

激光器是核心组件,根据工作物质相态的不同,可把激光器分为固体激光器、气体激光器、液体激光器、半导体激光器和自由电子激光器;根据运转方式的不同,可以把激光器分为连续激光器、单次脉冲激光器和重复脉冲激光器。根据不同的激励方式,可分为光激励的激光器、放电激励的激光器、化学激光器和核泵浦激光器等。因此,往往同一个激光器,从不同角度可以有不同的称呼或名称。

精确跟踪瞄准系统用来捕获、跟踪高速飞行的目标,导引光束瞄准射击。高能激光武器是靠激光束直接照射目标并停留一定时间而造成破坏的,所以对跟踪瞄准系统的速度和精度要求较高。

光束控制与发射系统的作用是将激光器产生的激光束定向发射出去,并自适应补偿矫正偏差来消除大气效应对激光束的影响,以保证将高质量的激光束聚焦到目标上,达到最佳的破坏效果。该系统主要由变焦望远镜(包括主镜、变焦次镜)与自适应光学系统组成。

激光武器的工作原理如图6-2-3所示,由高精度火控雷达作为目标预警系统探测、截获目标;用数字图像处理系统实施跟踪,向指挥中心提供目标信息;指挥中心根据目标信息进行决策,确定重点拦截的目标,指示追踪系统按照指挥中心的指令精确指示目标位置,然后激光器发射激光束照射目标,直至目标被摧毁。

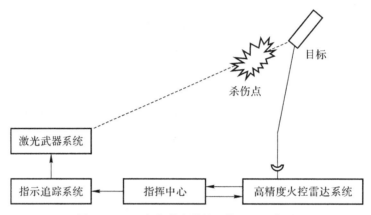

图6-2-3 高能激光器的工作原理示意图

激光武器以光速将高能量激光发射到目标表面,通过毁伤光电侦测、火控、导航和制导等关键装置,或使目标"失明、致盲",或穿透飞行物壳体,将其击落、引爆战斗部、燃料,使其空中爆炸、损毁,转瞬之间即可完成毁伤任务。据报道,10 kW级的激光武器可以破坏一些光电系统的传感器;50 kW级的激光武器可以毁伤近距离的无人机;100 kW级的激光武器可以毁伤火箭弹、迫击炮弹;300 kW级的激光武器可以拦截亚声速的反舰导弹;500 kW级的激光武器可以毁伤有人驾驶的飞机;兆瓦级别的激光武器就可以拦截超声速的战术导弹以及弹道导弹。

(3)激光武器的杀伤机理。不同功率密度、不同输出波形、不同波长的激光与不同目标材料相互作用时,会产生不同的杀伤破坏效应。激光武器的杀伤破坏可分为硬杀伤和软杀伤两大类。

硬杀伤是由于目标结构部件受到激光破坏致使系统的刚度或承载能力丧失。软杀伤是破坏目标的光学窗口、光学薄膜、镜面、太阳能电池板、电子线路、电子元器件、光电探测器件和调制盘等,致使系统的光、电或计算机方面的功能丧失。软杀伤属于功能性破坏,硬杀伤往往是毁灭性的,一旦目标系统丧失承载能力就会出现爆炸或坍塌。通常软杀伤比硬杀伤所需的激光破坏阈值要低。

激光武器杀伤目标的效应主要有热效应杀伤、力学效应杀伤、热应力效应杀伤和辐射效应杀伤等。

热效应杀伤:包括热爆炸和热烧蚀两种效应。当激光照射目标时,目标材料就会以一定的方式吸收激光能量,对应部分就转化为热能。被吸收的热能使目标表面温度急剧升高,并使目标熔化进而汽化。当激光强度超过一定值时,激光照射将使目标材料持续汽化,这种过程叫作激光热烧蚀。蒸汽飞速向外膨胀可将一部分颗粒或熔融液滴带出,从而使目标表面形成凹坑直至穿孔。如果激光脉冲的参数与目标相匹配或者目标表面与深层材料的吸热能力不同,则有可能出现目标深部温度高于其表面温度。这时,目标内部的过热而产生的高温、高压气体会突破表面喷出,造成热爆炸,使目标受到严重破坏。

力学效应杀伤(又称冲击破坏或激波效应):当目标受激光照射产生的蒸汽向外喷射时,在极短时间内给目标一个反冲作用,这相当于一个脉冲载荷作用到目标表面上,于是在目标材料中产生一个激波。激波传到表面后反射回来,与向内传播的激波一起对材料产生拉断作用,从而产生层裂、剪切等破坏现象。

热应力效应杀伤:激光照射目标表面导致目标表面温度上升,引起目标表面材料的弹性屈服度下降(热软化),力学性质发生变化,导致目标出现坍塌、断裂。

辐射效应杀伤:激光照射使目标材料快速汽化,并在其表面形成等离子体云,等离子体云可辐射紫外线、X 射线,这些辐射会对目标结构及内部电子器件和电路造成损伤。试验发现,这种辐射破坏比激光直接照射更为有效。

在实际杀伤目标时,往往是多种效应的综合作用,如热烧蚀与力学综合杀伤等。

激光武器硬杀伤破坏目标的机理是基于烧蚀、热冲击、热应力和辐射等多种效应的综合作用。而激光武器软杀伤破坏目标的机理是对人员、对光电器件的致盲和损伤。

对人员的致盲和损伤:主要体现在对眼睛的致盲和对皮肤的灼伤两个方面。激光对人眼的伤害主要发生在视网膜和角膜上,损伤程度取决于激光器的各项参数。这些参数主要有激光波长、激光输出功率、激光脉冲宽度和光斑直径等,当然损伤程度也与人眼的瞳孔大小、眼底颜色深浅等有关。如果激光的入射能量足够强可使视网膜和角膜受伤坏死,使人产生疼痛和失明;激光对皮肤的损伤主要是烧伤,当功率密度达到 12 W/cm^2 时会引起 I 度烧伤(I 度烧伤是指皮肤表层变红),当功率密度达到 24 W/cm^2 时会引起 II 度烧伤(II 度烧伤产生水泡),当功率密度达到 34 W/cm^2 时会引起 III 度烧伤(III 度烧伤将使皮肤的整个外层遭到破坏)。

对光电器件的致盲和损伤:激光对光电探测器的破坏效应可分为软破坏和硬破坏。所谓软破坏是指光电材料或器件的功能性退化或暂时失效,软破坏后器件仍有信号输出,但信噪比会大大降低。例如,当激光的连续或准连续输出功率为几百瓦到万瓦级水平或单脉冲输出能量在 10J 以上时,就可使敌方光电系统中的部分光学元件或光电传感器损坏而致盲失效,这种干扰形式称为激光致盲。而所谓硬破坏是指永久性破坏,被破坏器件无信号输出。

(4)激光武器的特点。激光武器与其他常规武器相比较,具有以下特点:

1)攻击运动目标不需提前量。由于激光是以光速传播的,所以激光武器发射的"光子弹",以 3×10^4 km/s 的光速飞行,能够在瞬间到达目标,将其摧毁。也就是说:"光子弹"从发射到击中目标的时间为零。因而,攻击运动目标时不需要提前量,只要对准目标便可击中。而用常规武器攻击运动目标时,必须根据弹丸飞行时间和目标运动速度计算出适当的提前量,才有可能命中目标。

2)不产生后坐力和放射性沾染。激光武器是以电磁波形式向目标传递具有破坏性的能量,它发射的高能激光束几乎没有质量。没有质量的武器是一种无惯性的武器,发射"弹丸"时不会产生后坐力。因而,激光武器使用起来省时省力,机动灵活,可以随时迅速地改变射击方向,而不影响射击的精度和效果。此外,激光武器是用光束毁伤目标的,所以激光束不像核武器那样能产生放射源,它对地面、海洋、空中和外层空间都不会造成污染。

3)使用范围广。激光武器所具有的特殊功能,使它的使用范围很广。它可制成高能激光武器(国外有的规定,武器系统中的激光器的平均输出功率不小于 2×10^4 W,或单脉冲能量不

小于 3×10^4 J,被称为高能激光武器),应用于战略范围,摧毁敌人的通信、侦察、预警、导航等卫星和来袭的弹道导弹;也可制成低能激光武器,应用于战术范围,毁伤敌人的武器器材和人员。同时,由于激光武器除天基、地基外,还可装在诸如装甲战斗车辆、飞机、舰船上及外层空间、天空、地面和海洋,应用范围广。

4)效费比高。激光武器利用波束能量杀伤目标,每次消耗的是"燃料",这一点与常规武器不同,常规武器需用大量弹药来摧毁目标,而激光武器每发射一发"子弹"只需少量"燃料"。若以电能作能源,发射 1 万次致盲激光或破坏光电部件的激光,仅耗 1 度电能。因此一部激光武器能贮存大量"子弹",这相当于有了一个大弹药库。因此它的效费比高。

5)攻击效果受制约因素较多(激光在大气层容易衰减)。众所周知,激光在大气层中传输,会把光束范围内的大气加热,从而产生一种等离子体,使激光衰减。另外,激光不能穿过云、雨、雾、雪、霾、雷、电对激光的影响也较大,这些都使激光不能发挥其应有的威力。

6)激光武器的准确跟踪较难解决。激光武器攻击目标时,只有使光束的焦点聚集在目标上不动,才能以最大的光能摧毁目标。因此,激光光束的跟踪瞄准和精确地引导光束射向目标是十分重要的,尤其对付那些高速机动目标,解决这个问题更为困难。

(5)典型激光武器系统。美国以波音 747 - 400 座机为载体的机载激光武器,发射功率为 2~3 MW;可以将 300 km 范围内的固体发动机导弹或 600 km 范围内的液体发动机导弹彻底击毁;加足一次燃料可发射 30~40 次,每次发射杀伤激光时间为 3~5 s;每次攻击间隔时间为 1~2 s;主要用于拦截助推段飞行的弹道导弹,也具有反巡航导弹、反飞机、反卫星以及飞机自卫的潜力。

1977 年,美国海军开始实施"海石(Sea Lite)"计划,其目的是建造更接近实用的舰载高能激光武器。曾经研制成功了一台 3.1 μm 的自由电子激光器(FEL),平均输出功率为 1.7 kW,脉宽 1 ps,重复频率为 75 MHz。在此基础上,该激光器于 2002 年升级,使 1~10 μm 波长平均功率达到 10 kW,0.2~1 μm 波长平均功率超过 1 kW,波长调节范围达到 0.2~60 μm。海军舰载自卫激光武器目前尚处在概念研究和试验论证阶段,还存在许多物理、工程和系统问题尚待解决。

2009 年 2 月,由美军和波音公司联合开发的"激光复仇者(Laser Avenger)"悍马车载激光武器系统,采用固态激光器,可用来摧毁火箭弹、迫击炮弹、无人机和巡航导弹等。

另外,美国还在积极发展天基激光武器,美国导弹防御局于 20 世纪 80 年代启动了天基激光武器计划。其概念是,天基激光武器系统由离地面 1 300 km 的 24 颗发射激光的卫星组成,每颗卫星质量约为 35 t,直径为 8 m,激光器的输出功率为 12~16 MW,采用 8~12 m 直径的大型发射镜,作用距离可达 4 000 km,对付的主要目标是洲际弹道导弹。

激光致盲武器是用相当能量的激光,伤害人眼、破坏光电器件和光学系统,实施软杀伤,使其丧失作战能力的。经过多年的发展,世界各主要军事强国在激光致盲应用方面都有了一定的进展,尤其是美、俄等国家,研制和生产了许多装备,从便携式到车载、机载、舰载式一应俱全。例如,由洛克希德公司为美陆军研制的便携式激光致盲武器 AN/PLQ - 5,可以配备在 M - 16 步枪上。它能致盲人眼、探测和破坏光电传感器,有效作用距离为 2 km,电池的容量可供发射 3 000 次。AN/PLQ - 5 也可车载、直升机或小型舰载。车载式激光致盲设备主要装备在坦克和装甲战车上。其中典型代表是美军 Stingray"魟鱼"激光武器系统,它安装在装甲战车上,利用低能激光器探测、精确定位并摧毁敌方光学及光电火控系统。采用二极管泵浦的板条形 Nd：YAG 激光器,输出能量达 0.1 J 以上,可破坏 8 km 远处的光电传感器,并能伤害更远处的人眼。

习　　题

1. 什么是特种战斗部,与常规战斗部有什么区别?

2. 按化学毒剂的毒害作用,化学武器可分为几类?

3. 化学武器的特点有哪些?

4. 什么是生物武器,是如何分类的?

5. 生物武器的特点有哪些?

6. 燃烧弹采用的纵火剂有几种,有什么要求?

7. 举例说明燃烧弹的基本组成和作用原理。

8. 发烟弹的基本组成是怎样的? 描述发烟弹作用效果指标有哪些?

9. 简述侦察用战斗部的用途和基本组成。

10. 什么是软杀伤武器,软杀伤武器是如何分类的?

11. 软杀伤效应分几种? 简述之。

12. 碳纤维材料具有什么特点?

13. 碳纤维弹的毁伤原理是什么?

14. 碳纤维战斗部对电力系统的毁伤模式有几种?

15. 电磁脉冲武器可分为几种类型?

16. 什么是高功率微波武器,其基本组成是怎样的?

17. 按照高功率微波武器的性能和用途,可以把微波武器分为几类?

18. 与传统的常规武器和核武器相比,高功率微波武器在战术应用方面具有什么特点?

19. 激光武器是怎样分类的?

20. 简述激光武器的基本组成与工作原理。

21. 简述激光武器的硬杀伤和软杀伤原理。

22. 激光武器与其他常规武器相比较其特点有哪些?

23. 举例说明目前正在研究的典型激光武器的情况。

第7章 战斗部毁伤效能评估

战斗部的毁伤效能是导弹武器系统的作战效能之一(作战效能包含生存能力、系统可靠性、突防效能、制导性能与毁伤效能),导弹对目标的毁伤程度与导弹毁伤威力与机理、击中目标的部位及目标抗毁伤的能力等有关。毁伤效能评估是对实战条件下战斗部打击特定目标的毁伤能力与毁伤效果进行度量,是导弹武器研制、试验鉴定、装备部署乃至实战运用过程中至关重要的内容。本章主要介绍毁伤效能评估的概念与内容、目标易损性和基本的毁伤效能评估方法。

7.1 毁伤效能评估的概念与内容

7.1.1 毁伤效能评估的概念

1.毁伤评估的概念

通常所说的毁伤评估可以分为武器毁伤效能评估和战场毁伤效果评估两类。

武器毁伤效能评估主要是依靠各类试验数据和仿真结果,通过建立特定目标的毁伤评估指标体系,借助数学和力学手段对特定战斗部在特定弹目交会条件下的毁伤过程进行建模、分析和数据处理,得到各个毁伤评估指标的评估结果。武器的毁伤效能评估主要服务于武器研制、生产和验收阶段的威力检验,在这一过程中所建立起的相关数学和力学模型同时可以服务于毁伤效能分析。

战场毁伤效果评估主要是依据战场侦察手段(卫星、无人机、谍报人员等)进行战场毁伤信息的获取、传输、分析和反馈,并给出毁伤状态或程度的评定,通俗地说也就是"看一看打得怎样"。

简而言之,武器毁伤效能评估通常在试验和仿真条件下完成,主要服务于武器研制和生产阶段的参数设计以及战场打击前的火力规划和打击预测。而战场毁伤效果评估主要是战场条件下的毁伤效果评估,服务于打击后的评估。

2.毁伤效能与评估的概念

毁伤效能是战斗部对目标毁伤能力与毁伤效果的量度,是指考虑一定导弹落点偏差前提下战斗部对目标的毁伤能力。

导弹对目标的毁伤能力取决于导弹的毁伤威力(含引战配合效率)和目标的防护性能,决定于战斗部毁伤机理、毁伤威力、打击方式与精度以及目标易损特性等。

毁伤效能评估,是指定量地描述导弹对战场目标的毁伤效能。毁伤效能量化评估需要回答的问题是:什么型号的战斗部在什么条件下以多大强度火力毁伤目标百分之多少战斗力的概率是多大。

因此,武器毁伤效能分析和评估工作主要从两个方面来进行,一是武器的威力,或者说是武器的战术和技术指标,主要包括战斗部特性和投射方式;二是目标的易损性,指目标对破坏的敏感性,反映了目标被一种或多种毁伤元素击中后发生损伤的难易程度。

7.1.2　毁伤效能量化评估内容

毁伤效能量化评估的研究重点是导弹着靶后的毁伤效应问题。其主要研究内容包含目标易损性分析与计算、战斗部威力分析与计算、毁伤效应试验与计算、毁伤效能综合评估等四个方面,内容体系简要框架如图 7-1-1 所示。根据各方面研究重点与关注点不同,内容有时存在着相互交叉。

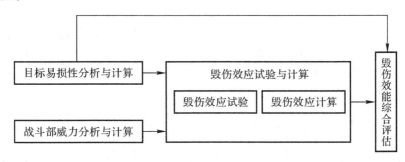

图 7-1-1　毁伤效能量化评估主要研究内容简要框架

1.目标易损性分析与计算

目标的易损性是指目标在特定的毁伤元素打击下,考虑特定的交会条件时,目标对毁伤的敏感性,该性质反映了目标被毁伤的难易程度。易损性不仅与目标本身的特性有关,也与毁伤元素和弹目交会条件有关。

易损性分析方法大致分为两类,一类是实弹射击法,另一类是仿真方法。

实弹射击法。即对目标进行实弹射击,得到统计规律,目前已经采用这种方法进行了大量的研究。实弹射击法的优点是方法直接、效果直观,但是耗资巨大,且不易调整有关毁伤条件(包括环境条件和弹目交会条件),部分毁伤数据的试验测量也是个难题。

仿真方法。当目标不可获取,或者武器不可获取时,运用计算机模拟研究对象,通过仿真计算获取毁伤效果。仿真方法具有能够节省经费和研究周期、具备较高的自由度和灵活性等突出优点。但是数值模拟仍然不是万能的方法,其所需的初始数据需要试验提供,其材料模型需要理论分析来建立,其计算结果的准确性也需要理论和试验的验证。

易损性分析的关键技术包括目标易损性量化分析、目标功能与结构综合易损性分析。

2.战斗部威力分析与计算

对战斗部威力分析,目前较常采用的有三类模型。

(1)毁伤半径模型。对于战斗部威力直接采用简单的对目标毁伤距离作为衡量战斗部的威力指标,该方法具有简单量化、直观的优点,常用来结合目标的点目标或易损面积模型对武器毁伤效能进行评估。

(2)战斗部威力参数模型。以冲击波作用或破片飞散参数表征战斗部威力,该方法能够反映宏观特点,常用来结合目标的易损面积模型对武器毁伤效能进行评估。

(3)破片射线模型。该模型是基于计算机仿真技术诞生的破片场仿真技术,主要用于破片式战斗部的威力评估,也可应用于一切具有弹道特性规律的武器(导弹、炮弹、子弹、破片)的威力评估。该模型的主要思想是每个破片的弹道均由相应的射击迹线来模拟,而且具有确定的标识数,指定的质量、速度、起点和方向,能反映破片的"宏观"可控性和"微观"随机性。

战斗部威力分析关键技术包括导弹毁伤机理研究和弹目交会特性分析。

3.毁伤效应试验与计算

对毁伤效应试验而言,主要手段有理论推导、模拟仿真、地面试验、飞行试验和全态毁伤地面试验等。理论推导是毁伤效应试验设计的基础,模拟仿真是获取大量毁伤效应分析数据的主要来源,地面试验是获取毁伤效能量化评估数据的重要手段,等效验证(飞行试验、全态毁伤地面试验)是验证毁伤效能量化评估模型和结论的有效方式。

对毁伤效应计算而言,通常包括仿真方法和工程算法两类,两类方法通常综合应用。

(1)毁伤效应仿真计算方法。首先根据战斗部与目标几何模型、本构模型及材料分析等参数建立战斗部数值模型和目标数值模型,基于武器毁伤机理和一定的仿真计算条件选用适当的数值模拟方法,采用某种数值计算软件进行毁伤效应仿真计算,并对结果进行验证、分析或评定,即对仿真模型进行校验,最后,结合毁伤效应判定准则,输出目标部件或分系统级的毁伤程度。毁伤效应仿真计算方法流程如图7-1-2所示。

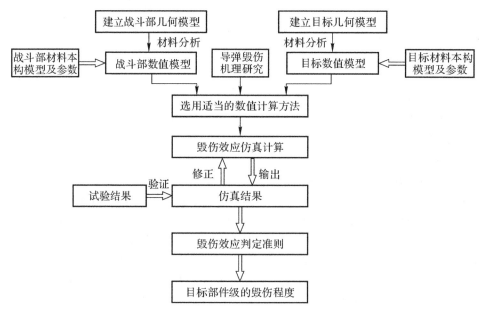

图7-1-2 毁伤效应仿真计算方法的一般流程

(2)毁伤效应工程算法。毁伤效应仿真计算通常只能获取典型工况下的毁伤效应,对全工况的毁伤效应有一定的局限性,需要采用工程算法。此类工程算法通常是基于大量毁伤效应仿真计算结果、试验数据与专家认识等来建立的。工程算法可分为两类:完成典型工况,拓展计算全工况的毁伤效应计算方法和统计计算方法。统计计算方法包括图解法、概率密度积分法等。图解法是一种近似方法,是在充分搜集到大量数据后,以影响毁伤效应的主要因素为指标做出一系列曲线,根据所研究战斗部、目标与弹目交会的情况去查图上曲线,即可得到导弹毁伤效应的近似值。概率密度积分法通常应用于目标结构较简单场合下的毁伤效应计算,主要做法是根据单发导弹毁伤效应全概率公式,在分别给出制导误差分布概率密度、引信启动点概率分布密度和三维坐标毁伤规律基础上,用解析方法或数值积分方法来计算单发导弹对目标的毁伤效应。

毁伤效应试验与计算的关键技术包括建模方法与相关技术、毁伤效应工程算法研究等。

4.毁伤效能综合评估

毁伤效能综合评估是基于前述研究内容的综合建模与计算过程。毁伤效能综合评估主要有毁伤概率评估法、毁伤树评估方法、降阶态评估法、层次分析法、ADC 分析法、系统效能分析法、毁伤指数评估、毁伤评估表法、试验数据统计法和单元加权法等。

毁伤效能综合评估的关键技术包括建立量化评估数学模型和构建毁伤效能量化评估系统等。

7.2　目标易损性

7.2.1　目标易损性概念

1.定义

目标受到战斗部攻击时失去正常功能的敏感性或目标被毁伤元素击中后对毁伤的敏感性称为目标的易损性。易损性具有双重含义:从广义上讲,易损性是指某种装备对于破坏的敏感性,其中包括关于如何避免被击中等方面的考虑;从狭义或终点弹道意义上讲,易损性是指某种装备假定被一种或多种毁伤元素击中后对于破坏的敏感性。目标易损性涉及许多因素,正是这些因素决定着目标耐毁伤的能力。对目标易损性研究尤其能揭示出提高目标存活率的途径,并通过演绎推理指明哪些武器最易严重损伤目标。

目标易损性研究所要解决的问题是,根据所要对付的主要目标,战斗部(或弹药)攻击敌方目标后,使其原有性能损失的程度以及这种损失对其完成作战任务的影响程度。目标易损性的研究是十分重要而复杂的,重要性体现在它与战斗部对预定目标的攻击效率有关,也与目标在遭受战斗部攻击时保持生存下来的能力有关。复杂性在于它需要进行系统的试验和战场实例统计,积累大量数据,建立毁伤判据,确定毁伤等级标准,建立目标易损性数学模型,进行一系列的数值计算。

对于狭义的目标易损性来说,主要通过三个方面:毁伤等级、毁伤率以及毁伤等效模型综合起来给出全面描述,这也构成了目标易损性研究的主要内容。

2.毁伤等级

目标毁伤的本质内涵是指目标受到毁伤因素作用后,其完成战术使命能力或执行作战任务能力的丧失或降低,表现为不同的毁伤程度或毁伤形式,通过毁伤等级来表示。毁伤等级的描述一般是定性的,毁伤等级的划分具有一定主观性。毁伤等级划分通常从两方面进行考虑:首先是目标的功能及其在战场上的作战任务,其次是目标易损性研究的针对性背景,如攻击武器的作战目的和毁伤方式等。因此,在不同的目标作战使命和研究背景条件下,同一目标的毁伤等级划分可以有所不同。

目标的功能与目标的构成及性能紧密相关,目标因功能的不同而具有不同的作战用途。毁伤因素对目标的作用导致目标结构损伤和性能降低,从而影响到目标的功能和作战能力。在实际的战场环境和作战条件下,武器与目标之间体现为体系和体系对抗、装备与装备的对抗,对抗的时效性以及损伤修复及功能恢复能力等往往对最终结果具有决定性影响,因此目标的毁伤等级大多需要结合毁伤响应时间或毁伤持续时间进行划分。

3.毁伤律、毁伤准则和毁伤判据

目标毁伤对毁伤因素的响应具有一定的随机性,因此目标毁伤的"敏感性"通过毁伤概率来度量。毁伤律定义为,针对特定毁伤等级的目标毁伤概率关于毁伤因素威力标志量(或导出量)的函数关系,表示为概率密度函数或概率分布函数形式。毁伤律是对目标易损性的"毁伤敏感性"一般性表征和量化数学描述,并反映目标毁伤响应规律即与毁伤因素(毁伤元素、战斗部和弹药整体)的关联性。

毁伤准则和毁伤判据:不同的行业和领域之间,甚至在同一行业和领域内,对毁伤准则和毁伤判据存在着一定程度的不同理解和认识。简单归纳起来,大致有以下三种观点:

(1)毁伤准则和毁伤判据表达同一含义,准则即判据、判据即准则,有时也称为毁伤标准,并用毁伤因素威力参量的阈值表示,达到或超过阈值则毁伤、达不到则不毁伤,多用于毁伤元素作用下目标是否毁伤的判定,这种观点在武器弹药与毁伤技术领域较为普遍。

(2)毁伤准则指毁伤判据的具体形式或选取的毁伤因素威力参量类别,可以理解为一种度量准则,例如冲击波的超压准则、比冲量准则和破片的动能准则、比动能准则等;毁伤判据则是判定是否造成毁伤的一定毁伤准则或威力参量的阈值,这种观点在武器弹药与毁伤技术领域也很常见。

(3)毁伤准则表示毁伤等级或程度,用于目标毁伤结果的评定,例如火炮射击的歼灭准则、压制准则和导弹攻击的摧毁准则、重创准则等;毁伤判据是指达到一定毁伤准则的判定阈值,例如毁伤目标的20%~30%为压制、大于60%为歼灭以及1发命中重创、2发命中摧毁等;另外将这样的毁伤准则与毁伤判据合起来称为毁伤标准或杀伤标准,这也是军事作战、火力指挥和武器运用领域的主流观点。

由此可见,武器弹药与毁伤技术领域的毁伤准则有时是一种判定准则,有时是一种度量准则,军事作战、火力指挥和武器运用领域的毁伤准则主要是评定准则或区分准则,各种准则的出发点和基本内涵是不一样的。

如果采用上面第二种基本含义,基于毁伤律和毁伤准则定义,可将毁伤判据定义为,针对毁伤律具体函数值即一定目标毁伤概率的自变量取值或取值范围。

按上述定义,毁伤律、毁伤准则和毁伤判据概念就可以统一起来。毁伤律既可以是连续函数也可以是分段函数,其中"0-1"概率分布函数是一种最常用的分段函数特例,即当毁伤判据(自变量值)大于等于某一数值时,毁伤概率(函数值)为1;当毁伤判据(自变量值)小于某一数值时,毁伤概率(函数值)为0。在工程技术领域,由于通常把毁伤律函数默认为这一特例,这也许正是造成"准则即判据、判据即准则"的原因之一。

4.目标毁伤等效模型

对于具体的目标实体,简单直接地通过毁伤效应试验研究其易损性,除费用昂贵外,有时难以进行甚至根本无法实施。例如:对人员目标就不太可能进行真实人体的毁伤试验;若所要研究的目标多来自敌方则通常难以获取;另外对太空和深海目标也难以模拟真实存在环境等。因此,需要建立目标毁伤等效模型,这也是解决相关问题的有效途径之一。

目标毁伤等效模型的实质是,在几何和物理构型与真实目标相似、功能毁伤特性与真实目标等效的前提下,基于目标对具体毁伤因素的物理或力学响应规律所建立的结构简化、几何形状相对规则和材料标准的目标模型。建立目标毁伤等效模型难度极大,其核心在于毁伤的相似性和等效性。建立目标毁伤等效模型的意义和实用价值主要在于:为毁伤律和毁伤判据研究提供载体和对象,为毁伤威力的试验设计及其考核与评定提供依据,以及为战斗部和武器效能评估提供基础数据等。

目标毁伤等效模型主要有两种形式,分别为目标构型等效模型和目标功能等效模型。

目标构型等效模型主要针对简单结构目标,或只针对物理毁伤、或无须考虑功能毁伤与物理毁伤之间联系的情况,如桥梁、机场跑道、野战工事、简单建筑物等目标以及标准人形靶、混凝土靶标等。对于不考虑目标功能毁伤甚至目标整体的物理毁伤,只是出于考核毁伤元素的威力和有效性或检验目标抗毁伤能力的目的,为判定有效毁伤的临界性,基于目标结构和材料的力学响应和物理毁伤特点所建立的特定几何尺寸和标准材料的等效结构,通常称为目标等效靶,例如一定厚度(结合一定长度和宽度)的钢板、铝板以及混凝土(带钢筋或不带钢筋)靶等。目标等效靶主要用于战斗部的静爆威力试验和指标考核,也可以看作是目标构型等效模型的一种。

目标功能等效模型主要针对复杂系统目标,并以目标功能毁伤为基本着眼点,需要考虑毁伤等级与目标功能毁伤的关联性,以及目标功能毁伤与部件(易损件)损伤的关联性。对于战斗机、装甲车辆、雷达以及导弹等复杂系统目标,一般具有如下特点:目标部件(易损件)数量和种类繁多,且相互关联和嵌套,某一部件或若干部件组合构成目标的功能分系统,易损件或功能分系统在目标空间按一定规则排布。目标功能等效模型的建立,需要在划定毁伤等级并对组成结构与功能实现相关联的结构树、易损件损伤与功能毁伤相关联的毁伤树进行系统分析的基础上,针对易损件或功能分系统建立构型等效模型,再根据目标功能与易损件或功能分系统的逻辑关系,最终建立起功能等效模型。不同的毁伤等级对应不同的毁伤树,因此目标功能等效模型依毁伤等级的不同而不同。

目标等效模型非常具有实用价值,目标构型等效模型可用于物理毁伤机理和毁伤效应研究、战斗部威力试验考核与评定以及目标效应物设计等,为战斗部和武器(弹药)毁伤效能评估提供基础数据;目标功能等效模型主要用于功能毁伤机理研究,是目标整体基于功能毁伤的毁伤律和毁伤判据研究的核心支撑。

7.2.2　目标易损性分析的步骤

易损性分析的基本步骤大致可以分为以下五步:

1. 选定目标

选定目标就是选择关注的特定目标,或者此类目标中具有代表性的一个(典型目标)。这类目标是根据目标的辐射特性、运动特性、几何形状、结构强度、动力装置类型、制导系统、抗爆能力、火力配备、可靠性、可维修性、有效性和生存能力等特性,并考虑到技术发展,综合而成的具有代表性的目标。

2. 进行目标描述(建立目标等效模型)

在选定了目标之后,需要根据目标的具体参数信息,对目标进行描述。描述主要从以下几个方面来进行:结构与几何尺寸、材料属性、功能或技战术指标、关键部件和潜在易损单元的位置和防护情况。

描述模型的逼真程度以及与真实目标的一致性则根据分析需要来定。通常这些描述是通过计算机建模来实现的。可以看出,建立详细的目标模型是一个非常复杂的过程。根据分析需要、计算能力和具体情况,通常情况下可以对模型进行适当的简化。

通常,描述的目标模型有三种:点目标模型、易损面积模型和高分辨率易损性模型。

(1)点目标模型。忽略目标的尺寸、形状及内部结构等特征,将目标简化为一个质点,适用于目标毁伤的简单评估及简单目标的毁伤评估。其毁伤评估结果仅为是否毁伤。

（2）易损面积模型。将一个复杂的战场目标简化为一些简单的几何形体或形面,计算其在战斗部攻击方向上的展现面积,通过各自的易损性系数加权,从而得到目标的易损性。实际运用中有简化线目标、面目标、体目标等。

（3）高分辨率易损性模型。伴随着计算机仿真技术的发展,结合计算机应用技术,基于对目标部件级的建模,建立目标各部件、系统之间的功能关系,完整描述目标几何、结构及功能信息,为目标毁伤的高精度评估奠定基础。借鉴国外易损性计算体系,可将复杂目标易损性评估模型归结为"三元结构",即目标描述、目标特征数据库、易损性计算模型三部分。

3. 建立毁伤或杀伤判据

进行毁伤评估或者毁伤效果预测,首先要建立毁伤（或杀伤）判据。通过建立毁伤判据解决毁伤效果的描述问题。毁伤判据一般可以分为以下几种:①毁灭性杀伤;②机动性失效;③火力失效;④封锁、拦阻;⑤损耗;⑥迫降;⑦阻止任务;⑧杀伤人员。

4. 单构件（或单毁伤机制）的条件杀伤概率

在建立了毁伤判据之后,下一步的工作就是确定在特定毁伤机制作用下目标组元或构件的毁伤概率,即目标被命中后被毁伤的条件杀伤概率。

5. 目标的综合易损性（多毁伤机制）

通常的目标往往是由多个组元或构件组成的,针对不同的组元,可以分别建立易损性分析模型,如爆炸冲击模型、射击线模型、机动性分析模型、人员杀伤模型和燃烧纵火模型等。在分析时根据不同的毁伤机制分别采用对应的分析模型,最后给出综合的目标易损性分析结果。

7.2.3 典型目标的易损性

本节主要针对战场上的人员目标、地面车辆、地面和地下建筑物、空中目标及水中目标等目标易损性进行分析,并给出相对应的评估方法。

1. 人员目标（作战人员）

人员在战场上易受许多杀伤手段损伤,其中最重要的手段有破片、枪弹、冲击波、化学毒剂和生物战剂,以及热辐射和核辐射等。尽管损伤人体的方式不同,但最终目的都在于使人丧失行使预定职能的能力。

（1）丧失战斗力分析。按照当前关于杀伤威力标准的规定,所谓一名士兵丧失战斗力,是指他丧失了执行作战任务的能力。士兵的作战任务是多种多样的,取决于他的军事职责和战术情况的不同。在定义丧失战斗力时,应考虑四种战术情况:进攻、防御、充当预备队和后勤供应队。无论哪种情况,看、听、想、说能力均被认为是必备的基本条件,丧失了这些能力,也就丧失了战斗力。

在进攻条件下,士兵首先需要利用的是手臂和双腿的功能,能够奔跑并灵活地使用双臂,这是进攻的理想条件,若士兵不能移动,或不能操纵武器,则认为士兵丧失了进攻的战斗能力。在防御中,只要士兵能够操纵武器就有防御能力,所以,若士兵不能移动,又不能使用武器,则认为士兵丧失了防御的能力。预备队和后勤供应队更易丧失战斗力,他们可能由于受伤就不能投入战斗。

丧失战斗力判据中常采用时间因素,是指自受伤直到丧失功能而不能有效地执行战斗任务为止的时间。各种心理因素对于丧失战斗力也具有确定无疑的作用,他们甚至能够瓦解整个部队的士气。现行的杀伤判据主要在于确定创伤效应与人体四肢功能的关联。因此,在分析一名士兵执行战斗使命的能力时,应以他使用四肢的能力为主要依据。当然,无论在什么战斗条件下,某些重要器官如眼睛、心脏等直接受到损伤时,都会使人立即丧失战斗力。

(2)杀伤等级。作战人员的杀伤等级划分是较难处理的,在受伤而非致死的情况下,作战人员继续执行作战任务的能力与其战斗精神和意志品质有关。另外,作战人员依据所执行具体任务的不同,同样杀伤情形下,其作战能力是否丧失也可能得出不同的结论,如同样是腿部受伤,对于阻击作战来说仍然可能继续执行任务,而对于攻坚冲锋作战来说可能就无法继续作战。因此,国内外本领域专业文献中极少见对作战人员的杀伤等级进行划分,为了使本书知识体系相对系统完整,提出作战人员的杀伤等级按如下三级进行划分:

K 级——作战人员死亡,彻底丧失所有作战功能;

A 级——作战人员受重伤,无法继续执行预定的作战任务,需要战场紧急救护;

C 级——作战人员受轻伤,可以继续作战但作战能力显著下降,无法圆满完成作战任务。

(3)破片、枪弹对人员的杀伤作用。为了定量地讨论人员对破片、枪弹的易损性,目前常用命中一次使目标丧失战斗力的条件概率来表述。该概率是根据破片、枪弹的质量、迎风面积、形状和着速确定的,因为这些因素将决定着创伤的深度、大小和轻重程度。所以,上述诸因素应针对各种不同作战情况和从受伤到丧失战斗力所经过的时间来具体评价。

为了评价反步兵武器的杀伤效率,必须制定一个定量的杀伤标准。所谓杀伤标准是指有效地杀伤目标(目标毙命或重伤而丧失战斗力)时杀伤元素参数的极限值。破片、枪弹的杀伤标准有动能标准、比动能标准、破片质量标准、破片分布密度标准和杀伤概率标准等。

1)动能标准。因为破片、枪弹杀伤目标一般以击穿为主,而击穿则是靠动能来完成的,所以通常以破片、枪弹的动能 E_d 来衡量其杀伤效应,即

$$E_d = \frac{1}{2}mv_0^2 \qquad (7-2-1)$$

式中,m 为破片、枪弹的质量(g);v_0 为破片、枪弹与目标的着速(m/s)。

美国军标 MEL-STD-2105C 规定,对于人员,杀伤动能 E_d 标准定为 79 J。即,动能小于 79 J 的破片、枪弹,不能使人致命,而动能大于 79 J 就可使人致命。这种判据大致只适用于不稳定的特重破片,而不适用于衡量现代的杀伤元素。表 7-2-1 为破片毁伤目标的动能准则。

表 7-2-1　破片毁伤目标的动能准则

目标	杀伤标准/J	目标	杀伤标准/J
人员轻伤	21	7 mm 厚装甲	2 158
杀伤人员	>74	10 mm 厚装甲	3 434
粉碎人骨	157	13 mm 厚装甲	5 788
杀伤马匹	>123	16 mm 厚装甲	10 202
击穿金属飞机	981~1 962	击穿飞机发动机	883~1 324
击穿机翼、油箱、油管	196~294	车辆(应击穿 635 mm 中碳钢板)	1 766~2 551
击穿 50 cm 厚砖墙	1 913	轻型战车及铁道车辆 (应击穿 12.7 mm 中碳钢板)	14 568~22 073
击穿 10 cm 混凝土墙	2 453	人员致命伤	98

2）比动能标准。由于破片的形状复杂，飞行过程中又是旋转的，因此破片与目标遭遇时的面积是随机变量，故用比动能 e_d 来衡量破片的杀伤效应较动能更为确切，即

$$e_d = \frac{E_d}{A} = \frac{1}{2}\frac{m}{A}v_0^2 \tag{7-2-2}$$

式中，A 为破片与目标遭遇面积的数学期望值。

1968 年，斯佩拉扎等人用不同直径的子弹对皮肤进行射击试验，结果表明，穿透皮肤所需的最小着速（弹道极限）v_1 在 50 m/s 以上，侵入肌体 2～3 cm 时，所需弹道极限在 70 m/s 以上，并提出其速度与断面比重的如下关系式，即

$$v_1 = \frac{125}{s} + 22 \tag{7-2-3}$$

式中，$s = m/A$。这时，穿透皮肤所需的最小比动能关系式可表示为

$$e_1 = \frac{1}{2}\frac{m}{A}v_1^2 \tag{7-2-4}$$

据有关资料报道，杀伤人员，当采用 0.5 g 的方形破片时比动能为 133 J/cm²；当采用 1 g 的球形破片时比动能为 111 J/cm²；当采用 5 g 的方形破片时比动能为 139 J/cm²。

显然，对于一定厚度的皮肤，其 e_1 值是一定的。在惯用的杀伤标准中，杀伤人员一般取 $e_1 = 160$ J/cm²，擦伤皮肤的最小比动能 $e_1 \approx 9.8$ J/cm²。

3）破片质量标准。为直观地表示破片对目标的杀伤效率，早期还曾采用过破片质量杀伤标准。该标准认为，对于杀伤破片的有效质量，一般应在 4 g 以上，最好为 5～10 g。对于一般以 TNT 炸药装药为主的弹药，其壳体形成的破片初速往往在 800～1 000 m/s，这时杀伤人员的有效破片质量一般取 1.0 g，随着破片速度增大，也有取 0.5 g 甚至 0.2 g 作为有效破片。因此，破片质量标准，实质上仍是基于破片动能杀伤标准的。

4）破片分布密度标准。弹药爆炸后形成的杀伤破片在空间的分布是不连续的，且随破片飞行距离的增大，破片之间的间隔也越大。因此，就单个破片而言，并不一定能够命中目标。可见，单纯地规定破片动能、比动能或质量作为杀伤标准是不全面的，还必须考虑破片的分布密度（块/m²）要求。显然，有效破片的密度越大，命中目标和杀伤目标的概率也就越大。但是，密度增大，相应的要求破片数增加，使战斗部质量增加；或在一定战斗部质量下，壳体质量增加，装药量减少，这又会导致破片初速度下降。所以，要设计一个合理的密度值。通常破片质量小的，密度要设计得大些，反之，设计得小些。对于空-空导弹杀伤战斗部，当破片质量为 3～6 g 时，密度为 4 块/m²；对于地-空导弹杀伤战斗部，当破片质量为 7～11 g 时，密度为 1.5～2.5 块/m²。

5）杀伤概率标准。杀伤判据本是在生物实验研究的基础上制定出来的，并且在医学上建立杀伤判据与人体生理构造之间的联系。这方面的工作正随着创伤弹道学的深入研究而迅速发展，因此现行的杀伤标准需要修改，以适应现代的杀伤元素。1956 年，艾伦和斯佩拉扎曾提出一个考虑士兵的战斗任务和从受伤到丧失战斗力所需时间的关系式

$$P_{hk} = 1 - e^{-a(91.36mv_0^\beta - b)n} \tag{7-2-5}$$

式中，P_{hk} 为钢破片（枪弹或破片）的某一随机命中使执行给定战术任务的士兵丧失战斗力的条件概率；m 为破片质量（g）；v_0 为着速（m/s）；a,b,n 和 β 为根据不同战术情况和从受伤到丧失战斗力的时间而由实验得到的常数，其中 $\beta = 2/3$ 与实验吻合较好。

在考虑四种标准战术情况下，即防御 0.5 min、突击 0.5 min、突击 0.5 min 和后勤保障

0.5d条件下,杀伤士兵所需的最长时间见表7-2-2。四种情况下的a,b和n值见表7-2-3。

表7-2-2　人员杀伤试验采用的四种标准

标准情况			所代表的情况	
编号	战术情况			
1	防御	0.5 min	防御	0.5 min
2	突击	0.5 min	突击	0.5 min
			防御	5 min
3	突击	5 min	突击	5 min
			防御	30 min
			防御	0.5 d
			后勤保障	0.5 d
4	后勤保障	0.5 d	后勤保障	1 d
			后勤保障	5 d
			预备队	0.5 d
			预备队	1 d

表7-2-3　非稳定破片的a,b,n值

战术情况编号	a	b	n
1	$0.887\ 71 \times 10^{-3}$	31 400	0.541 06
2	$0.764\ 42 \times 10^{-3}$	31 000	0.495 70
3	$1.045\ 40 \times 10^{-3}$	31 000	0.487 81
4	$2.197\ 30 \times 10^{-3}$	29 000	0.443 50

(4)冲击波对人员杀伤作用。人员对冲击波的易损性主要取决于爆炸时伴生的峰值超压和瞬时风动压的幅度和持续时间。冲击波效应可划分为三个阶段:初始阶段、第二阶段和第三阶段。

初始阶段冲击波对应产生的损伤直接与冲击波阵面的峰值超压有关。冲击波到来时,伴随有急剧的压力突跃,该压力通过压迫作用损伤人体,如破坏中枢神经系统、震击心脏、造成肺部出血、伤害呼吸及消化系统、震破耳膜等。一般说来,人体组织密度变化最大的区域,尤其是充有空气的器官更易受到损伤。

第二阶段冲击波效应是指瞬时风驱动侵彻体或非侵彻体造成的损伤。该效应取决于飞行体的速度、质量、大小、形状、成分和密度,以及命中人体的具体部位和组织。这种飞行体对人体的伤害同破片、枪弹类似。

第三阶段冲击波效应定义为冲击波和风动压造成目标整体位移而导致的损伤。这类损伤依据身体承受加速和减速负荷的部位、负荷的大小以及人体对负荷的耐受力来决定。

在考虑冲击波损伤效应时,应综合考虑三个阶段造成的伤害,只考虑某一阶段是不合乎实际的。

高能炸药爆炸波对人体的杀伤作用取决于多种因素,其中主要包括装药尺寸、爆炸波持续时间、人员相对于炸点的方位、人体防御措施以及个人对爆炸波载荷的敏感程度。

1)超压的杀伤作用。准确描述炸药爆炸冲击波超压对人体的损伤应为超压和作用时间的乘积,关于人体对爆炸波超压的耐受程度有两点结论极其重要:其一,瞬时形成的超压比缓慢升高的超压会造成更严重的后果;其二,持续时间长的超压比持续时间短的超压对人体的损伤更严重。动物实验结果表明,人员对 $20\sim150$ ms 内升至最大值的长时间持续压力的耐受程度明显高于急剧升高的压力脉冲。缓慢升高的超压对肺部损伤明显减轻,但对耳膜、窦膜和眼眶骨会造成一定的损伤。

对各种动物的试验数据可用来估算使人致死的急剧升高的峰值超压的量级。就短时间($1\sim3$ ms)超压而言,可利用下式进行外推计算:

$$P_{50} = 0.001\,65W^{2/3} + 0.163 \tag{7-2-6}$$

式中,P_{50} 为造成 50% 死亡率所需的超压(MPa);W 为人体质量(kg)。由式(7-2-6)可算得,54.4 kg 和 74.8 kg 质量的人造成 50% 死亡率的超压 P_{50} 分别为 2.53 MPa 和 3.09 MPa。

对于长时间(80~1 000 ms)超压动物试验结果表明,致死超压比上述值低得多。急剧升高的长时间持续压力脉冲对人员的损伤作用大致见表 7-2-4。

表 7-2-4　持续压力脉冲对人员的损伤

超压/MPa	损伤程度
0.013 8~0.027 6	耳膜失效
0.027 6~0.041 4	出现耳膜破裂
0.103 5	50% 耳膜破裂
0.138~0.241	死亡率为 1%
0.276~0.345	死亡率为 50%
0.379~0.448	死亡率为 99%

2)飞行物的杀伤作用。爆炸波驱动的飞行物打击人体会造成对人员的第二次杀伤作用。关于小型脆性破片和大型非侵彻性飞行物对人员的杀伤作用,在低速范围内与前文研究的破片对人员的杀伤作用相类似。根据试验结果推断,可将质量为 10 g、着速为 35 m/s 的玻璃碎片作为玻璃或其他易碎材料破片有效杀伤人员的近似值。较大物体打击人体时同样能造成死亡。研究结果表明,大约 4.57 m/s 的着速就能造成颅骨破裂。为便于研究,对非侵彻性飞行物,通常以质量为 4.54 kg、着速为 3.05 m/s 来作为杀伤人员的暂时标准。

3)平移力的杀伤作用。人员受到的平移力是由爆炸产物引起的,其大小取决于爆炸强度、人员至炸点的距离、地形条件以及人体方位等。人员在最初受到加速随后产生平移及最后的碰撞都可能受伤,但严重损伤多发生在与坚硬物体相撞的减速过程中。人体与坚硬物体相撞时,其损伤情况大致如下:人体以 3.66 m/s 左右的速度运动时,重伤率约 50%;以 5.18 m/s 左右的速度运动时,死亡率约 50%。

图 7-2-1 给出了由于平动造成的 50% 爆炸波杀伤概率曲线。图中示出在开阔地带条件

下由于平动爆炸波杀伤概率达到 50% 时,爆炸高度对应的地面距离的变化曲线(该曲线是依据 1kt 当量爆炸情况绘制的,其他当量爆炸需要进行换算)。

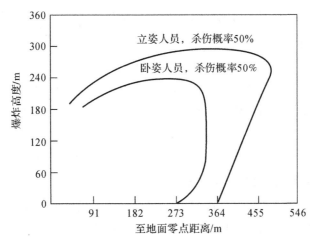

图 7-2-1　平动造成 50% 杀伤概率的爆炸高度对应的地面距离

(5)火焰和热辐射对人员的杀伤。人员对火焰和热辐射的易损性,可分为闪光烧伤和火焰烧伤两种。闪光烧伤通常发生在人体未受衣服遮蔽的小面积部位上;火焰烧伤则能在身体的大部分区域出现,因为衣服也会起火燃烧。

闪光烧伤的程度随受热能的多少和热能传递的速率而异。闪光烧伤不会导致皮下阻滞,其烧伤深度也比火焰直接烧伤显著减小。如果烧伤是由核弹产生的大火或辐射引起的,则烧伤使士兵丧失战斗力的效果显著增强。

1)皮肤烧伤。裸露皮肤的灼伤程度直接与辐照量和辐射能量的传递速率有关,而这两者都取决于武器的当量。在垂直照射条件下,皮肤变红为一度烧伤;局部皮层坏死或起泡为二度烧伤;皮肤完全坏死为三度烧伤。必须指出,实际值将随人体皮肤的颜色和温度而变化。

图 7-2-2 给出了使裸露皮肤产生一、二度烧伤的临界辐照量随武器当量的变化情况。

服装能反射和吸收大部分热辐射能量,可保护皮肤免遭闪光烧伤。但在一定辐射条件下,服装发热或被点燃,将会增加向皮肤传递热量,造成比裸露皮肤更严重的烧伤。

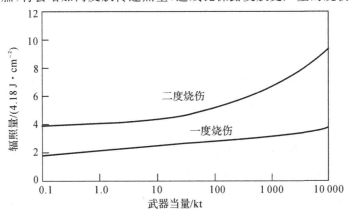

图 7-2-2　裸露皮肤产生一、二度烧伤的临界辐照量

2)眼睛损伤。热辐射对眼睛的伤害可分为两类：一是闪光致盲，这是一种暂时性的视力丧失症状；二是视网膜烧伤，即视网膜永久性损伤。一般说来，在白天，闪光致盲对人的影响并不严重。因为在白天，视野正前方出现闪光所造成的视力丧失时间一般不会超过 3 min。如果闪光不是出现在视野正前方，对视力基本上不会有什么妨碍。在夜间，如果爆炸发生在视野正前方，影响视力的时间可持续 5～10 min，不在正前方时，只有 1～2 min。因此在黑暗环境中，丧失视力的时间会长些。当爆炸火球处于视野正前方且大气洁净时，即使在距爆心相当远的地方，也可造成视网膜烧伤和某种程度的永久性视力减退。如果眼睛直接望着爆心，视力损伤会更严重。

3)次生火焰烧伤。着装起火生成的次生火焰可导致手部、面部烧伤。爆炸引起的火灾也易导致人员伤亡。因为火或火焰作为使人员丧失战斗力的手段，首先，火或火焰不是纯粹的电磁辐射，它能绕过拐角，烧伤拐角后面的人员；其次，它能消耗现场的氧气，使人员窒息而死；再者，它会使人极度惊惧，以致休克；此外，它还可毁坏人们赖以生存的生活资料。

2. 地面车辆

炮弹、穿甲弹、破甲弹、地雷、冲击波、火焰和热辐射、电子干扰及危害乘员的毁伤作用，都能够使地面车辆受到不同程度的损坏。究竟哪种毁伤作用最有效，须视车辆的类型而定。通常按装甲防护情况将车辆分为装甲和非装甲车辆两大类，其中承担主战任务并具有装甲防护的坦克、步兵战车、自行火炮等一般归类于装甲车辆；而向战斗部队提供后勤支援以及承载技术装备的不具有装甲防护的非战斗车辆，如卡车、牵引车、雷达车、指挥车等，一般归类于非装甲车辆。

(1)装甲车辆。装甲车辆主要划分为三个毁伤等级：

K 级——车辆彻底毁坏，丧失所有功能；

F 级——车辆主炮、机枪等发射器完全或部分地丧失射击能力(还可以细分为 F_i，$i=1,2,\cdots$)；

M 级——车辆完全或部分地丧失行动或机动能力(还可以细分为 M_i，$i=1,2,\cdots$)。

装甲战斗车辆的易损性，通常是从它抵御穿甲弹、破片杀伤弹和破甲弹贯穿作用的能力，以及其结构抵御爆破榴弹或核弹冲击波的能力来考虑的。实际上，有些不能摧毁车辆或使之丧失行动能力的作用，但能使车辆或内部部件受到一定程度的损坏。例如，装甲战斗车辆遭到各种口径弹丸攻击时，其活动部件可能被楔死，产生变形，以致失去效用。高能炸药爆炸或核爆炸可以使装甲战斗车辆结构破坏，冲击波阵面可以引起装甲板振动，使固定在车内的部件受到严重损坏。

实践表明，为准确评价命中弹丸对坦克的破坏程度，必须建立一套标准数据，借以给出由各基本部件破损而造成的坦克破坏程度(见表 7-2-5～表 7-2-7)。表中数据仅仅考虑单发命中对坦克的作用效果，并未考虑在命中时坦克担负的战斗任务或对乘员士气和心理作用的影响。

表 7 - 2 - 5　典型的坦克破坏程度评价表
（以内部部件损坏为依据）

部件	破坏级别		
	M	F	K
主炮用药筒	1.00	1.00	1.00
主炮用弹丸(高能弹药/白磷燃烧弹)	1.00	1.00	1.00
主炮用弹丸(动能弹)	0.00	0.00	0.00
机枪弹药	0.00	0.10	0.00
武器			
并列机枪	0.00	0.10	0.00
炮塔高射机枪	0.00	0.05	0.00
主用武器	0.00	1.00	0.00
并列机枪和炮塔高射机枪	0.00	0.10	0.00
所有其他武器	0.00	1.00	0.00
主炮击退机构	0.00	1.00	0.00
蓄电池	0.00	0.00	0.00
车长观察装置	0.00	0.00	0.00
驱动控制机构	1.00	0.00	0.00
驾驶员潜望镜	0.05	0.00	0.00
发动机	1.00	0.00	0.00
单侧油箱漏油	0.05	0.00	0.00
高低机			
动力	0.00	0.00	0.00
手动	0.00	0.00	0.00
二者	0.00	1.00	0.00
火力控制系统			
主用系统	0.00	0.10	0.00
备用系统	0.00	0.00	0.00
二者	0.00	0.95	0.00
内部通信设备			
全部设备	0.30	0.05	0.00
车长用设备	0.00	0.05	0.00
射手用设备	0.00	0.05	0.00
车长和射手用设备	0.30	0.05	0.00
装填手用设备	0.00	0.00	0.00
驾驶员用设备	0.30	0.00	0.00
旋转式分电箱	0.35	0.20	0.00
炮塔接线盒	0.35	0.10	0.00
无线电设备			
现代战争,现代作战方式	0.05	0.05	0.00
现代战争,未来作战方式	0.25	0.25	0.00
方向机			
动力	0.00	0.10	0.00
手动	0.00	0.00	0.00
二者	0.00	0.95	0.00

表 7 - 2 - 6 典型的坦克破坏程度评价表
（以外部部件破坏为依据）

部件	破坏级别		
	M	F	K
减震簧	0.00	0.00	0.00
诱导轮	1.00	0.00	0.00
行动轮（前）			
一个	0.50	0.00	0.00
两个	0.75	0.00	0.00
行动轮（后）	0.20	0.00	0.00
行动轮（其他）	0.05	0.00	0.00
减震器	0.00	0.00	0.00
链轮	1.00	0.00	0.00
履带	1.00	0.00	0.00
履带导向齿	0.05	0.00	0.00
履带支托轮	0.00	1.00	0.00
主炮管	0.00	1.00	0.00
主炮炮膛排烟器	0.00	0.05	0.00

表 7 - 2 - 7 典型的坦克破坏程度评价表
（以人员伤亡或失能为依据）

人员	破坏级别		
	M	F	K
车长	0.30	0.50	0.00
射手	0.10	0.30	0.00
装填手	0.10	0.30	0.00
驾驶员	0.50	0.20	0.00
两名乘员失能			
车长和射手	0.65	0.95	0.00
车长和装填手	0.65	0.70	0.00
车长和驾驶员	0.90	0.60	0.00
射手和装填手	0.55	0.65	0.00
射手和驾驶员	0.80	0.55	0.00
装填手和驾驶员	0.80	0.50	0.00
唯一幸存者			
车长	0.95	0.95	0.00
射手	0.95	0.95	0.00
装填手	0.95	0.95	0.00
驾驶员	0.90	0.95	0.90

(2)非装甲车辆。非装甲车辆通常划分为四个毁伤等级：

K 级——车辆彻底毁坏,无法继续使用且不可修复;

A 级——发动机在 2 min 内停车或无法继续行驶,战场条件下难以修复;

B 级——发动机在 2~20 min 内停车或无法继续行驶,战场条件下短时间内难以修复;

C 级——不堪使用,在战场条件下难以正常行驶或使用。

非装甲车辆不仅容易被各种反装甲手段摧毁,而且能被大多数杀伤武器毁坏。定量地确定这类车辆最低限度易损性的尺度是:若车辆运行所必需的某个零部件受到损伤,从而导致车辆停驶的时间超出某一规定时间,即可认为车辆已遭到有效破坏。车辆中有些主要行驶部件如电气部分、燃料系统、润滑系统和冷却系统等,在受到打击时特别容易损坏,故这些部件被视为受到攻击时最易失效部件。

车辆易造成 A 级和 B 级毁伤的部分包括四个系统:①电气系统,包括配电、线圈、定时齿轮、导电线路、变压器;②燃油系统,包括汽化器、油泵、油管、滤油器;③润滑系统,包括油盘、回油孔、油路、滤油器;④冷却系统,包括散热器及其连接软管、水箱。

电气系统中通常包括蓄电池和发电机,因为这两个部件不大可能同时被摧毁,只要其中之一保持完好,就足以保持车辆长时间行驶。

由于多方面的原因通常也不把油箱列入燃油系统之中。其一,油箱的大部分被有效屏蔽着;其二,破片大都击中其上部,即使击穿,燃油泄漏也相当缓慢,不致造成 A 级或 B 级毁伤;其三,单发模拟破片射击试验结果表明,对非装甲车辆,由燃料起火而导致车辆毁坏的可能性很小。

3. 空中目标

空中目标包括各式飞机和导弹,本节以飞机为例分析其易损性。飞机易损性涉及许多因素,正是这些因素决定着飞机耐受战斗损伤的能力。飞机易损性研究尤其能揭示出提高飞机战斗存活率的途径,并通过演绎推理指明哪些武器最易严重损伤飞机。因此,飞机的易损性和武器的毁伤威力是两个同等重要而又密切相关的问题,它们是同一现象攻、防两个不同的研究侧面。

(1)毁伤等级。目前的作战飞机毁伤等级划分方法主要是针对实际空战条件,与停放情况下有所不同,通常按六级进行划分,具体如下:

KK 级——飞机被击中后立即解体,也表示飞机的攻击完全失效;

K 级——飞机被击中后立即失去了控制,一般规定为 30 s 内失去控制;

A 级——飞机被击中后 5 min 内失去控制;

B 级——飞机被击中后不能飞回原基地,通常将喷气式飞机视为位于 1 h 航程之内,活塞式发动机飞机位于 2 h 航程之内;

C 级——飞机被击中后不能完成其使命;

E 级——飞机被击中后仍能完成其使命,但不能执行下次预定任务,需要长时间维修。

从实际研究需要和操作性更强的角度看,上述六级划分方法显得过细和复杂,推荐采用以下三级划分方法:

K 级——重度毁伤,飞机立即解体或 5 s 内失去控制(大致对应上面的 KK 级和 K 级);

A 级——中度毁伤,飞机在 5 min 内失去控制(对应上面的 A 级);

C 级——轻度毁伤,飞机不能自主返回或不能完成其使命(大致对应上面的 B 级和 C

级)。

(2)毁伤程度的评价。为了评定飞机究竟属于哪种破坏,必须明确飞机正在行使何种任务和使命。在飞机易损性试验中,常以评价法作为确定飞机破坏程度的基本方法。受试飞机损坏后,要求评价人员根据其使命、人员反应等,对飞机达到某一破坏等级的概率作出判断。例如,相对于 A,B,C 和 E 级进行的评价结果是 0,0,0 和 0,就意味着飞机不会在 5 h 之内坠毁,既不影响飞机执行预定任务,也不会在着陆时坠毁。如果评价结果是 0,100,0 和 0,则意味着飞机将在 2 h 之内坠毁。严格地讲,用百分数描述飞机各种破坏级别的概率不是非常科学,但它仍是衡量飞机终点弹道易损性的基本方法。

(3)飞机目标的易损性及影响因素。飞机目标的毁伤概率等于命中概率与命中后毁伤概率的乘积。飞机在战斗中的存活率受多种因素影响,如飞机的飞行性能和机动能力、飞机的防御性武器装备和进攻性武器装备、飞机乘员的技术水平和士气等。在大多数情况下,影响飞机存活率的主要因素是飞机构架和其基本部件的固有安全性,以及飞机可能配备的任何防护装置的效能。

在确定飞机易损性时,通常将飞机定义为如下一些部件的集合体:构架、燃料系统、发动机、人员(执行任务必需人员)、武器系统和其他部件。飞机各部件相对于非核武器的终点弹道易损性见表 7-2-8。

表 7-2-8 飞机各部件的相对易损性

毁伤武器	人员	燃料系统	发动机		构架	武器及其他
			涡轮喷气式	活塞式		
枪用燃烧弹	高	不确定	中等	低	极低	高
杀伤榴弹或杀伤燃烧榴弹破片	高	不确定	高	高	高低不等	高
枪弹	高	不确定	中等	低	极低	中等
杆式弹	高	不确定	高	高	高	高
外部爆炸波	极低	极低	极低	极低	中等高	中等

飞机作为一个整体的易损性以其类型和所处的场合而异。一般说来,飞机常常是在飞行中受到损伤,当停放在地面时,就变成了地面目标。飞行中的飞机可分为作战飞机和非作战飞机两大类。作飞战机又可按不同使命分为轰炸机、歼击机和强击机。不同的飞机其防护设备和面临的攻击威胁也不太相同。

轰炸机最易损伤的部件如下:

1)发动机——易因机械损伤和起火而使飞机坠毁;

2)燃料系统——易因起火、内部爆炸或燃料缺失而使飞机坠毁;

3)飞机控制系统和控制面——易因多发命中造成机械损伤,产生破裂,导致失控;

4)液压和电气装置——易起火损坏;

5)炸弹与烟火器材——易爆炸或起火而摧毁整个飞机;

6)驾驶员——易因丧失战斗力致使飞机坠毁。

单发动机歼击机相对于地面高射武器的易损性大致为:

1)发动机——易因机械损伤和起火而使飞机坠毁;

2)驾驶员——易因受伤或死亡而导致飞机坠毁;

3)燃料系统——易因燃料缺失或起火致使飞机坠毁。

凡是飞机上易损坏的零部件,其易损性在很大程度上是由暴露面积决定的。暴露面积是指某一部件的外部形状在来袭弹丸或战斗部飞行线垂直的平面上的投影面积。暴露面积与该面积之内任意一次命中的条件毁伤概率之乘积称为易损面积。以总质量约54.4 t的四发动机中程轰炸机为例,其平均暴露面积约为140 m²。某些易损部件的平均暴露面积大致为:结构(含油箱)为112 m²;油箱为32.2 m²;压力座舱为12.6 m²;四台发动机为84 m²;驾驶员为0.7 m²。可见,主体结构是最大的易损部件,油箱、座舱和发动机的暴露面积也相当可观。

飞机在飞行中更易受爆炸冲击波破坏。爆炸冲击波超压作用在飞机表面上,会引起蒙皮凹陷,肋条和桁条弯曲,此外还会产生一个短暂的绕射作用力。随同爆炸波一同到来的质点速度会使飞机承受一个在爆炸波方向上的曳力载荷,该载荷持续时间比绕射作用力大许多倍,能够在翼面和机身内形成弯曲应力、剪切应力和扭曲应力,使飞机承受的破坏载荷加大。

非作战飞机包括货机、运输机、多用途飞机、观察机和侦察机等。后两种飞机常可改装成作战飞机。这些飞机在功用、尺寸和速度上各有特色,但从结构上都属于传统的采用半硬壳式机身、全悬挂式机翼,且覆盖一层预应力铝蒙皮的飞机结构。鉴于作战飞机易损性试验中使用的飞机结构与这类飞机结构类似,因此作战飞机的易损性试验数据可用于非作战飞机的易损性评定。

(4)飞机终点弹道试验数据分析。飞机的终点弹道数据可以通过理论分析、实践数据分析和可控条件下对飞机的射击试验获取。由于飞机结构和各种破坏机制极其复杂,借助纯理论分析获得飞机的易损性数据几乎是不可能的。有关这方面的研究工作主要涉及实际和模拟环境下各种构件的动态响应特性和工作特性。

1)外爆炸效应。对飞机的外爆炸试验结果表明,有可能在破坏程度和爆炸波峰值压力及正冲量之间建立一定的关系。这里假定,具有一系列质量的炸药装药在目标附近不同距离上爆炸时,均造成同一等级的破坏。根据不同装药量和爆炸距离的每一组合,均可求得对应这一破坏等级的一组侧向和正面峰值压力和冲量。图7-2-3为在一定装药量范围内绘制的压力-冲量曲线,叫作阈值破坏曲线,它表示了摧毁给定目标或造成某一破坏等级时所需的压力和冲量组合。

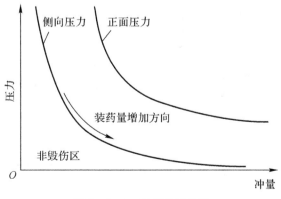

图7-2-3　阈值破坏曲线

美国弹道研究所关于飞机外爆炸破坏的一篇报告中给出了 A－25（单发动机）飞机的一套等值破坏曲线，如图 7－2－4 所示。其有效质量为 204 kg 的裸露装药爆炸，导致 100－A 型结构性破坏，其中装药为彭托利特炸药。

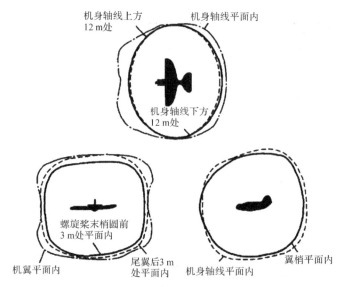

图 7－2－4　204 kg 球形装药使 A－25 飞机破坏曲线

根据 A－25 飞机的外爆炸破坏数据，在一定方位上装药外爆炸使飞机遭受 100－A 型破坏所需的峰值压力和正冲量变化曲线如图 7－2－5 和图 7－2－6 所示。其中装药量分别为 3.6 kg，40.8 kg，204.1 kg 和 2 268 kg，炸药种类为彭托利特 50/50。炸药位置放在机翼平面内爆炸。

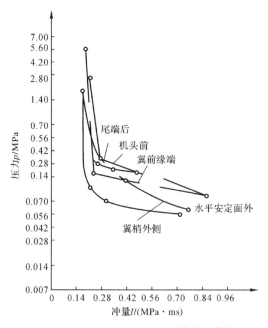

图 7－2－5　A－25 飞机的阈值破坏曲线

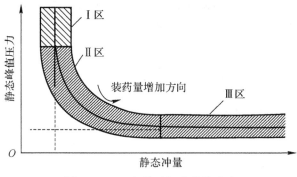

图 7-2-6　阈值破坏曲线的形式

图 7-2-5 所示曲线表明,在冲量低于某值后,无论峰值压力多高,都不会造成 100-A 型破坏。反之,峰值压力低于某值时,不管冲量多大,也不可能造成 100-A 型破坏。因此,图 7-2-6 中,在 Ⅰ 区内,冲量是唯一的破坏判据;在 Ⅱ 区内,峰值压力和冲量皆不是唯一的破坏判据;在 Ⅲ 区内,峰值压力本身就足以决定破坏情况。

阈值破坏曲线可用来计算未经试验的飞机相对炸药装药外爆炸的易损性。阈值破坏曲线的变化趋势进一步表明,对于固有振动周期比爆炸波持续时间长的构件,冲量是恰当的判据;对于振动周期短的构件,则峰值压力是恰当的判据。

2)内爆炸效应。内爆炸是指杀伤榴弹穿入飞机结构内部,并在其内部爆炸的情况。内爆炸是摧毁飞机的有效手段。通过地面射击试验,现已积累了大量有关内爆炸对飞机结构破坏效应的资料,并且发现,弹丸延迟至完全进入飞机结构内部以后再爆炸,对飞机的破坏是最有效的。任何一种弹丸的爆炸强度必然与其炸药装药量有关,因而通常以装药量作为衡量爆炸强度的判据。

美国陆军弹道研究所曾对实尺寸飞机进行内爆炸试验,并给出这些飞机的"A"型结构性破坏概率,如图 7-2-7 所示。

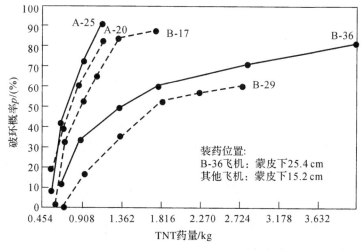

图 7-2-7　TNT 炸药在使五种飞机遭受"A"型结构性破坏百分概率随装药量的变化曲线

关于高度对内爆炸效应的影响,研究表明造成一定程度破坏所需装药量随高度的增加而增加。图7-2-8示出了飞机结构遭受同等内爆炸破坏时,高空条件下和海平面条件下所需装药量之比值随高度的变化。

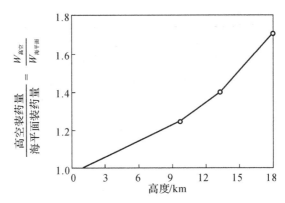

图7-2-8 使飞机结构遭受同等内爆炸,高空与海平面所需平均药量比值随高度变化曲线

(5)飞机易损性预测。飞机易损性计算实际上是对某些已知概率在整个外形结构上以某种近似方法进行积分。这些概率可以根据由试验、评价和分析方法得到的综合终点弹道数据求得。换言之,易损性研究需要用到有关飞机特性和武器参量的完整数据,常常包括影响命中的某些因素。

目标特性资料包括总体设计资料、性能数据、零部件数据、分系统布局以及仪器设备件数、配置和结构的一般资料等。

根据易损性特性,通常将部件划分为单易损部件、复易损部件和合成破坏部件。如果单发射弹命中某一部件(或零件),且使飞机遭受某种规定类型的破坏或损伤,则该部件(或零件)称为单易损部件。如单发动机的动力装置和单人飞机的乘员,对破片来说即为单易损部件。

如果必须命中若干部件(或零件)才能使飞机遭受某些规定类型的破坏或毁伤,则这些部件(或零件)称之为复易损部件。如当飞机乘员由两个驾驶员和一个非驾驶员组成时,要使飞机遭受"A"级毁伤,则必须同时击毙两个驾驶员,这时乘员即为复易损部件。但是,对同一类型的毁伤,有的部件对某些破坏手段可能是单易损,而对另一种破坏手段可能是复易损。例如,对于"A"级毁伤,多发动机的动力装置,对破片来说通常认为是复易损部件,而对火箭来说就可能成为单易损了,因为火箭击中任何一台发动机都将毁伤整架飞机。

部件的合成破坏分连续合成破坏和累积合成破坏。如果对某一部件连续命中两发射弹,使飞机遭受的总破坏超过两发射弹单独命中时的破坏之和,则叫作连续合成破坏。累积破坏是指某些射弹命中若干部件使飞机遭受的总破坏不大于这些射弹单独命中时遭受的破坏之和。例如,对于飞机的油箱,如第一发射弹命中未能造成起火,但由于它造成的漏油或箱体破坏,增大了随后命中在这一区域的其他射弹的引燃概率,即为连续破坏。对于累积破坏,破坏顺序无关紧要,例如,一架有双发动机的飞机,究竟哪台发动机先毁伤无关紧要,因为无论哪一台发动机毁伤,都不会导致整架飞机坠毁。但是,只要一台发动机失效,再结合一定程度的结构性破坏,就可能使飞机丧失作战能力。

4.地面和地下建筑物

(1)毁伤等级。建筑物覆盖范围很广,直接出于军事目的和作战需要而构筑的建筑物,如地面碉堡、地下工事、军事指挥所和军用情报中心等都构成军事目标,另外,出于作战的需要,一些重要政治、经济和交通等的建筑设施如电视台、政府办公楼、工厂厂房以及桥梁等,也可能成为武器的打击对象。建筑物结构本身一般不具有直接的作战功能,而是为作战提供必要的场所和环境条件,因此建筑物的毁伤等级划分需要分析其结构毁坏对其所支撑的具体作战功能的影响。对建筑物制定统一的毁伤等级划分方法是不现实的,下面给出可参考或参照的划分方法:

K 级——严重破坏。建筑结构彻底毁坏,无法修复或没有修复的价值,所支撑的作战功能完全丧失。

A 级——中度破坏。建筑结构严重毁坏,人员必须撤离、内部设施无法正常使用,短时间或作战时限内难以修复和恢复功能。

C 级——轻度破坏。建筑物一定程度受损,战时仍可以继续使用,但所支撑的作战功能明显下降,战后可修复并正常使用。

(2)地面建筑物毁伤分析。大多数破坏作用都能够破坏建筑物,在此仅讨论空中爆炸冲击波、地下爆炸冲击波和火灾的破坏作用,因为这三种现象被认为最有可能使建筑物完全摧毁或严重破坏。当然,为确定建筑物的易损性,还必须得知目标的载荷与响应特性及制约该响应的诸参量。

1)空中爆炸波。空中爆炸波对物体施加的载荷,是由入射爆炸波的超压和风动压两部分作用力联合构成的。由于爆炸波自目标正面反射过程中和从建筑物四周绕射过程中载荷变化极快,因而载荷一般包括两个显著不同的阶段,即初始绕射阶段上的载荷和绕射结束后的曳力载荷。

空中爆炸波主要来源于常规高能炸药武器和核武器,常规高能炸药形成的爆炸波正相超压持续时间短,因此它在绕射阶段内的载荷更重要。核武器正相超压持续时间长,故绕射和拖曳阶段的合成载荷就十分重要。

2)地下爆炸冲击波。只有靠近地面的地下爆炸或者在地下爆炸的弹坑附近,而且必须具有足够的程度,才能严重破坏地面建筑物的基础。

3)火灾。建筑结构对火灾的易损性与建筑物及其内部设施的可燃性、有无防火墙等设施的完善程度及天气条件等因素有关。常规高能炸弹或核弹带来的火灾,大都是由二次冲击波效应引起的,而且多数是油罐、油管、火炉和盛有高温或易燃材料的容器破裂、电路短路造成的。另外,核爆炸的热辐射也能引起火灾。

(3)地下建筑物毁伤分析。对地下建筑物造成破坏的主要是空中爆炸冲击波和地下爆炸冲击波。

1)空中爆炸冲击波。空中爆炸冲击波是破坏覆土轻质建筑物和浅埋地下建筑物的主要因素。

覆土建筑物是指建筑物高出地面的部分由堆积的土丘构成。土丘可减少爆炸波反射系数,改善建筑物的空气动力形状,这样能明显减弱外加的平移作用力。此外,通过土层的保护作用,还能提高结构的强度和增大其惯性。

浅埋地下建筑结构是指顶部覆土层表面与原地面平齐。对于这类建筑结构其顶部承受的空中爆炸冲击波压力不会减小多少。当然,由于爆炸波在土层表面的反射,压力也不会增加。这类结构的易损性由多种变化因素决定,诸如结构特性参数、土壤性质、埋置深度、空中爆炸波的峰值超压等。

2)地下爆炸冲击波。地下建筑结构可以设计成不受空中爆炸波的任何破坏,但是,它却能被低空、地面或地下爆炸成坑效应或地下冲击波破坏乃至摧毁。

地下冲击波和成坑效应对地下建筑物的破坏作用,取决于建筑结构的大小、形状、韧性和相对于爆炸点的方向,以及土壤和岩石的特性等。其破坏判据可由以下三个区域加以描述:①炸坑本身;②自炸坑中心起,向外扩展到塑性变形区外沿(此区的半径约等于炸坑半径的两倍半);③造成永久变形的瞬时运动区。

表 7-2-9 列出了破坏程度与炸坑半径之间的关系,其中 R 为炸坑半径。

表 7-2-9 地下建筑结构破坏程度的判据

建筑结构	破坏程度	破坏距离	破坏情况
较小、较重、设计得当的地下目标	严重破坏	$1.25R$	坍塌
	轻度破坏	$2R$	轻度裂纹、脆性外接合部断开
较长,且有韧性的目标 (如地下管道、油罐)	严重破坏	$1.5R$	变形并断裂
	中度破坏	$2R$	轻微变形和断裂
	轻度破坏	$2.5R\sim3R$	接合部失效

为估计地下冲击波的破坏程度,可把地下建筑结构分类如下:

①土壤内小型高抗震结构。这类结构包括钢筋混凝土工事在内,一般只有在整个结构产生加速运动和位移时才会破坏。

②土壤内中型中等抗震结构。这类结构将通过土壤压力以及加速运动和整体位移而发生损坏。

③具有较高韧性的长形结构。这类结构包括地下管道、油罐等,可能只有处在土壤高应变区的部分才会破坏。

④对方向性敏感的结构。例如,枪炮掩蔽部等,可能因发生较小的永久性位移或倾斜而发生破坏。

⑤岩石坑道。这类结构除了直接命中产生炸坑而坍塌外,外部爆炸造成的破坏皆由地下冲击波在岩石与空气界面处反射时的拉伸波引起。大坑道比小坑道更易遭受破坏。

⑥大型地下设施。这类设施通常可视为一系列小型建筑结构分别处理。

常规炸弹对大型建筑物的破坏往往是局部的,或者仅靠近炸点的区域,所造成的破坏可分为"结构性破坏"和"外部破坏"两大类,衡量常规武器对地面目标的破坏效率一般采用平均有效破坏面积和易损面积。

表 7-2-10 是空气冲击波最大超压作用下易受破坏的建筑物构件。

表 7-2-10 空气冲击波最大超压作用下易受破坏(损伤)的建筑物构件

建筑物构件	破坏(损伤)特征	入射冲击波最大超压 Δp/MPa
大小窗户、波纹石棉板制成的轻质墙板	玻璃掉落,窗框可能破坏	0.003 5~0.007
	断裂破坏	0.007~0.014

续 表

建筑物构件	破坏(损伤)特征	入射冲击波最大超压 Δp/MPa
波纹钢板或铅板厚度 20～30.5 cm, 未加固的砖墙	连接破坏,接着发生强烈变形	0.007～0.014
	剪切和平移引起的破坏	0.049～0.056
木板制作的墙体(标准结构房屋),厚度 20～30.5 cm 未加固的混凝土墙或矿渣混凝土墙	连接破坏,木板断裂	0.007～0.014
	墙体破坏	0.014～0.021
波纹钢板构建的地面轻质拱形建筑物,长度 6～7.5 m	完全破坏	0.245～0.25
	爆炸直接作用的部分拱顶受损	0.21～0.245
	上部墙体及拱顶变形,入口大门可能受损	0.14～0.175
拱顶上方堆土层厚 0.9 m,地面或半地下的轻质钢筋混凝土掩蔽所堆土厚度不低于 0.9 m(顶板厚度 5～7.5 cm),房梁之间距离 1.2 cm	通风系统和入口大门可能受损	0.07～0.10
	建筑物破坏	0.21～0.245
	顶板变形、形成大量裂缝,个别顶板受压向内凹陷	0.10～0.175
	形成裂缝,入口大门可能受损	0.07～0.10
地面上的飞机	完全破坏	0.042
	损伤,以至于修复受损的飞机在经济上已不值得	0.028
	损伤,需要大修	0.021
	不需要修理或需要不大的修理,应更换零部件	0.007

5.水中目标

水中目标主要有人员、舰艇、鱼雷、水雷等,水中目标受到攻击的方式有舰对舰、空对舰、地对舰,由于水中目标受到攻击的弹药主要为导弹、鱼雷、水雷、潜艇等,影响目标毁伤的因素复杂,本节主要介绍作战鱼雷对舰艇的破坏。

(1)毁伤等级。舰艇属综合性作战平台,主要分为水面舰艇和潜艇两大类,水面舰艇又可分为三类:以航空母舰、两栖攻击舰等大型水面舰艇为代表的兵力投送型战斗舰艇;以巡洋舰、驱逐舰、护卫舰等为代表的火力投送型战斗舰艇;以支援保障舰、维修舰、运输舰等为代表的后勤保障型舰艇。作为典型的系统功能型目标,毁伤等级划分需要更突出地考虑其系统功能抑制特性,总体来讲,根据研究目的不同和使用武器不同,所选择的破坏程度标准也不尽相同。舰艇目标毁伤等级一般划分为四级:

K 级——彻底摧毁,船体结构彻底毁坏,舰艇沉没或必须弃舰;

A 级——严重毁伤,指挥控制系统瘫痪,或关键功能分系统毁坏,作战功能完全丧失,必须撤出战斗、回港大修;

B 级——中等损伤,指挥控制系统受损,或关键功能分系统部分缺失,无法完成主要作战功能或作战能力大幅下降,需舰上损管系统长时间修复;

C级——轻微损伤,指挥控制系统、部分功能系统受损,部分功能丧失或综合作战能力下降,无须撤出战斗,可在短时间(数十分钟)内修复。

A级和B级毁伤主要体现为目标系统功能的严重毁伤,其对应的具体毁伤模式根据舰艇目标类别不同而不同。对于兵力投送型水面舰艇来说,可表现为兵力投送/接收设施的直接毁坏,也可表现为舰体结构毁伤造成的舰艇姿态变化对于兵力投送与接收的抑制;对于火力投送型舰艇,则表现为探测/导引能力的毁伤或火力单元的毁伤;对于后勤保障型舰艇,可表现为货物的损失或后勤保障设备的毁伤。C级毁伤对应于一般性的毁伤,如船体结构和舰载设备的轻微损伤、局部的火灾以及少数人员的伤亡等。

(2)舰船的破坏标准及分析方法。评定鱼雷毁伤目标能力的前提是规定舰船的破坏标准。目前在水中兵器领域,国内外已经使用的破坏标准主要有三种:冲击波峰值标准、冲击因子标准和冲击加速度标准。

1)冲击波峰值标准。该标准是苏联对战争中缴获的舰船隔舱进行大量水中爆炸试验,由试验数据分析获得,见表 7-2-11。

表 7-2-11 冲击波峰值标准

舰船损伤情况	冲击波峰值压强(1 kg/cm² =9.806 65×10⁴ Pa)
舰船一层底(外壳)破坏	80~100 kg/cm²
舰船的二层底破坏	170~200 kg/cm²
舰船的三层底破坏	700 kg/cm²

2)冲击因子标准。冲击因子标准是英国、意大利以及北约许多国家共同采用的标准。经英国国防部认可的冲击因子破坏标准见表 7-2-12。

表 7-2-12 英国冲击因子破坏标准

舰船操作情况	冲击因子 SF	舰船操作情况	冲击因子 SF
较难应付的损伤	0.2	所有的机械全部失灵	1.3
10%的武器失灵	0.11~0.22	船体穿透	1.7
90%的武器失灵	0.25~0.45	人员严重受伤	2.0
10%的动力机械失灵	0.25~0.45	潜艇壳体严重穿透	2.2
90%的动力机械失灵	0.6~0.8	潜艇壳体开始变形	2.0~3.0
重要的电子设备失灵	0.7~0.8	船体断裂	7.0
严重的机械失灵	1.0		

该标准使用的冲击因子 SF 计算公式为

$$SF = \frac{\sqrt{K_1 K_2 G}}{R} \qquad (7-2-7)$$

式中,K_1 为炸药的 TNT 当量系数;K_2 为底反射系数,硬质海底一般取 1.5;G 为炸药的质量(kg);R 为爆炸中心距舰船的距离(m)。

3)冲击加速度标准。冲击加速度标准是根据美国军标 MIL-S-901C 制定的。美军标规定,海军船采用大于 2.7 t 的重型设备的抗冲击性能用浮动冲击平台进行考核。

舰船的冲击加速度值 A_s 可以用下式计算:

$$A_s = \frac{Sp_m}{W} \tag{7-2-8}$$

式中，p_m 为冲击波峰值压强；W 为舰船的实际排水量（潜艇的水下排水量）；S 为舰船的设计水线面积（潜艇的纵剖面），估算值为

$$S = \begin{cases} 0.705LB & \text{水面作战舰船} \\ 0.840LB & \text{商船} \\ 0.680LB & \text{潜艇} \end{cases} \tag{7-2-9}$$

式中，L,B 分别为舰船的长度和宽度。

以上三个破坏标准中，冲击波峰值标准的计算方法简单，而且以船体击穿作为损伤标准，比较适合于鱼雷这样的近距离爆炸武器。不足之处是没有考虑舰船结构特征影响。冲击因子标准有计算简单的特点，而且可以根据对舰船毁伤程度的要求方便地将其换算为概率值，但不足之处仍与冲击波标准相同。冲击加速度标准克服了这一不足，其简化公式使用也比较方便。但由于其公式推导过程中进行了集总平均处理，实际上更适合于像水雷等远距离的爆炸，从而使冲击波相对较全面均匀作用于目标的情况。该评定方法直接用于鱼雷近距离爆炸集中毁伤目标某一区域情况有一定局限性。此外，后两种标准只适合于非接触爆炸情况。

在水雷、深水炸弹的毁伤能力计算和舰艇生命力分析中，比较一致的方法是，首先确定一个目标损坏程度标准，然后根据该标准和武器装药量，计算炸药能达到该破坏程度的破坏半径，再看目标舰艇是否在此破坏半径以内。如果在此破坏半径以内，则目标被击毁，武器攻击达到目的；否则，目标生存，武器攻击失败。

近年来，随着舰船结构防护能力增强，使用单件兵器彻底摧毁和使其严重毁伤的难度越来越大。但由于现代舰艇广泛装备了先进的电子设备，相比之下，这些电子设备较容易受损伤。一旦电子设备受破坏，舰艇通常就无法进行作战，势必退出战斗。作为攻击方来说，就达到了作战目的。所以在北约以及国内水雷界对目标的毁伤计算中，常以使目标中度损伤而使其退出战斗为标准。

与水雷、深水炸弹不同，鱼雷是精确制导的进攻性武器，爆炸方式是接触爆炸或近距离非接触爆炸。因此，在对目标的毁伤能力分析中，不宜用远距离非接触爆炸相同的标准。特别是在对目标命中毁伤能力的效能分析中，应该以"严重毁伤使其彻底失去作战能力或沉没"为标准。

(3)舰船受鱼雷攻击的易损性因素分析，主要考虑以下几个方面：

1)舰船的防护结构。现代舰船为了对付鱼雷武器的攻击，舰船上都增设了抵抗水下爆炸的防护结构。利用舰船的防护隔舱结构的变形来吸收炸药爆炸的能量，即侧舷分隔成多个隔舱，如空气舱、填充舱和过滤舱等，用来消除和减弱爆炸冲击波和气泡的作用。

2)鱼雷起爆点距舰船壳体的距离以及鱼雷命中目标的部位。随着鱼雷技术的进步，鱼雷对舰船的破坏方式由接触起爆发展到非接触起爆。所谓接触起爆，就是鱼雷和目标直接碰撞产生爆炸，这时高温、高压的气体生成物将冲击舰船的外壳板和纵隔墙，使其破裂和变形，然后膨胀的气体以及扰动的水流将使裂缝继续扩大，压力波通过防护隔舱填充液将能量传给装甲隔墙，使其发生弯曲变形。与此同时，舰船的上甲板和舰船底部亦发生变形。所谓非接触起爆，就是鱼雷不和目标直接相撞，而是在相距一定距离时即产生爆炸，这时爆炸产生的冲击波及水动力作用在舰船壳体上，使其发生破坏。

由于炸药在舰船舷侧或舰船底部发生接触或非接触爆炸,舰船将部分或完全丧失战斗能力,表现在以下几个方面:

①水下爆炸使舰船壳体破损,造成舱室进水,舰船发生倾斜,稳度恶化或吃水深度加大,甚至导致舰船的沉没。

②如果鱼雷命中舰船的弹药舱部位,将引起弹药爆炸,使舰船遭到毁灭。

③鱼雷命中目标舰,通常使舰船的机动性下降,武器装备有效使用的可能性降低,还可能导致主机和推进器失去工作能力。爆炸冲击波的振动,使舰船上的机器、仪表等装置可能受到损伤,结果使武器装备、主机操纵、通信联络等系统失去电、气控制而不能使用,严重影响了舰船的战斗力。

④舰船上的燃料、淡水、滑油等常因鱼雷爆炸而受到损失,导致舰船的自给力下降或被迫退出战斗行列。

⑤鱼雷爆炸还可能破坏舰船上的烟道和蒸汽管道,使战斗人员因蒸汽和烟的作用而丧失战斗力。

7.3 毁伤效能评估方法

终点毁伤效能评估是对实战条件下战斗部打击特定目标的毁伤能力与毁伤效果进行度量,是导弹武器研制、试验鉴定、装备部署乃至实战运用过程中至关重要的内容。

战斗部对目标的毁伤是一个极为复杂的过程,涉及目标特性及易损性、战斗部毁伤机理、毁伤能力以及作战条件等多方面因素。如何准确、客观地评估战斗部对目标的毁伤能力和效果,一直是相关领域的研究重点,涌现出了多种评估方法。

7.3.1 毁伤概率评估方法

毁伤概率评估方法综合考虑了战斗部命中某点的概率以及在该命中条件下目标的条件毁伤概率,并以毁伤概率来度量武器系统毁伤目标的可能性,实现战斗部打击目标的毁伤效能评估。

1.目标毁伤律

目标毁伤律研究的是目标在战斗部命中条件下的毁伤概率(以下简称为条件毁伤概率)随战斗部命中发数或命中点坐标变化的规律,即确定条件毁伤概率与命中发数 n 之间的函数关系 $K(n)$,或与命中点坐标 (x,y,z) 之间的函数关系 $K(x,y,z)$。目标毁伤律的影响因素复杂,形式众多。下面给出几种常用的目标毁伤律形式。

(1)0-1毁伤律。0-1毁伤律基于如下假设:至少命中 m 发以上战斗部,目标被毁伤;少于 m 发,目标没有毁伤。0-1毁伤律具有如下形式:

$$K(n) = \begin{cases} 0, & n < m \\ 1, & n \geq m \end{cases} \tag{7-3-1}$$

0-1毁伤律简单易行,但只适用于点目标等简单目标。

(2)阶梯毁伤律。阶梯毁伤律基于如下假设:每一发战斗部的命中都使所打击目标的条件毁伤概率增加 $1/m$,则当命中 m 发以上战斗部时,目标一定被毁伤。阶梯毁伤律具有如下形式:

$$K(n) = \begin{cases} \dfrac{n}{m}, & n = 1, 2, \cdots, m-1 \\ 1, & n \geqslant m \end{cases} \qquad (7-3-2)$$

阶梯毁伤律在描述目标的"毁伤累积"方面具有优势,缺点在于不便于实际应用。

(3) 指数毁伤律。指数毁伤律基于如下假设:每一发命中战斗部对目标的条件毁伤概率均相等。设每一发命中战斗部对目标的条件毁伤概率均为 $K(1)$,则指数毁伤律具有如下形式:

$$K(n) = 1 - [1 - K(1)]^n \qquad (7-3-3)$$

据此可以推导出以平均所需命中发数 ω 为参数的指数毁伤律,此时具有如下形式:

$$K(n) = 1 - \left(1 - \frac{1}{\omega}\right)^n \qquad (7-3-4)$$

指数毁伤律的不足在于没有完全体现目标的"毁伤累积",但由于形式简单实用,当命中发数为有限值时,较为符合实际情况,因此得到了广泛应用。

(4) 破片毁伤律。破片毁伤律基于如下假设:破片对目标的毁伤作用取决于战斗部爆炸点相对于目标的空间位置坐标。设战斗部在 (x, y, z) 点爆炸时,全部破片对目标的条件毁伤概率为 $K(x, y, z)$,将全部破片分为 n 个质量级,第 i 个质量级的破片数为 N_i,平均质量为 q_i,其中一块破片对目标的条件毁伤概率为 K_i,则全部破片不毁伤目标的条件概率为

$$\overline{K}(x, y, z) = \prod_{i=1}^{n} (1 - K_i)^{N_i} \qquad (7-3-5)$$

一般情况下,由于 K_i 很小,可采用指数法进行近似计算,则

$$\overline{K}(x, y, z) = \prod_{i=1}^{n} \exp(-K_i N_i) = \exp\left(-\sum_{i=1}^{n} K_i N_i\right) \qquad (7-3-6)$$

则全部破片毁伤目标的条件毁伤概率,即破片毁伤律为

$$K(x, y, z) = 1 - \overline{K}(x, y, z) = 1 - \exp\left(-\sum_{i=1}^{n} K_i N_i\right) \qquad (7-3-7)$$

破片毁伤律的计算较为复杂,应用过程中需要对其进行简化。

2. 毁伤概率计算

获得目标毁伤律后,可借此计算目标的毁伤概率。通常情况下,毁伤目标这一事件是命中目标和命中条件下目标被毁伤这两种情况的共现事件,故目标毁伤概率等于命中概率与目标毁伤律的乘积。

设发射 m 发战斗部时,目标毁伤概率为 P_m,则有

$$P_m = \sum_{n=1}^{m} p(n) K(n) \qquad (7-3-8)$$

式中,$p(n)$ 为命中 n 发的概率;$K(n)$ 目标毁伤律。

在式(7-3-8)中,若 $K(n)$ 为指数毁伤律,则计算毁伤概率 P_m 相对容易,此时目标毁伤概率为

$$P_m = 1 - \prod_{i=1}^{m} \left(1 - \frac{p(i)}{\omega}\right) \qquad (7-3-9)$$

式中:$p(i)$ 为第 i 发战斗部的命中概率;ω 为毁伤目标所需命中发数的数学期望。

特别地,当战斗部的命中概率相同且均为 p 时,可得到 m 发战斗部的目标毁伤概率为

$$P_m = 1 - \left(1 - \frac{p}{\omega}\right)^m \qquad (7-3-10)$$

毁伤概率法适用于功能及结构单一,可简化成点、面、体等简单目标的典型目标评估。

7.3.2 毁伤树评估方法

毁伤树评估方法沿用了可靠性评估中的故障树概念,基于演绎分析法,先确定目标的关键部件以及它们与目标结构和功能间的关系,据此建立目标在特定毁伤等级下的毁伤树,并在此基础上实现战斗部打击目标的毁伤效能评估。

1.毁伤树的构造

在毁伤树分析方法中,各种毁伤状态统称为毁伤事件,分为原因事件与结果事件。原因事件是指导致其他事件发生的事件,一般分为基本事件和未探明事件。基本事件指无须再探明其发生原因的底事件,总是位于毁伤树底端;未探明事件指原则上应进一步探明其发生原因的事件。结果事件指由其他事件或事件组合所导致的事件,分为顶事件和中间事件。顶事件总位于毁伤树顶端,只是毁伤树逻辑门的输出事件而不是输入事件;中间事件既是某个事件的结果事件又是另一个事件的原因事件。

应用演绎法构造目标毁伤树的基本步骤为:①先将目标按功能的不同分为若干个功能系统;②对目标功能系统和部件的毁伤效应进行分析,确定出目标关键部件(见图7-3-1);③分析目标的各毁伤等级,并将所关注的毁伤等级作为毁伤树的顶事件;④结合目标关键部件的毁伤状态,找出导致目标毁伤至该等级下的根本原因,获得相应基本事件,并将此作为底事件;⑤将分析出的底事件用合适的逻辑门向上与顶事件相连,形成各级中间事件,得到目标毁伤树。目标毁伤树的一般形式如图7-3-2所示。

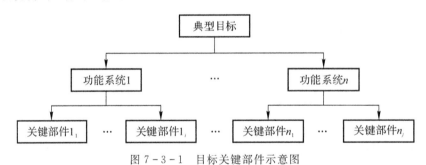

图7-3-1 目标关键部件示意图

2.目标毁伤概率计算

毁伤树评估方法的主要步骤如下:

步骤1:进行典型目标特征分析,确定目标的功能系统,分析目标关键部件。

步骤2:确定与目标某毁伤等级相关的关键部件的毁伤状态,提取相应底事件,构造目标毁伤树。

步骤3:计算目标遭受打击后底事件的毁伤度量指标(如毁伤概率)。

步骤4:根据目标功能结构特点,用层次分析法、模糊综合评判或专家评估等经典方法,计算各底事件的发生对目标功能和结构的影响权值。

步骤5:根据构建的毁伤树,逐级递推计算,最终得到遭受打击后目标整体达到某毁伤等级的概率,以此评估战斗部的毁伤效能。

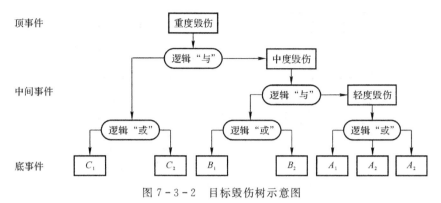

图 7 - 3 - 2　目标毁伤树示意图

关键部件的毁伤概率由战斗部命中概率及其自身易损性所决定,采用 7.3.1 节的方法可得到第 j 发战斗部对关键部件 i 的毁伤概率 D_{ij},于是在 N 发战斗部打击下,关键部件 i 的毁伤概率为

$$D_i = 1 - \prod_{j=1}^{N}(1 - D_{ij}) \qquad (7-3-11)$$

在获得底事件的毁伤概率后,根据目标毁伤树,可依据下述方法对中间事件进行分析,最终得到顶事件的毁伤概率。

记 M 层毁伤树最底层关键部件 i 的毁伤概率为 P_i^M,C_i 为关键部件 i 的影响权值,此时有以下定义:

1)若第 m 层某子功能 n 由 T 个下一级关键部件并联组成,即毁伤所有的下一级部件时,上一级功能才毁伤,此时其毁伤概率为

$$P_n^m = \prod_{i=1}^{T} C_i P_i^{m+1}, \quad m = M-1, \cdots, N \qquad (7-3-12)$$

2)若第 m 层某子功能 n 的 T 个下一级部件关系为独立且串联,即下一级部件中有一个毁伤,则认为上一级功能毁伤,此时其毁伤概率为

$$P_n^m = 1 - \prod_{i=1}^{T}(1 - C_i P_i^{m+1}), \quad m = M-1, \cdots, 1 \qquad (7-3-13)$$

因此,根据底事件的毁伤概率以及该层毁伤树的逻辑连接关系,按式(7 - 3 - 12)和式(7 - 3 - 13)计算上一层事件的毁伤概率,最终得到最上层事件(顶事件)的毁伤概率 P^1,即为这个目标相应毁伤等级的毁伤概率。

毁伤树评估法以毁伤概率法为基础,通过毁伤树分析,基于目标要害部件的毁伤概率,推断出某个毁伤等级发生的概率,采用此方法进行评估的准确度和精度直接受毁伤树结构逻辑关系和树型结构的细致程度影响。

7.3.3　降阶态评估法

降阶态评估法的核心是建立部件物理毁伤态到系统功能降阶态工程度量的数据变换关系,并以系统功能降阶态(Degraded States,DS)概率分布统计分析值为度量指标,对目标毁伤情况进行评估。其实施过程主要涉及目标功能子系统划分、DS 定义、DS 毁伤树构造、DS 毁

伤树逻辑运算、部件毁伤态矢量模拟以及 DS 概率分布统计分析等内容,如图 7-3-3 所示。

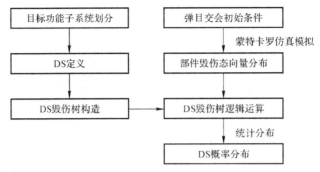

图 7-3-3 降阶态评估法实施过程

降阶态评估法的实现主要包括如下步骤:

步骤 1:目标功能子系统划分。根据目标完成作战使命的基本功能要求,将目标划分为若干个功能子系统,每一个子系统具有独立完成某特定作战任务的能力。

步骤 2:DS 定义。在各功能子系统中进行 DS 定义,每一个 DS 均代表了该功能子系统遭受一定程度的功能毁伤。此时,目标遭受任何程度的功能毁伤,各功能子系统内存在且仅存在一个与之相应的 DS。因此,只要给定弹目交会初始条件,目标所有可能出现的实际毁伤状态都可通过各功能子系统中相对应的 DS 组合进行描述。

步骤 3:DS 毁伤树构造。如 7.3.2 节所述,在 DS 毁伤树中,关键部件之间的连接同样包括串联和并联两种方式。通过合理确定目标关键部件或子系统,找出导致 DS 发生的所有可能原因,详细分析关键部件之间的逻辑关系,确定相互间的逻辑连接方式,从而构造出对应于每一个 DS 的毁伤树。

步骤 4:DS 毁伤树逻辑运算。DS 毁伤树性能状态由布尔逻辑运算输出结果确定。不失部件毁伤的一般性,将部件毁伤态(Component Degraded States,CDS)定义为 0,1 及 [0,1] 三值形式,其中 0 值表示部件完全丧失原有功能,1 值表示部件保持原有功能。如果 DS 毁伤树逻辑运算输出结果为 0 或 [0,1],表示 DS 事件发生;否则,DS 事件未发生。相应的逻辑运算关系见表 7-3-1。

表 7-3-1 DS 毁伤树逻辑运算关系

逻辑"与"运算			逻辑"或"运算		
CDS_1	CDS_2	CDS	CDS_1	CDS_2	CDS
0	0	0	0	0	0
0	1	0	0	1	1
1	0	0	1	0	1
1	1	1	1	1	1
[0,1]	0	0	[0,1]	0	[0,1]
0	[0,1]	0	0	[0,1]	[0,1]
[0,1]	1	[0,1]	[0,1]	1	1
1	[0,1]	[0,1]	1	[0,1]	1
[0,1]	[0,1]	[0,1]	[0,1]	[0,1]	[0,1]

步骤 5:CDS 矢量模拟。CDS 矢量分布可以通过蒙特卡罗仿真模拟获得,它为 DS 毁伤树完成逻辑运算提供输入数据,根据 DS 毁伤树逻辑运算可以得到 DS 概率分布。

假设某战场目标由 n 个关键部件组成,则在给定的弹目交会条件下,CDS 矢量可表述为

$$S_{CD} = (S_{CD_1}, S_{CD_2}, \cdots, S_{CD_n}) \tag{7-3-14}$$

式中:S_{CD} 为 n 维 CDS 矢量;S_{CD_i} 为第 i 个关键部件的 CDS 值。

步骤 6:DS 概率分布统计分析。DS 概率分布计算以 DS 毁伤树及 CDS 矢量分布为依据,通过统计分析的方法获得。

设 $(DS)_F$ 代表一种 DS 组合,如果对某一给定的弹目交会条件进行 n 次蒙特卡罗仿真模拟,且将每次模拟得到的 CDS 矢量依次输入各 DS 毁伤树,并实施逻辑运算和判断,得到 $(DS)_F$ 发生的次数为 k,则当模拟次数 n 足够大时,基于统计分析可获得对应于 $(DS)_F$ 的近似概率值为 $P[(DS)_F] \approx \dfrac{k}{n}$。

综上所述,在给定弹目交会初始条件下,利用降阶态评估法可计算部件层次的毁伤概率,并获得完整的 DS 概率分布仿真结果,从而得到较为精确的目标毁伤评估结论。

降阶态评估法本质上是毁伤树评估法的拓展,通过引入目标部件毁伤态矢量,提供更为详细的目标毁伤等级划分方法,使之更准确地反映实际情况,应用时需要确保降阶态的划分与目标毁伤准则相对应。

7.3.4　毁伤指数评估法

毁伤指数评估法着重考虑战斗部对大型、复杂、坚固目标的毁伤,定量地描述战斗部对打击目标的毁伤能力与效果,给出战斗部研制和使用部门关注问题的答案,如:以某战斗部打击某目标时,最高效的打击方式是什么? 一定弹药量能够摧毁目标百分之多少的战斗力? 达到某种毁伤效果的最少弹药量是多少? 等等。

1. 毁伤指数评估法基本思想与表达式

毁伤指数评估法综合考虑战斗部命中概率、目标单元毁伤程度、目标单元影响因子等要素,对不同类型参数进行量化和综合,以毁伤指数来度量战斗部对复杂目标的毁伤效能。

复杂目标的物理结构和功能体系往往非常庞大而复杂,当战斗部命中目标的不同位置时,会导致不同的毁伤效果,为了确切描述这种差异,可将目标划分为若干目标单元。目标单元是指根据目标的结构及功能特性,将目标分割而成的结构或功能相对独立的组成单位,分为目标结构单元和目标功能单元两种。其中目标结构单元一般指组成目标的基本力学构件,如地面建筑物的目标结构单元一般为梁、板、柱、墙等构件;目标功能单元是指能够实现目标基本功能的独立功能部件或区域,如变电站的目标功能单元一般为进线、变压器、出线等功能部件。目标单元的毁伤可用 0-1 的某一数值来表征,其中 0 表示目标单元无毁伤,1 表示目标单元完全毁伤。目标单元的毁伤程度可通过目标单元的毁伤效应和毁伤准则来确定。

由于各目标单元的具体位置、结构特性、材料特性、功能特性等均有可能不同,因此各目标单元的毁伤对目标整体性能下降的影响程度也可能不同,这种影响程度可用目标单元影响因子进行表征,它是一个 0-1 范围内的值,该数值越大,则表明该单元“越重要”,对目标整体性

能的影响程度越大。对应于目标结构单元和目标功能单元,目标单元影响因子也分为目标结构单元影响因子和目标功能单元影响因子。

综上所述,综合考虑战斗部在区域 Ω 的概率密度及命中某点后的相应目标毁伤程度,以命中概率为权值,计算概率加权意义下的目标毁伤程度,获得对命中概率和目标毁伤程度的综合度量,称为毁伤指数。

毁伤指数理论表达式为

$$毁伤指数 = \iint_{\Omega} 概率密度函数 \times 目标毁伤程度\, \mathrm{d}x\mathrm{d}z =$$

$$\iint_{\Omega} 概率密度函数 \times \left(\sum_{目标单元总数} 目标单元毁伤程度 \times 目标单元影响因子\right) \mathrm{d}x\mathrm{d}z$$

$$(7-3-15)$$

记 $E(\mu_x,\mu_z)$ 为战斗部瞄准 (μ_x,μ_z) 点对目标进行打击时的毁伤指数,$\varphi(x,z)$ 为战斗部命中 (x,z) 点的概率密度,$D(x,z)$ 为战斗部命中 (x,z) 点对目标的毁伤程度。根据积分定义,可将积分区域 Ω 任意分成 n 个子域 $\Delta\sigma_i$ $(i=1,2,\cdots,n)$,并以 $\Delta\sigma_i$ 表示第 i 个子域的面积,在 $\Delta\sigma_i$ 上任取一点 (ξ_i,η_i),则当 n 个子域的长径中的最大值 λ 趋近于零时,有

$$E(\mu_x,\mu_z) = \iint_{\Omega} \varphi(x,z)D(x,z)\mathrm{d}\sigma = \lim_{\lambda\to 0}\left[\sum_{i=1}^{n}\varphi(\xi_i,\eta_i)D(\xi_i,\eta_i)\Delta\sigma_i\right] \quad (7-3-16)$$

综合考虑计算精度和计算量,将积分区域 Ω 分成 M 个子域 $\Delta\sigma_m$ $(m=1,2,\cdots,M)$,并假设战斗部命中 $\Delta\sigma_m$ 中的任何一点 (ξ_i,η_i) 所造成的目标毁伤效应均一致,此时记子域 $\Delta\sigma_m$ 为第 m 个命中子域,则式 $(7-3-16)$ 可改写成如下形式:

$$E(\mu_x,\mu_z) = \sum_{m=1}^{M}\left[\varphi(\xi_m,\eta_m)\cdot\Delta\sigma_m\right]D(\xi_m,\eta_m) = \sum_{m=1}^{M}\left[\iint_{\Delta\sigma_m}\varphi(x,z)\mathrm{d}\sigma\right]D(\xi_m,\eta_m)$$

$$(7-3-17)$$

式中,记 $P(m)=\iint_{\Delta\sigma_m}\varphi(x,z)\mathrm{d}\sigma$,$D(m)=D(\xi_m,\eta_m)$,则战斗部瞄准 (μ_x,μ_z) 点进行打击的毁伤指数基本计算模型为

$$E(\mu_x,\mu_z) = \sum_{m=1}^{M}P(m)D(m) \quad (7-3-18)$$

式中:M 为命中子域总数;$P(m)$ 为战斗部命中子域 $\Delta\sigma_m$ 的概率;$D(m)$ 为战斗部命中 $\Delta\sigma_m$ 后造成的目标毁伤程度。

2. 毁伤指数评估通用模型

(1)参数体系。虽然常规战斗部类型众多,毁伤机理复杂,打击目标多样,作用特性各不相同,但通过对其毁伤效能评估所涉及的一系列参数进行层次化描述,所建立的参数体系在结构和内容上都具有一定的相似性,均可用由粗粒度到细粒度递阶变化的层次结构框架来体现。

针对具有侵彻、爆炸能力的常规战斗部,主要考虑侵彻、冲击波及振动三种毁伤元素对目标的毁伤效应,分析毁伤效能评估所涉及的各层次参数,建立毁伤指数评估参数体系,如图 $7-3-4$ 所示。

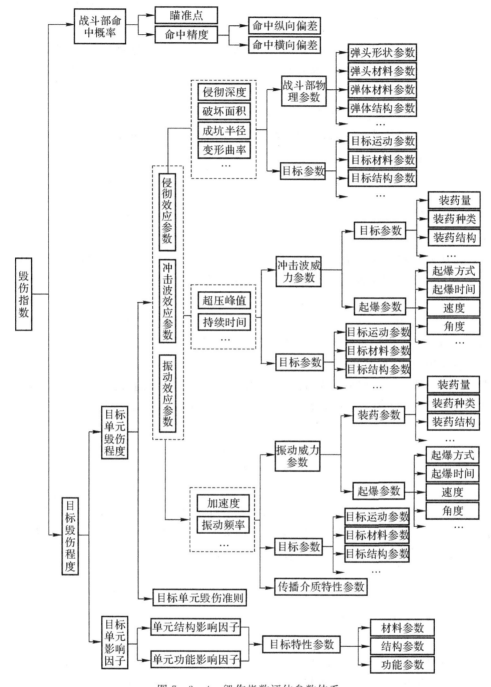

图 7-3-4　毁伤指数评估参数体系

（2）单发战斗部毁伤指数评估模型。根据毁伤指数基本计算模型式（7-3-18），可据此推导单发战斗部毁伤指数评估模型。

当战斗部瞄准（μ_x，μ_z）点进行打击时，战斗部的命中概率密度函数为 $\varphi(x，z)$，战斗部命中区域 Ω 的概率为

$$P = \iint\limits_{\Omega} \varphi(x,z)\mathrm{d}x\mathrm{d}z = \iint\limits_{(x,z) \in D} \frac{1}{2\pi\sigma^2}\mathrm{e}^{-\frac{1}{2}\left[\frac{(x-\mu_x)^2}{\sigma^2} + \frac{(x-\mu_z)^2}{\sigma^2}\right]}\mathrm{d}x\mathrm{d}z \qquad (7-3-19)$$

式中，μ_x，μ_z 分别为命中点纵向、横向数学期望，即瞄准点坐标；σ 为命中点标准差。

由式(7-3-20)可知，战斗部瞄准(μ_x，μ_z)命中第 m 个子域 $\Delta\sigma_m$ 的概率 $P(m)$ 为

$$P(m) = \iint\limits_{(x,z) \in \Delta\sigma_m} \frac{1}{2\pi\sigma^2}\exp\left\{-\frac{1}{2}\left[\frac{(x-\mu_x)^2}{\sigma^2} + \frac{(x-\mu_z)^2}{\sigma^2}\right]\right\}\mathrm{d}x\mathrm{d}z \qquad (7-3-20)$$

战斗部命中 $\Delta\sigma_m$ 所造成的目标毁伤程度 $D(m)$ 由各目标单元的毁伤程度及易损性分析结果确定，其计算表达式为

$$D(m) = \sum_{k=1}^{K} S(m,k)A(k) \qquad (7-3-21)$$

式中：K 为目标单元个数；$S(m,k)$ 为第 k 个目标单元的毁伤程度；$A(k)$ 为第 k 个目标单元的影响因子。

依据毁伤元素效应参数和目标单元毁伤准则，即可确定目标单元的毁伤程度。战斗部命中 $\Delta\sigma_m$ 造成目标单元毁伤程度 $S(m,k)$ 的计算表达式为

$$S(m,k) = S\{Z(O,k),Y,C,O\} \qquad (7-3-22)$$

式中：$z(O,k)$ 为完好状态下第 k 个目标单元的毁伤准则；Y 为侵彻效应参数(包括侵彻深度、破坏面积、成坑半径、变形曲率等)；C 为冲击波效应参数(包括超压峰值、超压持续时间等)；O 为振动效应参数(包括加速度、振动频率等)。

毁伤效应参数主要由侵彻效应、冲击波效应和振动效应参数组成，可根据战斗部参数、目标参数以及弹目交会参数等，通过毁伤效应数值仿真或工程算法确定，其表达式为

$$\left.\begin{array}{l} Y = Y(\Delta\sigma_m,W,T) \\ C = C(\Delta\sigma_m,R,B,T) \\ O = O(\Delta\sigma_m,R,B,T,\rho) \end{array}\right\} \qquad (7-3-23)$$

式中，$\Delta\sigma_m$ 为战斗部命中子域；W 为战斗部物理参数(包括弹头形状参数、弹头材料参数、弹体形状参数、弹体结构参数等)；T 为目标参数(包括目标运动参数、目标材料参数、目标结构参数等)；R 为战斗部装药参数(包括装药量参数、装药种类参数、装药结构参数等)；B 为起爆参数(包括起爆方式参数、起爆时间参数、起爆速度参数、起爆角度参数等)；ρ 为传播介质特性参数。

第 k 个目标单元的影响因子 $A(k)$ 可通过目标易损性分析计算获得，由结构影响因子和功能影响因子构成，其计算表达式为.

$$A(k) = [A^C(C_T,M_T)_k, A^F(F_T,M_T)_k] \qquad (7-3-24)$$

式中：$A^C(C_T,M_T)_k$ 为第 k 个目标单元结构影响因子；$A^F(C_T,M_T)_k$ 为第 k 个目标单元功能影响因子；C_T 为目标结构参数；M_T 为目标材料参数(包括密度、弹性模量、剪切模量、泊松比、拉、压破坏应力等)；F_T 为目标功能参数。

设 $\Gamma = \{((\mu_{x1},\mu_{z1}),(\mu_{x2},\mu_{z2}),\cdots(\mu_{xs},\mu_{zs})\}$ 为所有 s 个战斗部瞄准点集合，战斗部的瞄准点从 Γ 中选取，改变瞄准点设置，依据式(7-3-18)，计算得到单发战斗部打击典型目标的 s 个相应毁伤指数，则采用单发战斗部进行打击的最佳瞄准点($\mu_{x\text{-opt}}$，$\mu_{z\text{-opt}}$)可通过下式得到：

$$E(\mu_{x\text{-opt}},\mu_{z\text{-opt}}) = \max_{(\mu_x,\mu_z) \in \Gamma}[E(\mu_x,\mu_z)] \qquad (7-3-25)$$

7.3.5　其他评估方法

1. 层次分析法

层次分析法（Analytic Hierarchy Process，AHP）由美国运筹学家 T. L. Saaty 教授于 20 世纪 70 年代初提出的。它是一种实用的多准则决策方法，其特点是以定性与定量相结合处理各种决策因素

AHP 法的基本思路是把复杂问题中的各种因素按其地位划分为一系列有序层次，根据对具体情况的判断，就每一层次各因素的相对重要性给出定量指标，利用数学手段计算表达相对重要性的排序权值，并通过排序求得问题的解答。

AHP 法大体可分为四个步骤：

步骤 1：分析系统中各因素间的关系，将系统划分为不同层次，如目标层、准则层、指标层、方案层、措施层等。

步骤 2：对同一层次中各因素相对于其上一层因素的重要性进行两两比较，确定各因素权重标度，构造层次模型的权重判断矩阵 $\{a_{ij}\}_{n \times n}$，a_{ij} 表示因素 a_i 相对于 a_j 的相对权重。

步骤 3：运用特征根法求解判断矩阵，计算相应特征矢量和最大特征值 $\lambda_{\max}$，经归一化处理后得到各因素的权重。

步骤 4：计算判断矩阵的一致性指标 $\mathrm{CI} = \dfrac{\lambda_{\max} - n}{n - 1}$ 和平均随机一致性指标 RI，获取判断矩阵的一致性比例 $\mathrm{CR} = \dfrac{\mathrm{CR}}{\mathrm{RI}}$，据此进行一致性检验。

步骤 5：计算各层因素对系统目标的合成权重，并进行所有因素的重要度排序。

步骤 6：获取各个因素的权重后，通过与评估值的乘积，最终可计算出评估结果。

AHP 方法在武器系统评估中得到了广泛应用，但由于该方法具有一定的主观性，其评估值与武器装备的实际作战效果之间可能存在一定的差异性。

2. ADC 分析法

1965 年，美国工业界武器系统咨询委员会（WSEIAC）提出了一种效能评估模型，即 ADC 模型，其中 A 代表有效性（Availability），D 代表可信性（Dependability），C 代表能力（Capability）。

ADC 分析法以系统的总体构成为对象，以所完成的任务为前提对效能进行评估。ADC 模型的表达式为

$$\boldsymbol{E} = \boldsymbol{ADC} \tag{7-3-26}$$

假设系统具有 n 个状态，m 项能力，则 $\boldsymbol{A} = \{a_i\}_n$ 为可用度矢量，a_i 为初始状态时系统处于第 i 种状态的概率，$\boldsymbol{D} = \{d_{ij}\}_{n \times n}$ 为可信度矩阵，d_{ij} 为系统运行时由第 i 种状态变化到第 j 种状态的概率，$\boldsymbol{C} = \{c_{jk}\}_{n \times m}$ 为固有能力矩阵，c_{jk} 为系统处于第 j 种状态下时第 k 项能力的度量，$\boldsymbol{E} = \{e_k\}_m$ 为效能矢量，e_k 为对系统第 k 项能力的评估值。按照每个能力矢量的权重，可得到最终的效能评估值。

用 ADC 方法对一些具体的实际问题进行分析时，首先要辨别和描述在开始执行任务时或在执行任务过程中系统可能呈现的各种不同的状态，然后把可用度和可信度同系统的可能状态联系起来，最后用能力的度量把系统的可能状态与执行任务的可能结果联系起来。

ADC 方法中的可用度矢量 **A** 和可信度矩阵 **D** 在选定状态数后就可以由解析法获得,而获得能力矩阵 **C** 比较困难,它一般由最初设计论证确定,某些情况下可以查表获得,有时必须通过具体计算才能得出结果。

ADC 分析法在武器效能评估中具有相当广泛的适用性。该方法早期主要是在战术任务和技术指标层面上对武器系统级的效能进行评估,现已拓展到了其他领域,但如果要应用于复杂大系统评估,尚需要与其他评估方法配合使用。从评估对象和评估任务两方面考虑,ADC 方法能应用于武器系统、平台、基本作战单元、兵力集团以及军队系统等不同层面,完成技术层次、战术层次甚至战略层次的作战效能评估。

3. 系统效能分析法

20 世纪 80 年代初,美国麻省理工学院的 A. H. Levis 教授提出了一种系统效能分析法(System Effectiveness Analysis,SEA)。

SEA 法的基本思想是,当系统在一定环境下运行时,其运行状态可以由一组原始参数的表现值进行描述。对于一个实际系统,由于不确定因素的影响,运行状态可能有多个(甚至无数个)。那么,在这些状态组成的集合中,如果某一状态所呈现的系统完成预定任务的情况满足既定要求,就可以说系统在这一状态下能完成预定任务。由于系统在运行时落入何种状态是随机的,因此,在系统运行状态集中,系统落入可完成预定任务状态的"概率"大小,就反映了系统完成预定任务的可能性,即系统效能。为了能对系统在任一状态下完成预定任务的情况与使命要求进行比较,必须把它们放在同一空间中,即描述系统完成使命的性能量度空间{MOP}中。

基于一般意义上的效能评价基本概念,SEA 法将客观对象(武器系统)的性能和主体(作战)对客观对象的需求联系起来,将两者进行"对比"得到评价结果。这种"对比"是按照某种标准进行的,得到的是系统效能指标值。

SEA 法具有较强的分析能力,较为适合于具有既定任务的武器系统效能评估,已在很多军用系统中得到了较好的应用,如应用于军事 C^3I 系统的效能评估、陆战炮兵部队(系统)的效能评估、水面舰艇反潜作战系统的效能分析、自动化指挥系统效能评估等。该方法的不足在于应用到复杂系统时存在较强的主观性。

4. 试验数据统计法

利用实弹试验和战场战例分析数据,建立目标命中弹药数与毁伤状态关系的数据库,评估实战中目标受到打击的生存能力和弹药威力。该方法简单易行、可靠直观,但实际操作存在较大难度。近年来,通过结合人工神经网络技术和模糊分析技术,试验数据统计法有了新的发展,其准确度和精度得到了大大提高。

5. 单元加权法

单元加权法是毁伤树评估方法的拓展,应用于分析导弹打击可划分作用单元复杂目标毁伤效能的量化评估。其主要思想是,考虑到导弹打击目标的作用点是呈散布形态分布的随机过程、目标可分解为多个构件或关键构件且每构件均对应一构件贡献因子、导弹打击下构件会有一定受损程度(百分数)等毁伤效应的特点,将目标划分为若干迎弹面单元和统计单元,对每个迎弹面单元均引入打击概率,综合目标易损性分析与计算、毁伤效应试验与计算结果,对各种工况、因素和各个单元间相互关系进行综合分析、量化加权,最终得到毁伤指数表达式,即建立导弹毁伤效能量化评估全概率加权模型。

6.毁伤评估表法

毁伤评估表法是最早用于对装甲车辆破坏程度系统评估的方法。该方法首先通过大量的试验或基于专家认识,建立一套标准的毁伤数据情况表,能够反应各要害部件的毁伤而造成的装甲车辆的破坏程度。该方法应用方便。数据一般并不能来自大量试验,而主要来自专家经验判断,数学意义比较模糊、不够明晰严格,只存在概率上的意义,无法提供目标毁伤的实际情况。因此,用该方法对目标毁伤效能进行评估得到的结论具有一定的不确定性。

习　　题

1.简述武器毁伤效能与毁伤效能评估的概念。

2.简述毁伤效能量化评估的内容。

3.解释目标易损性的含义,并说明其分类。

4.简述目标易损性和武器毁伤威力之间关系。

5.简述目标易损性分析的基本步骤。

6.简述对人员的杀伤等级,破片对人员杀伤的标准,冲击波对人员杀伤的标准。

7.地面车辆毁伤等级是如何划分的?

8.空中目标毁伤等级是如何划分的?

9.地面和地下目标的毁伤等级是如何划分的? 影响因素有哪些?

10.水中目标毁伤等级是如何划分的? 破坏标准有哪些?

11.简述毁伤概率评估法的基本思想。

12.简述毁伤树评估方法的基本思想。

13.什么是降阶态评估法,简述其基本原理。

14.简述毁伤指数评估法基本思想与表达式。

参 考 文 献

[1] 周旭.导弹毁伤效能试验与评估[M].北京:国防工业出版社,2014.

[2] 王凤英,刘天生.毁伤理论与技术[M].北京:北京理工大学出版社,2009.

[3] 卢芳云,蒋邦海,李翔宇,等.武器战斗部投射与毁伤[M].北京:科学出版社,2013.

[4] 黄正祥,祖旭东.终点效应[M].北京:科学出版社,2019.

[5] 方向,张卫平,高振儒,等.武器弹药系统工程与设计[M].北京:国防工业出版社,2012.

[6] 甄建伟,曹凌宇,孙福,等.弹药毁伤效应数值仿真技术[M].北京:北京理工大学出版社,2018.

[7] 王少龙,罗相杰.核武器原理与发展[M].北京:兵器工业出版社,2005.

[8] 魏义祥,贾宝山.核能与核技术概论[M].哈尔滨:哈尔滨工业大学出版社,2011.

[9] 张旭,叶文,吕晓峰,等.导弹火工品及其安全性[M].北京:电子工业出版社,2018.

[10] 尚爱国.核武器辐射与防护[M].西安:西北工业大学出版社,2016.

[11] 王树山.终点效应学[M].北京:科学出版社,2019.

[12] 李向东.智能弹药原理与构造[M].北京:国防工业出版社,2016.

[13] 李向东.目标易损性[M].北京:北京理工大学出版社,2013.

[14] 孙业斌,惠君明,曹欣茂.军用混合炸药[M].北京:兵器工业出版社,1995.

[15] 王泽山.火炸药科学技术[M].北京:北京理工大学出版社,2005.

[16] 金韶华,松全才.炸药理论[M].西安:西北工业大学出版社,2010.

[17] 王志军,尹建平.弹药学[M].北京:北京理工大学出版社,2005.

[18] 沈哲.鱼雷战斗部与引信技术[M].北京:国防工业出版社,2009.

[19] 崔占忠,宋世和,徐立新.近炸引信原理[M].北京:北京理工大学出版社,2009.

[20] 曹柏桢.飞航导弹战斗部与引信[M].北京:宇航出版社,1995.

[21] 卢芳云,李翔宇,林玉亮.战斗部结构与原理[M].北京:科学出版社,2009.

[22] 蒋浩征.火箭战斗部设计原理[M].北京:国防工业出版社,1982.

[23] 杨启仁.子母弹飞行动力学[M].北京:国防工业出版社,1999.

[24] 赵忠尧,何泽慧,杨承宗.原子能的原理和应用[M].北京:科学出版社,1965.

[25] 韩晓明.防空导弹总体设计原理[M].西安:西北工业大学出版社,2016.

[26] 韩晓明.导弹战斗部原理与应用[M].西安:西北工业大学出版社,2012.

[27] 托马斯 B 科克伦,等.核武器手册[M].柯情山,等译.北京:解放军出版社,1985.

[28] 张伟.新概念武器[M].北京:航空工业出版社,2008.

[29] 王莹,马富学.新概念武器原理[M].北京:兵器工业出版社,1997.

[30] 李向东,钱建平,曹兵.弹药概论[M].北京:北京工业出版社,2004.

[31] 欧育湘.炸药学[M].北京:北京理工大学出版社,2006.

[32] 何广军.防空导弹系统设备原理[M].北京:电子工业出版社,2017.

[33] 赵少奎.导弹与航天技术导论[M].北京:中国宇航出版社,2008.

[34] 姜科.防空反导导弹战斗部研制方案评价模型研究[D].西安:空军工程大学,2011.

[35] 刘彤.防空导弹战斗部杀伤威力评估方法研究[D].南京:南京理工大学,2003.

[36] 吴春晓.化学战剂的发展与防护[D].兰州:兰州大学,2007.

[37] 马田,李鹏飞,周涛,等.钻地弹动能侵彻战斗部技术研究综述[J].飞航导弹,2018:4,83-86.

[38] 樊胜利,张宇飞,姚涛,等.武器装备战场毁伤评估方法研究综述[J].装甲兵工程学院,2013(1):25-30.

[39] 黄寒砚,王正明.武器毁伤效能评估综述及系统目标毁伤效能评估框架研究[J].宇航学报,2009,30(3):13-22.

[40] 李玉清.近20年来国外导弹引信技术研究与发展概况[J].制导与引信,2002,23(3):1-8.

[41] 崔平,齐杏林,王卫民.从外军引信装备研制情况看引信技术发展趋势[J].2005(4):9-12.

[42] 毕军建,高敏.面向21世纪的美国引信技术[J].探测与控制学报,1999,21(2):48-50.

[43] 张志鸿,防空导弹引信技术的发展[J].现代防御技术,2001,29(4):26-31.

[44] 李静海.反舰导弹与防空导弹战斗部的发展研究[J].战术导弹技术,2001(1):17-22.

[45] 余文力,董三强,朱满力,等.导弹战斗部炸药装药的贮存可靠性研究[J].空军工程大学学报(自然科学版),2005,6(2):43-49.

[46] 崔瀚,张国新.定向战斗部研究现状及展望[J].引战系统,2019(3):84-89.

[47] 周兰庭,张庆明,龙仁荣.新型战斗部原理与设计[M].北京:国防工业出版社,2018.

[48] 张国伟,贾光辉.提高杀伤战斗部威力的技术途径研究[J].华北工学院学报(自然科学版),1999,20(3):214-216.

[49] 杨善华.美国战术核武器发展新趋势[J].中国航天,2004(1):36-38.

[50] 李记刚,余文力,等.定向战斗部的研究现状及发展趋势[J].飞航导弹,2005(5):25-29.

[51] 胡慧,袁震宇,谢春思,等.基于毁伤树构建系统目标毁伤评估模型研究[J].舰船电子工程,2010,30(8):32-35.

[52] 王海福,卢湘江,冯顺山,等.降阶态易损性分析方法及其实施[J].北京理工大学学报,2002,22(2):214-216.